情報化時代の戦闘の科学
増補 軍事OR入門

飯田 耕司 著

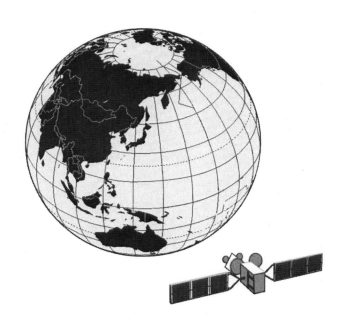

三惠社

はじめに　i

増補版のはじめに

　オペレーションズ・リサーチ（Operations Research）は，「意思決定問題の対象をシステムとして捉え，統計や理論モデル又はシミュレーション等によるデータに基づいて科学的に最適な行動方策を求める技法，又はそれを支援する理論モデル」である．最初の研究は第2次世界大戦の直前に英国で行われた対空レーダ開発の運用試験の際に生まれた．孤立したレーダはその優れた目標探知能力を組織的な防空戦にほとんど役立てられないことが明らかになり，レーダ開発プロジェクトは，防空戦闘機群・高射砲群・対空レーダ網を一体化して運用する早期警戒レーダ網の開発へと飛躍し，防空システムを完成させた．この防空システムは第2次世界大戦の緒戦に，ドイツ軍が英本土進攻を企てた際の制空権獲得作戦；バトル・オブ・ブリテン（1940.8〜10）で威力を発揮し，ドーバー海峡上空の航空戦を英空軍の勝利に導き，独軍の英本土上陸作戦を阻止した．更にこの科学的なシステム・アプローチは，第2次大戦中，米英の海空軍の作戦分析に活用され，「オペレーションズ・リサーチ」と呼ばれた．原語に忠実に訳せば「作戦研究」であるが，軍事用語を嫌う我が国では「運用分析」と訳され，英略語の「OR」が定着している．大戦後は更に広い民需の経済活動を効率化する生産性向上の技術として爆発的に研究が進み，また電子計算機の発達と共に複合的なシステムの特性分析や計画策定のシステム分析法に拡張され普及した．その中で特に分析の対象を軍事作戦に特化した研究を，軍事OR；MOR（Military Operations Research）と呼ぶ．

　上述したとおり軍事ORはOR活動の出発点であり，欧米では現在でも盛んに研究されている．特に米国では一般のOR学会；ORSA（Operations Research Society of America）の他に，軍事OR学会；MORS（Military Operations Research Society）が組織され，専門論文誌の発刊や定期の研究発表会の開催等，活発に活動している．しかし我が国では戦後の反戦・平和の時代思潮の中で，軍事ORは「禁忌の学問」とされ，この分野の研究者は5指に満たない．更に邦書の書物は，防衛大学校で部内限定で使われる数冊のテキスト以外は皆無である．終戦後の反戦の社会風潮は止むを得ないとしても，このような学術研究の歪んだ現状は不健全であり，国家安全保障の弱点となる．著者はこれを残念に思い，『軍事OR＆SAシリーズ』として次に列挙する8冊のテキストを執筆し，三恵

社から出版してネット書店で販売した（内容は§8.4.参照）.

(1). 飯田耕司,『軍事ＯＲ入門』, 三恵社, 2004.（増補版（本書）: 2017）.

(2). 飯田耕司,『軍事ＯＲの理論』, 三恵社, 2005.（改訂版 : 2010）.

(3). 飯田耕司,『意思決定分析の理論』, 三恵社, 2006.

(4). 飯田耕司,『捜索理論』, 三恵社, 1998.（3訂版 : 飯田・宝崎共著, 2007）.

(5). 飯田耕司,『捜索の情報蓄積の理論』, 三恵社, 2007.

(6). 飯田耕司,『国防の危機管理と軍事ＯＲ』, 三恵社, 2011.

(7). 飯田耕司,『国家安全保障の基本問題』, 三恵社, 2013.

(8). 飯田耕司,『国家安全保障の諸問題-飯田耕司・国防論集』, 三恵社, 2017.

　本書;『増補 軍事ＯＲ入門』は上記の(1)の3訂増補版であり, 書名の示すとおり軍事ＯＲの研究分野を概説した入門書である. 類書がないためか, 初版出版以後, 増刷を重ねて2016年には累計16版を数えるに至った. 『軍事ＯＲ入門』の初版は2004年に出版され, 6回目の増刷の折に改訂された（2008.9）. 更に改訂版第8刷目の増刷時（2012.10）に目次・頁数を変えない範囲で第4章を補筆し, 民主党・鳩山由紀夫内閣の末期（2010.6）までの事案が追記された. 周知のとおり民主党政権（2009.9〜2012.12）は未熟な失敗を重ねて2012年末の総選挙で惨敗し, 3年で再び自民党政権に代り, 第2次安倍晋三内閣が発足した. 安倍首相は新内閣発足（2012.12）の記者会見でこの内閣を「危機突破内閣」と位置づけ,「日本国憲法」の改正を唱え, 矢継ぎ早に国内経済の長期停滞克服の経済政策と規制緩和, 国家安全保障法制の改革, 教育再生, 積極的外交の推進等, 旧弊を打破する改革を断行した. 特に安全保障政策では, 従来の自民党の歴代政府は「日本国憲法第9条は集団的自衛権の行使を禁止している」と解釈して, 武力行使を伴うPKO活動を避けてきたが, 安倍内閣は「集団的自衛権」の一部行使を認める閣議決定を行い安保法制を改革した（§4.2.参照）. 本書はこの安倍内閣の安保法制改革を加筆し, 2017年秋までの事案を補足した.

　本書の構成は次のとおりである. 序章は今回の増補に当り全面的に書き直し, 現代の安全保障環境の特徴, 東アジアの情勢, 我が国の安全保障体制の問題点等について考察した. これらは本書のテーマの「軍事ＯＲ」と直接的な関係はないが, 軍事ＯＲ研究の目的は「国家安全保障体制」の確立にあるので, 軍事ＯＲ研究の視座を明確にする上でこの章の正確な知識と問題認識が必要である. 但し本文の論述では我が国の安全保障に関する歴史や法制の詳しい記述を避け, これを補足するために付録1〜3を付した. 付録1.では第2次世界大戦終結以後の世界の戦争を網羅的に概観し, 付録2.では「連合軍総司令部の日本占領政策」, 付

録 3. では「日本国憲法」の問題点について述べた. 付録 2 ＆ 3 は「戦後レジー
ム」の弊害を生んだ根源を考察し, 今日の我が国の「国家安全保障体制」を歪め
た原因を明らかにすることが狙いである.

　次いで第 1 章以下が本書のテーマの「軍事ＯＲ入門」の章である. ここでは旧
版の『改訂 軍事ＯＲ入門』の第 1 章～第 8 章の構成をほぼ踏襲しつつ, 最近の
事案（第 2 次安倍内閣の安保法制改革等）や軍事ＯＲの新たな理論研究を追記し
た. 内容は第 1 章～第 4 章と第 5 章～第 8 章の 2 つのブロックに大別される.

　前段の第 1 章～第 4 章は, 第 1 章で一般的な広義のＯＲの定義や理論研究の概
略を述べ, 第 2 章で軍事ＯＲに焦点を絞って研究の現状を概観する. その後, 第
3 章ではＯＲ活動の出発点となった英米における第 2 次世界大戦前後のＯＲ活動
を略述し, 第 4 章で我が国の軍事ＯＲ活動の展開の歴史と現状を概説する. 即ち
これらの前段の 4 つの章は, 広義のＯＲ及び軍事ＯＲに関する全般的事項の解説
に当てられる.

　後半の第 5 章～第 8 章の 4 章は, 軍事作戦の基本を分析する 3 つの理論；捜索
理論（第 5 章）, 射撃・爆撃理論（第 6 章. 以下, 射撃理論と書く）, 交戦理論
（第 7 章）の順に軍事ＯＲの理論研究分野の構成を概説し, 最後に第 8 章でそれ
らの軍事ＯＲの理論の専門書を紹介する. 但し本書は「入門書」であるので, 第
5 章～第 7 章の各理論の概説では理論モデルの細部に立ち入ることを避け, これ
らの研究分野の構成を述べるに止めた. 軍事ＯＲの理論モデルについて更に深い
研究を志す読者は, 第 8 章の各節の専門書の解説を手引きとして更に研鑽の歩み
を進めて頂きたい.

　上述したとおり序章及び第 1 章～第 4 章は, 安全保障問題の基本と広義のＯＲ
の大きな枠組みから始めて, 軍事問題の分析に特化された軍事ＯＲ活動の細部へ
と説明が進められ, 後半は捜索理論, 射撃理論, 交戦理論, 及びそれらの専門書
紹介の章である. したがって前半の序章, 第 1 章～第 4 章は, 章の順序に従って
読むのが理解しやすいと思われる. 後半の 4 つの章や付録は独立した内容である
ので, 繙読の順序にこだわる必要はない.

　今回の『増補版』の執筆に当り, 防衛大学校情報工学科 宝崎隆祐 教授及び陸
上自衛隊 小平学校 システム・戦術教育部 渡辺利之 教官の援助を頂いた. 末筆
ながら記して厚く謝意を表する.

　　　2017 年 10 月 　　　　　　　　　　　　　　　　　　　　　　著 者

凡 例

1．本文中の年次の表記は西暦を基本とし，和暦を付記する場合は元号の明治を
　Ｍ，大正をＴ，昭和をＳ，平成をＨで表す．
2．外国の機関や組織の名称（例えば OEG 等），システムの呼称（Ｃ４Ｉ シス
　テム等）及び術語の略語（CBRNE 等）の表記は，初出時のみ和訳やフル・ス
　ペルを示し，本文中では英略語を用いた．また繙読の便宜のために巻末に初出
　頁の索引を付けた．
3．防衛省（2007 年まで防衛庁）の「省」と「庁」の表記は，防衛庁時代の事
　項は「防衛庁」とし，一般的事項は「防衛省」とした．またその他の省庁名も
　その時点の名称とした．
4．図及び表は各章ごとに一貫番号を付し，図 m. n. 又は表 m. n. で表す．ｍは章
　番号，ｎは章ごとの一貫番号である．
5．参考文献は各章ごとに筆頭著者名のファミリー・ネームのアルファベット順
　に一貫番号を付し，章末にそのリストを掲げ，本文中では文献番号を ［n］で
　示す．同一著者のものは発表年次の順とした．なお翻訳書のある洋書は，邦訳
　の書名を見出しとし，原則として原書名を附記した．
6．「事項索引」及び「人名索引」は 50 音順，「英字略語索引」はアルファベッ
　ト順とし，いずれも「参考文献」についての索引は省略した．

目　　次

増補版のはじめに　i

凡　　例　iv

序章　国家安全保障の諸問題　1〜75

§I.1.　現代の国家安全保障環境の特徴　1
§I.2.　東アジアの情勢　13
　　§I.2.1.　中国の世界戦略　14
　　§I.2.2.　北朝鮮の先軍政治　27
　　§I.2.3.　南シナ海沿岸・その他の諸国の中国政策　33
§I.3.　我が国の国家安全保障問題　39
　　§I.3.1.　第2次大戦後の日本占領とGHQの占領政策　39
　　§I.3.2.　国防の内的脅威・戦後レジーム　46
　　§I.3.3.　戦後レジームの克服（憲法改正と教育改革）62
　　§I.3.4.　安保法制，防衛力整備の改革とOR　67
参考文献　75

第1章　ORの理論研究と応用研究　76〜99

§1.1.　ORの定義と研究の枠組み　76
§1.2.　ORの理論研究　78
§1.3.　実社会におけるORの応用研究　86
§1.4.　システム科学の系譜とその特徴　88
　　§1.4.1.　インダストリアル・エンジニアリング：IE　89
　　§1.4.2.　マネージメント・サイエンス：MS　91
　　§1.4.3.　システム・エンジニアリング：SE　91
　　§1.4.4.　システムズ・アナリシス：SA　95
参考文献　98

第2章　軍事ORの概要　100〜121

§2.1.　軍事OR＆SAの概説　100
§2.2.　軍事ORの理論研究　108

vi　目　次

　　§2.3.　軍事ＯＲの応用研究　116
　　参考文献　120

第3章　英米の軍事ＯＲの発展史　122〜153

　　§3.1.　英国におけるＯＲの誕生　122
　　　　§3.1.1.　レーダの開発・戦力化：ＯＲの誕生　123
　　　　§3.1.2.　ブラケット・チームの活躍：ＯＲの定着　127
　　§3.2.　第2次大戦中の米国のＯＲ活動　129
　　　　§3.2.1.　国家防衛研究委員会による軍事技術研究の推進　129
　　　　§3.2.2.　米軍のＯＲ活動　132
　　§3.3.　第2次大戦後のＯＲ理論の発展　138
　　　　§3.3.1.　ＯＲの理論研究の発展　138
　　　　§3.3.2.　ＯＲ学会の活動　140
　　§3.4.　第2次大戦後の米軍の軍事ＯＲ活動　144
　　　　§3.4.1.　米陸軍　145
　　　　§3.4.2.　米海軍　146
　　　　§3.4.3.　米空軍　148
　　　　§3.4.4.　「政治・軍事システム分析」の問題点　149
　　参考文献　151

第4章　我が国の軍事ＯＲの展開と現状　154〜211

　　§4.1.　我が国の軍事ＯＲ前史　154
　　§4.2.　自衛隊の発展の歴史　157
　　　　§4.2.1.　自衛隊の防衛力整備の経過　158
　　　　§4.2.2.　自衛隊の海外活動　171
　　§4.3.　自衛隊の軍事ＯＲ活動の展開と現状　181
　　　　§4.3.1.　自衛隊の軍事ＯＲ活動の組織の沿革　181
　　　　§4.3.2.　自衛隊のＯＲ活動の概要　188
　　　　§4.3.3.　自衛隊における軍事ＯＲ活動の将来に向けて　199
　　参考文献　210

第5章　捜索理論の概要　212〜236

　　§5.1.　捜索理論の発展の経緯　212

§ 5. 2. 捜索理論の構成　216

§ 5. 3. 捜索理論の概要　219

　　§ 5. 3. 1. 目標存在分布の推定　219

　　§ 5. 3. 2. 発見法則の定式化：捜索センサー・システムのモデル　220

　　§ 5. 3. 3. 捜索プロセスの特性分析：捜索モデル　226

　　§ 5. 3. 4. 捜索計画の最適化：努力配分問題，捜索ゲーム　228

参考文献　235

第 6 章　射撃理論の概要　237〜252

§ 6. 1. 射撃のシステム要因と射撃理論　238

§ 6. 2. 射撃理論の基本的な概念と術語の定義　241

§ 6. 3. 射撃理論の概要　245

参考文献　252

第 7 章　交戦理論の概要　253〜273

§ 7. 1. 交戦理論の発展の経緯　253

§ 7. 2. 交戦理論の構成　258

§ 7. 3. 交戦理論の概要　260

参考文献　271

第 8 章　軍事ＯＲの専門書の紹介　274〜289

§ 8. 1. 捜索理論の専門書　274

§ 8. 2. 射撃理論の専門書　277

§ 8. 3. 交戦理論の専門書　279

§ 8. 4. 軍事ＯＲ概論，その他　282

参考文献　289

おわりに　290

付録の趣旨　292

付録 1. 第 2 次世界大戦後の世界の紛争　294〜313

§ 1. A. 東西冷戦；米ソの直接対決　294

§ 2. B. 国内覇権の争奪戦争；米ソの代理戦争　301

viii　目次

§ 3．C. 国境紛争　306
§ 4．D. 民族・宗教の争い　308
§ 5．E. 同盟国の戦争への参戦　311
§ 6．我が国で可能性のある戦争　312
参考文献　313

付録 2．連合軍総司令部の日本占領政策　314〜341

§ 1．連合軍による日本占領　314
§ 2．ＧＨＱ の対日基本政策　317
§ 3．ＧＨＱの占領統治　320
§ 4．戦犯の軍事裁判　325
§ 5．「帝国憲法」の改正 ;「日本国憲法」の制定　328
§ 6．占領政策による教育改造　329
§ 7．法制改革　336
§ 8．経済の民主化　338
参考文献　340

付録 3．「日本国憲法」の問題点　342〜361

§ 1．「日本国憲法」と「戦後レジーム」　342
§ 2．「日本国憲法」の制定の経緯　344
§ 3．「日本国憲法」の欠陥とその改正　347
参考文献　361

索引：事項索引　362,　人名索引　367,　英略語索引　368

序 章　国家安全保障の諸問題

　序章では先ず§I.1.で現代の国家安全保障環境の特徴を述べ，次いで§I.2.で東アジアの情勢を概観し，最後の§I.3.で現代の我が国の歪んだ国家安全保障の諸問題について考察する．§I.3.の内容は「戦力放棄の安保体制」を生んだ連合軍総司令部 GHQ（General Headquarters）の占領政策と，それが齎した「戦後レジーム」の弊害，次いでその克服に必要な憲法改正と教育改革，及び安保法制の是正や防衛力整備の改革について述べる．これらは「軍事ＯＲ」の問題ではないが，「軍事ＯＲ」は国防の意思決定や作戦分析の技術であり，本章に述べる国家安全保障の諸問題は「軍事ＯＲ」の考究に必須の基礎である．

§I.1.　現代の国家安全保障環境の特徴

　現代の国家安全保障環境の主な特徴は，①．大量破壊兵器の拡散防止，②．脅威の多様化，③．科学技術の進歩による兵器・交戦態様の激変，④．サイバー戦争，⑤．我が国の教育崩壊による内的脅威の深刻化，の５項目に整理される．以下，この順序で現代の我が国の国家安全保障が直面する状況を述べる．

１．大量破壊兵器（核・生物・化学兵器）の拡散防止

(1)．核拡散防止と核兵器禁止条約

　第２次世界大戦後，原子爆弾の米国独占が破れ，ソ連の核実験（1949.8），英国（1952.10），仏国（1960.2），中国（1964.10），インド（1974.5），イスラエル（1979.9），パキスタン（1998.5），北朝鮮（2006.10）が核実験を行い，逐次，核兵器の保有国が増えて世界の核抑止戦略体制ができ上がった．現在では水爆や核兵器の小型化が進み戦術核兵器が開発されている．また原子力の商業利用も進み，原子力の平和的利用の促進と軍事転用防止の国際的取り決めが必要となった．1953 年の国連総会におけるアイゼンハワー米大統領の「平和のための核」の演説を契機として，原子力平和利用の機構創設の機運が高まり，1957 年に「国際原子力機関ＩAEA（International Atomic Energy Agency）」が発足した．ＩAEAの加盟国は現在 167 ヵ国（2016.5）に上る．また核兵器の拡散防止の「核兵器不拡散条約 NPT（Nuclear Nonproliferation Treaty）」が 1968 年に結ばれた

（1970 年発効．2016 年現在の締約国 191 ヵ国）．NPT では米・露・英・仏・中の5ヵ国を「核保有国」と定め，それ以外の国には核兵器の保有を禁じた．また核保有国には核軍縮の法的義務を課し，その実施方法を5年ごとに運用検討会議で審議し，そこでの決定事項の履行を検証しつつ核兵器廃絶に至ることを目標とした．しかし条約施行以降，条約の履行はほとんど進展せず，核兵器は非条約国のインド・パキスタン・イスラエル・北朝鮮に拡がった．

　本書の末尾の付録1．に詳述するとおり，米ソ両国は冷戦時代に幾度か核戦争の危機に遭遇し，特に「キューバ危機」（1962.10）での米ソの鍔迫り合いは世界中を恐怖に陥し入れた．しかし米ソ両国は，以後，その経験に学び，東西冷戦の最中の 1969 年に，戦略兵器の両国のバランスをとりつつ削減を図る戦略兵器制限の交渉を始めた．1972 年にニクソン米大統領がモスクワを訪問してブレジネフ書記長と会談し，「第1次戦略兵器制限条約 SALT I（Strategic Arms Limitation Treaty，1972.5）」に署名した．この協定では ICBM 発射機の上限を米 1045 基，ソ連 1618 基とし，潜水艦の発射機についても上限を設けた．この条約の有効期限は5年とされ，翌 1973 年から直ちに次の戦略兵器制限交渉（第2次 SALT II）が開始された．更に米ソの「迎撃ミサイル制限条約（Antiballistic Missile Treaty.1972〜2002）」，「核戦争防止協定（Agreement between USA and USSR on the Prevention of Nuclear War.1973）」についても合意した．これらは「SALT I」の合意と共に 1970 年代の米ソの緊張緩和（デタント）を象徴するものであり（付録1．A-4 項参照），また初めて核兵器に制限を加える協定となった．米ソは更に現有の核兵器を削減する「第1次戦略兵器削減条約 START I（Strategic Arms Reduction Treaty I.1991）」を結び，後継の「START II」も調印（1993）されたがロシア議会が批准せず，「モスクワ条約 SORT（Treaty Between USA and Russian Federation on Strategic Offensive Reductions，2002）」が結ばれた．また 1996 年，国連総会は宇宙空間・大気圏・水中及び地下の全空間における核兵器の実験，及びその他の全ての核爆発を禁止する「包括的核実験禁止条約 CTBT（Comprehensive Nuclear Test Ban Treaty）」を採択した．この条約には 2015 年6月現在の署名国 183 ヵ国中 164 ヵ国が批准しているが，米国，中国，エジプト，イラン，イスラエル等の発効要件国（註）が批准せず，そのために条約は未発効である．我が国は 1996 年9月に署名し，1997 年7月に批准した．

　　註：CTBT の発効要件．　ジュネーブ軍縮会議の構成国で，IAEA の「世界の動力用原子炉」の表に記載された核兵器保有国を含む 44 国が批准すること．

§I.1. 現代の国家安全保障環境の特徴　　3

　今世紀に入り国際テロ集団の脅威が世界中に拡散し，一方，オバマ米大統領は「核兵器なき世界を目指す」として行動を始めた．先ず「START I」の期限切れに伴い，2010 年 4 月，「新 START 条約」（発効後 7 年で戦略核弾頭数の上限を 1550 発（78 ％減），運搬兵器の上限を 800 基（50 ％減）に削減．2011 年 2 月に発効）を調印し，2017 年までに米国は核弾頭数 1393 発，運搬兵器 660 基，ロシアは 1444，配備 527（総数 779）に削減した．さらにオバマ大統領は「核戦力体制見直し NPR（Nuclear Posture Review）」を発表し核戦力の運用指針を示した．
　一方，パキスタンの核開発の父 A.Q. カーンの供述によれば（2004.2），ソ連崩壊後，核の闇市場を通じて「ならず者国家」（註）に核兵器が拡散した．更に民族や宗教の紛争が頻発する中で，大量破壊兵器 CBRNE（化学 Chemical，生物 Biological，放射能 Radiological，核 Nuclear，高性能爆薬 High-yield-Explosive）が国際テロ集団の手に渡る怖れが生じた．オバマ大統領は 2004 年 4 月，ワシントンで「核安全サミット」を開催し，47 ヵ国の首脳を集めて「核テロ」対策を協議し，「4 年以内に核物質管理の徹底」を謳った共同声明と作業計画を採択した．以後，「核安全サミット」を隔年ごとに開いて（2016 年 3 月の第 4 回会議を以ってオバマ大統領の任期切れで終了），核テロ対策，情報共有，核物質管理の厳格化を取り決め，30 ヵ国の濃縮ウランやプルトニウム 3.8 トン超（核爆弾 150 発分）を撤去した．しかし世界政戦略の核抑止戦略のパワー・ポリティックスは，東西冷戦時代と変わらず，世界の核兵器の保有数は増加している．これに対しオバマ大統領の後継のトランプ米大統領は，オバマ政権の核廃絶政策を転換し，核兵器を多様化し強化する核戦略を打ち出した．即ち北朝鮮の核兵器開発，中国の核戦力と東シナ海・南シナ海・インド洋に亘る海洋覇権の拡大，ロシアの核装備の近代化（2021 年までに 90 ％を更新）に対抗するために，トランプ政権は 2018 年 2 月に NPR を改定し，SLBM の小型核化とオバマ政権時代に退役した海洋発射型の核巡航ミサイルの再配備等により，核抑止力を増強し，米国や同盟国に対する非核兵器を含む大規模攻撃にも核反撃を行うと明記した．

　註：ならず者国家.　米国のメディアや政治家が，イラク，北朝鮮，イランなどを非難する通俗用語を G.W. ブッシュ政権が「米国家安全保障戦略（2002）」で公的用語とし，①．テロ支援国家，②．大量破壊兵器の保有又は保有を企てる国，③．自由と人権を無視する独裁国，等を「ならず者国家」と呼んだ．米国の好ましくない国に「悪」のレッテルを貼る機能をもち，「悪の枢軸」，「無法者政権」ともいう．

　国連では，2017 年 7 月，「核兵器禁止条約 NWC（Nuclear Weapons Convention）」（註）の交渉会議が開かれ 122 ヵ国の賛成で条約案を採択した．この条約は核兵

器の開発，実験，生産，製造，取得，貯蔵，移譲，使用，威嚇，及びこれらに対する援助を禁止するもので，条約を締結した核保有国は発効後 60 日以内に国際機関に廃棄計画を提出し，計画に従って核兵器を廃棄すると定めている．条約案は同年 9 月から署名を始め，50 ヵ国以上の批准を得て 90 日後に発効する．

註：核兵器禁止条約 NWC. この条約の原案は 1996 年 4 月，弁護士，学者，医者，国際法専門家等からなる 3 つの国際 NGO のコンソーシアムが，核軍縮・廃絶の可能性を「法的，技術的，政治的要件に沿って検証する」ことを目的として，「モデル核兵器禁止条約」mNWC (Model Nuclear Weapons Convention) を起草したことに始まる．2007 年 4 月，mNWC の改訂版がコスタリカ・マレーシア両政府の共同で国連へ提出された．その後，提案に賛同する国が増え，2016 年 12 月に 113 か国の賛成多数で核兵器禁止条約の交渉開始を求める決議案が可決され，2017 年 7 月に採択された（日本は反対）．

NWC 採択の背景には核軍縮の行き詰まりに対する核非保有国の強い不信感がある．これまで核軍縮は NPT の下で米・露・英・仏・中の 5 ヵ国の核保有国に核兵器の削減を求める一方，その他の国々には核兵器の保有を禁止してきたが，1970 年の NPT 発効後，核軍縮は進まず，条約非締結国のインド，パキスタン，北朝鮮に核兵器が拡散し，状況は以前より深刻になった．また CTBT も条約発効要件国が批准せず，1996 年の採択後 20 年以上も放置されてきた．2015 年 5 月の NPT 再検討会議も，核兵器の法的な禁止を求める国々と段階的な核軍縮を主張する核保有国が鋭く対立し，世界の核軍縮の方向性を決められないまま会議は閉会した．この間，核戦争防止国際医師会議 IPPNW (International Physicians for the Prevention of Nuclear War, 1985 年 ノーベル平和賞受賞) を母体に 2007 年にウィーンで発足した全世界的な核兵器廃絶キャンペーンの NGO 連合体「核兵器廃絶国際キャンペーン ICAN (International Campaign to Abolish Nuclear Weapons)」が設立され，各国政府に核兵器禁止条約の交渉開始・支持を働きかけ（ICAN は 2017 年にノーベル平和賞を受賞），2016 年 10 月，オーストリアやメキシコなど 50 以上の国が共同で，「NWC の交渉の開始を求める決議案」を国連総会に提出し，12 月，113 ヵ国の賛成多数で採択された．これに基づき 2017 年 3 月に始まった条約制定に向けた交渉会議は，核兵器の非保有国を中心に進められ，2017 年 7 月，122 ヵ国の賛成多数で NWC が採択された．しかしこの NWC の決議には核保有国は全て参加せず，米国の核の傘の下にあるカナダやドイツなど NATO 加盟国（オランダを除く）や日本，韓国，豪州等も参加しなかった．NWC は「核兵器は国際法違反」という国際世論の流れを作り「核兵器保有に汚名」を着せて「核兵器を持ちにくい」環境を作るねらいである．しかし「核による

§I.1. 現代の国家安全保障環境の特徴　5

国家安全保障」の重みと「国際的な汚名」は別次元の問題であり，核抑止戦略が支配する今日の世界の安全保障環境では核保有国の条約加盟はあり得ず，この条約の有効性は期待し難い．この条約は核兵器保有国の同意や，安全保障を米国の核の傘に依存する国の状況を無視して「核廃絶の同意」を求めている．これでは核廃絶の規範の醸成や危機感の共有は困難であり，反って NWC は国際社会を核兵器の安全保障上の意義を認める国とそれ以外とに2分し，核保有国と非保有国の対立を深め，NPT を形骸化する懼れがある．「核軍縮は核保有国と共に段階的に進めるべきである」というのが NWC 反対の日本政府の立場である．

(2). 生物・化学兵器 (Biological & Chemical Weapon. 略称；ＢＣ兵器) の禁止

　BC 兵器は「貧者の核兵器」と呼ばれ，ＢＣ5世紀のペロポネソス戦争でスパルタ軍が亜硫酸ガスを使用したとされる．第1次大戦では英・仏・独軍が催涙ガスを使用し，特にドイツは毒ガス開発に力を入れ，1915 年1月，東部戦線でロシア軍に対して初めて大規模な毒ガス放射を実施した．更にベルギー西部のイーペル付近の最前線では4月下旬に独軍は仏軍に対して塩素ガスを大量に使用し，化学兵器の脅威が世界的に知られるようになった．第1次世界大戦中に開発された化学剤は約 30 種に及び，米英独仏の4ヵ国で生産された化学剤の総量は，塩素ガス 19 万8千トン，ホスゲン 19 万9千トン，マスタードガス1万1千トンとされる．しかし被害の悲惨さから 1925 年には「ジュネーブ議定書」（「窒息性ガス，毒性ガス又はこれらに類するガス及び細菌学的手段の戦争における使用の禁止に関する議定書」．1928 年発効）が締結された．この条約は戦争での化学兵器の使用を禁止したが開発・生産・貯蔵は禁止せず，化学兵器の開発や生産はその後も米国やソ連，日本等で行われた．また生物兵器（コレラ, 黄熱病, 天然痘, 発疹チフス, 腸チフス, 赤痢等の細菌戦）も研究された．第2次大戦では日本軍が中国戦線で使用したが，東京裁判では日本軍のＢＣ戦は告発されなかった．これは米軍への資料提供と引き換えに免責の司法取引によるとされる [6]．

　第2次世界大戦後は米ソの冷戦の激化にともない，大量の化学兵器が両国によって開発・生産・貯蔵される状態が続いた．ベトナム戦争（1960〜1975）では米軍は航空機による大規模な「枯葉剤の散布」を行った．

　国際社会は核兵器と共にＢＣ兵器の被害も問題視し，1966 年の国際連合総会で「化学兵器及び細菌兵器の使用を非難する決議」が採択され，更に 1969 年，ウ・タント国連事務総長の「化学・細菌兵器とその使用の影響」の報告書が提出され国連でＢＣ兵器の規制の議論が活発になった．1971 年の「軍縮委員会」で生物兵器の開発，生産，貯蔵等の禁止，及び既に保有しているＢＣ兵器の廃棄を

定めた「細菌兵器（生物兵器）及び毒素兵器の開発，生産及び貯蔵の禁止並びに廃棄に関する条約」（略称「生物兵器禁止条約 BWC（Biological and Toxin Weapons Convention）」が作成され，同年の第26回国連総会決議で採択され1975年3月に発効した（2015年現在の締約国は173ヵ国，我が国は1972年に署名）．

化学兵器の禁止は遅れていたが，イラン・イラク戦争（1980.9.～1988.8）や湾岸戦争（1991.1.～3）での化学兵器の使用疑惑を背景に，化学兵器の開発，生産，貯蔵も禁止する国際世論が高まり「化学兵器禁止条約 CWC（Chemical Weapons Convention. 正式名称；「化学兵器の開発，生産，貯蔵及び使用の禁止並びに廃棄に関する条約」）が1993年に署名され，1997年に発効した（2015年現在の締約国は192ヵ国，我が国は1993年に署名）．更に1997年には条約の履行を監視する「化学兵器禁止機関 OPCW（Organization for the Prohibition of Chemical Weapons）が設立された．CWC条約は化学兵器の保有国に原則として2007年までの廃棄を規定しているが，ロシアは2017年9月，廃棄完了を宣言した．米国は期限を延長しており2017年時点では廃棄は未完了である．

日本ではオウム真理教による世界で初めての化学兵器サリンを用いた無差別テロ（松本サリン事件（1994.6））が起こされ，死者7名と660人の負傷者を出した．更に同教団は再び東京都地下鉄内で地下鉄サリン事件（1995.3）を起こし，死者13名，負傷者5,510名の大惨事となった．教祖 麻原彰晃ほか死刑12人，無期懲役5人が確定した．その後，教団はAlephと改名して活動を続け公安調査庁は団体規制法による監視を続けている（2017）．信者は2007年の1,300人から2016年には1,500人に増えている．

2013年にはシリア内戦においてアサド政権がサリンなどの化学兵器を使用し，欧米が軍事介入を示唆し，シリアは CWCに加盟し備蓄していた化学兵器の全面廃棄に合意した．しかし2017年にアサド政権が再び化学兵器を使用したとして，米軍がシリアのシャイラト空軍基地に巡航ミサイル攻撃を行った．

2．脅威の多様化と我が国の対応

冷戦が終結した後（1989），世界のパワー・バランスが変化し，現代の安全保障は脅威が非常に多様化した．即ち従来型通常兵器の正規軍の脅威（伝統的正規型脅威），大量破壊兵器の脅威（破滅型脅威），テロ集団やゲリラの攻撃（非正規型脅威），インターネット上のサイバー攻撃や衛星の破壊（混乱型脅威）等である．これらは複合化され，常時あらゆる手段や場所で起こる可能性がある．ゆえに現代の国家安全保障は，常時，これらの多種多様な脅威に備える必要があり，

§I. 1. 現代の国家安全保障環境の特徴　7

それに伴い国際的連携による情報共有や制裁の実施が重要になった.

　1991 年，ソ連が崩壊し，その後，核の闇市場を通じて核保有国支配の核管理に不満な「ならず者国家」に核兵器が拡散した（パキスタンのカーンの供述）.更に民族・宗教の対立が国際テロ集団を生み，大量破壊兵器が彼らの手に渡る怖れが生じ，2001 年の米国の同時多発テロ（9.11 テロ（註））はそれを高めた.

　註：9.11 テロ. 2001 年 9 月 11 日 8 時前後，マサチューセッツ州ボストン空港から 2 機，バージニア州ダレス空港，ニュージャージー州ニューアーク空港から各 1 機，計 4 機のジェット旅客機が離陸し，モハメド・アタを首領とするアラブ系テロ・グループによりハイジャックされた. 彼らは操縦室に侵入してパイロットを殺害し自ら操縦して，2 機がニューヨークに向かい，2 機はワシントン D.C. へ向かった. 前者はアメリカン航空 11 便がマンハッタンの超高層ビル・世界貿易センターのツインタワー北棟に突入し，ユナイテッド航空 175 便が同ビル南棟に突入した. 後者のアメリカン航空 77 便はバージニア州アーリントンの米国防総省（ペンタゴン）に突入し，ユナイテッド航空 93 便は国会議事堂又はホワイトハウスを標的としたと推測されるが，ワシントン D.C. 北西 240 km の地点に墜落した.

　世界貿易センターでは漏れたジェット燃料により爆発的火災が発生し，構造鉄骨が熱で破断して 10 時頃に南棟が崩壊し北棟も約 30 分後に崩れ落ちた. このテロ事件の犠牲者は 4 機の旅客機の乗員・乗客 246 人，世界貿易センターで 2,602 人（消防士 343 人，警察官 23 人，港湾管理委員会の職員 37 人を含む），ペンタゴン 177 人，合計 3,025 人，とされている. 世界貿易センターは粉砕され，約 1,100 人の遺体は発見できなかった.

　米国はこのテロ攻撃がサウジアラビア人のウサマ・ビン・ラーデンをリーダーとするテロ組織「アルカーイダ」によるものと断定し（アルカーイダはノーコメント），彼らが潜伏するアフガニスタンのタリバーン政権に引き渡しを要求した. しかしタリバーンは「証拠がない」として引き渡しを拒否し，国連安保理も数回に亘りウサマ・ビン・ラーデンとアルカーイダの引渡しを決議したが拒否した. 米英軍を主とする有志連合軍は，反タリバーンの北部同盟と協同して同年 10 月にアフガニスタンに侵攻した（アフガン紛争，2001.10.7〜2014.12.28. 不朽の自由作戦 OEF（Operation Enduring Freedom））. 11 月中旬，北部同盟軍が首都カーブルを制圧し戦闘は約 2 ヵ月で終結し，タリバーン政権は消滅した. 以後，国連主導でアフガニスタン復興と治安維持が行われたが，南部ではタリバーン派の勢力が活動し，アフガニスタンの治安は 2017 年現在も安定していない. 2011 年 5 月初め，米軍の特殊部隊がイスラマバード郊外の邸宅でウサマ・ビン・ラーデンを殺害した.

　ブッシュ政権は，2002 年に「国際テロ組織とならず者国家」のイラク，イラン，北朝鮮を「悪の枢軸」とし，これらの勢力との戦いを国家戦略として「米国の防衛には予防的な措置と，時には先制攻撃が必要」とする方針を決定し，「イ

ラクが大量破壊兵器を隠匿している」という疑惑を理由に，2003 年 3 月にはイラク戦争を始めた．しかし 2004 年 10 月，米国政府調査団は「開戦時にはイラク国内に大量破壊兵器は存在せず，具体的開発計画もなかった」と結論づけた最終報告書を米議会に提出し，2006 年 9 月には上院情報特別委員会が「旧フセイン政権とアルカーイダの関係を裏付ける証拠はない」との報告書を発表し，開戦の正当性が根底から揺らぐ結果となった．

　9.11. テロ以後，米国主導の「不朽の自由作戦」や「大量破壊兵器拡散に対する安全保障構想」による国際テロ集団との戦いが始まり，我が国もこれに加わった．この戦いは国際的な情報共有，大量破壊兵器管理の厳格化，テロ集団の活動資金の凍結や経済制裁等，強い国際的連携が求められる．このため国連は 2000 年 11 月，「国際組織犯罪防止条約」（註）を採択し，我が国もこれに署名した．

　　　註：国際組織犯罪防止条約.　組織的な犯罪集団への参加・共謀や犯罪収益の洗浄（資金洗浄）・司法妨害・腐敗（公務員による汚職を含む）等の処罰，及び対処措置を定めた国際条約である．加盟国は外交ルートを通さずに捜査・司法当局が直接情報交換できる．

　本条約の批准には，国内における重大犯罪の実行者の計画的合議の取締りや，マネー・ロンダリング，司法妨害等の犯罪の裁判権を設定し，犯罪収益の没収，犯罪人引渡し等を定めた国内法を整備して国際協力を行う必要がある．我が国ではそのため 2003 年 3 月に小泉内閣が「改正 組織犯罪処罰法」（死刑や 4 年以上の懲役・禁固罪の内，組織的な殺人等 277 の罪が対象）を提出したが，共謀罪の創設により実行行為なしに処罰可能となるため野党の反対が強く，3 回も廃案となった．2020 年の東京オリンピック・パラリンピックでの国際テロ対策の警備のためにも国際的連携の法整備が不可欠であり，2017 年 6 月，第 193 回国会の会期末に徹夜の採決で漸く可決・成立した．翌月中旬，政府は同法の施行に伴い，条約の受諾を閣議決定し，国連事務総長に受諾書を提出した．本条約の締結国は 187 ヵ国に上り，未締結国は我が国を含め 11 ヵ国に過ぎなかった（2017.6）.

　従来，我が国は憲法第 9 条の政府解釈により集団的自衛権の行使を禁じ，自衛隊の海外派遣を拒んできた．例えば「湾岸戦争（1991）」（クウェートに侵攻したイラク軍の排除とイラクの大量破壊兵器の保有疑惑に対する国連多国籍軍のイラク攻撃）では，米国は我が国に同盟国として共同行動を強く求めたが，「マッカーサー憲法」を盾に人的支援を拒み，その代りに総額 130 億ドル（1 兆 6,900 億円）の戦費を支出した（海部俊樹内閣）．しかし世界ではこの「小切手外交」は受け入れられず，「湾岸戦争」後にクウェート政府がワシントン・ポスト紙に掲載した「多国籍軍参加 30 ヵ国への感謝広告（1991.3）」に日本の名はなかった．

§I.1. 現代の国家安全保障環境の特徴　9

　また 2002 年 2 月に発表された米国防総省の「対テロ戦争への貢献国 26 ヵ国に感謝表明の報告書」にも日本は含まれず，日本政府は厳重抗議したが，米当局は「事務的な単純ミス」と釈明して事態を収めた．しかし我が国の「夢想的平和憲法」に基づく「日本の常識の平和活動」は，国際社会の「世界の常識」では平和主義の仮面をかぶったエゴイズムと捉えられている．厳しい現実の平和構築の実践行動に対し，我が国の「汗も血も流さない独善的平和活動」への批判は当然と言ってよい．この批判に対して海部内閣は湾岸戦争の後，「自衛隊法」を適用してペルシャ湾の機雷掃海に海上自衛隊の掃海部隊を派遣した（1991 年 6 〜 9 月）．また次の宮沢喜一内閣は 1992 年，「国際平和協力法（PKO 協力法）」を成立させ，以後，PKO (Peace Keeping Operation) の多国籍軍司令部要員，停戦監視，輸送，建設工事等の PKO 活動に自衛隊を派遣した（§4.2.2. 参照）．

　以上が我が国の国際テロ戦争に対する過去の対応であるが，「集団的自衛権」禁止による海外派遣部隊の武器使用制限等のために，PKO 活動の任務や人数が限定された．特に対テロ戦争では国際的な緊密な連繋を要するが，歴代政府は憲法第 9 条で「集団的自衛権は行使できない」として自衛隊の国際活動を避け，危機管理体制や情報組織の整備を怠った．しかし現代の周辺環境の激変に対応するため，第 2 次安倍晋三内閣は歴代政府の「憲法 9 条」の政府解釈を変更し，2014 年に「存立危機事態（註）での集団的自衛権の行使を認める」閣議決定を行い，2016 年に同盟軍の武器防護や PKO 活動での駆けつけ警護，駐留地警護任務等の武器使用を認める「安保法制改革」（§4.2.1. の 6 項参照）を行い，同年 11 月の南スーダン PKO 活動（2011.11〜2017.5）の交代部隊に新任務が下令された．

　註：存立危機事態． 我が国又は密接な関係の他国に対する武力攻撃が生じ，我が国の存立が脅かされ，国民の生命，自由・幸福追求の権利が根底から覆される明白な危険がある事態．

3．情報・通信技術の進歩による兵器・交戦態様の変化

　IT技術の進歩により現代の軍事環境は著しく変容した．即ち電子計算機，デジタル情報処理技術，高速度通信技術，精密制御技術，軍事衛星及び全地球測位システム（GPS）等の発達により，無人偵察・攻撃機，無人戦闘車輌等の新兵器が出現し，これに伴って交戦態様が一変した．それは海・空の戦闘システムのみならず，陸上戦闘の個々の兵士を電子装備し，無人偵察機や偵察車両，自走砲や戦闘車両等をネットワークで統合する未来戦闘システムの開発も進んでいる．

　上述の技術革命により軍事目標の情報処理と意思決定が重層かつ広域的にシステム化（System of Systems）され，戦場の情報の即時共有化によるネットワー

ク中心の戦闘 NCW（Network Centric Warfare）が実現した．即ち統合的な指揮・統制・通信・電子計算機・情報・監視・偵察システム C4ISR（Command, Control, Communications, Computers, Intelligence, Surveillance and Reconnaissance）システムが出現し，従来の陸・海・空の戦場は1つに統合され，宇宙やサイバー空間の戦闘にまで拡大された．

　上述のハード的な進歩に加えてオペレーションズ・リサーチ＆システム・アナリシス理論（以下，ＯＲ＆ＳＡと書く）の発達や，高速大容量の電子計算機の普及に伴い，データ・ベース及び意思決定支援システムが開発された．これにより不確実性を含む事業計画や資源制約下の効率的な行動計画のモデリング＆シミュレーション分析が普及し，人工知能応用の各種の社会システムや生産活動の管理と最適化が進んだ．軍事応用としては「軍事ＯＲ」の理論研究を反映したＯＲ＆ＳＡの作戦計画分析が行われるようになった．

　軍事技術の進歩に対して我が国は5ヵ年毎に「中期防衛力整備計画」を実施し，自衛隊の装備の質と量の増強・近代化に努めた（§4.2.1.参照）．その結果，核兵器や長距離攻撃武器，軍事衛星等を除いて質の高い軍備を整え，ミサイル防衛システムも整備中である．但し自衛隊の装備は，主要な武器システムやビークルは全て米国製である．技術立国を唱えながら軍事技術の分野では（要素技術は別として）システムと称する装備には国産品はなく，特に大規模システム（ミサイル防衛 MD（Missile Defense）システムや C4ISR システム）等は国産ではない．また陸・海・空自衛隊の統合運用に必須のネットワークも未整備である．

　一方，国家安全保障の基本的理念や法制度は，左傾マスコミが誘導する世論や国会の神学論争と，歴代政府の憲法解釈についての詭弁術の政治環境の中で曖昧なままに放置されながら，自衛隊が整備されてきた．このことが兵力運用のソフト面の体制造りの決定的な遅れを齎した．政治家や国民がこの危機的状況に気付いたのは，上述のテロ戦争によるものであり，その対策は未だ十分ではない．

4．現代の冷戦・サイバー戦争

　前項に述べたとおり電算機や高速度通信技術の進歩により，現代の軍事システムや社会インフラは高度にネットワーク化された．それに伴い電算機システムのソフトに侵入して機密情報を窃取し，又は機能破壊を行うサイバー攻撃が対立国間の主な諜報活動となり，また物理的破壊をせずに遠方の対象システムの機能を破壊する有効な攻撃手段となった．

　国連は 2012 年から毎年「サイバー安全保障に関する専門家会合」を開き，国

際行動規範作成の協議を始めた．また NATO では 2010 年の首脳会議でサイバー攻撃を「新たな脅威」とし，連携してサイバー防御を強化する方針を決めた．

NATO サイバー防衛研究所（エストニア・タリン）発表の「サイバー戦争」の規範「タリン・マニュアル」（2013）では，不正プログラムで人を殺傷したり物的損壊を与える大規模なサイバー攻撃行為を「サイバー戦争」と定義し，「国際連合憲章（国連憲章と略称．1945.10. 発効）やジュネーブ協定，国際司法裁判所判例等の既存の戦争法は，サイバー空間に適用される」と明記した．また国家の責任で「自国内又は政府管理下のサイバー施設による他国の攻撃を，政府は積極的に認めてはならない」と規定した．その上で「他国の領土の一体性や政治的独立を脅かし，国連の目的に反するサイバー作戦は違法」であり，「サイバー作戦は規模と効果が通常の武力行使と同等ならば武力行使に当る」とした．これにより被害国は「相応の対抗措置が許され」，「個別的・集団的自衛権の行使はサイバー空間でも認める」と規定した．また「タリン・マニュアル」では「一般市民や医療従事者，医療部隊，輸送手段は保護され，サイバー攻撃してはならない」等の 95 項目のルールを挙げた．今後の課題は，この文書の実効性を検証し，法的規制力のある国際条約として各国に順守を求めることである．

米国防総省は 2011 年 6 月に「外国による組織的なサイバー攻撃を戦争行為と見なし，武力行使も辞さない」とする強硬な方針を打ち出した．また同年 7 月，「サイバー空間を第 7 の戦場」と定義し，10 月に「中国が知的財産の窃取を目的に組織的なサイバー攻撃を行っている」と名指しで非難したが，中国は強く否定した．2013 年 2 月，中国国防部は 2012 年中に受けたサイバー攻撃は月平均で約 14 万 4 千件に上り，その内 62.9 ％が米国発であると非難した．

2013 年 6 月のオバマ・習 米中首脳会談ではサイバー問題が最重要課題とされた．7 月のワシントンでの「第 5 回米中戦略・経済対話」でも「サイバー攻撃による企業情報の盗み出し防止」のルール作りの必要性を確認し，「作業部会」を設けて協議を開始した．しかし 2013 年 8 月，米インターネットサービス大手のヤフーがサイバー攻撃を受け，利用者 10 億人（2017 年に 30 億人に修正）の個人情報が流出した．また 2014 年にも 5 億人の情報が流出し，米司法省はロシアの情報機関・連邦保安局の 4 人を起訴した（2017.3）．更に 2014 年 5 月，米司法省はサイバー攻撃により米国の原子力発電所，製鉄，特殊金属，太陽電池等の製造業労組等から情報を盗んだとして，上海市浦東新区の第 61398 部隊（サイバー戦部隊）の要員 5 人を刑事訴追した．中国は「米国の捏造」と強く反発し「米中の作業部会」を中止した．

12　序章　国家安全保障の諸問題

　中国では 2014 年 1 月，国家安全委員会（主席；国家主席，副主席；総理及び全人代常務委員長）を設置し，国の安全に関する全ての情報を統合して国家安全保障戦略を統括し，指揮する強い権力を習主席の下に集約した．更に「国家安全法（2015）」，「反テロ法（2015）」，「網絡安全法（サイバー・セキュリティ法（2016））を制定し，国家安全委員会の下で一元的に情報を監理・統制し，国の人的・物的・ソフト的資源を総動員し，あらゆる手段で戦う国家総力戦の遂行体制を確立した．その中でサイバー戦能力の強化，ネット管理の徹底が図られた．

　2017 年 1 月，米国家情報局 NSA（National Security Agency）は前年の大統領選挙で，ロシア軍参謀本部情報総局がプーチン露大統領の指示によりクリントン候補の選挙妨害とトランプ候補を有利にするハッキングや情報拡散を行ったとする報告書を発表した．同年 5 月，大規模なサイバー攻撃があり，日・米・英・中・露など世界の 150 ヵ国，感染言語 28 言語，30 万台以上のコンピュータが感染し，病院や公共機関，企業等に大規模な被害が生じた．6 月下旬，ウクライナとロシアを中心に欧州の広い範囲で，同種の感染力が強化されたマルウエアによる銀行や政府機関，原発等に対するサイバー攻撃が行われた．このサイバー攻撃に使われたマルウエアは NSA　が米マイクロソフト社のシステムの弱点を突いて開発し，2016 年にハッキングされた「ワナクライ（WannaCry）」と呼ばれるランサムウエア（身代金要求型）のマルウエアが含まれた．2014 年に金正恩暗殺の映画を作った米国の映画会社のサイバー攻撃や，2014〜2016 年にエクアドル，フィリピン，ベトナム，バングラデシュ各銀行の口座から計 9,300 万ドル超が窃取されたサイバー攻撃でも使われた北朝鮮製マルウエアと同種であり，北朝鮮の関与が疑われると米大手情報セキュリティー会社・シマンテックは指摘した．一方，東京のデロイト・トーマツ・サイバー・セキュリティ先端研究所は翻訳言語から中国語に熟達した集団の犯行と推定し，慎重な調査の必要を警告した．また同月，我が国にネットバンキングのＩＤやパスワードなどを盗み取るウイルスが大量に送信され，5 日間に 40 万件以上の攻撃を受け被害を生じた．

　我が国では 2000 年，内閣官房に「情報セキュリティ推進会議」を設け，2005 年に情報セキュリティ政策の基本戦略を決定する「情報セキュリティ政策会議（議長；官房長官）」と，執行機関の「情報セキュリティセンター」（情報センターと略記）が設置された．情報センターは 2013 年にサイバー攻撃対策の「サイバー・セキュリティ戦略」を決定した．この戦略では「サイバー・セキュリティ立国」を目指して，政府機関，インフラ事業者，企業・研究機関等の総合的取り組みにより強靭なサイバー空間防衛を構築する 2015 年度までの 3 年間の取り組

みをまとめた．2014 年，「サイバー・セキュリティ基本法」が制定され（2016 年の改正で監視対象を拡大），2015 年情報センターは強化された．

　2012 年，防衛省はサイバー空間を自衛権発動対象の「第 5 の軍事作戦領域」と位置付け，2013 年に防衛省と防衛産業に対するサイバー攻撃を防御する対策の連携協議会を立ち上げた．2014 年には防衛大臣直轄・統合幕僚長指揮のサイバー防衛隊を創設し，サイバー攻撃対処の体制を整備した．

　警察庁は 2013 年に 13 都道府県本部に計 140 人のサイバー攻撃特別捜査隊を設け，全国警察の捜査情報を集約する司令塔のサイバー攻撃分析センターを発足させた．また警察庁は宇宙産業等と連携し情報を共有する枠組みを作った．

　上述した組織や枠組み造りのサイバー対策の最大のネックは，この分野の専門家の決定的な不足である．政府はこれを解決するために 2016 年に「情報処理促進法」（1970）を改正し，サイバー分野の専門家の国家資格「情報処理安全確保支援士」を設け 2021 年までに 3 万人の養成を目指すこととなった．

　日米両国政府は 2013 年 5 月，前年の日米首脳会談の合意に基づき，「日米サイバー対話」の第 1 回会議を東京で開いた．情報交換や安全保障協力を協議し，「通信・金融・電力など重要インフラのサイバー防衛策や国際ルール作りで包括的な協力を行う」との共同声明を発表した．我が国はサイバー先進国の米国との情報交換により，日米主導の国際ルール作りと中国や北朝鮮への牽制，サイバー攻撃対処能力の向上を図ることが狙いである．2017 年 8 月には日米の政府系研究機関（日本の情報通信研究機構と米政府系研究開発機関）が 2020 年の東京オリンピックでのサイバー攻撃対策提携の覚書を交わし協力することとなった．

§I.2.　東アジアの情勢

　第 2 次世界大戦終結後，アジアでは中国の国共内戦，朝鮮戦争，インドシナ戦争，インド国境での国境紛争等々，戦乱が続いた（付録 1. 参照）．我が国では東西冷戦期（1945〜1991）は，ソ連極東海軍（太平洋艦隊）が主な脅威であり，陸上自衛隊・航空自衛隊の北方重点配備，海上自衛隊の 3 海峡防備（宗谷・津軽・対馬），特にウラジオストックに根拠地を置くソ連太平洋艦隊所属の原子力潜水艦の 3 海峡の通峡阻止，深海対潜戦が主作戦であった．

　しかし近年，中国は海・空軍の急速な増強・近代化を進め，海洋覇権強国の建設を唱えて，東シナ海・南シナ海の独断的な領海宣言や排他的経済水域 EEZ（Exclusive Economic Zone）の拡大を行い，東シナ海の尖閣諸島の領海侵犯，南

シナ海の島嶼の埋め立てや基地建設等，力による現状変更の海洋覇権行動を急速に進めた．また北朝鮮は軍事優先の「先軍政治」を行って核兵器・弾道ミサイル開発を進め，日米及び周辺諸国の緊張を高めた．このため３自衛隊の配備も南西諸島方面に重点が移り，陸上自衛隊の島嶼作戦，ミサイル防衛，海上自衛隊の東シナ海の広域哨戒，対空・対水上警戒，航空自衛隊の東シナ海・南西列島及び航路帯海域の制空権確保作戦等が重視されるようになった．

§I. 2. 1. 中国の世界戦略

1．中国の経済発展と軍備拡張

(1)．中国の経済発展

　中国は 1949 年の建国以後，社会主義体制を採り鎖国政策を続け，長期に亘って経済活動が停滞していた．しかし共産党第 11 期中央委員会第３回全体会議（第 11 期３中全会．1978. 12）において，鄧小平の指導の下に経済建設の重視と改革・開放政策を採用する歴史的決定を行った．1979 年，５つの経済特区（廈門，汕頭，深圳，珠海．その後，海南省を追加）を指定し，1984 年には 14 の沿海都市を「経済技術開発区」として外資を呼び込んだ．しかし中国では土地の公有制が採られ，都市部の全人民所有（国家所有）と農村部の村集団所有に分けられ，全国的な個人の生産・販売努力のインセンティブが乏しく，2000 年以前の国内総生産 GDP（Gross Domestic Product）の伸びは低調であった．しかし 1990 年に「暫定条例；中華人民共和国都市国有土地使用権出譲及び転譲暫定施行条例」により「国有土地使用権」の譲渡制度を創設し，更に 1995 年に「都市不動産管理法；中華人民共和国城市房地産管理法」を制定して「土地使用権」を軸とした土地の「所有」と「利用」を分離する土地制度を整備した．これらの改革により全国的に生産性が大幅に改善され急速な経済成長が齎された（以下は GDP；年/金額（億 US ドル）を示す．1980/3, 053 億 US ドル，1985/3, 126，1990/3, 986，1995/7, 369，2000/12, 149，2005/23, 088，2010/60, 664，2015/111, 262）．その結果，今世紀に入り爆発的な経済成長を遂げ，GDP は 2010 年には日本を追い越して米国に次ぐ世界第２位に躍進した．2015 年には伸び率は飽和してきたが依然として７％弱の経済成長を続けている．2016 年の全人代で決定された「第 13 次５ヵ年計画」では，2020 年に GDP と国民一人当り所得を 2010 年に比して倍増することを目標に，成長率を年平均 6.5 ％以上とし，経済成長のエンジンとして科学技術を発展させて生産力を向上させるとしている．一方，製鉄や炭鉱等の

過剰生産設備の整理や不動産在庫の解消等の「供給側改革」を進めるとした.

習近平主席はカザフスタンのナザルバエフ大学やインドネシア議会における演説（2013）で，一帯一路構想（註）を述べた. また 2014 年 11 月，北京で開かれたアジア太平洋経済協力首脳会議で，習主席は同計画を提案し，関係各国に積極的な協力を働きかけた. 資金面は中国主導の「アジアインフラ投資銀行」ＡＩＩＢ（Asian Infrastructure Investment Bank, 2017 年設立）が支えるという.

註：一帯一路構想. 中国西部から中央アジアを経てヨーロッパを繋ぐ「シルクロード経済ベルト」（「一帯」と称す）と，中国沿岸部の南シナ海，インド洋，アラビア海を経てアラビア半島の沿岸部，アフリカ東岸を結ぶ「21 世紀海上シルクロード」（「一路」と称す）で，インフラストラクチャー整備，貿易促進，資金の往来を促進する大経済圏構想である.

この構想は中共軍の急速な近代化と併行して進められ，東シナ海の EEZ 拡大や尖閣問題，南シナ海の 9 段線（註），「印度を囲む真珠の首飾り」（2-(5)項に後述）等の力による現状変更と表裏一体をなし，西太平洋～インド洋及びユーラシア大陸～アフリカ大陸に亘る「大中華共栄圏」を建設して，中国が経済的・軍事的に支配する世界戦略である. このために中国は着々と体制を整備している.

註：9 段線. 1947 年に中華民国・内政省地域局が「南シナ海諸島位置図」に南シナ海の約 90 ％の海域を 11 段線（折線の緯度・経度は不明）で囲み領海とした. 中国はこれを踏襲したが，1953 年，トンキン湾内の島に支援国・北ベトナムのレーダ施設の建設を認め，トンキン湾の 2 つの段線を削り 9 段線とし，1992 年に「領海法」で領海線として宣言した.

(2). 中国の軍備拡張

中国は爆発的な経済成長の下で軍の近代化と軍備拡張を急速に進めた. 特に海・空軍を近代化し西太平洋の覇権獲得の海洋強国を目指した. 即ち中国は過去 10 年間で軍事費を約 3.4 倍に伸ばし，陸海空・3 軍の急速な近代化と宇宙やサイバー空間の軍備拡張を進めた. 中国政府は 2018 年度国防費を 1 兆 1 千億元（約 18 兆 5 千億円），前年度比伸び率は 8.1％と発表した. 日本の 2018 年度防衛関係費 5 兆 1,911 億円（前年比 1.3％）の約 3.6 倍であり，米国に次ぐ世界第 2 位である. しかも中国の軍事費の内容は不透明であり，装備の研究開発費や外国での兵器調達費を含まず，米国防総省は実質約 1.25 倍と推定している.

2．中国の国防法制と軍制の近代化

中国は 2014 年 1 月，国家安全委員会（主席；習近平国家主席）を設置した. この委員会は国家安全保障戦略を指導し，国の安全に関する法治を推進し，安全保障の重要問題の解決に当る機関である. 従来，中国の防衛・治安・軍事に関す

る事項には，共産党・政府・軍・武装警察が関与していたが，以後，国家安全委員会が全ての情報を統合し，分析して政策を調整し指揮する強い権力が習主席の下に集約された．これにより中国は「国防動員法」で物資を，「反テロ法」で情報システムを監理・統制し，「国家安全法」でこれらを統合して国の情報・資源を総動員し，国家安全委員会の下で，通常戦，外交戦，国際テロ戦，諜報戦，金融戦，サイバー戦，法律戦，心理戦，メディア戦等，あらゆる手段で戦う国家総力戦（中国では超限戦と呼ばれる）を遂行する体制を確立した．

(1)．国家総力戦体制

上記の３法を簡単にまとめれば次のとおりである．

①．国防動員法（2010）．中央軍事委員会が有事に下令する動員令を定める．有事の金融特別措置やレアメタル等の戦略物資の備蓄・徴用，個人・組織の物資や設備の徴用，交通・金融・マスコミ・医療機関等の政府や軍による管理を規定する．この法律は国外の中国人，中国企業にも適用される．

②．反テロ法（2015）．テロ対策の「国家テロ情報センター」の設置，プロバイダー事業者の暗号提供の義務付け，テロ対策機関が未承認の報道の禁止等の報道規制を規定している．

③．国家安全法（2015）．領土・主権の防衛とネットワーク等の言論統制の強化，海洋権益の維持・拡大及び宇宙開発の推進を含む包括的な危機管理を目的とする．暴動・テロ対応，少数民族対策，宇宙・深海・極地での活動，ネット空間の監理，海洋権益とエネルギー資源の確保，食料安全保障等の広い分野の国益追求に必要な全ての措置の権限を規定する．

周知のとおり中国は共産党の一党独裁の国であり，党の判断と決定が法に優先する．その中国が急激に軍備を増強し，戦時及び暴動・内乱等の非常事態の体制を整備し，安全保障の強化や海洋権益の拡大を進めている．「平和を愛する諸国民の公正と信義に信頼して」戦力を放棄し，非常事態条項すら無い我が国の「平和憲法」の能天気さとは対照的である．

(2)．軍制及び装備の近代化

中共軍は共産党・中央軍事委員会の指揮・統制下にあり，憲法上も共産党の軍隊であり国軍ではない．中央軍事委員会委員は共産党中央委員会から選出される．

中共軍は国共内戦に引き続く近隣国との戦争（朝鮮戦争・中印戦争・中ソ紛争・中越戦争）の経緯から，近年まで陸軍中心の縦割り組織で中央軍事委員会直属の陸軍の七軍区と補助的な海・空軍が設けられていた．しかし2016年初めに抜本的な軍制改革を行い，「陸軍指導機構」（陸軍司令部）を設け，陸軍の第２砲兵部

隊（核戦略ミサイル部隊）を火箭軍と改称して陸・海・空軍と同格に格上げし，サイバー攻撃や宇宙担当の新型戦力の戦略支援部隊を新設した．従来の陸・空軍の7軍区（北京・瀋陽・南京・済南・広州・蘭州・成都）と，海軍3艦隊（北海=司令部・青島，東海=寧波，南海=湛江）を統合し，5大戦区に編成替えした（以下の括弧内は旧編成）．即ち中部戦区（陸・空の北京軍区），東北戦区（瀋陽軍区と北海艦隊），華北戦区（南京・済南軍区と東海艦隊），華南戦区（広州軍区と南海艦隊），西北戦区（蘭州・成都軍区）である．この改革によってそれまでの陸軍中心の軍政・軍令混在の指揮系統は，中央軍事委員会（長は国家主席）が統括する軍政部門の国防部と，有事に陸・海・空・火箭軍の4軍を指揮する軍令部門の連合参謀部の下に，5戦区の統合作戦指揮機構及び各戦区の実動部隊の組織に近代化された．従来の国防部は総参謀部（作戦）・総政治部（政治工作）・総後勤部（補給）・総装備部（技術）の4部から，7部・3委員会・5機構に編成替えされた．新国防部の構成は，連合参謀部（戦略と有事の統合作戦指揮）のほか，政治工作，補給・輸送，兵器開発・調達，訓練，有事動員計画，国防部総務担当の7部，綱紀監察，軍法務，科学技術指導の3委員会，戦略企画，軍制・編制，国際軍事協力，財務監査，事務管理総局（総務）の5機構である．

　中国は近年まで米機動部隊を近海から駆逐する「接近阻止・領域拒否戦略」を戦略目標とし，火箭軍に射程約1,500 kmの地対艦ミサイルを装備し，新たに対艦弾道ミサイルを開発中である．海軍は弾道ミサイル（巨浪2，射程8,000 km）搭載の原子力潜水艦「晋級」を就役させ，また空母「遼寧」（ソ連崩壊で工事を中止した「ワリヤーグ」；1988年進水をウクライナから買い取って改装し2012年に就役）と，5万トン級の通常動力型空母を大連・上海で建造中であり，2020年には3個空母群が戦力化される見込みである．2008年3月の米上院軍事委員会公聴会で，米太平洋軍司令長官T. J. キーティング海軍大将は，2007年5月の訪中時に中国海軍高官が「空母群を戦力化すれば，ハワイ以西の太平洋を管理できる」と豪語したと証言し，警戒感を述べた．前述した中国の「大中華共栄圏」建設の世界戦略を裏付けるものである．中国海軍は新型の弾道ミサイル搭載の第2世代原子力潜水艦（SSBN）・晋級を就役させ（2007），また原潜，空母用の大規模海軍基地を海南島・三亜市に建設した（2011）．米国防省の報告書 [1] によれば，中国海軍は2017年現在63隻の潜水艦を保有し，潜水艦隊の近代化を優先し，2020年までに潜水艦69〜78隻に増勢すると予想している．2020年代前半には弾道ミサイルを搭載可能な次世代戦略原子力潜水艦の建造を始め，今後10年間に対地攻撃能力を向上させた新攻撃型原潜を建造する模様である．また通常動力型

の約6万トン級の中型空母を中核とする2個空母戦闘群の建造を進め，2020年頃の戦力化が推定される．更に中国空軍は第5世代のステルス戦闘機J（殲）-20と（2017.3.運用開始），長距離戦略爆撃機の開発を進めている．

(3)．中共軍の戦策

中共軍の「改訂 人民解放軍政治工作条例（2003）」には「3戦（法律戦，輿論戦，心理戦）を実施し，敵軍の瓦解を図る」と記載されている．即ち軍事力を背景に独善的な「国家の核心的利益」（註）を掲げ，国際法無視の「領海法（1992）」や「島嶼保護法（2010）」を制定し（法律戦），生起した国際紛争の情報操作や言論統制により国民の反日デモやネット輿論を誘導して対象国を揺さぶり（輿論戦），相手の対抗意思を粉砕する「心理戦」の外交を展開する．中国はこの「心理戦」の世論形成のために，長年に亘り我が国を貶める「反日愛国教育」を執拗に行い，国民の中華ナショナリズムを煽って激しい反日デモや日系商店への襲撃を繰り返し，「責任は日本にある」とするのが常である．その理不尽な横車は，国連安保理改革で日本の常任理事国入り反対の上海日本総領事館襲撃デモ隊事件（2005），毒餃子事件（2007），尖閣事件（2010, 2012）等で明らかである．

　　註：国家の核心的利益. 　中国の主権，安全，領土保全，国家統一，政治制度と社会の安定，

　　　及び経済と社会の持続的発展を指し，従来は台湾，チベット，新疆ウイグル自地区の独立

　　　阻止及び南シナ海の領海問題を指したが，2012年以後，尖閣諸島が加わった．

一方，我が国では中国のお抱え新聞社と評判の高いA新聞社とその系列マスコミが，事ごとに親中反日のプロパガンダを繰り返し，国民に自虐史観と対中国の贖罪意識をすり込み，多くの国民が取り込まれている．中国は「心理戦」に続いて武装監視船や海軍艦艇の出番となるのが定番であり，東シナ海のガス田や尖閣諸島及び南シナ海で頻繁に繰り返された．また尖閣騒動では中国各地の反日デモ（2010.9）で「琉球解放！」のプラカードや「対日宣戦布告」，「釣魚島への部隊進駐を強く要求する！」の垂れ幕等（2012.9）が掲げられた．また2012年11月モスクワでの露・中・韓3国・の「東アジアにおける安全保障と協力会議」では，中国・国際問題研究所の郭宪纲副所長は，「敗戦国日本の領土は北海道・本州・四国・九州の4島に限定されており，日本は南クリル諸島，トクト(竹島)，釣魚諸島（尖閣諸島）のみならず，沖縄をも要求してはならない」と演説した．更に国連総会(2012)で尖閣問題に言及した野田首相の演説に対して，中国高官は「第2次大戦の敗戦国の日本が戦勝国の領土を盗んだ」と暴言した．沖縄・尖閣侵略の「3戦」は既に開始されており，また中国が露・韓と口を揃えて唱える「歴史認識」の狙いは南西諸島の領有である．

（4）．海軍近代化計画

　中国は冷戦期の中ソ国境紛争や対外戦争のため陸軍中心の軍備を進めたが，1980年代から海軍の近代化を急いだ．「中国人民解放軍近代化計画」（1982）では，海軍の任務は，海上からの外敵の侵略阻止，国土と海洋権益の防衛，祖国統一（台湾解放）の3つとし，次の計画を記載した．

①．再建期（1982～2000）．海上からの外敵の侵略に対する沿岸の完全な防備態勢を整備する．

②．躍進前期（2000～2010）．第1列島線（薩南諸島～沖縄～台湾～フィリピン～ボルネオ～南シナ海の9段線）内の制海権を確保する．

③．躍進後期（2010～2020）．第2列島線（伊豆諸島～小笠原諸島～グアム・サイパン～パプアニューギニア）内の海域の支配を確立する．

④．完成期（2020～2040）．第3列島線（アリューシャン列島～ハワイ諸島～ライン諸島）以西の西太平洋及びインド洋における米海軍の支配を排除する．

　東海艦隊は2010年4月に沖ノ鳥島近海で潜水艦2隻を含む艦艇10隻の大規模演習を行い，以後これを常態化すると発表した．このことは中国海軍が既に近海防備海軍から外洋海軍に脱皮し，躍進後期に入ったことを示す．この頃から中国は東シナ海，南シナ海及び西太平洋で力による現状変更の海洋覇権の強化を進めた．即ち東シナ海ではEEZの沖縄トラフまでの拡大，海底ガス田の開発，尖閣諸島の領有宣言と領海侵犯，東シナ海の海洋調査，一方的な「防空識別圏」の設定等を強行した．また南シナ海では国際法上根拠のない9段線を設け，中国の領海と主張し，漁場の占有，岩礁の埋立て及び軍事拠点の建設を強行し，近隣国との摩擦・軋轢を深めている．

　米国ランド研究所の報告（2011）では，中国は2010年に「米海軍の接近阻止・領域拒否戦略」から，第1列島線内の制空権獲得と弾道ミサイルによる米空軍嘉手納基地・米海兵隊普天間基地・航空自衛隊那覇基地等の「先制攻撃戦略」に転換したと述べた．以下，上述の計画の進行を概観する．

（5）．中国の海洋覇権戦略

　1969年，国連アジア極東経済委員会が，黄海・東シナ海・南シナ海の大陸棚に豊富な石油・天然ガス埋蔵の可能性を発表した．それ以後，中国は海洋覇権行動を強め，同海域の海洋権益争奪が激しくなり，隣接諸国との領海紛争が激化した．中国は「領海及び隣接区域法（略称；領海法．1992）」及び「排他的経済水域及び大陸棚法．（1998）」を施行して，尖閣諸島，台湾，南沙諸島等を含む広大な海域を自国の領海と宣言し，沿岸国と衝突を繰り返している．

①. 東シナ海. 東シナ海では中国は尖閣諸島を中国領と主張し，また EEZ 水域の国際慣例である基準点からの等距離中間線原則を無視し，沖縄トラフに至る大陸棚海域を中国の EEZ と主張して海底資源の独占を図っている.

ⅰ. 尖閣諸島問題. 尖閣諸島は南西列島に属し，1885 年 8 月，日本政府は沖縄県に命じて魚釣島，大正島，久場島の 3 島の現地調査を行い，諸島が無人島で清国の支配の痕跡がないことを確認し，閣議決定を行って 1895 年 1 月に現地に標杭を建て正式に日本の領土に編入した. 一方，中国と台湾は，明時代の琉球への冊封使の古文書に釣魚台の記述があること等を根拠に 1970 年代から領有を主張し始めた. 日本政府は「領有権問題は存在しない」という立場で実効支配している. しかし鳩山由紀夫首相（2009.9〜2010.6）が，親中国の「友愛外交」や沖縄普天間の米軍基地の海外又は県外移転を唱え，日米関係の亀裂を生じたことに乗じて，多数の中国漁船が尖閣諸島の日本領海内に侵入し傍若無人に操業した. 2010 年 9 月にその 1 隻が我が巡視船の取り締りを妨害し，体当りして違法操業・公務執行妨害で船長が逮捕された. 中国はこれに対して猛烈に抗議し，東シナ海のガス田開発の条約交渉や閣僚級以上の交流を中止した. また日本向け貿易検査の厳格化，レア・アースの輸出停止，遺棄化学兵器処理事業で現地調査中の中堅ゼネコンのフジタ社員 4 名の拘束，国連総会での温家宝首相の抗議演説及び首脳会談の中止等々，激しい抗議行動を行い，北京の日本大使館や各地の領事館に反日デモが連日押しかけた. 日本政府（菅直人内閣）は「違法操業の漁船は国内法で粛々と処理する」と言明するのみで実状を隠蔽し，那覇地検は船長を処分保留のまま「政治的配慮」で釈放した. 見かねた若い海上保安官が衝突時の証拠ビデオをネット上に暴露した.

　その後，中国は国家海洋局の監視船（略称・海監）の哨戒を常態化させた. 2011 年の全人代の「第 12 次 5 ヶ年計画（2011〜2015）」では，「海洋発展戦略」を制定して海洋権益の拡大を宣言し，「海監総隊」を 2020 年までに 520 隻に倍増するとした. 2012 年の千トン級以上の大型巡視船は海保の 51 隻に対し中国は 40 隻に過ぎなかったが，その後急速に増強し 2019 年には 145 隻となり，1 万トン級も出現した. 尖閣事件は単純な漁船の領海侵犯ではなく，漁船を尖兵とする尖閣奪取の前哨戦であり，次の段階は多数の偽装漁民の避難上陸や中国海軍による実効支配の危険性が高い. 放置すれば尖閣諸島の「竹島化」は必至であり，尖閣諸島に我が国の実効支配を明示する恒久施設の建設を急ぐ必要がある. 石原慎太郎東京都知事は政府の姑息な「事なかれ外交」を憂え，「東京都が尖閣 3 島を買取り，舟溜り・電波中継塔・灯台を建設する」と提案した

§ I. 2. 東アジアの情勢　　21

(2012.4). しかし野田首相はこれを退け尖閣３島を時価の数倍の 20 億５千万円で地権者から買い取り国有化した（同年９月）．中国はこれに猛反発し各地で反日デモを行い，日本公館への投石，日系商店・工場の襲撃・略奪を繰り返し，海監が頻繁に尖閣島の領海を侵犯した．更に通関検査を厳重化し，日中国交 40 周年記念行事の全ての交流事業を中止した．中国は海監をガス田から尖閣諸島に至る海域に張り付け，我が国の公船への示威行動や，調査船に対する「中国海域での調査の中止」を要求し，調査活動を監視する動きを繰り返した．また 2011 年８月，中国は海監２隻を尖閣諸島の日本領海内に侵入させ，尖閣諸島は中国領と宣言し，その後も尖閣諸島の領海・接続海域に海監が頻繁に侵入し「中国領宣言」を繰り返した．2012 年，野田内閣は EEZ の基点となる無名の小島 39 島に命名したが，中国もその直後に尖閣諸島に中国名を付けた．更に中国は海洋観測・予報活動を規制する「海洋観測管理条例」を公布し，尖閣諸島占有を「国家の核心的利益」に昇格させ，2012 年４月の日中韓首脳会談でもこれを強調した．これらの一連の動きは海軍力を強化し中国沿岸から日米及び東南アジア沿岸諸国の艦船を締め出し，海洋権益を囲い込む意図が明白である．野田内閣の尖閣３島国有化以降，中国は尖閣諸島への圧力を著しく増大させ，2013 年 11 月，一方的に東シナ海の防空識別圏を告示した．

ii．海底ガス田及び EEZ 問題．　EEZ は国際慣例では基準点から等距離の中間線の原則であるが，中国はこれを無視し東シナ海では沖縄トラフに至る大陸棚海域を中国の EEZ と主張して海底資源の独占を図っている．2005 年には係争中の沖縄北西の EEZ 境界の４ガス田（白樺・楠・樫・翌檜）に，延べ５隻のミサイル駆逐艦を繰り出して恫喝し，隣接する日本の EEZ での試掘計画を吹き飛ばした．その後，胡錦濤国家主席の訪日時に（2008.5），ガス田問題は協議に入ったが，上記の４ガス田の共同開発の日本提案に対し，中国は先行開発の権利を主張して譲らず，「白樺は中国の主権の下に日本が協力出資し，翌檜は廃棄，樫，楠の扱いは協議を先送りし，新たに中間線を挟む海域の共同開発」の妥協案がまとまった．しかし中国の「共同開発」は国際ルールの負担に応じた分配ではなく，「中国所有の原則に基づき日本の共同開発を許可する」というものである．その後，中国は協議を棚上げし，2009 年冬に「白樺」のガス田施設を完成した．また 2012 年には「樫」開発も開始し，常套の既成事実の造成を急いだ．また中国は国家海洋局所属の監視船「海監」をガス田から尖閣諸島に至る日本の EEZ 海域に張り付け，付近を航行する日米の艦艇に示威行動を繰り返した．

日本の外務省はチャイナ・スクールの親中国派が中国外交を牛耳り，「媚中外交」に終始した．放置すれば尖閣諸島の領有権，東シナ海ガス田，EEZ 等の我が国の主権や国益が無残に食い荒らされる可能性が高い．

②．南シナ海．　中国は国際法に違反する9段線内を領海と主張し，沿岸諸国と争っている．中国は 1974 年に南ベトナムと領有権を争っていた西沙諸島を武力占領し，1988 年には南沙諸島のジョンソン島を占領した．1991 年に米軍がフィリピンから撤退した後は，中国は南シナ海の実効支配を拡大し「領海法（1992）」を制定して尖閣諸島，台湾を含む第1列島線内，及び南シナ海の9段線内の南・中・西沙諸島等を含む領域を領海と宣言した．しかし南シナ海の全域で近隣諸国が異議を唱えて領有権を争っている．更にこの海域は太平洋とインド洋を結び，極東からインド・中東・欧州に至る重要な航路帯である．我が国のラフラインであり，「航海・飛行の自由」の確保は重要である．

ⅰ．西沙諸島．　西沙諸島海域では，中国・台湾・ベトナムが領有権を争っている．中国は 2012 年に西沙諸島のウッディ島（永興島）に市庁を置き，航空基地を建設し2016年には地対空ミサイルHQ9（射程約200 km）及びJ-11戦闘機，JH-7戦闘爆撃機部隊を配備した．また海南島から西沙諸島を巡るクルーズ船を就航させ実効支配を誇示した．

ⅱ．中沙諸島．　中国・台湾・フィリピン・ベトナムが領有権を争っている．中国は 2016 年3月，スカボロー礁の埋め立てを始め2017年夏には工事を終えた．

ⅲ．南沙諸島．　この地域では中国・台湾・ベトナム・フィリピン・マレーシア・ブルネイ等の諸国が領有権を争っている．中国は 2012 年後半から南沙諸島の7つのサンゴ礁を埋め立て2015年末には合計約13 km² の埋め立て工事を完了し，ファイアリークロス礁（永暑礁），スービ礁（渚碧礁），ミスチーフ礁（美済礁）の3礁にそれぞれ 2,700 m 級の滑走路と戦闘機計 72 機分の格納庫 24棟，通信施設，水や燃料の貯蔵施設を建設し，4ヵ所にレーダ施設等を設けた[1]．これらが稼働すれば南シナ海全域に防空識別圏を設定する可能性が高い．一方，中国は列国の非難を避けるために，南シナ海では，海軍艦艇ではなく，海監や漁船を係争海域に派遣し，「他国との紛争に至らない程度に計算された高圧的手法」で領有権の主張を通そうとしている．

③．南太平洋．　1990 年代以降，中国は南太平洋島嶼国に経済・技術援助等の活動を活発化させた．島嶼国への経済援助は2005年の400万ドルから2009年には1兆5,600万ドルに達し，4年で 40 倍に拡大した．これらの島嶼国は台湾との国交のある国が多く，中国の援助攻勢は台湾との断交を促す外交的意図と，

パプアニューギニアの天然ガスや南太平洋の水産資源が狙いと考えられる.
④．インド洋．今世紀に入り中国は「印度を囲む真珠の首飾り」と呼ばれる諸港（シットウェ；ミャンマー，チッタゴン；バングラデシュ，ハンバントタ；スリランカ，マラオ；モルディブ，グワダル；パキスタン）等の港湾工事を支援して中国の軍事拠点として使用する権利を手に入れた．またアデン湾口のドラレ（ジブチ）でも2016年から中国海軍の前哨基地の建設が進められている．

　この状況を警戒したインドは，マラッカ海峡の西の出口のアンダマン・ニコバル諸島の防備を強化し，建国以来の「非同盟第3世界の外交」の方針を変え，日・米・印の安全保障面の国際協力を強めた．2006年，M.シン・インド首相が訪日し，「日印戦略的グローバルパートナーシップ」の共同声明に署名し，以後，両国首脳が交互に訪問して協調関係を深めた．その後，2015年12月，「日印防衛装備品・技術移転協定」及び「日印秘密軍事情報保護協定」を締結し，2016年11月には「日印原子力協定」が結ばれた．更に2016年6月，沖縄近海で行われた米・印の共同訓練「マラバール2016」に海上自衛隊も参加し，翌年にインド洋で実施される「マラバール2017」（2017.7）からは，毎年，日・米・印3国の共同演習として行われることとなった．

(6)．中国の海上保安機関

　中国の海上保安機関は2013年以前は五龍と呼ばれた国土資源部国家海洋局海監総隊（海監），公安部辺防管理局公安辺防海警総隊（海警），農業部漁業局（漁政），海関総署緝私局（海関），交通運輸部海事局（海巡）が分立していたが，第12期全人代（2013.3）で海監，海警，漁政，海関は海監総隊を中心に中国海警局として統合され、公船は「中国海警」と称されるようになった。更に2018年3月，中国海警局は中央軍事委員会直属の武装警察部隊に編入された.

3．中国の科学技術振興

　中国は軍備の近代化と経済発展のために資源開発・科学技術の進歩を急いだ．胡錦濤政権が発足した2002年の科学技術支出は916億元であったが，2015年には1兆4220億元（24兆1,740億円）と13年間で17.4倍に急増した．

　「中国国防報」（2010.3）は軍事技術開発の重点として，①．精密攻撃力強化のための情報化，②．遠方兵力投入能力の強化，③．海・空軍のハイテク化，④．ミサイル迎撃システムの整備，の4分野を挙げ，更に宇宙開発，深海探査分野の技術開発の促進を重視した．また中共軍は陸・海・空・宇宙に加えてサイバー空間を第5の戦場と位置づけ，敵情報の窃取，敵軍の通信・兵站ネットワークの妨

害，戦闘時の攻撃の相乗効果等を目的とする複数の情報戦部隊を設け，電算機ウイルスを開発して頻繁に各国にサイバー攻撃を繰り返した（米国防省「中国の軍事力に関する年次報告書（2013）」．中国のサイバー攻撃は§I.1.の4項参照）．

中国の宇宙開発は毛沢東が 1958 年5月の共産党国民会議で「581 計画」を承認し，建国 10 周年記念の 1959 年までに人工衛星を打ち上げ，他の超大国と同等になると決定したことに始まる（人類初の人工衛星；ソ連のスプートニク1号の成功は前年 1957 年 10 月）．この計画では観測ロケットを開発し，次に小型人工衛星を打ち上げ，続いて大型衛星打ち上げる3段階の計画であった．当初はソ連の技術支援を受けたが，1960 年の中ソ対立後は独自に開発を進め，1999 年 11 月，建国 50 周年記念に中国は試験動物を載せた「神舟1号」を打ち上げ回収した．2001 年「神州2～4号」で動物，ダミー人形の実験を行い，2003 年 10 月，有人宇宙飛行船「神舟5号」に成功し，2008 年9月，「神舟7号」で宇宙遊泳が行われた．2003 年には 2020 年頃を目途に月面物質を地球に持ち帰る次の4段階の月探査；「嫦娥計画」を発表した．①．嫦娥-1 工程．2007 年 10 月，月探査機「嫦娥1号」が打ち上げられ月軌道に到達した．②．嫦娥-2 工程．2013 年 12 月，「嫦娥3号」が月の北部の「雨の海」に軟着陸し，月面探査車「玉兎」を発進させ 30 ヵ月に亘り多くの写真を地球に送った．③．嫦娥-3 工程．サンプルリターンの予定で「嫦娥5号」を 2017 年7月に発射したが，長征5号Eロケットの故障で墜落し失敗した．これにより ④．嫦娥-4 工程．2024 年に打ち上げ予定の長征7号による有人計画，月面基地（月面駐留）の工程が懸念されている．中国は月探査以外に，大型宇宙ステーションの建設（2011 年9月には宇宙船の雛形無人実験機「天宮1号」が打ち上げられ，翌年6月には「神舟」と手動ドッキングに成功した），火星探査も計画されている．「第 13 次5ヶ年計画」（2016）でも「宇宙分野の革新的な新技術開発の加速」を掲げた．この計画では 2016 年に新型ロケット「長征5号（月探査機運搬用），7号（有人宇宙船運搬用）」の打ち上げ，「天宮2号」と2人乗り有人宇宙船「神舟 11 号」のドッキングを行い，2017 年には宇宙貨物船「天舟1号」，「嫦娥5号（月面物質持ち帰り用）」及び2018 年に「嫦娥4号（月裏側着陸用）」，「宇宙基地中核船体」の打ち上げ，2020 年頃に宇宙基地を完成し，「火星探査機」での火星着陸を目指すとしている．

また軍事研究としては，宇宙衛星攻撃兵器を開発して米国偵察衛星へのレーザー照射（2006）や自国の老朽化した気象衛星を破壊する衛星撃墜実験（2007）を行い，大量のスペースデブリを発生させ各国から非難された．2010 年には地上配備型の弾道ミサイル迎撃の実験を実施し，ミサイル早期警戒衛星の整備も急い

でいる．更にGPS「北斗」計画では測位衛星 16 基でアジア・西太平洋を覆域し (2012)，35 基で全世界を覆域（2020）する計画を進めている．

深海探査では 2012 年に有人潜水艇「蛟竜」がマリアナ海溝で 7,020 m の潜水に成功した．

4．台湾問題

蒋介石は国共内戦に敗れて台湾に逃れ（1949.12），アジアの防共の砦の一角として「米華相互防衛条約」（1954.12）を結び中国と対峙した．1971 年 10 月に中国が国連代表権を獲得し（台湾は国連を脱退），1979 年 12 月に米中は国交を樹立した．このとき中国が主張する「1 つの中国」の原則に従い「米華相互防衛条約」は失効したが，米国は西側陣営の台湾を重視し「台湾関係法」を制定した（1979.4．事実上の軍事同盟）．1980 年代後半に中・台間の民間交流が始められ，1991 年に中・台両政府の暗黙の了解の下に民間機関（中国側：海峡両岸関係協会，台湾側：海峡交流基金会）が設けられ交流を拡大する実務交渉が行われた．完全な合意には至らなかったが 1992 年の香港協議で中国の「1 つの中国」の原則を認めつつ，台湾が主張する「解釈は各自で異なることを認める」（一中各表）ことを口頭合意したとされる（「九二共識」と呼ばれる）．しかし 1996 年春の台湾総統選挙では，中共軍は台湾海峡で大規模な恫喝的軍事演習を行い，基隆港と高尾港沖に多数のミサイルを射ち込み（第 3 次台湾海峡危機），中国の「1 つの中国」を行動で示した．米国は空母機動部隊を派出して中国の圧力を排除した．2005 年 4 月，連戦 国民党主席が南京を訪れ胡錦涛 共産党総書記と国共トップ会談を行い，両党の合意事項として初めて「九二共識」の文言が確認された．しかし「一中各表」には触れず，中国と台湾の主張は異なったままである．2008 年 5 月，台湾民進党政権が馬英九 国民党政権に交代し，馬政権は中国の「1 つの中国」の原則には抗わず，対中融和政策による経済交流を優先した．2016 年 1 月の総統選挙では国民党は大敗し，独立志向の民進党 蔡英文政権に代わった．習中国主席は「1 つの中国」の確認を強く迫ったが，蔡総統は公式にはこれを認めず「現状維持」で台湾の発展を図る一方，日米接近の外交を進めた．

5．中国人の日本国土の買い占め

農林水産省の「外国資本による森林買収に関する調査の結果」（2017.4）によれば，2016 年に外国資本が買収した日本の森林面積は 202 ha で前年の 67 ha の約 3 倍に達し，ほとんどが北海道であり中華系（香港・台湾を含む）の買収面積

が 81 ％に上る．また北海道では前年度の水源地の面積は，2016 年度は 2411 ha が中国を主とした外国資本の所有であり，2015 年は 1878 ha であるから 1 年で 533 ha（東京ドーム約 100 個分）も増加したことになる．しかもこれは水源地に限られるデータであり，それ以外の土地を含めれば東京ドーム 5000 個分が外国人所有となっていると推定される [8]．同書によれば，中国人による北海道での土地爆買いは，彼らの資産保全と日本の永住権取得が目的であるという．

　本節の初めに中国の土地制度の経済的インセンティブを述べたが，中国では土地の個人所有はできず，売買できるのは使用権だけである．その使用権も期間が限られ（住居用 70 年，工業用地 50 年，商業・観光・娯楽用地 40 年），使用期間が切れれば再申請の更新契約料が必要となる．また国や地方政府が更新を拒否すれば土地は国に没収されるので，資産家にとって大きなリスクである．これを避けるために資産家は外国で住居や商業目的で土地を購入することが多く，北海道以外に沖縄等でも中国資本による土地買収は進んでいる．このような中国資本の水源地買収に対して各地方自治体が危機感を募らせ，日本全国で水資源に絡む土地取引を制限する「水資源保全条例」が制定され，北海道では 2012 年にこの条例が制定された．米国やカナダ，豪州等でも中国の資産家が人民元を売ってドルに換え，巨額のカネを海外に移して資産の保全を企てるキャピタルフライトが起きている．そのため中国の外貨準備高はピーク時（2014.6 末）に日本円で 451 兆円あったが，2015 年末には 376 兆円，2016 年末には 340 兆円に減少し人民元安に繋がった．中国政府は 2016 年に海外送金や外貨購入を規制し外貨流出を防ぎ，それ以降，中国の国営企業が北海道の観光業買収へ乗り出す動きが加速した．例えば「星野リゾートトマム」は，中国の商業施設運営会社「上海豫園旅游商城」に買収され（2015），またサホロリゾート（北海道上川郡新得町）も実質上，中国資本の傘下になった．このような中国資本の海外進出は，技術企業の買収等でも世界的に問題になっており，半導体等の先端技術をもつ企業が中国政府ファンドによって買収され，技術が中国に流出することが警戒されている．

　また日本永住権の取得も中国人の土地爆買いに関係している．2011 年から始まった「沖縄訪問の中国人個人観光客に対する数次ビザ発給」を利用して入国すれば有効期間が 90 日に延長され，北海道に渡り資本金が 500 万円以上の法人を設立して法人名義で土地を購入し，従業員 2 人以上を常駐させれば，中国人経営者は中長期在留の経営・管理ビザを取得でき，更に 10 年経てば永住権が取得できる．こうして中国人は日本の永住権取の取得を狙っていると言われる．

　2016 年末時点では在日中国人は 69 万 5 千人であり，在日韓国・朝鮮人の 48

万５千人）よりもはるかに多い．本節１項に前述した中国の「国防動員法」では，有事の際には国外の中国人及び中国企業も動員される規定である．即ち有事には在日中国人や留学生が中国の工作員として中共軍に協力する義務があり，我が国は大勢の中国ゲリラ要員を国内に抱えていることになる．

以上，中国の軍事的・経済的脅威について述べたが，アジアにおける国際社会に対するもう１つの脅威は，挑発的な北朝鮮の核兵器・弾道ミサイル開発である．

§I.2.2. 北朝鮮の先軍政治

米国の軍事力評価機関 GFP（Global Firepower）の「2017 年国別軍事力ランキング」（陸海空軍の火力・戦力，人口，資源，国防予算等，50 項目を総合した指数）によれば，世界 127 ヵ国中で，米，露，中，印，仏，英，日，土，独，伊，韓，…，23 位・北朝鮮である．因みに北朝鮮の GDP は 213 ヵ国中 123 位（2016 年）であり，このように貧しい中で軍事最優先の先軍政治を進め，全世界の非難を浴びつつ独自の核兵器・ミサイル開発に努めている．また北朝鮮はソ連の「スターリン批判（1956）」以後，「主体思想」（註）を掲げ，ソ連の混乱，中国の「文化大革命（1966～1977）」等の社会主義国の後継者争いや，中ソの対立を避け，初代・金日成が 1949 年に朝鮮民主主義人民共和国の首相に就任以後，第２代・金正日（1994.7～2011.12），第３代・金正恩（2011.12.～現在）の世襲制の政権体制を固め，「軍事委員会委員長」と称する「金王朝」を確立した．2011 年 12 月に３代目を継いだ金正恩（３男）は，張成沢（叔父）や金正男（長兄），政府高官を粛清して独裁・恐怖政治を執り，軍事最優先の先軍政治を進めた．

註：主体思想． スターリンの歿後約３年後，第 20 回ソ連共産党大会（1956.2）でフルシチョフ第１書記は徹底した「スターリン批判」を行い，スターリンの粛清の実態を暴露して個人崇拝を排除し，党の意思決定や運営を集団指導制に変更し，内外政策・政治体制を大きく方向転換した．西側への平和共存路線を採り，国際共産主義運動の方針転換と軌道修正を行った．毛沢東はこれに強く反対して，深刻な中ソのイデオロギー対立が生じた．北朝鮮は建国以来，中ソの厚い支援を受けてきたが，両国の対立から中立を保つために，金政権初代の金日成は政治・経済・思想・軍事の全面で自主・自立を貫く政治路線を採り，核・ミサイル開発も初期にソ連から導入した技術を独自に改良して進められた．

１．北朝鮮の大量破壊兵器開発

北朝鮮は建国以来，核武装を基本政策としソ連・中国に協力を求めたとされる．

しかし両国は原子力の平和利用には協力的であったが核武装は反対した. 1953年7月, 朝鮮戦争が膠着状態となり 38 度線を停戦ラインとする「朝鮮戦争休戦協定」が結ばれ休戦となったが, 一方, 「米韓相互防衛条約 (1953.10)」が締結されて北朝鮮への防波堤が築かれた. 北朝鮮は中国との軍事同盟はあるが, 「主体思想」の下でソ連の庇護は受けられず, 核抑止戦略によって米国の「体制保証」を得ることを目的として, 本格的に核開発に取り組んだ. また原子力開発に関するソ連の基本合意を得て, 数人の科学者をソ連の「ドゥブナ核研究所」に派遣し (1956.3&9), 供与された小規模の研究用原子炉を寧辺に建設した. ソ連の協力は平和利用に限定されたが, 北朝鮮の核兵器計画は放棄されず, 東側諸国の関係者の証言及び 1982 年以降の米偵察衛星の画像分析から, 寧辺の新たな原子炉建設が判明した. 米国はソ連に対して北朝鮮の NPT 加盟を働きかけ, 北朝鮮は NPT に加盟し (1985), IAEA の監視下に置かれたが, その後も核開発計画を続けた. 1986 年3月, 寧辺付近の衛星写真に高性能爆発実験のクレーターが写っており, また偵察衛星の画像から寧辺や泰川に大型黒鉛減速炉の建設が判明し国際問題となった. 北朝鮮は IAEA に 1992 年1月に加盟したが, 1994 年に条約で義務付けられた IAEA の査察を拒否し, 1994 年3月に NPT を脱退, 翌年3月には IAEA も脱退し, 核開発疑惑が強まった.

　北朝鮮が核兵器開発に固執する理由は, 核抑止戦略により米国から「体制保証」を得る瀬戸際外交の交渉カードと, 海外への技術移転による外貨獲得 (1998 年5月のパキスタンの原爆実験では北朝鮮製のプルトニウムが使われたとされる), 国際・国内的な国威発揚, 先軍政治による軍の威力や成果の誇示などとされる. その後も北朝鮮は国連決議を無視して核兵器の開発を強行し, 核保有国の承認と体制保障を米国に求め, 西側の敵視政策の放棄を条件として核開発問題の交渉に応ずるとした. 一方, 米国は北朝鮮の核保有を認めれば, 今後, 同様な事態が中近東・アフリカの諸国にも広がり, 世界中に核拡散が進行することになるので, 北朝鮮に対して, 無条件, 完全, 検証可能かつ不可逆的な核廃棄を要求している. 国連安全保障理事会は北朝鮮の核開発・ミサイル実験の中止を求める決議と決議違反の制裁をしばしば行っている. しかし北朝鮮の核兵器開発を巡る6ヵ国協議 (日・米・露・中・韓・北鮮) は, 北京での6回・計9次 (2003.8.～2007.3) の会合は進展せず, 2007 年以降は中止されている.

(1). 核兵器開発

　北朝鮮は NPT を脱退後, 先軍政治の中心として核兵器開発を進め, 国際世論の強い反対を無視して核実験を繰り返し, 2006 年 10 月～2017 年9月の間に6

回の核実験を行い，10〜20 発程度の核弾頭の保有が推定されている．2016 年 1 月の 4 回目の核実験では，北朝鮮は「水爆の開発に成功」と発表したが，米・韓の専門家は「改良型原爆又は水爆の起爆装置」の実験と判定した．また 2017 年 9 月の実験では「ICBM 搭載の水爆実験に完全に成功し，攻撃対象によって威力を数十キロトン級から数百キロトン級まで任意に調整でき，大きな殺傷・破壊力を発揮するだけでなく，戦略目的により高高度の空中で爆発させ広い地域に極めて強力な電磁パルス攻撃もできる多機能化された核弾頭を完成した」と発表したが，水爆としては爆発の規模が小さく疑問視された．これまでの核実験の概要は表 I.1. のとおりである．

表 I.1. 北朝鮮の核実験

回	年月日	爆弾の型	爆発威力	北朝鮮の発表
1	2006. 10. 9.	プルトニウム型	M 4.3. TNT換算0.8 KT.	
2	2009. 5. 25.	プルトニウム型	M 4.7. 4 KT.	
3	2013. 2. 12.	ウラン型	M 5.1. 6〜7 KT.	小型化に成功と発表.
4	2016. 1. 6.	ウラン型	M 5.1. 6 KT.	水爆の開発に成功.
5	2016. 9. 9.	ブースト型核分裂弾	M 5.1〜M 5.3. 10 KT.	核弾頭の爆発に成功と発表.
6	2017. 9. 3.	同上	M 6.1. 160 KT.	核弾頭の標準化・規格化に成功と発表.

註：**ブースト型核分裂弾**．第 1 段階の核爆発反応を起こし，そのエネルギーで第 2 段階の重水素やトリチュウムの核融合を起こす 2 段階の核融合爆弾（水爆）である．高出力が得られ，弾頭を小型化できる．

表 I.1. の核実験はいずれも北朝鮮の北東部の豊渓里にある地下核実験場で行われ，これらの 6 回の核実験により核弾頭が小型化された．また弾道ミサイルの発射実験（次項参照）も頻繁に行い，核弾頭搭載ミサイルの戦力化を進め，2018 年には大陸間弾道ミサイルを戦力化が推定された．また 2017 年 1 月，米ジョンズ・ホプキンス大学の分析グループが，2016 年 10 月〜2017 年 1 月に撮影された寧辺の再処理施設の衛星画像から，北朝鮮は 2015 年に停止した原子炉を再稼働し，建設中の別の原子炉向けの部品製造と，プルトニウムの増産を加速させていることが熱分布画像等の分析で判明したと発表した．

(2)． 弾道ミサイル開発

北朝鮮は核兵器の運搬手段として各種の攻撃用弾道ミサイル（註）を開発し頻

30　序章　国家安全保障の諸問題

繁に実験発射を行った.

註：弾道ミサイル (Ballistic Missile).　大型ロケットで大気圏外に打ち上げ，弾道飛行して目標に再突入するミサイル.射程により次に区分される.

- 大陸間弾道ミサイル ICBM；Intercontinental Range Ballistic Missile. 5,500 km 以上.
- 中距離弾道ミサイル IRBM；Intermediate Range Ballistic Missile. 2,400～5,500 km
- 準中距離弾道ミサイル MRBM；Medium Range Ballistic Missile. 800～2,400 km.
- 短距離弾道ミサイル SRBM；Short Range Ballistic Missile. 150～800km.
- 戦術弾道ミサイル BSRBM；Battlefield Short Range Ballistic Missile. 150 km 未満.
- 潜水艦発射弾道ミサイル SLBM；Submarine Launched Ballistic Missile. 潜水艦発射.

　北朝鮮は 1976 年にソ連の SRBM スカッド B（射程約 300 km，車載 1 段式常温保存液体燃料ロケット）をエジプト経由で導入し，その後，1980 年代半ば以後，スカッド B 及び C（B の推進剤タンクを大型化し，射程 500 km に改良）を生産して数百基を配備したとされる.1993 年 5 月に MRBM ノドン（火星 7；スカッド C を元に機体及びエンジンを大型化.射程約 1,300 km（日本全土が射程内））の発射実験を行った.それ以後，MRBM スカッド ER（1,000 km），ノドン，北極星 2（固体燃料，2,000 km），IRBM　ムスダン（火星 10；射程 3～4,000 km（グアムの米軍基地）），火星 12；5,000 km），ICBM　テポドン 2 号（銀河 2；4～6,000 km（アラスカが射程内）），火星 14；10,000 km（米国中西部）），SLBM 地対艦巡行ミサイル（射程 200 km）等の各種ミサイルの開発に努め，頻繁に発射実験を行った.

　北朝鮮は 1998 年 8 月から人工衛星（光明星 1 号）の打ち上げを試み，数回の失敗の後，2012 年 12 月に人工衛星・光明星 3 号 2 型機を銀河 3 号ロケットで東倉里の衛星発射場から打ち上げて軌道にのせた（初めて衛星の打ち上げに成功）.2016 年 2 月には光明星 4 号をテポドン 2 号改良型ロケットで南に向けて発射し，沖縄県上空を通過して地球の極周回軌道に乗せた.北朝鮮は「人工衛星の打ち上げに成功した」と発表したが，国際電気通信連合（ジュネーブ）は衛星が発する電波ビーコンが受信されないと公式に発表し疑念を表した.しかし北アメリカ航空宇宙防衛司令部 NORAD（註）は，少物体の地球極軌道の周回を確認した.

註：北アメリカ航空宇宙防衛司令部 NORAD（North American Aerospace Defense Command）コロラド州の米空軍基地にある米加で共同運用している連合防衛組織.北米地域の航空・宇宙に関する観測又は危険の早期発見と，人工衛星の観測，地球上の核ミサイルの発射警戒や戦略爆撃機の動向監視などを行っている.

　その後，北朝鮮は攻撃用弾道ミサイルの戦力化に向けて頻繁に各種の弾道ミサ

イルの発射実験を行った．発射数は 1993 年；1 発，1998 年；1 発（人工衛星・
光明星 1 号），2006 年；7 発，2009 年；1 発（光明星 2 号），2012 年；5 発（光
明星 3 号 2 回，ロケット砲 2 回），2013 年；6 発，2014 年；20 発（ロケット砲
も含む），2015 年；13 発，2016 年；35 発（光明星 4 号を含む），2017 年は 9 月
末までに 20 発を日本海又は太平洋に打ち込んだ．このうち日本列島を飛び越し
た発射は，次の 6 回である．1998 年 8 月，「テポドン 1」が津軽海峡上空を飛び
三陸沖に弾着，2009 年 4 月，「テポドン 2」が秋田・岩手県上空を通過して太平
洋へ，人工衛星の打ち上げ（2012.12＆2016.2．沖縄上空を通過），2017 年 8 ＆
9 月に「火星 12」各 1 発を北朝鮮北西部の順安から北東に発射し，渡島半島を
横切り襟裳岬の東方 1,180 km 及び 2,200 km（飛距離 3,700 km，グアムは射程内）
の太平洋に着弾した．この 2 発の発射では長野県以北の 12 道府県に全国瞬時警
報システム（Ｊアラート）や自治体向け専用回線「エムネット」で警報された．
　2016 年 6 月にムスダンの発射に成功した北朝鮮は「西太平洋の米軍を攻撃で
きる確実な能力を持った」と発表した．その後もミサイル発射を繰り返し，2017
年 5 月には 4 週連続で火星 12，北極星 2，地対艦巡行ミサイルの発射・実験を
行い，ミサイル技術の高度化を内外に誇示した．北朝鮮の国営メディアは「新型
の火星 12 の発射試験の成功により，新開発の誘導・制御システム，ロケット・
エンジンの性能や信頼性，弾頭部の大気圏への再突入技術，核弾頭の起爆システ
ムの作動等を実証した」と発表した．火星 12 は射程約 5,000 km（アラスカと太
平洋の作戦地域が射程内），大型核弾頭を搭載可能」とされ，北極星 2 は車載で
2 段式新型高出力エンジン搭載の MRBM であり，北朝鮮は「実戦配備の最終試
射が成功し，弾頭の飛行時の誘導・安定化システム，段階分離特性，エンジン等
の信頼性と正確性が完全に確認された」とし，「金正恩第 1 書記が実戦配備を承
認し大量生産を指示した」と発表した．2017 年の一連の実験によって 2017 年夏
には北朝鮮のミサイル技術は ICBM のレベルに達し，1 年後には実戦配備さ
れると米軍事当局も認め，地域の緊張を高めた．また北朝鮮は潜水艦発射ミサイ
ル SLBM の実験も度々行い（2015.5，11＆12，2016.4，7＆8，2017.2（陸上発射）），
戦力化に努めている．因みに北朝鮮海軍では潜水艦部隊が最大の戦力であり，在
来型潜水艦 78～85 隻を有すると推定される．この潜水艦部隊は旧式ではあるが，
数の上では米海軍を上回る（米海軍；原潜 66，他 4，海上自衛；在来型 18）．
　我が国及び国連は北朝鮮が核兵器やミサイルの実験を行う度に，実験禁止の抗
議と関連品目の輸出入禁止・ミサイル関連企業の資産凍結等の経済制裁を強めて
きた（国連安保理決議：2006.7.＆10./2009.6./2013.1./2016.3.＆11./2017.6.8.

&9. 計 9 回）．特に我が国は北朝鮮の 2006 年 10 月の核実験に国連の制裁決議を主導し，更に我が国独自の経済制裁（北朝鮮船の入港全面禁止や全ての品目の輸入禁止，高級食材や貴金属等の輸出禁止）を実施した．しかし中国は北朝鮮の崩壊によって米韓勢力と直接国境を接することを避け，かつ北朝鮮を利用して米韓・日韓・日米の関係を分断するために，北朝鮮の崩壊をきたすような強い制裁には反対であり経済制裁はほとんど効果がない．このように北朝鮮は国連等の長年の経済制裁にも関わらず，核兵器の小型化，弾道ミサイルの戦力化を進めた．2017 年 4 月の米中首脳会談でトランプ大統領は習主席に対し北朝鮮の非核化に影響力を行使することを強く求め，会談中にシリア政府軍へのミサイル攻撃を行い（付録 1．D-4 項参照），その後，豪州に向け航海中の第 1 空母打撃群を反転させて朝鮮半島近海に展開した．更に横須賀配備の原子力空母を増派し北朝鮮の非核化への軍事的圧力を強めた．しかし北朝鮮はその後もミサイル発射を続け，更に前述したとおり同年 9 月には第 9 回目の大規模な核実験を強行した．このとき国連安保理事会は核実験 1 週後に対北朝鮮制裁決議を全会一致で決議した．制裁の内容は中ソの抵抗によって米国の当初案は緩和されたが，①．国連の禁止品目の積み荷の疑いのある貨物船に対しては北朝鮮の同意があれば公海上で臨検できる．同意が得られない場合は国連制裁委員会が船舶の資産凍結，船籍の剥奪，入港禁止を検討する，②．超軽質原油，天然ガスの輸入禁止及び石油精製品の輸出を年間 200 万バレルに制限（前年度の約 30 ％減），③．北朝鮮への原油輸出は前年の実績を上限とする，④．北朝鮮からの繊維製品の輸入禁止，⑤．北朝鮮の外国労働者の新規就労を禁止，⑥．北朝鮮の団体や個人との合弁事業の禁止，⑦．朴永植人民武力相の資産凍結と渡航禁止，及び朝鮮労働党・軍事委員会，組織指導部，宣伝扇動部の 3 部の資産凍結，等であり，従来の制裁よりも格段に厳しい制裁を決議した．しかし米国の当初案では，①～⑥の全面禁止及び⑦に金正恩第 1 書記を含めており，トランプ大統領は「弱すぎる」として，従来の国連制裁を無効にする中露の抜け穴を塞ぐ方策を講ずるとした．しかしこの決議の直後（2017.9.15），北朝鮮は太平洋北部へミサイルを発射した．

(3)．生物・化学兵器

　北朝鮮は 1987 年に「生物兵器禁止条約（1972）」，及び 1989 年に「ジュネーブ議定書（1925）」に署名したが「化学兵器禁止条約（1993）」には加盟せず，1960 年頃から化学兵器の生産を増強し，保有量は米露に次ぐ世界第 3 位と見られている．ブリュッセルのシンクタンク「国際危機グループ ICG（International Crisis Group）」は，北朝鮮は大量の化学兵器を保有し，生物兵器の開発の疑い

もあると指摘した（2009.6）．保有量はＶＸガスやサリンを含む 16 種類の神経ガス等 2500〜5000 トンであり，清津市や新義州市に製造工場があるとされる．また韓国国防省の報告書（2009.10）でも北朝鮮が 2,500〜5,000 トンの化学兵器と 13 種類のウイルス・細菌の生物兵器を保有している可能性があると述べた．

2．特殊部隊の活動，その他

北朝鮮は 10 万名の特殊部隊を擁し，ラングーン訪問の全斗煥 韓国大統領一行を狙った爆破事件（1983.10），大韓航空機爆破事件（1989.11）等，数々のテロを行ってきた．我が国でも長年に亘り多数の青少年の理不尽な拉致事件（1977〜1980．政府認定拉致被害者 17 名）や麻薬等の密輸を頻繁に行い，能登半島沖（1999.3）や奄美大島沖（2001.12）等で発見され，巡視船・海上自衛隊が追跡した不審船舶事案は，特殊工作部隊の活動である．

北朝鮮は情報戦に力を注いでおり，人民軍総参謀部の「情報統制センター」・偵察総局121局や，主に情報・心理戦担当の「偵察総局204局」・「情報偵察部隊」等があり，暗号解読，産業技術や資金の窃取，世論操作，等のサイバー戦を活発に行っている．これまでにも 2014 年に金正恩暗殺の映画を作った米国の映画会社をサイバー攻撃で報復し，韓国警察庁は 2014.7〜2016.2 の間に韓国の大手防衛企業から文書 42,600 件が北朝鮮に流失したと発表した．またエクアドル，フィリピン，ベトナム，バングラデシュの各銀行から計 9,300 万ドル超が窃取された事件（2014〜2016）でも北朝鮮製マルウエアが使われ，このランサムウエア（身代金要求型）は 2017 年 5 月の世界規模のサイバー攻撃でも使われた．

§I.2.3. 南シナ海沿岸・その他の諸国の中国政策

1．ASEAN 諸国

1967 年にタイ，インドネシア，マレーシア，フィリピン，シンガポールの 5 ヵ国は東南アジア諸国連合 ASEAN（Association of South-East Asian Nations）を結成した．当初はベトナム戦争の深刻化の中で，共産主義の東南アジアへの浸透を防ぐ親米反共の軍事同盟の性格が強かったが，ベトナム戦争後の 1970 年代後半以後は経済協力の性格が強くなった．その後，ブルネイ（1984 年加盟），ベトナム（1995），ラオス，ミャンマー（1997），カンボジア（1999）が加盟し，東南アジア 10 ヵ国の全てが加盟する地域連合となった．

ASEAN 首脳は，1976 年 2 月，ベトナム戦争の終結を受けてインドネシアの

34　序章　国家安全保障の諸問題

バリ島で第1回の首脳会談を行い，東南アジア諸国間の主権・領土保存，紛争の平和的解決などを柱とした基本条約「東南アジア友好協力条約」TAC（Treaty of Amity and Cooperation in Southeast Asia）を結んだ．加盟国は ASEAN 10ヵ国のほか 2000 年以降は東南アジア以外の国の加盟が増加し，主要国では日本（2004 年7月に加盟），中国，インド，パキスタン，韓国，ロシア，フランス，米国，EU等，28ヵ国（2012 年現在）が加盟している．

　ASEAN 諸国は，中国の経済援助に頼っている親中国派（カンボジア，ラオス，ミャンマー）と，領土・領海問題で中国と争う反中国派（フィリピン，マレーシア，ベトナム，ブルネイ），及び米中対立の局外に立つ中間派（シンガポール，タイ，インドネシア）に分かれ，南シナ海問題における中国への対策の足並みは揃わない．（ベトナム，フィリピンについては後述．）

　2002 年 11 月，ASEAN 諸国と中国は南シナ海における領有権問題に関する平和的解決の原則を取り決めた「南シナ海に関する行動宣言」に署名した．この宣言は ASEAN 諸国と中国の友好の促進，国連憲章・海洋法・東南アジア友好協力条約等の遵守，南シナ海の航海・航空の自由等を取り決めた紳士協定であり，法的拘束力はない．また 2011 年7月，ASEAN・中国外相会議では同宣言の実効性を高める「南シナ海行動宣言ガイドライン」が採択され，法的拘束力を持つ「行動規範」が協議された．中国は南シナ海沿岸諸国と協調的な共同資源開発の姿勢を採りつつ，実態は実効支配の既成事実を進めており，また同宣言の「南シナ海の航海・航空の自由尊重」と国境問題の当事国協議の国際原則を盾に，国際的な取り組みや第3国の介入を拒んでいる．一方，2017 年5月に貴陽で開かれた中国と ASEAN の高官協議で，中国は「行動規範」の枠組みの規範作りに合意したが，実際の成果は不確実である．

2．ベトナム

　ベトナム戦争（1964〜1975）は 1975 年4月に共産軍が首都サイゴンを占領して勝利し，1976 年7月にベトナム社会主義共和国が成立した（付録1．参照）．1978 年，親ソのベトナムはカンボジアに侵攻して親中国のポル・ポト政権を倒し，翌年中国は報復の中越戦争を行い，その後も度々中越国境を巡って衝突した（1984〜1989）．南シナ海では西沙諸島海戦（1974）や，南沙諸島海戦（1988）で中共軍が勝ち，以後，南沙諸島を実効支配している．中国は 2012 年後半からこの海域の7つの岩礁を埋め立て，飛行場等を建設した．

　ベトナムは 2012 年，西沙・南沙諸島の領有と国連海洋法による中国等との領

海問題の紛争処理を定めた「ベトナム海洋法」を制定した．これに対して中国は西・中・南沙諸島を統合して三沙市とし，西沙諸島のウッディ島（永興島）に市庁を置き，島内に飛行場を造り地対艦ミサイルと航空部隊を配備した．

3．フィリピン

　米国の植民地であったフィリピンは 1946 年に独立し，1947 年に「米比軍事基地協定」及び「米比軍事援助協定」を締結し，米軍が駐留した．1986 年，人民革命で親米のマルコス政権が倒れ，1991 年，ピナトゥボ山が噴火し米軍はクラーク空軍基地を閉鎖した．更に同年フィリピン上院が「米比基地協定」の延長を否決し米海軍もスービック基地から撤退し，フィリピンにおける米国の軍事的な影響力は著しく減退した．またクリントン米大統領が軍事費を削減したため，1995 年には米比共同の軍事演習も取り止められた．中国は米軍の後を埋めて南シナ海沿岸国を武力で駆逐し実効支配を拡大した．これに対抗するため 1998 年にフィリピンは「訪問米軍に関する地位協定」を締結し，1999 年に共同軍事演習を再開した．2014 年，フィリピンは更に米国の関与を引き出すために，米軍の一時的駐留を認める「防衛協力強化協定」を結んだ．また南沙諸島海域での中国の岩礁の埋立てや軍事基地建設などに対抗して，米比両国は 2016 年 3 月，米軍がフィリピン国内の 5 つの基地を利用する協定を結んだ．

　2013 年，フィリピン政府は南シナ海における中国との紛争案件 15 件を常設仲裁裁判所（オランダ・ハーグ）に提訴した．2016 年 7 月，裁判所は「南シナ海の 9 段線で囲む海域を領海とする中国の主張は国際法上の法的根拠がなく，国際法違反」とし，更に埋立て工事を行った 7 つの岩礁はいずれも「島ではなく岩や低潮高地であり，EEZ の設定はできない」とする判決を下した．これによって中国は岩礁の埋め立てや周辺海域の資源開発の根拠を失ったが，判決は「紙屑だ」と強く反発し，仲裁裁判所は判決を強制執行する仕組みがないため，中国はその後も岩礁の軍事基地工事を進めた．判決後の同年 8 月にラオスで開かれた ASEAN首脳会議では議長国のラオスが親中国であり，会議後に総括される議長声明にはこの判決への言及はなかった．またフィリピンでは判決直前に，対中強硬派のアキノ大統領から国内経済重視のドゥテルテ新大統領に交代した．ドゥテルテ大統領は国内の麻薬撲滅の強行策を取り，米国はこれを非人道的取り締まりと非難し，ドゥテルテ大統領は米国に反発して反米色を強めた．中国はこれに乗じて 2016年 10 月の中比首脳会談で南シナ海の領有権問題の棚上げを提案し，経済協力を約束して懐柔した．このため 2017 年 4 月，マニラで開かれた ASEAN 首脳会

議で議長国フィリピンのドゥテルテ大統領は，ベトナムやインドネシア等が提案した中国の海洋覇権を牽制する仲裁裁判所の判決の議長声明への言及を拒み，「複数の首脳の懸念に留意する」との曖昧な議長声明を発表した．大統領就任の施政方針演説（2016.6）では南シナ海を「西フィリピン海」と呼んだ男が，中比首脳会談で習近平から「天然資源の採掘を無理に進めれば戦争になる」と脅かされ，数十億ドルの貿易や援助を受けて中国に取り込まれ親中路線に転向した．一方，2017年5月，王毅中国外相は，それまで十数年間，中国の反対で停滞してきた南シナ海の紛争防止の法的規制を含む「行動規範の枠組み草案」の早期策定に合意した．しかしその後も中国の南シナ海の埋立ては急ピッチで続けられ，「行動規範」策定の交渉は長期化するために，中国の融和姿勢の表明は時間稼ぎに過ぎないと見られる．南シナ海の9段線問題は ASEAN 諸国のみならずアジア全体の安全保障問題であり，貿易に依存する我が国にとっても死活問題である．国際社会は中比が2国間交渉で仲裁裁判所の判決を曖昧化することを防ぎ，中国に判決を履行させ，「公海の航行の自由」を確実にしなければならない．

4．我が国の南シナ海対応

1990年代からマラッカ海峡付近で海賊被害が頻発し，これに対処するために日本が主導して，2004年11月，「アジア海賊対策地域協力協定」ReCAAP (Regional Cooperation Agreement on Combating Piracy and Armed Robbery against Ships in Asia) が締結された．アジア地域の14ヵ国（日本，中国，韓国，フィリピン，シンガポール，タイ，ブルネイ，ベトナム，ミャンマー，ラオス，カンボジア，インド，スリランカ，バングラデシュ）が加盟して，2006年9月に発効した．海賊の取り締まりの実際の行動は各国の主権行動であり，沿岸各国の海上警察が実施するが，その中核となる情報共有センターISC (Information Sharing Center. 発足以来事務局長は日本が担当) が2006年11月にシンガポールに設置され，ISC を通じた海賊事案の情報共有及び協力体制（容疑者，被害者及び被害船舶の発見，容疑者の逮捕，容疑船舶の拿捕，被害者の救助等の要請等）を図っている．その後，ノルウェー，オランダ，デンマーク，豪州，米国，英国が協定に加盟して，20ヶ国となった（2014.9.現在）．

南シナ海では中国，フィリピン，ベトナム，マレーシア等の領海係争国の他にインドネシアやタイの海上保安機関の公船の漁業取締に関する衝突，海洋調査や資源開発の妨害等の事件が多い．東南アジア諸国は海上警察の組織や装備が未整備な国が多く，日本はフィリピンの要請で巡視船10隻（2015年 ODA 供与）

や海上自衛隊の練習機 ＴＣ 90×5 機の貸与（2016）を行い，防衛力の強化に協力した．また中国漁船の違法操業に悩むベトナム政府の要請に応えて漁業監視船等 6 隻を提供した（2014 年 ODA）．またベトナム海上警察が提案した外国漁船の違法取り締まりの合同訓練（南シナ海のダナン沖）に海上保安庁の巡視船を派遣し，搭載ヘリコプターによる違法漁船の発見から停船・立ち入り検査までの手順を実地に指導した（2017.6）．2016 年 11 月，ラオスのビエンチャンで開かれた日・ASEAN 防衛相会合では，稲田防衛相は日・ASEAN 全体の防衛能力向上を図ることを目指して「国際法の認識や人道支援・災害援助・人材育成等の分野で日本が幅広い支援を行う」という内容の「ビエンチャン・ビジョン」を提案した．また 2017 年 5 月，シンガポール海軍主催の国際観艦式に護衛艦「いずも」を派遣し，約 100 日間に亘ってフィリピンやベトナム，南シナ海で沿岸諸国海軍や米海軍と合同演習を行い，ASEAN 諸国の海軍士官やジャーナリスト，政治家等を乗艦させて公開展示訓練や国際法セミナー，災害援助の実務指導，人的交流等の行事を行った．日本版「航行の自由作戦」である．

5．米国の世界安全保障政策

米ソの冷戦期，東アジアでは中国の建国や朝鮮戦争がアジア全域に波及して連鎖的に共産化されることを防ぐために，2 国間防衛条約として，日米，米韓，米台，米比相互防衛条約が結ばれ，東南アジアでは「東南アジア集団防衛条約（マニラ条約）」により東南アジア条約機構 SEATO（1954）が作られた（註）．

註：東南アジア条約機構 SEATO（Southeast Asia Treaty Organization）．1949 年に中国が建国し 1950 年に朝鮮戦争が勃発して，アジア諸国が連鎖的に共産化する懼れが生じた（ドミノ理論）．米国の働きかけで米・英・仏・豪・NZ・パキスタン・フィリピン・タイの 8 ヵ国は 1954 年 9 月～1977 年 6 月の間，反共軍事同盟を結んだ．

米国とフィリピンの防衛協定は前述したが，2016 年，米国はベトナムへの武器禁輸を解除し，ベトナムは米軍艦船の軍港利用を認め両国の連携を強めた．

2017 年 1 月に就任したトランプ新米国大統領は，「米国第一主義」を唱え，対中，対露，対北朝鮮の関係改善の姿勢を示し，またアジアの安保体制は前政権の政策を維持するとした．しかし北朝鮮の非核化についてはオバマ政権の「戦略的忍耐」を改め，軍事的な対処を含む強硬な姿勢を取り，前述のとおり空母群を日本海に展開して圧力をかけた．しかし現実には北朝鮮の非核化は中国の影響力に期待するのみであり，習近平主席は対話による解決を主張した．その後も北朝鮮はミサイル実験を頻繁に繰り返し，同年 9 月には第 6 回目の核実験を強行した．

トランプ大統領は全く手の内を見透かされていると言ってよい．また日米を中心とする「環太平洋戦略的経済連携協定 TPP（Trans-Pacific Partnership）」は2016年2月にＮＺで署名式が行われたが，その後，トランプ大統領は TPP からの離脱に方針を転換したために，協定の発足は頓挫し米国抜きの新協定を策定し直すこととなった（2017.1）．更にトランプ大統領はオバマ大統領が打ち出した核廃絶政策にも反対し，メキシコや中東からの不法移民の拒否，「地球温暖化防止条約（パリ条約）」UNFCC（United Nations Framework Convention on Climate Change, 1992.6）の離脱と関連の各種規制の撤廃，「北米自由貿易協定NAFTA（North American Free Trade Agreement）」（米国，カナダ，メキシコの3ヵ国間の自由貿易協定．1994）の再調整，医療保険制度オバマケア（2010）の撤廃等，米国の国家戦略を大きく軌道修正した．これに対して米国内での反対が強く，政府人事の議会承認も進まず，トランプ政権は発足当初から躓いた．

トランプ政権の最初の「日米2プラス2」（2017.8）では，日米が一致して北朝鮮の非核化に努めることや，米国は核戦力を含むあらゆる面で日本の安全に関与し，尖閣諸島に「日米安全保障条約」(以下，「日米安保条約」と略記) 第5条が適用されることを再確認した共同声明が発表された．更に日本はミサイル防衛能力の強化のために陸上型イージス・システムの導入を表明した．

米国では 2017 年8月，南部バージニア州シャーロッツビルの解放公園で，南北戦争で奴隷制維持のために戦った南部諸州軍の R. E. リー将軍の銅像の撤去計画に抗議する白人至上主義者の集会において，賛成派と反対派の数千人が衝突し，死者1人，負傷 19 人を出す騒動となった．バージニア州知事は緊急事態宣言を発令する事態となり，トランプ大統領はこの騒動に対して双方の冷静化を訴えたが，その声明が人種差別を曖昧にした（白人至上主義を明確に非難しなかった）として野党民主党ばかりか共和党からも批判が噴出し，議会，産業界，軍首脳からも非難が相次ぎ，深刻な亀裂が深まった．大統領の諮問会議「戦略政策フォーラム」と「製造業評議会」も次々と委員が辞職し解散に追い込まれ，インフラ投資政策の大統領諮問機関の設置も中止された．

南シナ海では米海軍は 2015 年 10 月〜2017 年9月の間に，南沙諸島に3回，西沙諸島に3回，イージス艦を派遣して中国が埋め立てた岩礁の領海内を事前通告なしに航海し，「公海の自由航行」を示威する「航行の自由作戦」を行った．更に 2017 年5月には従来の「無害通行」以外に事前通告を要する訓練も実施し，中国の領有権を拒否する姿勢を示した．中国は強く反発したが，米国防総省は「定期的に航行の自由作戦を行い，今後も続ける」として取り合わなかった．

§I. 3. 我が国の国家安全保障問題

§I. 3. 1. 第2次大戦後の日本占領と GHQ の占領政策

1．大東亜戦争の日本の降伏

　1945 年 7 月 26 日，米・英・支・3 国首脳は「全日本軍の無条件降伏」を求めた「ポツダム宣言」を発表した．更に 8 月 6 日に広島，9 日には長崎に原爆が投下され，8 日にはソ連が満州国に侵攻し，我が国は万策尽き，大東亜戦争の継続が困難な状況に立ち至った．戦争の終結に当り日本政府の最大の懸念は「国体」の存亡であった．9 日深夜，御前会議で開かれた最高戦争指導会議（構成員：首相，外務・陸・海軍大臣，参謀総長，軍令部総長，枢密院議長）は，直ちに「ポツダム宣言」を受諾して降伏するか，終戦後の「国体存続」の確証を本土決戦に賭けて戦うかで意見が分かれた．鈴木貫太郎首相は会議の最後に昭和天皇の御聖断を仰ぎ，「ポツダム宣言」受諾に意見を統一した．翌 10 日，政府は「天皇ノ国家統治ノ大権ヲ変更スルノ要求ヲ包含シ居ラザルコトノ了解ノ下ニ」という留保条件を付して「ポツダム宣言」の受諾を連合国側に伝えた．これに対しバーンズ米国務長官は，12 日，「天皇及ビ日本國政府ノ国家統治ノ権限ハ連合国軍最高司令官ノ制限ノ下ニ置カレル（第 2 項）．（中略）最終的ナ日本国政府ノ形態ハ日本国民ガ自由ニ表明シタ意思ニ従イ決定サレル（第 5 項）」と回答した．これを受けて 14 日に再び御前会議が開かれ，陛下の御聖断で「ポツダム宣言」の受諾を決定し，日本政府は閣議決定を経て受諾を連合国に通告した．昭和天皇は翌 8 月 15 日正午，玉音放送で「終戦の詔勅」を全国民に伝えられた．

「（前略）　敵ハ新ニ残虐ナル爆彈ヲ使用シテ頻ニ無辜ヲ殺傷シ，惨害ノ及フ所眞ニ測ルヘカラサルニ至ル，而モ尚交戦ヲ繼續セムカ，終ニ我カ民族ノ滅亡ヲ招来スルノミナラス，延テ人類ノ文明ヲモ破却スヘシ．（中略）　帝國臣民ニシテ戦陣ニ死シ，職域ニ殉シ，非命ニ斃レタル者，及ビ其ノ遺族ニ想ヲ致セハ，五内為ニ裂ク．且戦傷ヲ負ヒ，災禍ヲ蒙リ，家業ヲ失ヒタル者ノ厚生ニ至リテハ，朕ノ深ク軫念スル所ナリ．惟フニ今後帝國ノ受クヘキ苦難ハ固ヨリ尋常ニアラス．爾臣民ノ衷情モ朕善ク之ヲ知ル．然レトモ朕ハ時運ノ趨ク所，堪ヘ難キヲ堪ヘ，忍ヒ難キヲ忍ヒ，以テ萬世ノ為ニ大平ヲ開カムト欲ス（後略）」

と仰せられて大東亜戦争をとどめられた．

40　序章　国家安全保障の諸問題

　大東亜戦争の我が国の人的損害は，支那事変以後の戦死者 2, 325, 165 人（靖国神社祭神），一般市民の戦災死者は約 687, 000 人，合計約 3, 012, 000 人に上る．市民の犠牲者の内訳は，原爆の死者・広島約 14 万人（広島市ホームページ），長崎約 7 万 4 千人（長崎原爆資料館），全国 200 以上の都市爆撃の死者約 20 万 3 千人（東京大空襲・戦災資料センター・『地域史』），沖縄戦の民間人死者約 9 万 4 千人（沖縄県調査），満州・朝鮮・北方領土等の死者約 17 万 6 千人（『満州開拓史』）である．これらは米軍やソ連軍の市民への攻撃・暴行・略奪の犠牲者である．全国の主要都市は米軍の焼夷弾の無差別爆撃で廃墟と化した．終戦時，帝国陸海軍は外地に約 3, 345, 100 名，日本本土及び周辺諸島に約 1, 321, 000 名の兵力を配し（厚生省援護局調べ），多数の特攻兵器を準備し，連合軍の本土上陸に備えて沿岸に防御陣地を構築中であった．

　終戦に当り国内で，「宮城事件」（玉音放送の前夜，国体護持の確証なしで「ポツダム宣言」を受諾することに反対する陸軍省軍務課等の将校数名が近衛第 1 師団長　森赳中将を殺害し，師団長命令を偽造して皇居を一時占拠したクーデター未遂事件）や，「厚木事件」（厚木第 302 海軍航空隊の司令　小園安名大佐の降伏抗命事件）等，若干の混乱はあったが，勅命一下，中国，満州，朝鮮，東南アジア及び日本国内に展開した帝国陸海軍は粛々と矛を置いた．皇軍の歴史は，伝統の厳正な軍規・統率によってその最後を飾って閉じられた．

2．連合軍による日本占領

　我が国は大東亜戦争に敗北後，D. マッカーサー元帥指揮下の連合軍に占領され，連合軍総司令部（GHQ／SCAP：General Headquarters, the Supreme Commander for the Allied Powers. 以下，GHQ と略記）に統治された（1945.9.2〜1954.4.28）．1945 年 9 月 2 日，東京湾の戦艦ミズーリでの降伏文書調印と同時に，GHQ は「帝国陸海軍の解体，軍需工場停止の指令（SCAPIN 1.1945.9.2）」を発した．

　マッカーサーは最初，横浜に米太平洋軍司令部を置いたが，9 月 17 日に東京皇居前に移り，10 月 2 日に GHQ が発足した．当初，GHQ の主要なポストは米太平洋陸軍司令部の要員が兼務した．GHQ はマッカーサー司令官の下，参謀長 R. K. サザーランド中将直轄の太平軍の参謀部（監理部，情報部，作戦部，後方部の 4 部と，国際検察局（局長　J. B. キーナン．戦争犯罪追及，12 月 8 日設置），法務局，書記局，渉外局，外交局の 5 局）と，参謀次長　R. J. マーシャル少将を長とする連合軍総司令部の占領政策実施の幕僚部（民政局，経済科学局，民間情

報教育局，天然資源局，公衆衛生福祉局，民間通信局，民間諜報局，一般会計局，統計資料局，民間運輸局，民間財産管理局，及び物資調達部と高級副官部）の11局2部が置かれた．（各部局の業務分担は付録2．参照．）特に民政局には社会民主主義を信奉するニューディーラーが多く，彼らは日本占領を社会変革の実験台とし，保守的な太平洋軍司令部の情報部としばしば対立した．

　日本本土の軍事占領は，中国・四国地方を英連邦軍約4万名（軍司令部：呉），他の都道府県に米軍約40万名（軍司令部：横浜（第8軍・関東以北），京都（第6軍・関西以西．1945年末に帰国））が進駐した．

　GHQ は指令の実施状況を監視するために，各地方に軍政本部を置き，その下に都道府県軍政部を設けた．1946年7月の改編では第8軍司令部の軍政局が全国を統括し，北海道・東北・関東・東海/北陸・近畿・中国・四国・九州に地区軍政部，その下に司法権をもつ各府県軍政部を配置した．GHQは「対日基本政策（JCS-1380/15. 1945. 11. 3)」（後述）に従い，占領は日本の政府機関を利用する間接統治をとり，第8軍司令部・軍政局の報告に基づいて日本政府に対し各種の行政措置の是正指令 SCAPIN（Supreme Commander for the Allied Powers Index Number）を発し，日本政府が地方行政機関に命じて措置した．日本側の自主的な改革の体裁を装い，「日本政府が自ら旧制度を改革した」形式を取りながら実際には強制的・徹底的に旧制度の改造を行った．占領中（1945.9〜1952.4）に登録された SCAPIN 指令書は 2,204 件，それ以外に行政的指示を示す末尾にA（Administrative）を付したSCAPIN-A 指令書を含めれば2,627件に上る（月平均約 34 件）．それ以外に口頭による指示もあった．このような多数のGHQ 指令は，占領中の GHQの日本政府に対する政策干渉が非常に細部に亘り徹底して行われたことを示している．

　1945 年 12 月，モスクワで開かれた米・英・ソ・3国外相会議において，日本占領の国際政策機関としてワシントンに「極東委員会」が設置されることとなった（1946 年 2 月発足）．構成は，米・英・仏・支・ソ・加・豪・蘭・ＮＺの9ヵ国と，「日本のアジア侵略」を示すために米・英の意向で米領フィリピン，英領インドの2地域が加えられ，1949 年 11 月にビルマ，パキスタンが追加された．ソ連は東京に設置することを主張したがマッカーサーが反対し，出先機関として東京に連合軍司令官の諮問機関「対日理事会」（米・豪（英連邦代表）・支・ソの4ヵ国）が置かれた．極東委員会の決定は米政府を通じて連合軍総司令官に指令されたが，一方，総司令官は極東委員会の決定なしに占領施策を実施する「中間指令権」が認められ，実質的には GHQ が占領政策を主導した．即ち「日本の

敗北後における本土占領軍の国家的構成 （SWNCC-70/5. 1945. 8. 18)」で，連合軍の最高司令官や主要な指揮官は米国が任命して日本を統治しつつ，他の連合国との協調を図るとされた．

3．GHQ の占領政策と「戦後レジーム」

　日本を占領したGHQ は日本の政治・軍事・経済の各制度の非軍事化に止まらず，将来に亘って我が国を永続的に弱体化させ米国に隷属させるために，国民の意識・思想における軍国主義や国家主義を払拭し，米国模倣の民主化を図った．東京裁判や戦争贖罪意識宣伝工作 WGIP (War Guilt Information Program) による一方的な「日本によるアジア侵略」，「東京裁判史観」の断罪，夢想的平和主義の「日本国憲法」の強制，米国模倣の政治・経済・社会制度並びに教育の民主化等々の過酷な占領政策を行った．これにより我が国の明治以来の近代化の蓄積は全面的に否定され，米国隷属の「戦後レジーム」の体制が造られた．即ち日本の固有文化に対して木に竹を接ぐ米国模倣の変革が強制され，日本古来の文化や社会の変質が急速に進み，更に戦後の左傾化した言論界とマスコミが作った時代思潮が，国民の価値観・国家観・歴史観を著しく混迷させた．これらの GHQ の占領政策の全般についての記述は本書の末尾の付録２．に，また「日本国憲法」については付録３．にまとめた．これらは我が国の安全保障体制を歪め，今日の国民の劣化を齎した「戦後レジーム」の原点であるが，本書の主題ではないので付録に移して詳述することとし，以下，要点を述べるに止める．

　日本占領後の米国の「対日基本政策」は，1944 年３月に米国務省が「米国の対日戦後目的」をまとめたが，その後，数回の修正を経て３省委員会（註）と統合参謀本部が承認した「日本占領及び管理のための連合国最高司令官に対する降伏後における初期の基本的指令 （JCS-1380/15. 1945. 11. 3)」によってマッカーサーに指令された．（以下の占領軍の指令は国立国会図書館の資料 [7] に拠る.）

　　註：３省委員会.　正式名称は「国務・陸軍・海軍３省調整委員会」；SWNCC (State-War-Navy Coordinating Committee). 第２次大戦終結後の枢軸国の占領等に関する政治的・軍事的諸問題を調整し政策を決定する委員会. 1944. 12. 設置.

　この文書は日本に「ポツダム宣言」を履行することを求め，第１部（一般及び政治）第１項で「天皇及び日本政府の国家統治の権限は，連合国最高司令官に従属する．われわれと日本との関係は，契約的基礎の上に立っているのではなく，無条件降伏を基礎とするものである」と述べ，「ポツダム宣言」が双務的な拘束力を持たず，日本との関係は無条件降伏であるとした．しかし「日本国の無条件

§I.3. 我が国の国家安全保障問題　43

降伏」という占領政策の基盤は，世界史に特記すべき米国による条約の歪曲である．「ポツダム宣言」では第5項で降伏の条件を示し，「吾等ハ右条件ヨリ離脱スルコトナカルヘシ．右ニ代ル条件存在セス」と明記し，「無条件降伏」の字句は第13項の「日本国政府ガ直チニ全日本国軍隊ノ無条件降伏ヲ宣言シ且右行動ニ於ケル同政府ノ誠意ニ付適当且充分ナル保障ヲ提供センコトヲ同政府ニ対シ要求ス」とあるのみで「国家ノ無条件降伏」の文言はない．この「ポツダム宣言」を歪曲した「対日基本政策」で日本の旧制度を破壊し，軍国主義抹殺と民主化を達成する介入を積極的に行い，民主主義的改革を日本人自身の手で実行させる積極的な誘導を行うとした．また第3項の「日本の軍事占領の基本的目的」の冒頭には，「日本に関する連合国の終局の目的は，日本が再び世界の平和及び安全に対する脅威とならないためのできるだけ大きい保証（＝ 永続的無力化）を与え，また日本が終局的には国際社会に責任あり且つ平和的な一員として参加することを日本に許すような諸条件を育成するにある」とし，次の諸点を挙げている．

①．カイロ宣言の履行及び日本の主権を本州4島と連合国の決定する諸小島に制限すること，

②．あらゆる形態の軍国主義及び超国家主義を排除すること，

③．日本を非武装化・非軍事化し日本の戦争遂行能力を引き続き抑制すること，

④．政治上，経済上，社会上の諸制度の民主主義化傾向とプロセスを強化すること，日本の自由主義的政治傾向を奨励し且つ支持すること，

等を述べている．更に第2部；経済，民生物資供給及び救済，第3部；財政金融，の広範囲に亘って基本的な政策が指示されている．

この指令書では統合参謀本部との事前協議が必要とされた天皇制の存廃問題以外は，マッカーサーに日本占領に関する絶対的権限を与えた．また日本の統治は日本政府を通じて行う間接統治方式を指示したが，必要があれば直接，実力の行使を含む措置を執り得るとした．

「帝国憲法」の改正については，米国政府の方針を「日本の統治体制の改革（SWNCC-228. 1946. 1. 7）」で示した．この文書は憲法改正の GHQ の権限を極東委員会の統制下に置くほか，GHQ による改革や「帝国憲法」の改正は，日本政府の自主的な実施でなければ国民に受容されないので，改革を「命令するのは最後の手段である」と強調した．これは占領政策が占領軍の軍事的圧力と情報・報道統制の下に，「ポツダム宣言」を故意に捩じ曲げ，米国の意図を隠匿して日本に強要した政治謀略であること示している．

降伏文書調印式の直後に連合軍参謀次長 R. マーシャル少将は翌日（1945. 9. 3），

軍政実施の３布告を発表することを告げた（付録２．の§1．参照）．米国は当初，日本占領後，軍政による直接統治を企図したが，英国が間接統治を主張して「ポツダム宣言」では変更された．したがって上述の３布告はこれに違反する．重光葵外務大臣とマッカーサー総司令官との交渉の結果，布告は白紙撤回され，占領統治は GHQ の指令（覚書）SCAPIN を受けて，日本政府が行政組織を動かして実行する間接統治に変更された．

　連合軍は帝国陸海軍を完全に解体し，報復の軍事裁判をアジア各地で行って約一千人を処刑し，更に日本文化に関する無知と誤解に基づく諸制度の改変・干渉の占領政策を強行して，日本の伝統文化の基盤（大家族制，国体，神道排斥，教育勅語等）を破壊した．これらは「ハーグ陸戦法規」の敵国領土での占領軍の権力を定めた第３款の規定に違反する．

　GHQ の徹底的な言論検閲・統制と巧妙な宣伝の下で行われた占領政策，憲法改正，教育制度や各種の社会改造は，未曾有の戦禍の疲弊とその復興に忙殺されていた日本国民には諦観で受け止められた．その結果，我が国の「戦後レジーム」のアメリカ化が急速に進み，今日の人間劣化の社会が齎された．その「戦後レジームの弊害」は§I. 3. 2. に詳述する．GHQ の占領政策の対象は，日本の政治・軍事・経済の各制度の民主化・非軍事化や軍国主義・国家主義の払拭に止まらず，将来に亘って我が国を永続的に弱体化させ米国に隷属させるために，夢想的平和主義や民主主義を宣伝して国民の意識・思想にまで立ち入って変造し，米国を賛美・模倣する徹底的な社会改革が図られた．しかもそれらは GHQ の強制を隠して日本政府の自主的改革を装って行われた．

　GHQ は占領当初は上述の「初期対日方針」に従い日本の非軍事化・民主化を進めたが，この方針は米ソ冷戦の激化に伴い大きく転換された．

　1948 年３月に米国務省政策企画部のジョージ・ケナンが来日し，対日講和の方針についてマッカーサーと会談して報告書を国務省に提出した．これに基づいて米国・国家安全保障会議は「米国の対日政策に関する勧告（NSC-13/2. 1948. 10. 7)」を採択した．この勧告では，沖縄の長期支配及び横須賀海軍基地の拡張，日本の警察力の強化，対日講和の非懲罰的な方針への変更，追放された旧政財界人の公職復帰等，日本の政治的・経済的自立促進の政策が提言された．この方針に基づいてそれまでの占領政策は緩和された．

　マッカーサーは朝鮮戦争の指導方針でトルーマン大統領と衝突し 1951 年４月に司令官を解任された．後任にはリッジウェイ中将が就任し（直後大将に昇進），「サンフランシスコ講和条約」の発効（1952. 4）まで連合軍司令官に就いた．

§I.3. 我が国の国家安全保障問題　45

　上述の占領政策の全般については，各項目別に付録2.で詳述しているので読者は参照して欲しい．以下，本節では特に「戦後レジーム」として大きな影響を残し現在の我が国の民族的劣化を齎した「日本国憲法」と「教育の民主化」の2点を取り上げ，要点を述べる．

(1)．謀略的強要による夢想的平和主義の「日本国憲法」制定

　「日本国憲法」は GHQ が占領軍の威圧の下で我が国古来の伝統に基づく「天皇の民本・徳治」の統治理念を否定し，「明治憲法」の「立憲君主制」の国体を米国模倣の「主権在民の民主制」に改め，「象徴天皇制」としたものである．また国民の「忠君・愛国」の精神基盤を無視し，木に竹を継いだ「国民主権」と「平和主義」を謳い，妄想の平和主義を掲げて「戦力放棄」を規定した．これが世界の現実を無視した夢想的平和主義であることは，本書末尾の「付録1. 第2次大意戦後の世界の戦争」に示すとおりである．更に GHQ は教育制度を根本的に改変し（次項に後述），日本民族の「敬神崇祖」の習わしや，「愛国心と国防意識」及び「忠孝仁義を尊ぶ国民道徳」を根底から破壊した．その結果，戦後70年を経た現在でも占領政策の後遺症として，夢想的平和主義の時代思潮がはびこり，国民の価値観を混乱させ，道徳を劣化させた．今日の社会で頻発する恥知らずな不祥事の横行は，日本の文化や国民性に基づかない「日本国憲法」や占領政策が齎したものであると言ってよい [2,3]．「日本国憲法」が我が国を永続的に無力化して米国に隷属させる占領政策の謀略であったことは，SWNCC の文書に見る「日本占領目的」や GHQ の占領政策が明確にこれを示す．更に「日本国憲法」は GHQ が10日間で速成した「GHQ 原案」に基づき，これに従わなければ「天皇の戦犯訴追も避けられない」との脅迫の下に，「日本国憲法改正案」の作成を閣議決定し，「帝国憲法」の改正手続きに従い「日本国憲法」が制定された（付録3.§2.参照）．またマッカーサーは朝鮮戦争の指揮についてトルーマン大統領と衝突し，連合軍総司令官を解任されて帰国した直後に，米上院軍事・外交委員会で演説し「日本人は12歳だ」と嘲罵した（1951.5）．この証言は前述の「日本の無条件降伏」の捏造と共に憲法制定の謀略を裏付けている．

(2)．GHQ による「教育の改造」

　前項では GHQ の占領政策の目標が日本の非軍事化と民主化にあり，そのために「日本国憲法」の強制や永続的日本弱体化の占領政策を実施し，今日の米国依存の国家経営の「戦後レジーム」が生まれ，国民劣化を招いたことを述べた．即ち GHQ は「日本国憲法」の「主権在民の象徴天皇制」を強要し「貴族制」を廃止して日本文化の根幹を破壊し，また「戦力を放棄」して抑止力を全面的に米

国に依存する歪んだ「国家安全保障体制」を造った．また東京裁判やＷＧＩＰにより自虐史観を国民に植え付け，民主化の占領政策によって日本文化を破壊した（付録２．参照）．特に一連のGHQの「教育の民主化」指令により，「修身，国史，地理」の教科が廃止され，「神道指令」で我が国の伝統的な宗教の基盤を破壊し，「皇室尊崇」，「先祖の祀り」，「大家族の絆」を崩壊させた．これが民族文化の基盤を破壊し，次世代の価値観や国家観を混乱させ，愛国心のない国民を生んだ．また教育改革は「労働者の先頭に立つ革命戦士」として政治闘争に明け暮れる教師達の「全日本教員組合」（日教組）を生み（1945.12），左翼教組支配の下に著しく教育の質が低下し，夢想的平和主義の時代思潮を生じた．その結果，我が国古来の「忠孝仁義」を尊ぶ日本民族の道徳基盤が根底から破壊された［4］．今日の我が国の社会の各層で頻発している「親殺し，子殺し」の惨事や恥知らずな反社会的な不祥事は，正に「日本国憲法」や「教育基本法」等の GHQ の占領政策及び日教組の戦後教育が齎したものである．その爪痕は戦後の占領時代に止まらず，独立後 70 年を経た今日も戦後レジームの民族劣化が進行している．

安倍晋三総理は第１次安倍内閣の発足（2006.9）に当り，「日本を取り戻す」ために「戦後レジーム」の克服を説いた．その「戦後レジーム」を生んだ原点は，大東亜戦争の終戦後，GHQ が行った占領政策にあることは議論の余地はない．しかし戦後 70 年を経て一般には占領政策で何が行われたかは正確には周知されておらず，その間，GHQ の片棒を担いだ左傾マスコミによって自虐史観や根無し草の民主主義が社会に定着した．「戦後レジーム」からの脱却は単なる制度改革ではなく，「日本国憲法」や「民主教育」の根底にある米国模倣の政治理念や自虐史観から国民を解放する時代思潮の改革であると言ってよい．

§I.3.2.　国防の内的脅威・戦後レジーム

§I.2. に述べたとおり現代のアジアでは，中国の力による現状変更の海洋覇権と北朝鮮の核兵器・弾道ミサイル開発の先軍政治の軍事的脅威が強まっている．しかし世界史は外敵ではなく内部要因によって衰亡した多くの国の歴史を記録している．即ち国家の衰亡は外敵の脅威よりも自国の特殊な内部要因による場合が多く，それが外敵の侵攻を誘発する例が多い．それを防止する対策も国家安全保障の重要な課題である．即ち「日米安保条約」への過度の依存，国民の国家観の混乱による国防意識の消滅，道義の退廃と人間性の劣化，大衆迎合政治の横行，縦割り省益優先の行政と業・官の癒着，原子力発電所の建設

§ I.3. 我が国の国家安全保障問題　47

や運用の「安全神話」の油断等が，社会の活力を奪い国の安全を脅かす「国防の内的脅威」である（参考文献 [2, 3, 4]．これらは参考文献 [5] にも収録）．夢想的平和主義の「日本国憲法」による戦後レジームの我が国では，危機管理の公安活動に必要な政府の権限（予防拘束や通信傍受等）は，個人の自由と人権の侵害と見なされ，国民や社会の安全よりもテロリストの人権が尊重された．オウム真理教による坂元弁護士一家殺害事件 (1989)，松本サリン事件 (1994)，地下鉄サリン事件 (1995) 等の一連のテロを許したのはそのためである．またその最も象徴的事案が我が国の主権を明らかに侵害した北朝鮮の特殊工作員による拉致事件である．国内外から多数の青少年が拉致され，北朝鮮の諜報機関で使役されていることを確認しながら，救出には手も足も出せず，加えて食糧支援 (1995〜2003) や原子力発電所の建設（朝鮮半島エネルギー開発機構の新浦軽水炉発電所建設 (1997)）まで奉仕した．

　我が国では憲法上の制約と政治的な禁忌により，自衛隊は創設以来，部隊運用上の法制は多くの欠陥を抱えたまま長く放置されてきた．これも我が国の「内的脅威」である．即ち自衛隊創設 (1952) 以来，「武力攻撃事態法 (2003)」及び「有事関連 7 法案 (2004)」が制定されるまでの半世紀は，有事の非常事態に対処する行政の態勢や，自衛隊の部隊行動を律する法体系は白紙的状態であった．前述した I T 革命時代の顕著な特徴は，各種の社会システムがネットワーク化され，活動の効率化について管理と最適化の概念や知識が急速に成熟し，意思決定分析の技術が非常に進歩したことである．更に高速大容量の電子計算機の普及に伴い，データ・ベースと連動した意思決定支援システムが発達した．また軍事面では各種の戦闘統制システムや部隊運用に関する意思決定分析のソフトウエアが著しく進歩し，「戦闘の M&S (Modeling and Simulation) 時代」を到来させた．しかし自衛隊運用の欠陥法制の中では，戦闘統制システムや部隊運用の意思決定分析のソフトウエアを育てる土壌がなく，自衛隊運用のソフトは未成熟である．また平時の災害派遣等の自衛隊の部隊行動や不審船舶の臨検等の法的規準も曖昧であった．そのために現実に多数の人命が失われ，或いは危険に曝された事例は少なくない．以下では GHQ の占領政策の「戦後レジーム」の弊害による内的脅威の深刻化について考察する．

　GHQ は日本の永続的な無力化を図り，東京裁判では日本を一方的に侵略国と決めつけ，我が国の近代史を完全に否定した．進歩的文化人はこの自虐史観に盲従し，非武装中立や一国平和主義，謝罪外交を唱え，国内の言論界を風靡した．この委縮した時代思潮が「戦後レジーム」を更に増幅した（参考文献 [3] 参照）．

戦後レジームの根源は，GHQ が我が国に強要した「日本国憲法」にあることは前述した．この憲法は，我が国の伝統を無視して国体を捏造し，国家の自衛権をも否定し，元首の規定や非常事態条項さえもない「欠陥憲法」である．付録３．で述べるように，それは「占領実施法」に過ぎない．我が国は 1951 年，「サンフランシスコ講和条約」調印と同時に，「日米安保条約」を結んだ．この条約では「日本国憲法」の戦力放棄を受けて，「日本政府が米軍の駐留を希望する」と明記し，抑止力を米国に委託した．1960 年，岸信介内閣は「日米安保条約」を改定し，「駐留希望」の文言を削り，十年後は自動継続とした．「日米安保条約」は両国の信頼関係の証であるが，同盟は自主防衛の補完に過ぎず，条約はしばしば反故にされる．その後，実効性の不確実な「米国の核の傘」が，国民の国防意識を消し去り，独立国家の矜持と危機管理機能を腐敗させた．

１．政治・警察・司法の戦後レジーム

(1)．政治の劣化

　曽って議員は「井戸塀代議士」と言われたが，近年は不正な領収書を掻き集めて公金を掠め取る新商売となり，後援会幹部の「帳簿ミスと称する公金詐取」が頻発している．政治の劣化の醜態の数例を挙げる．

①．2000 年の地方自治法改正で地方議会の議員に政策調査研究等の活動費の支給が制度化された．2015 年頃から全国各地で政務活動費の架空請求や水増し，領収書の使い回し等の不正請求問題が摘発され，地方議員の辞職が相次いだ．

②．舛添要一前東京都知事が外国出張の大名旅行や公私混同の公用車使用，政務活動費による家族旅行等を週刊誌に暴露されて辞任した（2016.6）．舛添氏が選任した（自称）第３者委員会も「違法ではないが不適切」とし，ニューヨーク・タイムズ紙は「SEKOI」と報じた．法は常人の最低限のモラルであり，「最低の常人の不適切な行為」を公然と行う都知事では困る．

③．2017 年には衆参両院の男女国会議員の不倫・暴言・パワハラ騒動が週刊誌で相次いで暴露された．当事者は離党はしたが，国会議員を辞めた者はいなかった．「最低の常人の不適切な行為」を恥じない国会議員が横行している．

④．2017 年９月下旬，安倍首相は第 194 臨時国会の冒頭で突如衆議院を解散した．首相は「北朝鮮の脅威と少子化の国難を乗り越えるために民意を問う」として「国難突破解散」と称したが，単に野党の選挙準備体制の整わない有利な時期を選んだに過ぎず，「大義なき解散」と非難された．しかし首相の予想に反して解散直後，政界は激変して再編成された．１年前に自民党候補を破って

§I.3. 我が国の国家安全保障問題　49

都知事に当選した小池百合子東京都知事（当選時は自民党員）は、地域政党
「都民ファーストの会」を「希望の党」（2017.9. 結党）に看板を塗り替えて党
代表に納まり、民進党を篭絡して3極対立の総選挙環境を造った。

⑤. この総選挙で民進党は両院議員総会で小池都知事の集票力を当てにして「公
認候補を立てず民進党籍のまま希望の党の公認候補とする」実質的な解党を全
会一致で決定した。曽って民主党として政権を担った野党第1党が、安保法制
改革や憲法改正等の理念や政策の食い違いを度外視して、突如結党間もない新
党；希望の党に身売りする前代未聞の醜態を演じた。政党政治の否定である。
当初、民進党は全員が希望の党に鞍替えするつもりであったが、希望の党は民
進党のリベラル派を公認せず、忌避された議員が「立憲民主党」（枝野幸男代
表）を立党して総選挙に駆け込んだ。これにより安倍首相には予想外の「自
民・公明」対「希望・維新」対「共産・社民・立憲民主」の3極対立となった
が、反安倍勢力の票が分散し自民党が過半数（61%）を占める大勝を収めた。

⑥. 学校法人森友学園（大阪市）への国有地払い下げの評価額9億5600万円が、
地下のごみ撤去費用の名目で8億円余り値引きされ1億3400万円で売却され
た。安倍首相夫人の口利きがあったとされ籠池泰典 元学園理事長が国会に喚
問された（2017.8）。また学園が経営する「塚本幼稚園」の専従教員数や障害
児数を偽って補助金計約6200万円を詐取した疑いで籠池夫妻が逮捕された。

⑦. 学校法人加計学園（加計孝太郎理事長は安倍首相の友人）の大学獣医学部新
設（今治市）は、内閣府の「総理のご意向」を忖度したという文科省の内部文
書が報道され国会は大騒動となった。首相は⑥,⑦項への関与を強く否定した。

(2). 警察の戦後レジーム

国家公安委員会は桶川ストーカー殺人事件（1999年10月、女子大生の付き纏
いの相談を警察が無視し、白昼ＪＲ桶川駅前で刺殺された事件）を重く捉え、有
識者による「警察刷新会議」を設け、「警察刷新に関する緊急提言」が出された
（2000）。これを要約すれば次のとおりである。

①. 閉鎖性。情報公開の欠如、内部組織の馴れ合いと監察機能の低下、公安委員
会の管理機能の不足。

②. 外部の批判や意見が反映されない体質。批判やチェック態勢の不備、誤った
「民事不介入」、個々の警察官の責任が問われない緊張感を欠いた職務執行、住
民の要望・意見の多様化への不感症。

③. 時代の変化への対応不足。キャリアの現場経験の不足と治安を担う志と責任
感の欠如、各級幹部の教育・訓練の不足、住民の不安解消の無視。

④．新たな犯罪形態への対応力の不足．ハイテク犯罪・サイバー・テロ・国際組
　織犯罪・ストーカー・家庭内暴力・児童虐待等の専門人材や体制の不備．
　警察庁，公安委員会は上記の提言に基づき「警察改革要綱（2000）」をまとめ，
2003 年を治安回復元年とする「緊急治安対策プログラム」に取り組んだ．しか
しその後も全国で同様な警官の不祥事は止まない．それは戦後の「人間教育の欠
落」に原因がある．

(3)．司法の不法行為

　先ず検察の不祥事を挙げる．

①．冤罪事件．　戦後，死刑又は無期懲役確定後に再審無罪となった冤罪事件
　は 8 件，抗告中 1 件，再審中の被告死亡 1 件がある．ⅰ．免田事件 （1948,
　熊本県人吉市の一家 4 人の強盗殺人）．死刑確定 （1952），再審無罪 （1983）．
　ⅱ．財田川事件 （1950, 香川県三豊市の強盗殺人）．死刑確定 （1957），再審
　無罪 （1984）．ⅲ．島田事件 （1964, 静岡県島田市の 6 歳の女子殺害），死刑
　確定 （1960），再審無罪 （1989）．ⅳ．松山事件 （1955, 宮城県松山町の農家
　4 人の殺害・放火），死刑確定 （1960），再審無罪 （1984）．ⅴ．府川事件
　（1967, 茨城県利根町布川の殺人）．男性 2 人が無期懲役 （1978），再審無
　罪 （2011）．ⅵ．足利事件 （1990, 足利市の 4 歳の幼女殺害），無期懲役
　（2000），再審無罪 （2010）．ⅶ．東電ＯＬ殺害事件 （1997, 東京都渋谷区の
　ＯＬ殺害）．ネパール人男性が無期懲役 （2003），再審無罪 （2012）．ⅷ．大
　阪市の放火殺人事件 （1995, 大阪市東住吉区の小学 6 年生女児の死亡火災
　で，母親と内縁の夫が保険金目的の放火殺人罪に問われた）．無期懲役確定
　（2006），弁護団が燃焼実験を行い再審請求，再審無罪 （2016）．ⅸ．袴田事
　件 （1965, 静岡県清水市の一家 4 人の殺害・放火），死刑確定 （1980），再審
　開始 （2014），抗告中 （2018. 2. 現在）．ⅹ．名張事件 （1961, 三重県名張市の
　町内懇親会でブドウ酒を飲んだ女性 17 人が中毒し 5 人が死亡）．死刑確定
　（1972）．再審請求 9 回，審査中に死刑囚が死亡 （2015, 89 歳，収監期間は 43
　年）．これらの再審裁判では，検察の供述・自白の偏重，自白強要，反証の隠
　蔽，証拠捏造等があったとされた．

②．検事の調書や証拠品改竄事件．大阪地検特捜部の主任検事が郵便料金不正の
　証拠品のフロッピーを改竄し （2010. 実刑判決），小沢一郎代議士の元秘書に
　対する政治資金規正法違反事件の検事が虚偽捜査報告書を作成した （2012）．
　選挙違反捜査では，虚偽調書の作成 （2007. 志布志事件・鹿児島県議選の買収
　事件）や，虚偽証言の強要 （2011. 深谷市議選の供応買収事件）がある．

③. 漁船・護衛艦の衝突事故. 房総沖での漁船「清徳丸」と護衛艦「あたご」衝突事件（2008.2）では，検察は週刊誌の海上自衛隊バッシング記事の杜撰な航跡図を証拠品として裁判所に提出し，第1，2審とも「あたご」の士官2名は無罪となった（2013）.
また裁判のぶれも目に余るものがある.

④. 国歌・国旗への儀礼の違憲訴訟. 東京・神奈川・広島・福岡等の左翼教師が「入学式や卒業式での国歌・国旗への儀礼の違憲訴訟」を起こした. 都立高校教師ら401人の訴訟では，1審の東京地裁が「東京都教育委員会の儀礼の通達は違憲」とし，慰謝料1人当り3万円の支払いを命じた（2006）. しかし最高裁は合憲とし，教員側の敗訴が確定した（2011）.

⑤. 航空自衛隊イラク派遣の違憲・損害賠償訴訟. 全国で5千人超の原告が，国を相手に11の裁判所に「イラク特別措置法」による自衛隊のイラク派遣を憲法第9条違反とし，違憲の確認と精神的苦痛への慰謝料1人1万円の支払を求める訴訟を起こした. 名古屋地裁は合憲判決を下したが，それに対する全国最初の名古屋高裁の控訴審（2008）では，控訴を棄却し原告の全面敗訴となった. しかし判決理由の傍論において 「イラクでの航空自衛隊の輸送業務は違憲」と述べ，平和愛好者と称する原告の市民団体と左翼マスコミを「勝訴判決に勝る実質勝訴」と欣喜雀躍させた. 検察は傍論の上告はできず判決が確定し，判決とは無関係な傍論が最高裁の憲法判断を封じた.

⑥. 高浜原発3，4号機再稼働差し止め仮処分. 関西電力・高浜原発3，4号機（福井県）は，2015年2月に原子力規制委員会が「新安全基準」の合格を認定した. 福井・京都など4府県の住民が福井地裁に「再稼働差し止めの仮処分」を申請し，地裁は「原発稼働は合理性を欠き安全性は確保できない. 新基準の適合性を判断するまでもなく人格権を侵害する具体的危険が認められる」として再稼働を禁止した. しかし関西電力ＫＫの「仮処分の保全異議審査」に対し，福井地裁の別の裁判官は同年12月に，「新安全基準は合理性がある」として仮処分を取り消し，高浜原発3，4号機は稼働に漕ぎ付けた. しかし2016年3月，滋賀県住民が大津地裁に変更して「原発運転差し止め」を訴え，大津地裁は関西電力の説明不足と原子力規制委員会の審査に疑義を呈し，既に再稼働した3，4号機の「運転差し止め」の仮処分を決定した. 関西電力は保全処分の異議と仮処分の執行停止を申立てたが同年6月に却下された. これらの裁判のぶれは「裁判官の独立性」によるが，世界最高レベルとされる「新安全基準」を無視する裁判官の判断は独善に過ぎる.

⑦．司法試験漏洩事件．2015 年，明治大学法科大学院・青柳幸一教授（67 才．司法試験・憲法分野の問題作成の考査委員主査）は，交際中の教え子の女性受験者に問題を教え模範解答を添削・指導した．司法人の倫理崩壊を象徴的に物語る事案である．

２．教育・研究分野における戦後レジーム

(1)．GHQ の教育改革と教員の質の低下

　戦前の教員養成制度は，中等学校・高等学校・大学と，師範学校・高等師範学校・文理科大学の複線的学制が整備されていた．戦後，GHQ による学制変革により，旧制師範学校は新制大学の教育学部に，それ以上は教育大学又は学芸大学の新学制に１本化された．師範学校は学費が支給され貧しい家庭の優秀な学生が集まり，質の高い小・中学校の教員が養成されたが，戦後の新制大学の教育学部は人気がなく，「デモ・シカ先生」（教師にデモなるシカない）の時代が長く続き，また一方，GHQ の組合育成の占領政策が生んだ「日本教職員組合（日教組）」は，「教師は労働者の先頭に立つ革命戦士である」として政治闘争に明け暮れ，教員の質が著しく低下した．現在の教育界は，教師の質の低下による父兄と教員の悶着，生徒の虐めや自殺を止められない教師，管理能力のない学校長や教育委員会等による不祥事が頻発している．これらは戦後の日教組教育が育てた教員の力量不足が原因であり，無能教員とモンスター・ペアレントの再生産の連鎖を断ち切らなければ，我が国の衰亡は必至である．

　1948 年７月，GHQ 指令で米国模倣の「教育委員会」が設置された．委員は公選であったが投票率は極めて低く，間もなく日教組が委員会を乗っ取り左翼イデオロギー教育が全国に蔓延した（付録２．の§6. 参照）．この弊害の解消のために1956 年に教育長や教育委員の任命制が導入され，また「地方教育行政法」は「教育委員会」の予算案・条例案の送付権を廃止し，教育行政に対する首長の影響力を高めた．しかしその後も非常勤の教育委員による合議制の無責任な教育委員会は事務局提出の議案の追認機関となり，教員組合の政治的偏向とそれにおもねる教育委員会が教育界の不祥事の温床となった．教師と学校と教育委員会が共謀して隠蔽し続けた学校内の苛めによる生徒の自殺の頻発はその表れである．

　１例を挙げれば，北海道滝川市立江部乙小学校で 2005 年９月，６年生の女子生徒が虐めを苦に教室で自殺した．遺書には長期間の虐めが記され，担任教師や学校は事前にそれを知りながら適切な指導を行わず，また市教育委員会も「虐めはなかった」と発表した．遺族が新聞社に遺書を公開し，札幌法

務局が事件を調査し人権侵害と認定した．この事件を契機に北海道教育委員会は虐めの実態調査を計画したが（2006.12），北海道教組執行部は21支部に調査の不協力を指示した．この事件は生徒を見殺しにした上に担任教師，学校，教育委員会，教員組合が共謀して事件の揉み消しを図ったものである．

（2）．日教組支配による教育の劣化

　GHQ は組合の組織化を奨励し，共産党の指導の下で革命教育に熱中する左翼教職員組合が学校を支配し，東京裁判で歪曲された太平洋戦争と国家観，道徳や伝統文化を蔑視する自虐史観の教育が半世紀に亘り行われた．日教組の中央委員会は，「あるべき教師像」を解説した「教師の倫理綱領」10 項目の冊子を全国の学校に配布した（1952）．その第8項には「教師は労働者である」，第9項「教師は生活権を守る」，第10項「教師は団結する」と謳い，マルクス，エンゲルス著の『共産党宣言』に倣った扇動文書であった．日教組は反戦・反安保・反勤評・反道徳教育等の政治闘争を活発に行い，「反体制・造反有理」を生徒達に教えた．日教組委員長を 1971 年から 12 年間務めミスター日教組と呼ばれた槙枝元文は，金日成を最も尊敬し，「金日成誕生 60 周年（1972）」には訪朝して北朝鮮の教育制度を絶賛し，1991 年には北朝鮮から「親善勲章第1級」を受けたことは，この時代の教育を象徴している．

　日教組の組織率は 1958 年には 86 ％を占めたが，過激な反政府活動や闘争路線についての内部分裂により，1970 年には約 57 ％，以後漸減し 2014 年には約 25 ％に落ちた．しかし未だに左翼偏向の日教組が活発な政治活動を続け，強い影響力を持つ県も少なくない．

　日教組は 1970 年以降，「ゆとり教育」を提唱した．1994 年には自・社・さ連立の村山富市内閣が誕生し，文部省と協調路線に転換した．翌年，文部大臣の諮問機関・中央教育審議会の委員に日教組幹部が起用され，「ゆとり教育」の完全週休5日制，学習内容及び授業時数の削減，「総合的学習」の新設，絶対評価等が採用（1980）された．しかしその結果，生徒の基礎学力が低下したとされる．

　第1次安倍晋三内閣は，2006 年，「教育基本法」を改正し，2008 年，「ゆとり教育」を見直した．また第2次安倍内閣は「教育再生」を唱え，道徳教育の強化，学習内容の充実，学制改革等を進めた．

（3）．大学教育の劣化

　戦後の GHQ の学制改革により，旧制高校・師範学校・各種の専門学校が格上げされて新制大学となり，大学が急増して駅弁大学と呼ばれた．GHQ の日本弱体化政策や妄想の「平和憲法」の宣伝が，進歩的文化人の言論やマスコミを通じ

て国民に浸透し，反戦・平和の時代思潮が形成された．1960〜80 年代は左翼系学生による反戦・反核の学生運動が大学を占拠し，日米安保反対・反核闘争の嵐が吹き荒れ，大学は教育・研究の場ではなくなった．また 1980 年代後半には「非核平和宣言運動」が活発化し，大学や研究機関が「平和宣言」や「平和憲章」などを乱発する珍妙な観念的平和運動が各大学で流行し，大学の劣化が加速された．このような学園の雰囲気の中で大学の教育力が低下し授業の単位取得が安易に行われ，これに伴い大学生の学力が著しく低下した．また高校以下の「ゆとり教育」や「大学の推薦入学」の拡大がそれに拍車をかけた．それは大学生が勉強をしないことに表れている．大学生の学習時間の日米比較（東京大学「大学経営・政策研究センターの調査」(2007)）によれば，1 週間当りの授業外の学習時間が 0 時間の大学生は，日本 9.7 %（米 0.3 %．以下カッコ内は米国），1〜5 時間：57.1 %（15.3），6〜10 時間：18.4 %（26.0），11 時間以上：14.8 %（58.4）という驚くべき統計がある．米国では約 60 %の学生が 1 週間に 11 時間以上授業以外の学習をしているが，日本の大学生の約 70 %が 5 時間以下の学習しかしていない．これは日本の大学が学問的な鍛錬の場ではないことを示す．我が国では「大学出のレッテル」だけに意味があり，「大学で何を学び，何を身につけるか」は問題とせず，大学も社会もそれを容認している．それが上述の「勉強しない大学生の統計」に表れている．ここでは怠惰な学生を責めるよりも，そのような学生を卒業させている大学の姿勢が問題である．1 週間に 5 時間以下の学習でも学士号を授与する大学は，もはや大学ではなく「学士号販売会社」と言うべきである．また大学の社会人教育も我が国は非常に低調である．25 歳以上の大学生の比率は，アイスランド 36.8 %，米国 22.0 %，韓国 18.4 %に比して日本は僅か 2 %しかない．これは日本では大学進学は就職のレッテル取りが目的であり，「大学は個人の能力向上の場ではない」と位置づけられていることを示す．日本人の外国留学も文科省の統計では，2004 年の 82,945 人をピークに減少し，2010 年に 58,060 人，2013 年には 55,350 人に落ち込んだ．経済不況や就職活動との関係もあるが，初等教育の基礎学力の不足と学習意欲の減退が大きな要因であろう．しかし大学の劣化は上述の怠慢学生の問題だけではなく，大学教官・研究者の劣化も惨憺たる状況にある．

　早稲田大学・公共経営研究科の博士論文の盗用・学位取り消し（2013）や独立行政法人・理化学研究所のスタップ細胞の不正研究（2014）に端を発し，早稲田大学・先進理工学研究科は過去に認定した 280 本の全ての博士論文についても再調査する事態となった．東京大学・分子細胞生物学研究所では 2014 年に 33 本の

§I.3. 我が国の国家安全保障問題　　55

論文不正事件（データ，画像等の捏造・改竄）で教授ら4名が退職したが，2017年にも別の教授のグループが国際的な科学誌ネイチャーやサイエンスに発表した研究論文5本が不正と認定され，「不正行為が反省されず，常態化している」と批判された．また2015年4月，厚労省は聖マリアンナ大学病院の精神科医師20人に対し虚偽申請による精神保健医の不正取得で指定医を取り消した．

　大学教授達の研究費汚職（2012〜2016．大阪大学大学院工学研究科の教授が有罪判決）等の不正行為も頻発している．大学は怠慢学生の巣窟であるばかりか，研究室も腐敗し崩壊しつつある．このような大学の劣化は，役人やテレビ有名人がいつの間にか大学教授に納まる事例が多いことにも表れている．これは少子化時代の学生集めのPRや学校経営のための補助金の獲得，学部の設置認可等に躍起になっている大学の「企業経営」姿勢を反映しており，大学がもはや学問・高等教育の場ではないことを示す．2017年1月，公務員の停年後の再就職を規制する内閣府の第3者委員会・「再就職等監視委員会」（2007年設置）の調査により，文部科学省が組織ぐるみで幹部職員の国公私立大学の教授や理事等に天下り斡旋を行っていたことが露見した．隠蔽工作や大学との口裏合わせも行われており，疑惑は計38件に上り，文科次官の辞任，懲戒処分が行われた．教育の根幹を司る文科省の幹部がこの為体である．このような天下りは長年慣習化しており，新聞報道では2011〜2015年の間に文科省の幹部が大学教授・准教授に34人，理事や事務局長等に45人，計79人の天下りが報告された．その後，全省庁の退職者約5,500人に対し内閣人事局の調査が行われ，「国家公務員法規制違反」の疑いがある者27人が摘発された．この大学教授再就職不正は大学劣化の推進に文科省が一役買っていることを示す．安倍総理や自民党「憲法改正推進本部」は「高等教育の無償化」を改憲項目に挙げたが（§I.3.3.に後述），大学のこの実態を放置して高等教育を無償化しても単に大学遊民をはびこらすだけであり，一億総活躍社会の実現には役立たない．大学改革こそが重要かつ喫緊の課題である．

（4）．軍事科学研究の停滞

　戦後の反戦・平和の社会風潮は大学・研究所の科学技術研究分野にも波及し，日本学術会議は1950年と1967年の2回，「軍事目的のための科学研究を行わない声明」を総会で決議した．更に防衛装備庁の「安全保障技術研究推進制度」（2015年度発足）による軍事技術開発の大学委託研究の増加に危機感を持った日本学術会議は，2017年4月，上記の声明の継承と軍事転用の可能性のある研究について大学等が技術や倫理の観点から審査する制度の創設を求める反戦声明を採択した．現代の防衛力は最先端の科学技術を基盤とし，先端技術が国民の安全

56　序章　国家安全保障の諸問題

と平和を保つ戦争抑止力を造り出す．この現実を弁えず，「軍事技術の研究を止めれば，世界は平和になる」という日本学術会議の再三の声明は，滑稽至極であるばかりでなく国の安全を危うくするものである．我が国を代表する科学者集団が左翼かぶれの大学生並みの世界情勢認識しか持たず，観念論に溺れている人間劣化の進行は憂うべき事態である．またこの種の神学論争は国会でも繰り返されてきた．1969 年，「軍事衛星の研究開発禁止」の国会決議が行われ，現代の安全保障に不可欠の「偵察衛星」等の米国との共同研究を妨げ，防衛力整備の重大な足枷となった．更に同年，佐藤栄作内閣は共産圏，国連決議の禁止国及び紛争当事国へ武器輸出を禁止する「武器輸出３原則」を決定し，1976 年，三木武夫内閣は適用範囲を拡大して外国への武器の技術供与や共同開発を禁止した．以後，防衛産業の需要が自衛隊だけに限定され，防衛装備費が高騰する深刻な弊害を生じ，防衛技術基盤の維持・育成も妨げられた．しかし今世紀に入り中国・北朝鮮の脅威が高まり，安倍内閣で是正され始めたことは§4.2.1.で後述する．

　2017 年３月，世界的に著名な英科学誌「ネイチャー」は自然科学研究の現状を分析して「日本の科学研究は失速している」と報じた．同誌は自然科学系の主要学術誌 68 誌に掲載された 2012〜2016 年の大学・研究機関の研究者の論文数は，それ以前の５年間に比べて中国の 47.7 ％増，英国の 17.3 ％増に比して日本は8.3 ％減と著しく減少したことを指摘した．更に広範囲の学術誌を対象とした別の調査会社の報告では，2005〜2015 年の 10 年間に世界全体の論文数は約 1.8 倍に増えたが日本では 1.14 倍の増加に過ぎず，全体に占める割合も 7.4 ％から4.7 ％に激減した．文部科学省 科学技術・学術政策研究所は 1993 年から 10 年ごとの自然科学系の論文数の統計を発表しており，2017 年８月発表の調査では2005 年までは米国に次ぐ２位であったが，2013 年から３年間の論文数は中国，ドイツに追い抜かれ，世界４位に転落した．この原因は 2001 年以降日本の科学技術予算がほぼ横這いで一部の有名大学に偏って配分され，長期雇用の研究者が減り短期雇用の若手研究者が大幅に増加したためとされる．しかし予算配分の問題よりも前述した就職レッテル取得の学生に迎合し，研究よりも経営を重視する大学の体質，怠惰な学生の基礎学力の低下，留学志向の減少に見られる学生の活力の喪失等々の日本の社会全体に瀰漫する人間の劣化が根本的な原因であろう．

３．民間企業の職業倫理の崩壊

　近年，民間企業でも組織的不正が頻発している．
①．ＪＲの怠慢体質．北海道では 2011〜2014 年に線路の保守整備の手抜き工事

で列車の転覆，車両火災事故等が頻発した．更にそれを糊塗するための保線データの改竄までも発覚した．また 2015 年 4 月，神田〜秋葉原間で山手線の線路上に架線支柱が倒れ，約 9 時間・751 本の電車が運休し，41 万人の乗客の足が混乱した．国交省はこの事故を「重大インシデント」としたが，2 日前に支柱の傾きが確認されており，それを放置した J R の弛み事故であった．

②．食材偽装．2013 年 6 月，全国の一流ホテルや百貨店レストラン数十店舗で，牛脂注入加工肉のビーフステーキ，冷凍鮮魚，濃縮還元液ジュース等，多数のメニューで食材偽装が摘発された．老舗にも暖簾の誇りはない．

③．東芝の不正経理．創業 140 年を誇る「東芝」が組織的な不正経理で経営陣が告発された（2015）．2008 年 4 月から 6 年半の不正水増し額は税引き前利益で 1,518 億円に達した．

④．横浜市のマンション欠陥工事．「三井住友建設」が設計・施工した横浜市都筑区のマンション団地（2007 年完成）の 1 棟が，83 本の基礎杭打ち工事のデータを捏造し，マンションが傾いた（2015 年に発覚）．

⑤．免震ゴムのデータ改竄．2015 年 3 月，「東洋ゴム工業」は 10 年間に病院，消防署等 55 棟の免震ゴム 2,052 基の性能試験の結果を改竄し，大臣認定を不正に取得していたことが発覚した．更に翌月の再調査で 90 棟 678 基の改竄が露見し，国交省の認可を取り消された．

⑥．製薬会社の不正

ⅰ．「化学及血清療法研究所」（熊本市）が 1974 年から 40 年間に亘って国の承認を受けた製法とは異なる製法で血液製剤やワクチンを製造し，組織的に製造記録を偽造したことが，2015 年に発覚した．

ⅱ．製薬会社ノバルティスファーマ社は，高血圧治療薬ディオバンの臨床研究（4 大学で実施）で社員がデータを改竄し，医学論文が撤回された（2013）．更に同社は 2015 年 1 月，抗癌剤など 26 種類の薬の約 5 千名の重篤な副作用の報告を怠り，薬事法違反で 15 日間の業務停止処分を受けた．

ⅲ．武田薬品工業の高血圧治療薬ブロプレスも，臨床研究の企画・立案から学会発表まで同社が関与し，有利な結果を出すために中間段階で病気発症の定義を変え，追加データや解析を京都大学付属病院に要求した（2014）．製薬会社と大学病院の癒着が甚だしい．

⑦．乗用車の燃費不正．「三菱自動車」は 2013 年以降に製造した軽自動車 4 車種 62 万 5 千台の燃費データを実際より良好に捏造し，国交省に届けて販売した（2016.4. 発覚）．国交省の確認試験では平均 11 ％も下回っていた．その後，

同社の全 20 車種で不正が判明した．自動車メーカー「スズキ」でも 26 車種，214 万台の燃費データ不正が発覚した．

⑧．神戸製鋼所グループの品質データの改竄．神鋼鋼線ステンレスは 2007 年4月〜2016 年5月に出荷した鋼線 55.6 トンの強度を偽装し出荷した（2016.6.発覚）．また 2016 年 9 月〜翌年 8 月の間，神戸製鋼グループの 4 事業所で製造したアルミ製品 19,300 トン，アルミ鍛造品 19,400 個及び銅製品 2,200 トンの強度，鉄粉の密度等の改竄が行われた．その後，新たに子会社 9 社の銅合金管などの製品でデータの改竄が見つかり，出荷先は国内外の約 500 社に及んだ（2017.10.発覚）．同社は「組織ぐるみ」の改竄であることを認めた．

曽っての「商人道」の「三方良し（売り手よし，買い手よし，世間よし）」は消え去り，儲けるためには捏造・欺瞞・隠蔽のなりふり構わぬ社会となった．

4．国家安全保障の戦後レジーム

国防の戦後レジームとしては，極端な反戦ムードの時代思潮と，政治家，評論家，マスコミの軍事無知，及び防衛官僚の誤った文民統制が指摘される．それらが沖縄・普天間基地の移転問題を混乱させ，日米関係の亀裂を生んだ（2010）．

鳩山由紀夫首相は「普天間の米軍基地を国外，少なくとも県外に移転」を唱えたが米国の反対で実現不能となり，責任を取る形で退任した．彼は退任時に「沖縄の米海兵隊のアジア・中近東にわたる任務や，地政学上の沖縄の位置づけと抑止力の意味を知らなかった」と語った．そのような人物が自衛隊の最高指揮官として国防を指図したことは戦慄すべきことである．彼は後に「あの告白は方便だった」と弁解して国民の憫笑をかったが，政治家には同類が少なくない．

「軍事の文民統制」とは「国の軍事力の構築と発動を政治が主導する」ことである．しかしこの常識的な政治概念は，我が国では「軍隊は悪＝軍人の排除」となり，防衛省の内部部局（内局）の「文官専制」にすり替えられた．即ち内局が自衛隊の全予算と上級自衛官の人事権を握り，防衛相や政府への全ての報告等は内局を通じて行われ，自衛官の軍事専門家としての発言は一切封じられてきた．その結果，防衛問題に全く無知な歴代の無能大臣と，それに媚びる防衛官僚が様々な部隊運用に介入し，自衛隊を動かすのが我が国の文民統制の実態である．

具体例を挙げれば，2011 年，野田佳彦内閣（2011.9〜2012.1）の一川保夫防衛相は就任の記者会見で，得意気に「安全保障は素人だがこれが本当のシビリアンコントロールだ」と語り 3 月後に大臣不適格で離任した．後任の田中直紀防衛相も素人大臣で在任 3 月で問責決議を受けた．防衛官僚跋扈の源はここにある．

§I.3. 我が国の国家安全保障問題　59

　また三矢研究（1965）や栗栖弘臣統合幕僚会議議長の超法規発言（1978）もその例である．前者は朝鮮半島で武力紛争が生じた際の我が国の防備態勢の兵力展開と，部隊運用に必要な関連法令の整備等の机上演習であり，自衛隊が当然行うべき研究である．また後者は，栗栖統幕議長が「週刊ポスト」誌の取材に答えて，当時，ソ連が北方４島に建設中の基地から奇襲攻撃を行った場合，第一線の指揮官は首相の防衛出動命令を待つ余裕はなく，超法規的に行動せざるを得ないと述べたもので極めて常識的な意見である．しかし国会，マスコミはこれらに轟々たる非難を浴びせ，三矢研究の担当者は処罰され栗栖統幕議長は罷免された．

　2008 年には，田母神俊雄 航空幕僚長が公益財団法人アパ日本再興財団「真の近現代史観」の第１回懸賞論文に応募し，論文「日本は侵略国であったか」で最優秀藤誠志賞を受賞した(同財団出版，『誇れる国，日本Ⅰ』 所収)．しかしその自虐史観を批判した憂国の正論は，マスコミの集中攻撃を受けマスコミに弱い内局首脳によって引責・罷免された．更に田母神空幕長の前職の統合幕僚学校（自衛隊高級幹部の研修機関）では国史・国家観等の講義・講演は全て廃止された．

　これらはいずれも危機的な国防の現状を憂うる自衛官の発言である．これに対し防衛省の政治家・官僚らは自らの怠慢を省みず，権力を嵩に発言者を処罰し自衛隊の課程教育から愛国心を抜き去り，事なかれ主義の役人に奉仕する無気力な自衛隊員を作ろうとしている．これこそ国の安全を害する元凶と言ってよい．

　更に 2010 年，防衛省は「自衛隊行事でのＯＢ・部外者の政治的発言の排除」の次官通達を発し，田母神元空幕長や佐藤正久自民党参議院議員（元１等陸佐・イラク復興支援隊長（2004））等の自衛隊ＯＢの講演会を，大臣直轄（北沢俊美防衛相（民主党・菅内閣））の情報保全隊（防諜任務部隊）に監視させた．自衛隊ＯＢへの言論弾圧のこの通達は，野党自民党等の激しい批判を受けて撤回された．前述の栗栖発言や田母神論文は，個人的見解を述べたに過ぎないが，次官通達は全自衛隊を縛る公文書であり軽重は雲泥の差がある．この事件は任務に忠実な自衛官は簡単にクビにするが，己の職責は全く顧みない防衛官僚の増長慢の体質を示している．それは数百回の接待ゴルフで実刑を受けた守屋武昌防衛事務次官と取巻き官僚の醜行にも現れた（2007）．中国や北朝鮮の脅威よりも，頓珍漢な首相や防衛相，取り巻きの防衛官僚の方が，我が国の重大な脅威である．防衛省の歪んだ体質を改め，正しい文民統制と有事即応体制の確立が急がれる．

　上述した組織環境の下では危機管理は等閑にされ，自衛隊の部隊運用基準も不備となり，多数の人命が失われ，或いは危険に曝された事例は少なくない．その顕著な事例は阪神淡路大震災である．

60   序章　国家安全保障の諸問題

①．阪神淡路大震災の災害派遣．1995 年 1 月 17 日の早朝 5 時 46 分，阪神地方を
　襲った激震は 6,433 人の人命を奪い，51 万 3 千戸の家屋を全半壊させる惨憺
　たる大災害となった．このとき社会党出身の村山富市首相は，紅蓮の炎をあげ
　て燃え上がる神戸市街をテレビで見物しつつ数時間を無為に過ごし，しかも奇
　怪にも在日米軍や艦艇の救援の申し出を拒絶し，瓦礫の下の数千の被災者を見
　捨てて社会党の反米宣伝の旗振りに廻った．また腰を抜かした貝原俊民兵庫県
　知事はたった 3 km の道程に迎えの公用車を待って初動の貴重な数時間を浪費
　し，更にあろうことか選挙母体の社会党の面子にこだわって自衛隊への災害派
　遣の要請を躊躇した．そのために伊丹，福知山，姫路の郷土連隊は，眼前で生
　きながら猛火に焼かれる数千人の市民を拱手傍観して見殺しにする不埒な事態
　を生じた．自衛隊からの再三の督促により 4 時間余りも遅れた 10 時 10 分に兵
　庫県庁の防災係長の機転の判断で，「知事の事後承諾処理」として「災害派遣
　出動要請」が発せられた．市民の生命よりも政党宣伝や選挙を優先する革新首
　長と，誤った文民統制の軍隊の無惨なる醜態である．この震災以前は「防災の
　日」の自衛隊との共同訓練さえも拒否する自治体が多かった．その後，自衛隊
　の災害派遣の裁量権が拡大され，現場の部隊長の判断で「偵察隊の名目」で災
　害派遣出動ができるように「自衛隊法」が改正され，東日本大震災では迅速に
　出動したが，菅直人内閣（民主党）は十数個の有識者会議を立ち上げただけで
　行政組織は動かず，国の危機管理体制の不備を露呈した．
②．北朝鮮のゲリラ船対処．1999 年 3 月の能登半島沖や2001 年 12 月の奄美大島
　沖の北朝鮮工作船の事案では，ロケットや対空ミサイルで重武装した工作船へ
　の立ち入り検査や排除等の根拠法規は，「漁業法」と「関税法」しかなく，中
　央の内閣官房・海上保安庁・海上自衛隊の情勢判断や意思決定の連繋は支離滅
　裂の混乱を極めた．現場海域では海上保安庁の巡視船及び交戦権のない海上自
　衛隊の護衛艦や哨戒機が，ロケットや機銃に射たれつつ決死の危険を冒して北
　朝鮮の工作船と渡り合った．公務殉職者が出なかったのは希有の僥倖である．
　その後「領海等における外国船舶の航行に関する法律」が成立して，漸く不審
　船舶の臨検等の警備行動が可能になった（2008. 7. 施行）．
③．陸・空自衛隊のイラク派遣と名古屋高裁の「違憲傍論」（2008. 4）．イラクの
　復興を支援するため「イラク復興特措法」に基づき陸上自衛隊の部隊がイラク
　南部の都市サマーワに派遣され（2004. 1～2006. 7），給水，医療支援，学校・
　道路の補修の人道復興支援活動を行った．武器の携行や使用を厳しく制限され，
　部隊が危機に瀕した緊急避難又は正当防衛にしか武器使用を許されず，他国の

軍隊に前後を守られつつ安全な後方地域で活動した. 事実サマーワ近辺の治安が悪化した期間は, 部隊は活動を止めて宿営地に逼塞し, 現地の新聞からは「臆病者の自衛隊」と揶揄された. また航空自衛隊はクウェートのアリ・アルサレム空軍基地を拠点にイラク南部ナシリヤ近郊のタリル飛行場との間のC-130 輸送機による輸送 (2004.1～2006.6) を行い, 陸上自衛隊が撤収した後 (2006.6～2008.12) は多国籍軍・国連の人員・物資輸送に従事し, バグダッド国際空港やイラク北部のアルビルへも活動を広げた.

　全国で５千人超の原告が国を相手に 11 の裁判所に「イラク特別措置法」による自衛隊のイラク派遣を憲法第９条違反とし, 違憲確認と精神的苦痛に対する慰謝料１万円/人の支払を求める訴訟を起こした. 名古屋地裁の合憲判決に対する全国最初の名古屋高裁の控訴審 (2008.4. 青山邦夫裁判長) では, 控訴を棄却し原告の全面敗訴となった. しかし判決理由の傍論で 「イラク復興支援特別措置法に基づき航空自衛隊が米軍を戦闘地域のバクダットに輸送したのは紛争地域での活動であり, 同法及び憲法第９条に反する」と述べ, 平和愛好者と称する原告の市民団体と左翼マスコミを「勝訴判決に勝る実質勝訴」と喜ばせた. 検察は傍論の上告はできず, 判決とは無関係な傍論が最高裁の憲法判断を封じ, 「自衛隊の PKO 活動は憲法違反」の高裁判決が確定した.

④. アルジェリア人質事件. 2013 年１月, テロ集団・イスラム聖戦士血盟団 (モフタール・ベルモフタール指導者 (アルジェリア人)) がアルジェリアのイナメナス付近の天然ガス精製プラントを襲い, アルジェリア人約 150 人, 外国人 41 人 (日, 米, 仏, 英, アイルランド, ノルウェー等) を人質に立て籠もった. アルジェリア軍は直に施設を包囲し, ５日後, 特殊部隊が突入し, 制圧して人質を救出した. しかしこの戦闘で犠牲者 48 人 (内日本人 10 人), ゲリラ側 32 人 が死亡した. 関係各国はアルジェリア軍と共同して人質を救出すべく特殊部隊を派遣したが, ソマリア沖海賊対処行動の航空隊の基地警備のためジブチ基地に常駐している陸自・中央即応集団の部隊 (2011.6～現在) は, 「集団的自衛権の行使に当たる」として救出作戦はおろか陸上輸送さえもできず, 事件終了後, 航空自衛隊による犠牲者の死体の日本への輸送だけが行われた.

　上述した事案は, 我が国の危機管理や安全保障法制の不備による問題と, 「戦後レジーム」の能天気な時代思潮による国民の危機対処意識の劣化の２つの問題を明示している. その後, 安全保障法制は若干改善されたが (§4.2. 参照), 根本的な国家安全保障体制の整備には「日本国憲法」の改正が必要であり, 国民の劣化は急速に進んでいる.

62　序章　国家安全保障の諸問題

　第2次安倍内閣は「安保法制改革」(2015) で PKO 部隊の武器使用の「駆け
つけ警護」や「宿営地の共同警護」を認め，南スーダン PKO 活動 (2011 年か
ら継続) の交代部隊に初めて新任務が下令された (2016. 11).

　以上，「戦後レジーム」における国民劣化の惨状の事例を挙げた．これらに共
通するのは「お天道様に恥じない正直な大和心」(恥の文化) の消滅，不正の隠
蔽・偽装・捏造の横行，国民の「倫理の崩壊と誇りの喪失」である．この人間劣
化は GHQ の占領政策による国民の価値観の混乱と，戦後の日教組教育の歪が
原因である．そしてその根本原因は，「日本国弱体化の平和憲法」にある．

§I. 3. 3.　戦後レジームの克服（憲法改正と教育改革）

1.「日本国憲法」の改正

　我が国では GHQ に強制された夢想的平和主義の「日本国憲法」(1947. 5. 3.
施行) によって戦力を放棄し，「日米安保条約」を締結して国家安全保障の抑止
力を全面的に米国に委ね，永続的に米国隷属に甘んずる安全保障体制が作られた.
この「日本国憲法」は 1946 年2月初めにマッカーサー総司令官が憲法作成の基
本方針（マッカーサー3原則：天皇の世襲，戦争放棄，封建制・貴族の廃止）を
GHQ 民政局長ホイットニー准将に示し，10 日間で「GHQ 草案」が作られ日本
政府（幣原喜重郎内閣）に手交された．これに基づいて法制局が約1週間で「日
本国憲法」の原案を作成し，「憲法改正草案要綱」として発表された．その後，国
会の審議を経て若干の修正（第9条の芦田修正）が加えられ，11 月3日に公布，
翌年5月3日に施行された（付録3. 参照）.

　周知のとおり「日本国憲法」の前文には，「日本国民は，恒久の平和を念願し，
人間相互の関係を支配する崇高な理想を深く自覚するのであって，平和を愛する
諸国民の公正と信義に信頼して，われらの安全と生存を保持しようと決意した」
と謳い，第9条で戦力を放棄した．しかし国際政治の競争場裡は弱肉強食の修羅
場であり，第2次大戦終結以後も世界各地で戦乱が頻発している．その概要は付
録1. に後述するが，ここに見る歴史上の闘争の事実は上記の「日本国憲法 前文」
の「平和を愛する諸国民の公正と信義」の虚偽を余すところなく暴いている．し
かも「日本国憲法」は夢想的平和主義を強弁して戦力放棄を掲げ，国家の非常事
態条項を欠き，「元首」の規定すらない致命的欠陥を持つ憲法である．

　当時，占領下の日本の元首に代わる者は占領軍総司令官であり，日本の安全保
障や非常事態への対処は連合軍の任務である．したがって占領軍の日本統治の基

§I.3. 我が国の国家安全保障問題　　63

本法規としては「元首や安全保障及び非常事態対処」の規定は必要でなく，その
条項を欠くことは当然である．即ち「日本国憲法」は独立国の憲法として作られ
たものではなく，占領の円滑な実施のために作られた「占領実施法」に過ぎない．
GHQ は日本を永続的に無力化するために，我が国の「民本徳治の統治理念」に
立つ立憲君主国の伝統的国体を破棄して「象徴天皇制」とし，全く異質な米国の
統治文化を模倣して「主権在民」の民主制を我が国に強要し，「夢想的平和主義」
を謳って戦力放棄を規定した憲法を押し付けた．更に「天皇の戦犯処罰」を脅迫
して「帝国憲法改正」を急がせた．日本政府は「サンフランシスコ講和条約」発
効と共に「占領実施法の日本国憲法」を破棄し，「自主憲法」を制定すべきであ
ったが，吉田茂総理はこれを行わず，独立国として必須の自衛力や抑止力を全面
的に米国に依存し米国隷属の下での経済復興を優先した．日本国民はその「マッ
カーサー憲法」を「平和憲法」と尊重し，伝統が培った諸制度を弊履の如く破棄
して戦後の 70 数年を能天気に過ごしてきた．我が国の戦後の国民の劣化と国家
安全保障の歪みの根源は，「日本国憲法」と日本人の精神的脆弱性にある．
　　これまで憲法 9 条の自衛権を巡る問題は，国会でもしばしば取り上げられ議論
されてきた．自民党を中心とする政権側と社会党・共産党の左翼政党の間の憲法
第 9 条と安全保障政策を巡る論争は，価値観の相違を反映して全く噛み合わず，
「神学論争」と呼ばれた．その間，政府の「憲法第 9 条」に関する解釈も，我が
国周辺の安全保障環境の変化に伴って変遷してきた．「日本国憲法」の制定当初
(1946.6)，「帝国憲法改正案」の審議中に，吉田首相は「第 9 条は自衛権の発動
としての戦争も，また交戦権も放棄したもの」と述べ，政府は憲法 9 条が一切の
武力行使を放棄しているとし，「個別的自衛権」の行使すらも認めない立場をと
った．国際連合憲章（国連憲章と略記．1945.10. 発効）第 51 条では「各国は固
有の権利として個別的又は集団的自衛を有する」と明記しているが，その行使は
国際連合安全保障理事会（国連安保理）の措置が執られるまでの時限的な権利と
されている．一方，1950 年に朝鮮戦争が勃発して東西冷戦の脅威にさらされた
我が国は，GHQ 指令のポツダム政令により警察予備隊を総理府の機関として設
け，1954 年には自衛隊となった．これを受けて当時の大村清一防衛庁長官は，
「自国に武力攻撃が加えられた場合に国土を防衛する手段として武力行使するこ
とは，憲法に違反しない」とし，「個別的自衛権」の行使を合憲とした．また集
団的自衛権については，「独立国の固有の権利として個別的自衛権も集団的自衛
権も有するが，憲法第 9 条は集団的自衛権の行使を禁じている」（第 12 回国会参
議院平和条約及び日米安保条約特別委員会における西村熊雄外務省条約局長の国

64　序章　国家安全保障の諸問題

会答弁．同会議事録 12 号（1951.11.7））とし，以後の歴代政府はこの見解を踏襲した．このように我が国では「日本国憲法第 9 条」により戦力及び交戦権を放棄したが，「個別的自衛権」の「専守防衛」の自衛隊は合憲であるとし，長距離攻撃力を持たない戦力に限定して整備された．しかし現代戦の水爆規模の被害を許容する「専守防衛」は防衛の意味をなさず，「個別的自衛権」による防衛は脅威の戦力中心に対する先制攻撃が可能なものでなければならない．また佐藤栄作首相は 1968 年 1 月の施政方針演説において，「非核 3 原則」（核兵器を持たず，作らず，持ち込ませず）を含む核政策の 4 本柱（非核 3 原則，核廃絶・核軍縮，核抑止力の米国依存，核エネルギーの平和利用）を唱え，以後，歴代政府はこれを踏襲した．これによって我が国は戦争抑止力を全面的に米国に依存し，米国に隷属する「戦後レジーム」の体制となった．そればかりか「核兵器の持ち込み禁止」は在日米軍の戦争抑止力をも弱めたことは否めない．

　一方，今世紀に入って中国の尖閣領海侵犯や南シナ海の軍事基地建設，北朝鮮の核・ミサイルの戦力化等の脅威の高まりに対処するため，2014 年 7 月，第 2 次安倍内閣は「存立危機事態における集団的自衛権の行使」を認める閣議決定を行い，「安全保障法制」を改革した（細部は§4.2.1. の第 6 項に後述）．

　上述したとおり我が国の「安全保障体制」の歪みの原点は「日本国憲法」にあるが，この憲法は「占領実施法」に過ぎず，この本質的な骨格を是正することが喫緊の重要事である．従来，国会や言論界の憲法論議は第 9 条が問題とされてきたが，「憲法」としての根本的欠陥の主な項目を列記すれば，次の項目が挙げられる（論拠の細部については付録 3. を参照）．

①．憲法の制定経緯の正当性の欠如．武力占領の強権下で，「天皇の戦犯訴追」の脅迫と「自主的な改正」を装う謀略によって制定された「日本国憲法」は，国家の基本法として無効である．

②．憲法は歴史的伝統に基づく国体と統治理念の国是を宣言し，国家のあり様を定める基本法である．「日本国憲法」にはこの憲法に必須の理念の正当性がない．立憲君主制の国体と道義立国の国是を宣言すべきである．

③．「日本国憲法」の基本理念の国民主権は，伝統的な国体に矛盾する．主権在民の規定を国民の参政権に変更し，立憲君主制の国体を宣言すべきである．

④．「国家元首」の欠落を正す．象徴天皇を削除し天皇の国家元首を明記する．

⑤．「皇室典範」の規定の改正．「皇室典範」は皇室の家憲として憲法とは独立の基本法とし，皇室会議は政権から独立させるべきである．

⑥．自衛権の否定の是正．国防軍の設置と戦力運用の平和主義を明記する．

§Ⅰ.3. 我が国の国家安全保障問題 65

⑦. 非常事態条項の欠落を是正する.

⑧. 衆参両院の差別化. 両院議員選出を差別化し, 参議院の政党を禁止する.

⑨. その他：ⅰ. 国歌・国旗・元号の規定, ⅱ. 国の行政と地方自治の重複の排除, ⅲ. 憲法改正の発議条件の緩和.

　安倍首相は第2次内閣の発足に当り「憲法改正」を唱え, 2017年の憲法記念日に「日本会議」(「伝統的日本の再建と誇りある国造り」の政策提言の国民運動を行う保守系の国民運動団体. 1997年発足.) の集会にビデオメッセージを寄せ, 「2020年を新しい憲法が施行される年にしたい」と明言した. また改憲項目には「憲法9条の1, 2項を残し, 自衛隊の存在を明記した条文の追加」や, 一億総活躍社会の実現のため「高等教育の無償化」の条文の新設を挙げた. これを受けた自民党「憲法改正推進本部」は, ⅰ. 第9条に自衛隊の根拠規定を追加, ⅱ. 高等教育までの無償化, ⅲ. 緊急事態条項, ⅳ. 参院選の合区の解消, の4項目を改憲事項とし, 同年10月の総選挙の選挙公約にも掲げた. 「日本国憲法」の改正を要する事項については上述の①〜⑨項に述べたが, 安倍首相や自民党案は基本的な重要改正事項を欠いている.

2. 占領政策の「教育の民主化」の是正

　GHQ は日本進駐後, 矢継ぎ早やに教育改造の「4大教育指令」を発し, 既存の教育制度を全面的に破壊した (付録2. §6. 参照). 更に1947年3月, GHQ はニューヨーク州教育長官を長とする26人の「教育使節団」を米国から招き, 米国の教育制度に倣った日本の教育の改造案を提案させた. 彼らは日本の歴史や文化に関する知識を欠き, 日本国民は「天皇をゴッドと仰ぎ, 奴隷化され, 識字率も低い野蛮人」と思い込んでいた. この使節団は, ①. 民主的教育, ②. 文部省主導の画一的教育を排し, 地方公共団体に公選制の教育委員会の設置や PTA を導入, ③. 国史・修身・地理を廃止し, 社会科・保健体育・公衆衛生の教科目の新設, 及び国語教育の改革 (日本語のローマ字表記化), ④. 男女共学の6・3・4年制の新学制の導入, 及び高等学校・師範学校・専門学校の新制大学への格上げ等, 従来の我が国の教育を根本から変造する答申を行った. これに基づき「教育基本法」や「学校教育法」が公布された (1947.3). また「教育民主化」の GHQ 指令により「全日本教員組合」が結成され (1945.12), 左翼教組による教育支配が長く続き著しい教育の劣化を齎らした (§Ⅰ.3.2. 及び文献 [3] 参照). その結果, 我が国古来の「敬神崇祖」の習わしや「忠孝仁義」を尊ぶ日本民族の道徳が根底から破壊され, 「戦後レジーム」の悪弊を生じ, 日本国民の

精神文化を著しく荒廃させた．これらは「日本国憲法」や「教育基本法」等の GHQ の占領政策が齎したものである．本来，教育制度は民族固有の文化の次世代への継承として営むべきものである．大戦の敗北と軍事占領という異常事態の中で，GHQ が教育制度を「日本民族改造」の意図の下に「米国模倣の教育」に改造したことは許されない暴挙である（付録2．§6．参照）．

(1)．「教育基本法」の改正

　　GHQ の歪んだ教育変革と東京裁判や WGIP による自虐史観は，日本の次世代に愛国心の欠落，道徳の退廃，学力低下を招いた．またそれは「神道指令」や「天皇の人間宣言」等，GHQ の無知に基づく指令によって加速され，我が国は伝統的な精神文化が継承されない次世代を生み，人間劣化の現代社会を造る根本的原因となった．この状況を改善するために 1956 年，「教育基本法改正」を目指す「臨時教育制度審議会」設置の法案が提出されたが廃案となった．その後，小渕恵三総理によって私的諮問機関の「教育改革国民会議」（略称・国民会議）が設置され（2000.3），「教育改革国民会議報告 -教育を変える 17 の提案」（2000. 12. 森喜朗内閣）を発表し，教育基本法の見直しが提言された．これを踏まえ「中央教育審議会（中教審）」は 2003 年3月，「新しい時代にふさわしい教育基本法と教育振興基本計画の在り方について」の答申をまとめた．答申では教育の現状と課題や 21 世紀の教育の目標を踏まえて，①．旧法の「個人の尊厳」，「人格の完成」，「平和的な国家及び社会の形成者」などの理念を尊重しつつ，②．21 世紀を切り拓く心豊かでたくましい日本人の育成を目指す観点から，「教育基本法」の改正が提案された．また中教審答申とは別に自民党でも約3年間に亘って旧法改正の検討が行われ，2006 年4月に最終報告がまとめられた．これらを踏まえ，安倍第1次内閣は 2006 年4月に「教育基本法(案)」を通常国会に提出したが継続審議となり臨時国会で可決・成立した（2006.12）．それまでの前文，本則 10 ヵ条，補足1ヵ条からなる旧法は，改正法では前文，本則 18 ヵ条，附則の構成となった．本則で「生涯学習の理念」,「大学」,「私立学校」,「教員」,「家庭教育」,「幼児期の教育」,「学校，家庭及び地域住民等の相互の連携協力」,「教育振興基本計画」の8ヵ条が追加された．また旧本則の規定についても「公共に主体的に参画する意識や態度の涵養」や「日本の伝統・文化の尊重，郷土や国を愛する心と国際社会の一員としての意識の涵養」等の重要な項目が追加され，根本的な改正が行われた．

(2)．戦後教育の払拭と教育再生

　　前述したとおり戦後レジームの根源は，大東亜戦争敗戦後の GHQ の占領政

§I.3. 我が国の国家安全保障問題　67

策，特に米国模倣の民主制を強要した「日本国憲法」と，教育改造による国民の伝統的価値観の崩壊にある．これらが自虐史観の時代思潮を生み，今日の国民の劣化を齎した．これを修復して国史と伝統文化に対する国民の尊敬と矜持を復活し，戦後教育が破壊した国民の価値観，国家観，歴史観，愛国心，「公」への献身等を回復して，安逸な福祉社会願望と「日本国憲法」の妄想的平和主義の時代思潮を是正し，民族精神を再興して勤勉実直を貴ぶ堅実な社会を作るために一層の教育改善が必要である．

第2次安倍内閣では「教育再生」を重点施策とし，「教科書改革実行プラン」を策定し（2013.11），教科書検定基準を厳格化した．これにより小中高校の教科書は改善され，「ゆとり教育」も改められた．このように教育の戦後レジームは漸次是正されつつあるが，回復には一層の教育改善が必要であり，戦後の「日教組教育」の残渣は現在も払拭されていない．

以上，本節では我が国の国家安全保障体制の確立には，「日本国憲法」を改正し「戦後レジーム」を克服して国民の劣化を修復し，国防意識を確立することが肝要であることを述べた．これによって初めて自衛隊は「武は矛止む」の原義に則り，精強を保ちつつ「正義・人道の大旆」を掲げて正々堂々と世界の平和のために働くことができる．祖国への愛国心と国の容を宣言した憲法への信頼なしには，国家防衛の基盤が成り立たないことは明らかである．その上で更に安全保障法制を整備し，国軍の装備と戦略・戦術の近代化を図ることが必要である．

§I.3.4.　安保法制，防衛力整備の改革とOR

本節では§I.3.1.でGHQが行った「永続的日本弱体化」の占領政策を整理し，そこから生まれた「戦後レジーム」を克服し今日の民族劣化を防止するためには，「日本国憲法」の改正と「教育の再建」が重要であることを§I.3.3.で述べた．これらは時代思潮の再検証と国家的な組織・制度の改革を意味するが，勿論，それは「大東亜戦争敗戦前の日本の復活」ではなく，民主的自由主義社会を否定するものではない．大東亜戦争を戦わざるを得ない局面に立ち至ったこと，戦争の戦い方で犯した数々の失敗［9］，それらは全て我が国の体質に原因し，敗戦後，むざむざとマカーサーのGHQに簡単に「米国化」されたことも，全く同じ意味で我が国の大弱点である．しかしそれらの失敗の教訓の上に，我が国の個性である伝統的日本文化の「和」の理念の下に，「合理的かつ効率的に世界に平和を齎す」ことが今後の国家的課題である．ORはそのための戦略・戦術の意

思決定支援の技術である．本書のテーマの「軍事ＯＲ」の目的や役割は第１章で後述するが，簡単に要約すれば「ＯＲは各種の行動や計画の目的を体系的に明確化し，考えられる代替案について合理性，効率性を理論モデルやシミュレーションによって定量的に評価し，意思決定を支援する」分析のアプローチである．本書は以下の章で問題を安全保障体制や戦略・戦術問題に特化した「軍事ＯＲ」を取り上げるが，その前に現代の国家安全保障の問題点を整理しておく．

１．国家安全保障体制の確立

前節したとおり今日の我が国の歪んだ国家安全保障体制は，GHQ に押し付けられた日本弱体化の「日本国憲法」の第９条による．現憲法は法体系の原点となる基本法ではなく，「占領実施法」に過ぎず，講和条約発効と同時に破棄すべきであった（§I.3.3.の１項参照）．しかし吉田茂首相はこれを為さず，国の基本的な安全保障体制の確立を捨てて経済復興の道を選んだ．その後，長く政権を担当した自由民主党は，結党時の文書「党の使命」(1955) では，「日本国憲法」と戦後民主主義を「日本の弱体化の一因」と指摘し，「国民の負託に応え憲法を改正する」と述べたが，以後は派閥の盥回しの政治に終始し，「マッカーサー憲法」の改正に取り組まず 70 年余が過ぎた．我が国は「占領実施法」の憲法の「戦力放棄」を遵守して，自ら米国への隷属を選んできたと言ってよい．その間，§I.3.2. に前述したとおり「戦後レジーム」の国民的劣化が進み，政府は夢想的平和主義を信奉する進歩的文化人が主導した言論・マスコミに迎合して，「非核３原則」や「専守防衛」を唱えて我が国の戦争抑止力を更に弱体化させた．

今世紀に入り中国は東シナ海・南シナ海の海洋覇権行動を強め，また北朝鮮も核・ミサイルを開発して核保有国として生き残りを図り，東アジアの緊張が著しく高まった．これにより我が国の危機管理及び安全保障体制は，漸く改善の必要に迫られて動き始めた．即ちこれまで半世紀以上に亘って全く白紙状態にあった国家の有事の際の危機管理体制は，2004 年の「有事関連法案」により漸く対処行動の基本的な骨組みが作られた．また 2005（H. 17）年の「防衛計画の大綱」（以下，「H. 17 大綱」と書く）では，2005〜2009 年度の防衛力整備計画の全体的な兵力枠とその質的目標を示した．そこでは「新たな敵」への対応（弾道ミサイル防衛，テロ対処，離島及び周辺海空域の警戒監視・領空侵犯，武装工作船への対処）や「見えない敵」への対策（情報活動の統合強化），日米安保体制下の役割分担，自衛隊の国際的な安全保障環境の改善に対する主体的・積極的な取り組み（PKO 活動）等の重視が強調された．更に自衛隊の統合運用，情報機能の強

§I.3. 我が国の国家安全保障問題　69

化，科学技術の発展への対応，人的資源の効果的な活用等の施策が打ち出された（§4.2.1.に後述）．これを受けて 2006 年には「自衛隊法」が改正され，従来の直接・間接侵略の防衛任務以外に，新たに周辺事態関連の任務，PKO 等の国際協力・援助任務等が自衛隊の主要任務として明記された．その後，防衛省中央組織の機構改革が検討されたが，自民党は 2009 年夏の総選挙で民主党に大敗して政権が交代し，防衛省の組織改革は白紙に戻され，民主党は防衛省改革を棚上げした．このように防衛や外交の基本が政局に左右されることは非常に危険なことであるが，政治家も国民にもその認識は全くなかった．

　周知のとおり民主党政権は幼稚な失敗を繰り返して国民の支持を失い，2012年末の総選挙で惨敗し，第 2 次安倍晋三内閣が発足した．安倍総理は地球儀俯瞰の戦略的外交を唱え，就任当初から米国，東南アジア，中東，欧州諸国を歴訪して積極的な首脳外交を進めた．また日米安保体制を見直し「日米防衛協力の指針（日米ガイドライン）」を改定して，平時から切れ目のない日米協力・調整を行う「同盟調整メカニズム」を設け，日米安保体制を固めた．更に「憲法第 9 条により集団的自衛権は行使できない」とする歴代政府の解釈を改め，集団的自衛権の行使を一部許容する安全保障の法制を整備した（§4.2.1.の 6 項参照）．しかし現代の厳しい防衛環境への対処には，更に以下の施策を進める必要がある．

(1)．「日本国憲法」の改正と自主防衛体制の確立

　我が国の国家安全保障を確実にするには「日本国憲法」を改正して自衛隊を国防軍に位置づけ，「戦後レジーム」の内的脅威である国民の「核アレルギー」による「非核 3 原則」や「専守防衛」を克服し，長距離攻撃力や原子力潜水艦を装備して米軍との「核兵器の共有」体制（註）を造ることが喫緊の重要事である．更にその運用のために，「日米安保条約」を強化して日米の海空軍を統合運用できる体制を造り，我が国の「戦争抑止力」を強化する必要がある．今日の我が国の状況では「核兵器の共有」はハードルが高いが，弾道ミサイル防衛 BMD（Ballistic Missile Defense）システム強化のための SM3－ブロックⅡA 開発（2006～2014）や，監視・偵察衛星の日米共同開発のような日米の具体的な協力を深めることは重要であり，長距離攻撃兵器トマホークや陸上型イージス・システムの導入も早急に着手すべきである．

　註：核兵器の共有． NATO 加盟国の中で非核国のドイツ，オランダ，イタリア，ベルギーは，NATO の枠組みの中で核兵器の使用に決定力をもち，核兵器を搭載可能な航空機等を保有して，米軍が提供する核兵器を自国内に配備して訓練を行っている．

　現在の「自衛隊法」は自衛隊の任務を列挙して規定する法律（ポジティブ法）

となっているが、これは§I.3.2.の4項に述べた阪神淡路大震災の災害派遣出動の遅れに見るように、緊急事態の実動部隊の迅速な対応を妨げる。国防軍の行動は原則無制限とし、国際法及び人道上の禁止事項を規定する法律とした上で、政治主導の運用のシステムを造る必要がある。

(2). 日米安保条約と日米関係の改善

§I.1.の1項では現代の安全保障環境の特徴として「核拡散防止」を挙げた。しかし現代の世界のパワー・バランスは旧態依然として核抑止戦略にある。北朝鮮の金日成・正日・正恩政権が累代「主体思想」の旗印の下に、ソ連・中国の手を借りずに飢餓に苦しみ餓死者を出しながら、核兵器開発とミサイルの戦力化に努めてきたのは、このためである。一方、我が国は「サンフランシスコ講和条約」締結（1951）と同時に「日米安保条約」を結び、それ以後、歴代政府は「日米同盟」に寄りかかり、国家安全保障の抑止力を全面的に米国に委ねた。更に「専守防衛」を唱えて長距離攻撃戦力の造成を怠り、有事の敵対国の戦力中枢への攻撃さえも米軍に依存する防衛力整備を続けてきた。終戦直後の焼け野原時代は止むを得ないとしても、世界有数の経済大国に復興を遂げた現在でも、独立国家の基本である国家安全保障の抑止戦力を全面的に米国に依存する現状は、米国への隷属でありマッカーサー統治の占領時代と何ら変わらないと言ってよい。勿論、日米同盟によるアジアの安全保障は重要政策であるが、その中核には国民の確固たる愛国心に基づく自立した国防体制を確立した上で、米国と共に世界の秩序の建設に貢献する平和主義国を目指すのが、我が国の防衛戦略の目標であると考える。元来、「軍事同盟」が一方的に破棄されることは歴史上稀なことではなく、外交のみで国の安全が保障できるという楽観主義は、世界では通用しない「能天気な日本の常識」であり、それは「日本国憲法」の「妄想的平和主義」が齎したものである。2017年初頭、米国ではトランプ大統領が就任し、「米国第一主義」を唱え、世界の安全保障メカニズムの崩壊が懸念された。彼のようなポピュリズム指導者の出現により日米同盟関係が瞬時に崩壊するリスクがあることは否めない。トランプ大統領の就任と同時に、安倍首相が取るものを取りあえずワシントンに駆けつけたのはそのためである。しかしこのように1時期の選挙による政権交代で揺れ動くような同盟関係は、国家安全保障政策の基盤とはできない。

前節に述べた極東の緊迫した情勢の中において、我が国は中国との対話と経済的相互依存を進め、この地域での中国の影響力を抑制して安定した戦略的互恵関係を築こうとしている。中国も表向きは日中両国の互恵関係の構築を唱えつつ、

§I.3. 我が国の国家安全保障問題　　71

現実の海洋覇権の強行は互恵にほど遠い応対である．中国が東シナ海・南シナ海を内海化し，台湾の香港化を完成してアジアの覇権を握れば，我が国は独立も危ぶまれる．このとき我が国が生き残るには，独自に核武装するか，米国の核の傘を確実にしておくことが必要である．近隣に「ならず者国家」や「力による現状変更」を強行する核保有国が存在する現状では，我が国は防衛的核武装をすべきであろうが，国連の「核兵器不拡散条約」や「包括的核実験禁止条約」を批准している我が国にとっては核武装のハードルは高く，国内・国際の政治的にも現実的ではない．我が国が万一の中国や北朝鮮の核恫喝に堪えるためには，上述した NATO 軍並みの「核兵器の共有」を行い，米国の核の引き金を我が国が共有する体制を造る必要がある．このためには日米の信頼関係を米英の兄弟国並に高め，米国にとってかけがえのないパートナーとならなければならない．米国は世界をミスリードした多くの失敗の歴史をもつ国である．大東亜戦争開戦の原因となった ABCD 包囲網の対日政策，泥沼のベトナム戦争，最近ではイラク戦争等々，世界史に遺る失敗の事例は枚挙に暇がない．しかし現在，米国は我が国の最大の友好国であり，この絆を強めることは両国と世界の安定に非常に重要である．我が国が米国の「覇者の横暴」をたしなめ，世界によりよき秩序を齎すパートナーとなることは，今後の世界の経営にとって極めて重要である．

(3)．積極的外交と地域安全保障体制の確立

　中国の力による現状変更の覇権主義に対し，我が国は「日米安保体制」を軸として，台湾及び東南アジア諸国への中国の覇権拡大を防ぎ，日韓関係を改善して北朝鮮の核兵器を廃棄させ，更にはインド・豪州を含むアジア地域の安全保障体制を固めることが，我が国の安全保障にとって死活的に重要である．

　韓国の歴代政府は世論動向に過度に反応して反日姿勢を採ることが癌となっているが，日韓関係を改善することが最優先の課題である．即ち朴槿恵前政権は日韓外相会談で長年懸案の慰安婦問題を「最終かつ不可逆的に解決する慰安婦問題の日韓合意」を共同記者会見で発表し（2015.12），日本政府は韓国政府が設立する元慰安婦を支援する「和解・癒やし財団」に 10 億円を拠出し，安倍首相は「お詫びと反省の表明」の談話も発表した．しかしその後，韓国は日本大使館前の少女像（2011 年に韓国挺身隊問題対策協議会（挺対協）が，行政府の許可なく設置）の撤去を行わず，2016 年 10 月，朴槿恵大統領は友人（崔順実）との交友による国政介入，大企業との収賄等が発覚し国会で弾劾訴追され，憲法裁判所の判決で罷免され逮捕された（2017.3）．後継の韓国大統領には親北・反日の文在寅が選出され（2017.5），前政権が「最終かつ不可逆的に解決（2015.12）」した慰

安婦問題を蒸し返し，ソウル市は慰安婦像を「都市景観の造形物」に指定した（2017.9）．更に韓国女性家族省は忠清南道の国立墓地に「慰安婦追悼碑」建立し，8月14日を「慰安婦被害者をたたえる日」に指定して政府の公式行事を行う法定記念日とする立法を進めた（2017.10）．韓国の政治体質は「補償金」に群がる国民の欲望の「民心（世論）」を絶対化し，国際条約を「民心」によって覆す前近代的国家であり，これでは友好関係を築きようがなく，極東の安全保障の障害となる懼れがある．安全保障政策については2016年3月，日米韓が対北鮮対処に協力することで一致し，2016年6月には日米韓は初のミサイル防衛共同演習がハワイ周辺海域で行われた．更に翌7月には韓国と米国は終末高高度防衛ミサイルTHAAD（Terminal High Altitude Area Defense Missile）の在韓米軍への配備を決定し，同年11月には日米韓で合同訓練を実施した．2017年7月には北朝鮮の相次ぐ弾道ミサイルの実験により，韓国におけるTHAADの発射機は2基から6基に増強された（6基が標準装備）．日韓の防空システムは衛星や前方展開センサー（THAAD，イージス艦，FPS-5レーダ，無人機等）で探知・追跡され，ハワイのC2BMC（Command, Control, Battle Management and Communications）システムへデータが送信され，目標識別，飛翔コースの割り出し，脅威度を判定し，優先順位をつけて広範囲に分散配置された複数の防空装備（イージス艦，THAAD，パトリオット等）から最適な発射台を選び対空ミサイルの発射が指令される．日米韓の防空システムの統合運用のために，「日韓秘密軍事情報保護協定GSOMIA（General Security of Military Information Agreement）」が署名され即日発効した（2016.11）．本協定は2012年6月に調整済みであったが，韓国野党の反対で調印直前に延期されていたものである．

２．国民の国防意識の確立

　自衛隊員は全員が入隊時に，「私は，我が国の平和と独立を守る自衛隊の使命を自覚し，日本国憲法及び法令を遵守し，一致団結，厳正な規律を保持し，常に徳操を養い，人格を尊重し，心身を鍛え，技能を磨き，政治的活動に関与せず，強い責任感をもって専心職務の遂行に当たり，事に臨んでは危険を顧みず，身をもって責務の完遂に務め，もって国民の負託にこたえる」ことを宣誓する（入隊時の宣誓書）．この宣誓は自衛隊に入隊する全員に対し，愛国心に基づく国防任務への献身の覚悟を促すものであり，この覚悟がなければ生命を賭した軍人の任務の遂行はできない．筆者は50数年前（1964年秋）に海上自衛隊の入隊に際し，厳粛に心を込めてこの宣誓をしたことを記憶している．しかし今日の時代思潮は

§ I.3. 我が国の国家安全保障問題　　73

国家観や愛国心に無関心であり，防衛大学校の卒業生ですら卒業後自衛隊への任官拒否者が毎年数十名を数える実情である．自衛隊の精神基盤はまことに薄弱と言わざるを得ない．稲田朋美防衛大臣は 2017 年夏の都議選で自衛隊は「自民党の集票機関」ともとれる応援演説をして物議を醸したが，防衛大臣がこの為体（ていたらく）では「自衛隊の入隊宣誓」も空念仏に聞こえる．これを改善するには，GHQ の占領政策，戦争贖罪意識宣伝工作及び東京裁判等の自虐史観と，日教組教育による観念的平和主義や左翼イデオロギーの残滓を払拭し，日本の歴史と伝統文化に対する誇りを復活して「戦後レジーム」の夢想的平和主義と決別し，国防の精神的基盤を国民の中に確立することが重要である．

3．兵力整備及び戦略・戦術の近代化．

　中国や北朝鮮の脅威に備えるには，これまで GHQ の占領政策の虚偽宣伝に基づいて安全保障体制の基本となってきた「専守防衛」や「非核３原則」を撤廃して，長距離攻撃力を整備し，「日米安保条約」を更に発展させ米国と「核兵器の共有」を行い，在日米軍と統合運用を演練し抑止力を強化することが重要である．平和主義の国是は「憲法の条文」などによって造られるものではなく，国民の確固たる愛国心を基盤とする国防の意思決定機構と，それを実行できる平時からの防衛力の準備によって克ち取るものであることを忘れてはならない．
　我が国はこれまで戦争抑止力と長距離攻撃力を全面的に米国に依存する防衛力整備を行ってきたが，これを改めて「侵略軍の戦力中心」に対して先制的な長距離攻撃力ができる精強な自主的防衛力を整備して防衛体制を固めることが不可欠である．但しその前提として占領政策の欺瞞による「日本国憲法」の夢想的平和主義の時代思潮を払拭して，「祖国防衛の危機には脅威国の先制攻撃も辞さない」という確固たる政治決断ができる体制を作らなければならない．弾頭の威力が広範囲に広がり交戦速度が格段に速くなった現代の専守防衛のあり方を，根本的に検討して防衛力の組み立てを近代の戦争に適合させることが重要である．70 年前の「専守防衛」と現代のそれが同じでないことは論ずるまでもないであろう．しかしこれは外交・防衛の基本戦略に関わる問題であり，本書の軍事ＯＲのテーマを越えた問題であるので詳述しないが，軍事問題としては次に列挙する戦力の整備の充実を急ぐ必要がある．
　　①．広域監視・偵察能力と情報能力の増強，②．サイバー戦力の整備，
　　③．ミサイル防衛システムの整備，　　④．遠距離精密攻撃戦力の充実，
　　⑤．南西列島空域の制空権の確保，　　⑥．原子力関連設備の対テロ防備，

74　序章　国家安全保障の諸問題

⑦．九州〜フィリピンに至る南西列島線の対潜・対水上阻止哨戒防備の充実,

⑧．対潜戦能力の向上（特に浅海域の東シナ海や海底地形の複雑な日本海の対潜戦環境の基礎データの蓄積），　　⑨．自衛隊の継戦能力の増強.

　偵察衛星が飛び交う今日，暴露した目標は容易に発見されるが，海中の潜水艦に対しては依然として暗中模索の戦いである．米ソの冷戦時代，米国にとって日本の地政学的な重要性は，ウラジオストックのソ連 SSBN 艦隊を封じ込める宗谷・津軽・対馬の3海峡の防備にあった．今日，相手がソ連から中国に替わっても日本の地政学的意義は全く同じである．米国に対する我が国の同盟国としての役割は，第1にロシア海軍に対する3海峡と，中国海軍に対する九州〜沖縄〜台湾〜フィリピンに至る列島線の防備であり，第2には東シナ海・南シナ海の「航海・飛行の自由」を確保することである．これが日米同盟の意義である．このように南西諸島の列島線の防備を担保し，中国の SSBN の追尾や監視を行うには，我が国は攻撃型原子力潜水艦 SSN の装備と，東シナ海の浅海域対潜戦の戦術の確立が不可欠の要件である．これらがなければ南西諸島列島線の防備は成り立たない（参考文献［4］の第5部参照．なおこの論考は参考文献［5］の第4編にも収録されている）．冷戦時代に養われた我が国の深海域の対潜戦能力は世界一流と言ってよいが，浅海域の東シナ海や海底地形の複雑な日本海ではセンサー能力のデータや経験も乏しい．また作戦情報処理や対潜戦戦術も未解明の問題が多く，今後，整備を急がなければならない.

　§3.1. に後述するとおり軍事ORはOR活動の出発点であり，現在でも欧米では軍事ORの理論研究は盛んに行われている．しかし我が国では「日本OR学会」が1957年に発足して以来60年間，その論文誌に射撃理論や交戦理論等の軍事ORの研究論文が発表されたことは皆無である．我が国では大東亜戦争の終戦直後から最近まで感情的な平和論が横行し，その影響は学術研究の分野にも蔓延して，軍事ORの理論研究は「禁忌の研究分野」であった．第2次大戦後の軍事アレルギーの後遺症は，この分野では未だに修復されておらず，学術レベルの軍事ORの研究さえも社会一般から隔離されているのが現状である．一方，防衛庁及び自衛隊では発足当初から米英軍の第2次大戦中のOR活動の調査・研究が進められ，防衛力整備計画にORを適用した応用研究が行われてきた（§4.3. 参照）．しかし戦闘統制システムや情報処理システムは「日米安保条約」に基づき米国に依存する兵力整備の基本方針によりほとんど米国システムの導入である.

　現在の我が国においては国民の軍事知識や国防についての関心がほとんどなく，国防の基盤となる国民の愛国心もすこぶる薄いことは，我が国の防衛基盤の最大

の弱点である．軍備が他国からの侵略抑止の機能を果たすのは，それが国民の一致した断固たる国家防衛の意思の表明であるからに他ならない．また「軍事ＯＲ＆ＳＡ」が扱う意思決定の考え方や危機管理のあり方は，民族の歴史や伝統，価値観の思想・哲学に深く根ざした固有の文化の所産である．ゆえにそのシステム造りは，これまでのように米国システムの模倣では済まされないことは明らかである．有事法制や危機管理システムの整備は，幅広い国民的な理解と合意の上で進めることが必要であり，国民の知恵と工夫を結集することが重要である．それには戦後レジームの日教組の教育による国民の劣化が大きな障害であり，先ず教育を改め「日本心」を養い武士の高潔な価値観と美意識に基づく愛国心を復活しなければならない．その上で防衛に関する国民の関心を高め，これまで防衛省・自衛隊の専有物として密閉されてきたこの分野の研究や知識を，広く我が国の社会全体で共有することが国防システムの基盤として不可欠である．そのために本書がいささかでも役立つことができれば幸甚である．

参考文献

[1] 米国防総省，『中国の軍事・安全保障分野の動向に関する年次報告書』，2017.6.

[2] 飯田耕司，「日本を取り戻す道―「日本国憲法」の改正に関する私見」，『水戸史学』，第 80 号，水戸史学会，2014 年.

[3] 飯田耕司，「戦後レジームの原点 (1)〜(5)」，『日本』，一般財団法人日本学協会，2015 年 1, 2, 3, 5, 6 月号.

[4] 飯田耕司，「国家安全保障の基本問題 第 1 部〜第 5 部」，『日本』，2016 年 6, 7, 9, 10, 12 月号＆2017 年 2 月号.

[5] 飯田耕司，『国家安全保障の諸問題―飯田耕司・国防論集』，三恵社，2017.（上記の参考文献 [2, 3, 4] は本書の第 3, 4, 5 編に収録されている.）

[6] 木下健蔵，『日本の謀略機関 陸軍登戸研究所』，文芸社，2016.

[7] 国立国会図書館・電子展示会，『日本国憲法の誕生』，(2003 年 5 月展示開始，2004 年 5 月増補).

[8] 宮本雅史，『爆買いされる日本の領土』，角川新書，2017.

[9] 戸部良一，寺本義也，鎌田伸一，杉之尾孝生，村井友秀，野中郁次郎，『失敗の本質 日本軍の組織論的研究』，中央公論社，1991.

第1章　ＯＲの理論研究と応用研究

　軍事ＯＲの理論研究やその応用を述べるに先立ち，本章では一般的な広義の
ＯＲの定義や特徴等を概説し，更にＯＲと類似の科学的なシステム分析の研究に
ついて簡単に説明する．

§1.1.　ＯＲの定義と研究の枠組み

1．ＯＲの定義

　「ＯＲは何を目的としてどのような研究や分析を行うのか」，この問に答えるに
はＯＲの定義について調べるのが早道であろう．しかしＯＲの定義は，その適用
対象の分野や，分析に携わる専門家の研究履歴により百人百様であり，万人が一
致して認める定義はない．各国のＯＲ学会の文書や書物等に見られるＯＲの定義
を挙げれば，次のとおりである．

(1)．JIS-Z-8121-1967（2000 確認）：オペレーションズ・リサーチ用語
　　科学的方法及び用具を体系の運営方策に関する問題に適用して，方策の決定
　者に問題の解を提供する技術である．

(2)．日本ＯＲ学会編，ＯＲ事典 2000 [22]，ＯＲ用語辞典 [23]
　　現象を抽象化した数理モデルを構築し，モデル分析に基づいて種々の問題，
　とりわけ意思決定問題の解決を支援する方法論や技法の総称．情報化社会の進
　展に伴って，線形計画法に代表される最適化モデルや待ち行列理論に代表され
　る確率的なモデル等，多様なモデルに基づく分析が，経営計画や生産・販売・
　財務等の企業意思決定や都市・公共システム等，広く社会一般の問題解決に大
　きな役割を果たしている．

(3)．米国ＯＲ学会の資料 [24]
　　ＯＲは意思決定に関する科学的アプローチであり，またほとんどの場合，限
　られた資源の配分を求め，システムを設計，運用する最も優れた方法を科学的
　に決定することに関するものである．

(4)．英国ＯＲ学会の資料 [24]

ＯＲは数学モデルを用いて，産業，ビジネス，政府，防衛等の大きなシステムにおける人員，機械，原料，資金の配分の方向づけや，管理に関して生ずる複雑な問題を調査研究する活動である．

(5)．P. M. モース ＆ G. E. キンボールのテキスト [17]

ＯＲとは執行部に，その管轄下にあるオペレーションズに関する決定に対して，計量的な基礎を与える１つの科学的方法をいう．

上述したＯＲの定義の表現はさまざまであるが，基本的な点は共通している．これらを簡単にまとめれば次のように述べられる．

「ＯＲは各種のモデルによるシステム分析技法によって，合理的な意思決定分析を行うための科学的技法をいう．」

２．ＯＲ活動の特徴

上述した意思決定問題分析の目的を達成するために，ＯＲは「対象問題に如何にアプローチするか」というＯＲ活動の特徴を整理すれば，次のとおりである．

(1)．ＯＲの視点

ＯＲは対象の行動目的の効率的な実現のために，その構成要素・組織構造・情報の流れ・制御機構・運用法等の全体をシステムとしてとらえ，分析対象とするのが最大の特徴である．ここでシステムとは「多種多様の構成要素が有機的な連繋と秩序を保ち，同一の目的に向かって行動するもの」を言い，ＯＲはシステムのある１つの局面や要素に注目するのではなく，システムやその運用法の全構成要素の有機的な関連の中で全体の効率化を図るのが特徴である．

(2)．ＯＲの機能

ＯＲは，意思決定者が最適な決定を行うために必要な科学的・定量的な判断の基礎を提供することを目的とし，意思決定の支援機能として組織上位置づけられている活動をいう．第２次世界大戦中に米海軍のＯＲ活動を指導し今日のＯＲの基礎を築いた P. M. モースと G. E. キンボール両博士は，ＯＲの最初のテキスト [17] の第１章の冒頭で次のように述べている．

「ＯＲ分析者の職責は，執行者が決定をなすに当たって計量的な面を明確に表現し，しかももし可能ならば執行者が考慮する必要がある非計量的な面について指摘することである．（中略）またＯＲ組織は決定者に直属するものでなければならない．」

78   第1章　ＯＲの理論研究と応用研究

また次のことを強調して述べている.

「ＯＲは名人芸ではなく, 教育可能で, 公認され, 組織化された活動である.」
上記の「ＯＲは公認され, 組織化された活動である」という指摘は, ＯＲが分析
技術の集合体を指すのではなく, 意思決定を支援する「公認され, 組織的に構成
された意思決定分析の活動」であることを特に注意しておきたい.

(3)．ＯＲの方法

ＯＲは自然科学的アプローチによる学際的な分析研究であり, 次の3点が顕著
な特色として挙げられる.

① 論理性と実証性の重視
② モデルを通じた定量的な分析による不確実性の分析
③ 学際的研究：異種専門の幅広い知識の集積と考え方の交配により, 多面的
　　　　　　　に現象を理解し多彩な代替案を創出する.

一般に「ＯＲは応用数学の一種」とされているが, これはＯＲの手法の特徴であ
る. 上述のとおりＯＲは対象問題のシステム全体に対して, 自然科学の方法で組
織的に意思決定の不確実性の解明に挑戦する「意思決定分析」の活動である.

３．ＯＲの理論研究と応用研究

上ではＯＲ活動の特徴について述べたが, 現在ではＯＲも他の自然科学分野と
同様に基礎理論の研究と応用研究とが明瞭に分離している. ＯＲの研究対象は人
間の活動を含む複合システムであり多数の要因が複雑に絡み合っているが, 基礎
理論は, その分析対象の問題の特徴的な現象に着目して, 閉じた問題として切り
出して分析する研究である. これらは2種類の研究に大別される. 第1はシステ
ム要因とプロセス特性との関係を理論的に解明し定式化する研究であり, 第2は
対象システムのある特性値の最適値を求める数学モデルや最適解の性質, 問題の
一般的解法, 或いは効率的な計算法等の理論研究である. 一方, ＯＲの応用研究
は, 現実の特定のシステムの開発・改善等の具体的な問題について分析し, 最適
解を求め, 改善案を提案する意思決定支援活動である.

以下ではＯＲ活動をこの両面から概観する.

§1.2.　ＯＲの理論研究

ＯＲの基礎理論の研究は, 前述したとおりＯＲ分析の基礎となるプロセス特性
の定式化や, 最適化の数学技法の一般的な理論研究を行う学術的な研究である.

§1.2. ORの理論研究　79

この理論研究は多種多様な分野にわたるが，その全体像を示す一例として表 1.1.
に日本OR学会編纂の「OR事典」の初版［19］と改訂版［22］の基礎理論項目
のリストを掲げる．この表によりORの基礎理論の研究項目のあらましを知るこ
とがきる．表 1.1. の左欄に示した「OR事典」の初版［19］は，1975 年に日本
OR学会の総力を挙げて編集したOR事典であり，基礎理論編，事例編及び付録
からなる．基礎理論編では表 1.1. の左欄の 17 項のORの理論モデルを取り上げ
て解説している．また日本OR学会は 2000 年の学会創立 40 周年を記念して，発
刊以来 25 年を経た「OR事典」の全面的改訂を行い，CD-ROM 版で「OR事典
2000」を出版［22］した．この改訂版は基礎編，用語編，事例編，資料編の４部
からなり，その基礎編ではORの理論研究を最適化系，待ち行列・確率系，応用
系の３つの大分類に分け，更にそれらを合計 28 の小分野（表 1.1. 右欄）に分け
て基礎理論の内容と主な研究結果を解説している．表 1.1. の左右の欄を比較す
ればORの理論研究がこの 25 年間に急速に進展した様子が分かる．

表 1.1.　「OR事典」の基礎理論項目

初　　　版　（1975）	改　訂　版　（2000）
1.　線形計画　2.　数理計画法一般	A.　最適化系
3.　動的計画　4.　待ち行列理論	1.　線形計画　　2.　非線形計画
5.　在庫理論　6.　探索理論	3.　組合せ最適化 4.　グラフ，ネットワーク
7.　取り替え　8.　信頼性	5.　動的計画，多目的計画
9.　日程計画　10.　シミュレーション	6 .確率計画，同近似　7.　ゲーム理論
11.　予測理論 12.　決定理論	8.　階層分析法　　9.　包絡分析法
13.　ゲーム理論　14.トラフィック輸送	B.　待ち行列・確率系
15.　評価　　16.　システム	10.　待ち行列　11 .待ち行列ネットワーク
17.　その他：	12.　待ち行列応用　13.　確率と確率過程
マルコフ過程，グラフ理論，	14.　信頼性・保全性 15.　探索理論
ネットワーク，　マーケティング，	16.　統計　　　　　17.　予測
情報理論，　　　人間・機械系，	18.　シミュレーション
発見的方法，　　創造工学，	C.　応用系（経営を含む）
産業連関分析，　多変量解析法	19.　スケジューリング
	20.　生産管理，プロジェクト管理
	21.　ロジステックス 22.　公共システム
	23.　都市システム　　24.　計算幾何
	25.　ファイナンス　26.　マーケティング
	27.　品質管理　　28.　経営，経済性工学

第1章 ORの理論研究と応用研究

次に示す図 1.1. は分析対象の問題の特徴と主要な理論モデルとを対応づけて示したものである．図 1.1. の中央の円内にある楕円で囲んだ項目は，分析対象のシステムの特徴的な問題又は注目する現象を示し，円の外側の矩形内の項目はその問題の特徴に焦点を当てて理論的な分析を行うORの理論研究分野（又は理論モデル）の名称を表している．これらの矩形内の「〇〇理論」又は「〇〇法」はOR研究で用いられている「理論モデル」又は「研究分野」の名称であり，各理論はそれぞれ大冊のテキストが書かれるほど充実している．

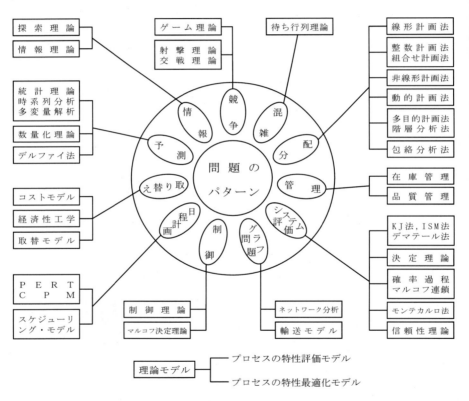

図 1.1. ORの定形的な理論モデル

次に表 1.1. のORの基礎理論の主な研究分野や，応用上重要な理論モデルの概要を述べる（軍事ORについては第2章に後述する）．

§1.2. ORの理論研究　81

ORの主な理論モデル

1. 決定理論

　決定理論は分析対象の計画（又は行動）に関する複数の代替案の選好（代替案の好ましさ）を定式化した効用関数や，その同定法に関する理論である．将来の状態が不確実な場合の効用の合理的な解析法について，将来の状態の確率分布が予測できるとき（リスクがある場合）と，それが不明なとき（曖昧な場合）の意思決定の決定基準のモデルが提案される．また状況が逐次的に変化する場合の意思決定の合理的な決定基準の考え方や，学習の定量化（ベイズ決定）の理論等，意思決定に関する幅広い理論研究が行われている．

2. システムの要因構造分析法

　ORのシステム分析では，システムの性能や特性に関する科学的・定量的な評価が必要であるが，そのためには多数のシステム要因を正しく認識し，その相互関連を明らかにして問題の構造を正確に捉える必要がある．そのために KJ 法等の各種の創造性工学的な知的探索法や，要因を統合的に構造化する手法；構造モデリング法（ISM法（Interpretive Structural Modeling 法）），デマテール法（Decision Making Trial and Evaluation Lab. 法）等が提案されている．これらはシステム分析を進める初期において，対象問題の要因構造の認識と位置付けを明確化し，対象システムの理解を深める上で有用な分析手法である．

3. 数理計画法

　数理計画法という術語は，線形計画法，非線形計画法，整数計画法，組合せ計画法，動的計画法，多目的計画法等の「〇〇計画法」と名付けられた理論モデルの総称である．これらは非負の実数領域で定義される複数の等式又は不等式の制約条件式の下で，システムの目的達成度を表す目的関数を最適 （最大又は最小）にする変数の組を求める条件付き最適化問題の解法を研究するものである．制約条件式及び目的関数が全て1次式の場合が線形計画法であり，いずれかが非線形関数の場合が非線形計画法である．また制約条件の中に変数の非負整数条件が課せられる場合が整数計画法であり，整数変数の組合せの最適化問題の解法を研究するのが組合せ計画法である．一方，動的計画法は多段階の逐次的な決定問題の最適解を求める手法である．

82　　第1章　ＯＲの理論研究と応用研究

　以上はいずれも目的関数が１つの場合を扱うが，目的関数が複数個あり，複数の制約条件の下で複数の目的関数を最適化する問題を扱うのが多目的計画法である．この問題では全ての目的関数を同時に最適にする解（完全最適解）は，通常存在せず，ある目的関数を大きくする解は他の目的関数を減少させるというトレード・オフの関係にあるのが普通であるので，最適解を求めることは意思決定者にとって最も望ましい各目的関数値のバランスを求めることを意味する．この中には主観的な判断を反映した意思決定法も提案されている（階層分析法）．また包絡分析法は複数の意思決定者が関与する多目的問題において，入力資源の効率性を［出力値の重み付け総和／入力値の重み付け総和］で定義し，効率を最大にする重み付け（意思決定の特徴を最大限に考慮することを意味する）を用いて，それぞれの決定者の効率性の相対評価を行うシステム効率の分析法である．最適解は分数計画法（非線形計画法の１種で，目的関数が決定変数の関数からなる分数式で表される場合）や線形計画法を応用して求められる．

　上述した数理計画法の問題は，基本的には何らかの意味の資源配分の最適化問題であり，その内容は何であってもよい．即ち数理計画法は一定の形式で定式化された一般的な問題について，最適解の解法や解の性質を研究する汎用的な数学モデルであり，問題をどのような数理計画問題に定式化して最適解を求めるかは分析者に委ねられている．具体的な数例を挙げれば，次のような問題がある．

①．複数の種類の製品を生産できる工場で，使用可能な各種の原材料，電力，マン・アワー等の資源の毎月の使用量が制約されているとき，その制約の下で利益を最大にするように各製品の毎月の生産量を決定する生産計画問題は，線形計画法の問題として定式化される．

②．密輸船が出没する複数の海域を一定の総捜索努力量（総兵力量や捜索時間等）で警備する状況を考える．各海域の目標出現確率や環境条件が知られているとき，総合的な目標探知確率（又は拿捕密輸船の期待値）を最大にする捜索努力の配分を決定する最適捜索努力配分問題は，非線形計画法の問題となる．

③．作戦期間と弾薬量とが与えられているとき，確率的に逐次に会敵するいろいろな軍事的価値の目標に対して，作戦期間中の総戦果を最大にする攻撃基準（いかなる目標にどの程度の弾薬を配分して攻撃するかの資源配分基準）を求める問題は，動的計画法の問題として定式化される．

④．新車の購入に当たり，性能，価格，内装やスタイル（個人的嗜好の非定量的要素）を勘案して，合理的に１つ車種を選択する問題は，階層分析法の問題として分析される．

§1.2. ORの理論研究　83

　上述の各種の問題の一般的な最適化手法が数理計画法であり，ＯＲの理論研究の中では待ち行列理論と並んで中心的な研究分野である．数理計画法問題については電子計算機の応用プログラムがよく整備されており，今日ではかなり大規模な問題も計算可能である．

４．ゲーム理論

　一定のルールに従って行われ，結果に対して支払を伴う競争をゲームと呼ぶ．ゲーム理論は複数の意思決定者が各自の利益の最大化を目指して行動するときの最適な行動や競争下の均衡状態を分析する理論である．一般的なゲームでは複数の決定者の利得や損害の内容が異なり，決定者間の協力や結託が起こる（協力ゲームという）のでゲームは複雑になり，提携の仕方や利得の配分が問題となる．しかし軍事的な戦術問題では敵と味方が明白であり，両者の利害は完全に相反する（２人零和非協力ゲームという）ので，比較的単純な形に定式化され，ゲーム理論を適用して合理的決定が分析される．またゲーム理論の考え方は，軍事的な意思決定手順：作戦要務準則等にも反映されている．

５．確率過程理論，マルコフ連鎖

　通常のシステムでは運用期間中に様々な事象が発生し状況が変化していく．しかも生起事象や状況は確率的に変化するのが普通である．このような時間経過に伴うシステムの確率的な状態変化を分析するのが確率過程理論である．システムの状況を「状態」と定義し，ある状態ではその状態の事象発生の確率法則（状態推移確率）に従って次の時点の状態が確率的に決まる．この理論研究は，初期時点でシステムがある状態にあるとき，一定時間経過後の状態分布，特定状態に到達するまでの所要時間分布，一定期間に特定の状態を経過する回数の分布等のプロセスの全体的な動きの確率的な特性値を，状態推移確率に基づいて求めるのが確率過程理論である．このモデルではミクロな状態推移の知識（状態推移確率）から上述の各種の長期的なシステムの状態の特性値を理論的に分析するのがねらいである．ここで状態が離散的で推移確率が過去の履歴に関係なく現在の状態だけで決まる場合は「マルコフ連鎖」と呼ばれ，よく研究されている．このモデルでは状態や推移確率の定義は任意であるので，確率的に変化する各種のプロセスの分析（待ち行列問題（次項参照），信頼性分析（９項参照）等）に用いられ，軍事的な戦術問題では対潜戦の分析例が多数報告されている [8,9,11]．

6．待ち行列理論

待ち行列理論は，システム内の混雑現象を分析する理論モデルである．客がある確率法則に従って窓口に到着し，ある時間のサービスを受けて立ち去るサービス・カウンターを考えたとき，客の特性（到着時間分布，客の発生源の数，行列中の中途立ち去りの有無，集団到着等），窓口の数や構成（並列，直列），窓口のサービス時間の分布，待合室の容量，サービス順序の規約（先着順，優先割込みの有無）等の要因によって，混雑の特性値（待ち行列長や待ち時間の分布）がどのように変化するかを分析するのが待ち行列理論である．

7．予測理論

予測理論は過去のデータから，長期的傾向の変化，長期的な周期変動，季節的な周期変動，ランダム変動等を分離して分析し，将来の量を予測する理論である．一方，未来技術の予測のように過去のデータが利用できない予測問題では，多数の専門家による討論と予測値のアンケートを繰り返し，専門家達の意見を収束させて統一見解を導くデルファイ法と呼ばれる予測手法もある．

8．在庫理論

現実社会の経済活動では，時々刻々変化する需要の変動を在庫品の充当で吸収し円滑な供給と安定した生産活動を維持しているが，そのための在庫レベルを維持するには，在庫費用や品切れ時の損害，陳腐化による価格低下等のリスクが避けられない．これらを考慮に入れた上で最も経済的な在庫量のあり方を研究するのが在庫管理の理論である．普通，在庫関連の費用として，在庫費，発注費，購入費，在庫の品切れ損失，陳腐化の損失等を考慮し，これらの全体の費用を最小にする在庫量，在庫補充への発注時期，発注量等を求める．

9．信頼性理論

信頼性理論はシステムの可動・不可動の確率的特性を分析する理論である．1回の使用で消耗するシステム（非修理系）では，使用時間（任務時間）中の信頼性が重要であり，稼働と不稼働を繰り返す修理可能なシステム（修理系）は，システムの長期の運用における全体的な可動特性が重要になる．後者の場合は故障発生の時間特性ばかりではなく，故障発生時の復旧の特性（保全性）も問題となり，任意時点でシステムが可動である確率（アベイラビリティという）が意味を

もつ．またあるレベル以上の可動特性（信頼性又はアベイラビリティ）を確保するためのシステムの冗長度（予備手段）の設計法や定期点検法，検査や測定法，耐用命数等に関する研究等，多彩な問題が研究されている．

10. 日程管理

　日程管理の理論は，多数の工程からなる1群の作業のスケジュールの効率的管理法を研究する．PERT（Program Evaluation and Review Technique）が著名である．複数の工程からなる作業は，通常，併行的に実施できる工程と，先行・後続の順序関係がある工程とからなり，それらの順序関係を満足する作業には，全体の工期に直接影響する工程の列（クリティカル・パス）と余裕のある工程の列とがある．PERT ではクリティカル・パスを見出して重点的に管理し，ある工程に遅れが生じた場合に全体の工期への影響を分析し，以後の全工程中のクリティカル・パスを明示する．また工程に遅れが生じた場合，日程の短縮に掛かる追加的なコスト（残業代等）を最小にし，日程を期限内に短縮するコスト配分を分析するのが CPM法（Critical Path Method）である．

11. ネットワーク理論

　交通路や通信網等のシステムでは，いくつかの節点を結ぶ網状の構造（ネットワークと呼ぶ）をもつものが多い．その中を流れる物量や通信量，端点間の所要時間等を効率的に制御するための理論がネットワーク理論である．最短経路問題や最早時間問題，最大流量問題等，各種の問題が研究されている．

12. モンテカルロ法（シミュレーション技法）

　複雑なシステム内で生ずる確率事象の動的な連鎖を乱数によって計算機内で模擬的に実現し（手続きモデルという），システムの特性を分析する模擬的な数値実験をモンテカルロ・シミュレーション（Monte Carlo Simulation）と呼ぶ．この分析法を適用する場合は，乱数を用いて事象を生起させるために数値実験の結果がばらつくので，模擬実験を多数回繰り返し，結果を統計的に処理して平均値や分散等の分布の特性値によってシステム特性値を把握する必要がある．理論研究としてはシステム特性値の統計値の予測精度向上と，シミュレーション所要時間の短縮のための効率的なモデルの構造や，乱数の使い方（分散減少法），模擬事象の発生に用いる特定の乱数の作り方や検定法等が研究されている．

　以上，一般的なORの基礎理論研究の主な分野を挙げたが，これらは年々拡張

86 第1章 ORの理論研究と応用研究

され新たな問題や手法が提案されている．これらの各種の生産活動や社会システ
ムの効率化の分析に用いられる一般的なOR理論に対して，一般社会では見られ
ない特殊な軍事活動や交戦問題を対象とするORの研究分野がある．そのような
「軍事問題に固有のOR理論モデル」又は「戦闘プロセスの特性分析理論」の代
表的な研究分野としては，捜索理論，射撃理論，交戦理論があることは前述した．
これらの軍事ORの中心的な3つの研究分野の内容については，第3章で全体を
要約し，更に第5，6，7章の3つの章でそれらの理論研究の構成を概説する．但
し本書は入門書であるので数学モデルの細部には立ち入らず，理論モデルは別書
[9, 10, 11, 15, 16] に譲って理論の骨組みだけを概説する．

　これらの軍事ORの解説に先立ち，次節では一般的なOR活動のもう1つの局
面である応用研究の現状を述べる．

§1.3.　実社会におけるORの応用研究

　前節に述べたORの基礎理論研究は，特定の型式で定式化された問題の一般的
解法や最適解の性質を研究するのに対して，応用研究は現実のシステムの開発・
改善に関する個別的な研究を行い，具体的な実施計画案を提案するのが目的であ
る．この種の研究は官公庁や民間企業の長・中期計画の評価，器材・施設・組織
の効率的運用法の研究等の各種のシステム分析がある．これらは通常長期間の多
数の不確実性を含むシステムの運用の問題であり，非定形的な複合問題である．
日本OR学会は現実社会の各分野のORの応用研究について，1975 年以後 2000
年までに4回の調査を実施し，結果を要約して前掲のOR事典又はその別冊
[19, 20, 21, 22] で刊行している．調査対象は春秋2回の日本OR学会の研究発表
会，学会論文誌及び普及誌（オペレーションズ・リサーチ：月刊)，システム関係
の関連学会（経営工学会，情報処理学会等）の発表会や学会誌，及び企業の技報
等に発表された事例研究等である．1975 年のOR事典初版 [19] の事例編には
282 件，1983 年の事典別冊：「OR事例集 [20]」には 375 件，1991 年版 [21]
では 407 件，2000 年の改訂版 [22] には 420 件の事例研究を収録し，研究を
紹介している．この数値は年を経るごとに収録件数が増加しており，ORが社会
の諸活動の分析や計画の評価に着実に根付いていることを示している．

　表 1.2. は上述の日本OR学会の 2000 年の調査結果について，OR応用の事例
研究と分析に使用された理論モデルとの対応表を示している [22]．表 1.2. では

表 1.2. 「ＯＲ事典 2000」の事例研究と適用手法の対応表 (420 件)

分類	適用分野	図式化・モデル化	数理計画	待ち行列	信頼性・取替	確率モデル	経済性工学	スケジューリング	シミュレーション	予測手法	ヒューリスティック	データマイニング	意思決定法	ゲーム理論	分類・評価法	統計手法	情報技術・システム化	その他	合計
A	マーケティング・流通・需要予測	3	1			9			2	6			4	1		10	4		40
A	製品企画・研究開発	3	3		1	2			2		1	1	3		3	1	6		26
A	生産販売計画	3	10		1	1		8	2	1	1		1				3	1	32
A	調達, 生産, 在庫	5	28	1	1	1	1	51	20	5	10		1			5	9	1	139
A	物流, 配送, 輸送	2	13	2	1		1	12	15	1	8		1	1	1		3		61
A	検査, 性能評価	1	3	2	5	1			1	3	1	1	2		2	4	7		33
A	設備計画・管理・保全	2	4	2	4			3	9	1	3		1	1	3		4		37
A	経営企画・経営戦略	2	1	1			1						6			1	1	1	20
A	財務・金融	3	9		1	5	3		1							1	3		26
A	組織, 人事, 教育	6	2			1			2		1		14	1	11	6			44
A	事務管理	1		1		1		1								1	5		10
A	情報通信ネットワーク	3	10	21	1	9			2	7	3				1	4	5	1	69
A	省資源環境保全	3	4					1	2	2			1		1	1	2		17
B	政策・行政	8	9			2	1		8	4			1	6	5	9			53
B	医療・福祉	1	2						4	1	1				1		1		11
B	教育	4	6			1			1		3		11		10	7		1	44
B	交通	13	9	1		5		2	3	2	1				2	1	3		44
B	防災	1	1		1	1			1	1							1		7
B	資源・環境	6	7		1				9	5	1			1	4	2	3	1	40
B	土地利用・地域開発	8	10			3			4	6			2			4	1		38
C	工学解析・設計	1	3								2					1	1		8
C	建築・土木	3	3							1	2					1			10
C	農業・食料		5	1												1	1		8
C	社会	1	1						1										3
C	スポーツ	1				1				1			1			2			6
C	娯楽					1													1
	適用事例件数	84	144	32	18	44	7	86	94	41	37	1	51	14	47	62	60	5	827

88 第1章 ORの理論研究と応用研究

実際の問題の分析に用いられた理論や手法について，重複を許してカウントしているのでこの表の数値は相対的に比較する必要がある．この表の行について見れば，適用分野の分類Ａは生産・経営活動分析，Ｂは公共分析，Ｃはその他として特徴づけられ，その比率は 67.0，28.7，4.3 ％である．生産・経営活動分析が全体の 2/3 を占め，公共分析が 30 ％弱を占める．これらの応用研究の適用分野としては，分類Ａの調達・生産・在庫問題が 139 件と抜群に多く，次に情報通信ネットワーク問題：69，物流・配送・輸送問題：61，分類Ｂの政策・行政分析：53 件の順である．これにより実社会のどのような分野の意思決定でOR分析が活用されているかが分かる．この表の列の数字を比較すれば，理論研究との対応では数理計画法が 144 件，次いでシミュレーション：94，スケジューリング：86，図式化・モデル化：84，統計手法：62，情報技術・システム評価：60 件などの順序になっており，どのような理論モデルが実社会の問題の分析に頻繁に利用されているかが分かる．また雑誌「エコノミスト」の特集号 [2] には，2010 年春の時点のOR応用分野の各種の研究が，平易に紹介されている．

以上，本節ではORの基礎理論の研究と実社会における応用研究の状況を概観した．なおORが誕生する以前にも，工業分野の生産性の改善研究としてORと類似したシステム分析の活動が行われていたが，次節ではOR活動と類似の内容をもつシステム分析技術や管理技法の研究分野について，歴史的背景や特徴等を概説する．

§1.4. システム科学の系譜とその特徴

§1.1. においてORは「各種のシステム分析技法による合理的意思決定分析の科学である」と述べたが，しかしこれは一朝一夕にできたものではなく，システムというものの見方や概念の確立と，それを扱う分析・評価技術の蓄積と成熟によって実現されたものである．このようなシステムの分析技術の系譜は，1900 年代初めから活発化した工業生産の合理化に関する研究のインダストリアル・エンジニアリングＩＥ（Industrial Engineering）にまで遡ることができる．更にそれは 1940 年代半ばから急速に発達したオペレーションズ・リサーチ ＯＲ（Operations Research）とマネージメント・サイエンス ＭＳ（Management Science）の理論研究，更にそれを工業部門に適用したシステム・エンジニアリングＳＥ（System Engineering）のシステム分析技法に発展した．更に 1960 年

§1.4. システム科学の系譜とその特徴　89

前半から提唱されたシステムズ・アナリシスＳＡ (Systems Analysis) として，逐次その領域を拡げ，複合的システムの分析理論の体系を充実してきた．今日では国家プロジェクトの選択問題の費用対効果分析の予算編成システム PPBS (Planning Programming and Budgeting System) にまで成長した．本節ではこれらのＯＲと類似したシステム分析技術や管理技法の研究分野について概説する．

§1.4.1. インダストリアル・エンジニアリング：ＩＥ

1．ＩＥの定義と特徴

　米国ＩＥ学会の定義によれば，ＩＥの内容は次のとおりである．
　「人と原材料と装置からなる総合的なシステムの設計と設備に関するもので，このようなシステムから得られる結果を規定し，予測し，かつ評価するために，工学的な分析，設計の原理及び方法並びに数学，物理学及び社会科学における専門的な知識及び技法に基づいて，システムを設計することである.」[18]
上述の定義に見るとおりＩＥは生産性の向上に関する幅広い研究分野であり，作業の動作研究，時間研究，工程分析，規格化，プラント・レイアウト，品質管理，人間工学等に及んでいる．但し次項に述べる発足の歴史的な背景に見るとおり，中心的な関心は工業生産の管理にあることが特徴である．

2．ＩＥの歴史

　工業生産システムの管理・設計技法であるＩＥの原始的な考え方は，18　世紀後半の英国にまで遡るが，測定に基づく体系的な分析に基礎を置く現在のＩＥは，米国の鉄鋼業の技術者　F. W. テーラー　(1856-1915)　の「科学的管理法の原理」[26]　の考え方を中心に発展した工業生産の合理化活動に始まる．彼は作業分析や時間研究により，工具・治具及び作業動作の標準化を行い，教育指導書を整備し，作業者の標準作業量を決定して，それを越える生産量を上げた能率的な作業者には報奨金を与えることを主張し，また機能及び責任分担上の職長制度による工場管理を提唱した（「テーラー・システム」と呼ばれる）．その研究は次の論文又は著書として発表されている [18, 26]．
　『A Piece Rate System』, 1895.（出来高払制）
　『Shop Management』, 1903.（工場管理法）
　『Principles of Scientific Management』, 1911.（科学的管理法の原理）

90　第1章　ORの理論研究と応用研究

　同時期，F. B. ギルバートの動作研究 （1911） や H. L. ガントの工程管理法
(1919) 等の研究があり，その後，A. H. モルゲンセンの作業単純化の研究（1928），
W. A. シュワートの統計的品質管理の研究（1931）等，逐次，科学的な工場管理の
研究が積み重ねられた．しかし作業者の個別的作業の能率向上を基本としたテー
ラー・システムの科学的管理法は，後述するように「労働者の労働強化につなが
る」と主張する労働組合の反対運動に直面して必ずしも順調には発展しなかった．
一方，C. ソレンセンの着想によるフォードT型車のベルト・コンベア方式の生産
ラインは，1913 年にデトロイトのハイランド・パーク工場で稼働を開始した．
このシステムは一貫した標準化と流れ作業により，生産ラインの総合化と同時的
管理を行い，生産効率を飛躍的に向上させた．また E. メイヨーは 1927 年にウエ
スタン・エレクトリック社のホーソン工場の実験・調査を通じて，作業者の作業
能率における人間関係や心理面の重要性を明らかにし，単なる生産管理以上の課
題，即ち企業集団内の人間関係やモラル，個人の欲求，社会的規範等と生産性の
関係等，更に広い経営学への道を拓いた．テーラー・システムに対する非難は，
これらの包括的な生産性向上の着実な研究と工場現場の多くの合理化の経験の蓄
積を経て沈静化し，1940 年代に至って近代的な I E として定着した．
　ここで上に触れたテーラー・システムの不幸な歴史をまとめておく．テーラー
の提案は，当初，工場経営者達の強い関心を集め現実の工場の生産性の向上に貢
献した．しかし間もなく専門的な知識や工場管理の技術を持たず，金儲けのため
の「能率専門家，別名；山師と呼ばれる人々」が輩出して工場の現場は混乱に陥
り，一方，多くの労働組合がプレミアム付き賃金制度は労働者の労働強化につな
がるとして反対運動を展開して社会問題化するに至った．1911 年 8 月，マサチ
ューセッツ州のウォーター・タウン兵器廠において試行中のテーラー・システム
に反対する鋳物工のストライキが発生し，各地に波及して長く混乱が続いた．こ
のような労働組合の反対運動はテーラー・システム禁止法制定運動となり，議会
を動かして「テーラー・システム及び工場管理制度に関する調査特別委員会」が
設置された．テーラー自身も議会の証言台に立って大いに討論し弁明したがその
効なく，公務員に対する時間研究やプレミアム付き賃金支払を禁止する「テーラ
ー・システム禁止法」が制定された（1917 年）．この法律は第 2 次大戦後の 1947
年まで有効であった．テーラーは失意のうちに没したが，その後，前述した各種
の科学的な管理技法の成熟と生産工場の現場の改善活動の成功とともに，テーラ
ーの考え方は再認識され現代的な I E として再生した．第 2 次大戦後，英国では
大戦中のORの有効性が高く評価されて民間企業への転用が直ちに始められたが，

§1.4. システム科学の系譜とその特徴 91

米国の企業家達はOR活動の民間への普及を「ＩＥの能率専門家；山師達」の復活と見て警戒し，新しい学問；ORの学会活動の支援に対して消極的であったという．ＯＲ活動のパイオニア達はこれを説得するために，「ＯＲは数学的な理論に立脚した応用科学である」ことを強調し，そのためにその後ORは応用数学の１分野であるという誤った認識が定着したと言われる．初期の米国ＯＲ学会の会長やＯＲ活動のリーダー達は，公開の場の演説等でしばしばＯＲ学会員に対して，「山師」の所業に類するＯＲの「オーバー・セーリング」を厳重に戒め，「分析者の倫理と黄金律」の確立を厳しく要望しているが，これは当時のＯＲ活動のリーダー達が，社会の信頼の回復に如何に腐心したかを表している [12, 13, 14].

§1.4.2. マネージメント・サイエンス：ＭＳ

米国のＯＲ学会 ORSA は，1952 年，漸くテーラー・システムの濡れ衣を克服し，英国のＯＲ学会の発足から４年ほど遅れて活動を開始したが，発足の直後，学会の運営をめぐって紛糾する．紛争の論点は軍と密着しすぎる学会活動の是正，研究業績の評価は分析結果の経済効果よりも科学的研究としての知識の体系的蓄積を重視すべきこと，及び会員の資格制度の不満等が主な争点であったと言われる [13]．その結果 ORSA は発足の翌年の 1953 年に分裂し，第２のＯＲ学会として TIMS 学会（The Institute of Management Science）が発足する．この学会はＯＲの純粋科学としての立場を強調して，それを「Management Science：ＭＳ」と称し，同名の学会の機関誌を刊行した．ORSA と TIMS はその後 40数年間それぞれ別個に活動し，1995 年に至り漸く INFORMS 学会（Institute for Operations Research and the Management Sciences）として統合された．また「JIS-Z-8121：オペレーションズ・リサーチ用語」は，ＭＳに「経営科学」という訳語を与え，「経営管理上の問題（例えば生産計画，販売政策，在庫管理等の問題）に対する解答を科学的に見出すための原理及び手法の体系」と定義しているが，これは前述のＯＲの対象を「経営管理上の問題」に限定したに過ぎず，内容的にはＯＲと全く同じである．

§1.4.3. システム・エンジニアリング：ＳＥ

１．システム及びシステム工学の定義

JIS-Z-8121 はシステム・エンジニアリングを体系工学と訳し，システム（体

92　第1章　ORの理論研究と応用研究

系）とシステム工学（体系工学）を次のように定義している.
　　・システム：体系：多種の構成要素が有機的な秩序を保ち，同一の目的に向か
　　　　　　　　って行動するもの
　　・システム工学，ＳＥ：体系工学：体系の目的を最もよく達成するために，対
　　　　　　　　象となる体系の構成要素，組織構造，情報の流れ，制御機構等を
　　　　　　　　分析し設計する技術
　　上記の定義は明確であるが，しかし上述の定義の「システム」を実体として把
握しようとすれば，その範囲が非常に曖昧であり，また「ＳＥ：体系工学」もあ
まりにも広範な内容を含んでしまう. したがって「システム」という用語はその
内部と外部を峻別する限定的修飾語（例えば武器管制システム等）を伴って初め
て意味をもつ.

２．ＳＥの歴史

　　ＳＥのテキストによれば，上述のシステム概念やＳＥという用語を明確に意識
して使い始めた次の事実が述べられている [5, 27].
①. 1930 年頃，RCA 社（Radio Corporation of America）は，テレビジョンの
　　放送の開始に当たりＳＥ的アプローチの必要性を明確に認識している.
②. 第２次大戦中及びそれ以後，多くのＯＲ分析者がシステムの概念の明確化と
　　それを扱う技術の充実・拡大に貢献した.
③. 1946 年から活動を開始したランド研究所（RAND Co.）は後にＳＡと呼ばれ
　　たＳＥと類似の有用な理念を提唱した.
④. K. J. シュラッガーは米国内の全国的な調査によって，ＳＥという言葉を最初
　　に用いた機関は，1940 年代初期のベル研究所（Bell Telephone Laboratory）
　　であると述べている.
⑤. 1957 年，グッド ＆ マコール [3] によって「ＳＥ：システム工学」と銘打
　　った最初の書物が著わされた.

３．ＳＥの内容

　　前述した JIS-Z-8121 の定義からは「ＳＥ：システム工学」の具体的なイメー
ジは何も浮んでこない. そこでは「システムの分析・設計の技術」の内容につい
て何も触れていないからである. この JIS の定義から我々が連想できるものは，
ＯＲの最適化の理論やシミュレーションの技法，或いは確率的に変化するプロセ
スの全体的な特性を定式化する確率過程の理論，プロセスの制御理論，信頼性や

§1.4. システム科学の系譜とその特徴　93

品質管理の各種の確率統計的手法等々，従来，各専門分野で精密に研究されてき
た科学的分析手法である．ここで「ＳＥはこれらのシステム関連の従来の科学技
術の研究分野とはどう違うのか」という問はすこぶる自然な疑問である．これに
ついてD. P. エックマンは，彼の編著［1］の冒頭で次のように述べている．

　　「システム設計とシステム研究は，「古いもの」，「新しいもの」及び他の分野か
　　らの「借りもの」から構成されている．錯綜した状態や問題の分析等には多
　　くの学問分野が関連している．（中略）「借りもの」というのは，ＯＲ研究者，
　　インダストリアル・エンジニア，コンピュータ・アナリスト，数理統計学者，
　　自動制御エンジニアなどが複雑な問題の分析に用いている方法論である．」

　1961 年出版のエックマンの書物は新しくはないが，ＳＥを実際に具体化する
技術の内容は現在でも上述のエックマンが指摘した状況と同じである．このよう
にＳＥは従来のシステム科学の関連分野とは別個に，独自な分析技術の体系を開
発したわけではないが，それではＳＥはその「借りもの」によって新たに何を創
造するのかが問題になる．この問に対していろいろな見方ができるであろうが，
その１つとして次のような指摘がある．

　よくいわれるようにシステムの問題は次の３つの問題に分類される．

①.「Well defined problem」：問題の要素の各機能がわかっており，その関連
　性の全体構造を従来の工学的な手法で取り扱える問題．

②.「Poor defined problem」：対象は定性的には把握されているが，その定量
　的な表現や支配法則が不明であり，その特性の分析には創造的なアプローチが
　必要な問題．例えば社会システムの問題．

③.「Ill defined problem (undefined problem)」：対象の全体像が定性的にも
　十分には把握されておらず，現時点ではアプローチの手がかりがほとんどない
　問題．例えば人間の価値観の多様性の表現や合意形成の問題．

上記の３つのシステム問題に対しＳＥ研究者は次のように主張する．

　　「従来のＯＲ理論やシステムの制御理論は，第１の問題「well defined
　　problem」を対象として，そのシステムの特性の評価や最適解を探求するも
　　のである．それに対してＳＥは第２の問題「poor defined problem」を対象
　　として，問題解決の方法論（思想と技法）を追求し，また第３の「ill
　　defined problem」へのアプローチを探るものである．［27］」

この見解に従えばＳＥの個々の技術は他のシステム科学からの「借りもの」であ
っても，それらを総合的に適用して新たな問題の分析と解法を構築するのがＳＥ
のねらいであり，その本質的な意義であるといえる．ＳＥを上のように定義すれ

94　第1章　ORの理論研究と応用研究

ば，SEは設計すべき具体的な「poor defined」のシステムや問題があって初め
て成立するものであり，このような具体的な問題が与えられる以前の一般的シス
テム分析法としてのSEは，従来のOR理論等のシステム科学の手法に分解され
て同一化されてしまうということができる．また一方，SEのテキストでは「OR
は概念的には何らかの既存のシステムの改良を対象とするのに対して，SEは将
来システムに対するデザイン的アプローチである」という説明もよく聞かれる．
しかし対象システムが「既存か，否か」はSEの内容を規定したことにはならず，
システムの不確実性に着目して「well defined problem」を既存システムと言い，
「poor defined problem」を将来システムと言い換えたに過ぎない．したがって
これも上述の見解とほぼ同じ見方である．

　ここで注意すべきことは，上に述べたSE研究者が与えたこれらのORの説明
は，ORの応用研究を含まない基礎的な理論研究だけを取り上げてORと呼んで
おり，それはOR活動の誕生とその発展の歴史的経緯の事実に反することである．
何故ならば，§3.1.に後述するとおり英国は第2次大戦勃発の直前に早期警戒
レーダ網を開発して独空軍の猛襲を退け，熾烈な英本土防空戦：バトル・オブ・
ブリテンを勝ち抜くことができたが，ORの起源はこのレーダ・システムの開発
中の運用研究にあったというのが今日の定説である．この運用研究のORは決し
てSE研究者がORの本質として主張するような「well defined problem」でも
なければ，既存システムの改良作業でもなかった．対空レーダ開発の戦力化の過
程において，国土防空のためにそれをどのように配置し，迎撃戦闘機隊，高射砲
群をいかに指揮管制するかというシステム研究を行った結果，早期警戒網・要撃
管制システムに結実したものである．このようにORは英国本土防空の「poor
defined」な問題解決のアプローチの中で誕生した．しかし多くの自然科学分野
の研究の成長過程と同様に，OR活動は間もなく基礎理論の研究と応用的な実施
研究の活動に発展的に分離していった．そして現在のORの基礎理論研究は，確
かにSEやSA（システム分析．後述）の専門家達が指摘するように，問題を局
限してきれいに抽象化し，「well defined」な問題として定式化してその解法を
研究するというアプローチが多いことは否めない事実である．しかしそれはOR
活動の全てではなく基礎理論研究の抽象化の一面に過ぎず，その基礎の上に実社
会のOR部門は応用的な実施研究を行い，企業は生き残りを賭けて「poor
defined」，「ill defined」な難問のOR分析を続けているのが現代のOR活動の
実態である（§1.3.参照）．

　以上のように見れば前節§1.3.に述べたORの応用研究，即ち実社会の複合

§1.4. システム科学の系譜とその特徴　95

的問題に対する意思決定支援のＯＲ活動や代替システム選択問題に対する多くの
ＯＲ分析は，これまで述べてきたＳＥの定義と概念に完全に一致するものであり，
ＯＲの応用的な実施研究とＳＥとを区別することは全く不可能である．したがっ
てＯＲとＳＥとの関係は決して並立する２つの異なる研究分野ではなく，成熟し
た工学分野では常に見られる基礎研究と応用研究の関係として理解される．

§1.4.4. システムズ・アナリシス：ＳＡ

　R. S. マクナマラ米国防長官（1961〜1968）は国防予算の策定に軍事システムの
費用対効果分析を中心とした事業計画の評価と予算編成のシステム：PPBS
（Planning Programming and Budgeting System）を採用した．1962 年度の国防予
算の編成に適用し，1968 年度から連邦全省庁で採用されたが，専門的な分析要
員の準備がない多くの省庁ではこの制度について行けず，不満が続出し 1971 年
度には中止された．但し国防省ではその後も続けられた．

　国防長官の片腕としてその推進に貢献した　C. J. ヒッチ及び彼のブレーンのラ
ンド研究所　RAND Co.（米国のシンクタンク．1948 年設立．安全保障等の公共
分析が多い）の研究者達は，従来のＯＲの定形的な問題の理論研究は，不確実性
の大きな現実問題の分析には有効ではないとして，不確実性の高い非定形的・長
期的・大規模問題に対するシステム・アプローチを提唱し，彼らのＯＲ分析をＳＡ
と称した [4, 6, 25]．ＳＡの定義は分析者の経験や専門分野等により種々様々な
のはＯＲの定義と同様であるが，その中でＳＡの一般的特徴を包括的に捉えるも
のとして，ＯＲ事典 [19] は G. H. フィシャーの次の定義を挙げている．

　「システム分析：ＳＡは関連する目的及びそれを達成するための代替的方針又
　は戦略を系統的に検討，再検討することにより，また可能な場合には代替案
　の経済費用，有効度（便益）及びリスクを定量的に比較することによって，決
　定者が好ましい将来の行為の進路を選択するのを援けるための行為である．」

　上述のＳＡの定義は，前節に述べたＳＥの定義や§1.1. に前述したＯＲの定
義と本質的にはほとんど差異がない．ＯＲの研究活動を基礎理論の研究に限定し，
実際的なＯＲの応用研究 （§1.3. 参照） を除外すれば，上述したＳＥやＳＡの
ランド研究所の研究者達のＯＲに対する指摘はあながち間違いとは言えないが，
しかしそれは偏頗な解釈であり，ＯＲの実際的な応用研究は上述のＳＡ活動の定
義そのものであると言ってよい．また一方，ＳＡはその「システムの長期的・大
規模・不確実性の高い問題の分析」の主張を実現するために，具体的な独自のシ

96 第1章 ORの理論研究と応用研究

ステム分析の方法論を準備しているわけではなく，実質的にはORの応用研究の
分析手法と何ら変わらない．ランド研究所の E. S. クェイド の次の「SAの定義」
は，この状況をよく示している．

「SAは1つの方法とか技法でもなければ，1組の特定の技法群というような
ものでもない．（中略）SAは正確には1つの研究戦略であり，利用可能な分
析用具の適切な使用についての1つの見通しであり，そして不確定性の下で
の複雑な選択問題に直面している意思決定者を，どうすれば最もよく援助す
ることができるか，という問題に関する1つの実際的な哲学である．（中略）
意思決定者が行動方針を選択するのを援助するための体系的なアプローチで
ある．[25]」

更にOR事典は上述のシステム分析の手順として，次の 10 段階のフィード・
バックを含む循環手順を挙げている．

①．システムの使命の定義　　②．環境条件の明確化
③．システムの記述　　　　　④．オペレーションの記述
⑤．モデルの構築　　　　　　⑥．データの取得
⑦．パラメータの推定　　　　⑧．モデルによる評価
⑨．費用有効度分析　　　　　⑩．結果の伝達

一方，OR&SAでは循環手順（参考文献 [8] 参照）を強調しているが，上
に挙げた 10 段階のSAの分析手順と内容は全く同じである（OR&SAの循環
手順はシステム・パラメータが安定している場合の「静的OR分析」として次章
の図 2.2. で説明する）．

上述したとおり，「SAは意思決定支援のための分析を方向づける考え方（哲
学）である」ということができるが，それはORの応用研究のアプローチと全く
一致する．しかし一般的には，SAの方をより大規模・広範囲な問題のシステム
分析を志向するアプローチであるとし，一方，ORは理論モデルの定型的な分析
を指すものとし，意思決定支援の分析活動の全般をOR&SAと並称することが
多い [7, 8]．

以上，ORと類似の科学的なシステム分析法であるIE，MS，SE，SA 等の
研究分野を簡単に概説したが，いずれの活動も多くの部分で相互に重複しており，
ほとんど差異が認められないと言ってよい．それぞれの理論が育ってきた科学分
野の違いが，名称の違いとなったと考えられる．しかしこれらの研究分野の名称
に冠せられている「science」，「research 又は analysis」及び「engineering」
等の言葉は，各研究分野の本質的な姿勢の違いをかなり明確に表明していること

§1.4. システム科学の系譜とその特徴　97

に注意する必要がある．即ち「science」は，純粋科学として普遍的な原理の探求と知識の蓄積を重んずる立場であり，ＭＳはその言葉の誕生の経緯にも述べたとおりＯＲの科学としての立場をかなり強く意識している．これに対してＯＲ又はＳＡの「research 又は analysis」という言葉は，対象問題に関する科学的な研究や理論的な分析を示す言葉であり，システムの効率化に関する応用科学の研究活動として幅広く位置づけているのが，ＯＲ，ＳＡの立場である．また一方，ＩＥやＳＥの「engineering」という語は，自然科学の応用技術の適用と工学的な設計を意味する言葉であり，ＩＥやＳＥは上述の３者よりもかなり工学的なハードウエアのシステム設計に関する関心が強いと言ってよい．このことはＩＥやＳＥが生まれた研究分野の特徴を反映したものであり，その定義にも明瞭に表れている．このようにＯＲ，ＩＥ，ＭＳ，ＳＥ，ＳＡ，等はいずれも対象とする分野の総合的・科学的分析のアプローチを目指すものであるが，上述した意味で若干の立場の相違や特徴が認められる．しかしいずれの研究分野もその相違の度合いは，類似の度合いよりもはるかに小さい．内容の相違よりも研究分野の発足の歴史的な背景の違いが名称の違いを生んでいると言ってよいであろう．またそのシステム科学の分野の研究に携わっている研究者の出身専攻や研究の履歴によって，その従事するシステム科学の呼称が異なるという傾向も指摘できる．即ち理学出身の研究者は自分の研究対象のシステム科学をＯＲ又はＳＡと称し，工学系の技術者はＩＥやＳＥと言い，また経営学系の研究者はＭＳという言葉を好んで用いる傾向があると言われるが，この見方もあながち的外れではないと思われる．

　以上をまとめれば，§1.1.〜§1.3. に述べたＯＲと§1.4. のＩＥ，ＭＳ，ＳＥ，ＳＡ との違いは，システムの基礎理論研究とそれを総合的に使って現実の問題を分析し意思決定を支援する応用研究との違いであり，前者はシステムの特性に着目してその定量化や最適化を数理モデルによって分析するＯＲの各種の理論モデル，信頼性理論，自動制御，電算機科学等々の諸科学の専門分野で育まれた理論研究となり，後者は複合的工学問題の分析；ＳＥや，経営問題；ＭＳ，人間・機械システムの分析；ＳＡ等のＯＲの応用研究（広義のＯＲ）となった，と整理しておく [7]．以下では，ＯＲの理論研究及び応用研究全般の組織的活動をＯＲ＆ＳＡ活動と呼ぶことにする．

　以上，本章では軍事ＯＲの解説に先立って，ＯＲ活動の定義や特徴，ＯＲ活動の理論研究と応用研究の現状等を述べ，更にＯＲと類似の研究分野の各種のシステム科学について概説した．次章では軍事応用のＯＲに焦点を絞って理論研究と応用研究の内容を述べる．

98　第1章　ＯＲの理論研究と応用研究

参考文献

[1]　D. P. エックマン 編，システム研究グループ 訳，『システム－研究と設計』，日本能率協会，1968.
　　　原著：D. P. Eckman (ed.), "*Systems : Research and Design*", John Wiley & Sons, Inc., 1961.

[2]　エコノミスト増刊3月15日号，『ＯＲ大研究』，毎日新聞社，2010.

[3]　H. グッド，R. E. マコール 著，森口繁一 監訳，『システム工学』，日科技連出版，1960.
　　　原著：H. Goode and R. E. Machol, "*System Engineering*", McGraw-Hill, 1957.

[4]　S. I. ガス，C. M. ハリス 編，森村英典, 刀根薫, 伊理正夫 監訳，『経営科学ＯＲ用語大事典』，朝倉書店，1999.
　　　原著：S. I. Guss and C. M. Harris (eds.), "*Encyclopedia of Operations Research and Management Science*", Kluwer Academic Publishers, 1996.

[5]　A. D. ホール 著，熊谷三郎 訳，『システム工学方法論』，共立出版，1970.
　　　原著：A. D. Hall, "*A Methodology for Systems Engineering*", D. Van Nostrand Company, Inc., 1962.

[6]　C. J. ヒッチ，「システム研究における目的の選択について」，D. P. エックマン 編，『システム－研究と設計，第3章』，John Wiley & Sons, Inc.，日本能率協会，1968.

[7]　飯田耕司，『システム工学とＯＲ』，研究季報，通巻130号 (1998)，54-71.

[8]　飯田耕司，『意思決定分析の理論』，三恵社，2006.

[9]　飯田耕司, 宝崎隆祐，『三訂 捜索理論』，三恵社，2007.（初版．飯田単著，1998）.

[10]　飯田耕司，『捜索の情報蓄積の理論』，三恵社，2007.

[11]　飯田耕司，『改訂 軍事ＯＲの理論』，三恵社，2010.（初版. 2005）.

[12]　岸 尚，『ＯＲはいかにつくられたか Ⅰ』，オペレーションズ・リサーチ，15-4 (1970)，24-29.

[13]　岸 尚，『二つの学会－ＯＲSA と TIMS』，経営科学，19 (1975)，45-49.

[14]　岸 尚，『ＯＲ，そのみなもとをたずねる Ⅰ』，オペレーションズ・リサーチ，24 (1979)，24-29. 『同上 Ⅱ』，同誌，421-426. 『同上 Ⅲ』，同誌，485-490.

[15]　岸 尚，『射撃・爆撃理論』，防衛大学校，1979,（部内限定）.

[16]　B. O. クープマン 著，佐藤喜代蔵 訳，『捜索と直衛の理論』，海自第1術科学校.
　　　原著：B. O. Koopman, "*Search and Screening*", OEG Rep. No. 56, 1946.

第 1 章の参考文献　99

[17]　P. M. モース，G. E. キンボール 著，中原勲平 訳，『オペレーションズ・リサーチの方法』，日科技連出版，1975.

　　原著：P. M. Morse and G. E. Kimball, "*Methods of Operations Research*", OEG. Rep. No. 54, 1946.

[18]　日本インダストリアル・エンジニアリング協会編，『ＩＥ活動ハンドブック』，丸善，1968.

[19]　日本ＯＲ学会ＯＲ事典編集委員会 編，『ＯＲ事典』，日科技連，1975.

[20]　日本ＯＲ学会 編，『ＯＲ事典・増補別冊 ＯＲ事例集』，日科技連，1983.

[21]　日本ＯＲ学会 編，『ＯＲ事例集 1991』，日科技連，1991.

[22]　日本ＯＲ学会 編，『ＯＲ事典 2000』，日本ＯＲ学会，CD-ROM, 2000.

[23]　日本ＯＲ学会 編，『ＯＲ用語辞典』，日科技連，2000.

[24]　S. M. ポロック，ほか 編，大山達雄 監訳，『公共政策ＯＲハンドブック』，朝倉書店，1998.

　　原著：S. M. Pollock, M. H. Rothkopf and A. Barnett (eds.), "*Hand-books in OR/MS, Operations Research and the Public Section*", Elsevier Science B. V., Amsterdam, 1994.

[25]　E. S. クェイド＆W. I. ブッチァー 編，香山健一，公文俊平 監訳，『システム分析Ⅰ，Ⅱ』，竹内書店，1972.

　　原著：E. S. Quade and W. I. Boucher, "*Systems Analysis and Policy Planning*", American Elsevier Publishing Company, Inc., 1968, NY.

[26]　F. W. テーラー 著，上野陽一訳 編，『科学的管理法の原理』，産業能率短期大学出版部，1969.

　　原著：F. W. Taylor, "*Principles of Scientific Management*", Harper & brothers, 1911, NY.

[27]　寺野寿郎，『システム工学入門』，共立出版，1987.

第2章　軍事ORの概要

　前章では一般的な広義のOR活動の理論研究と応用研究，及びORと類似のシステム科学の研究分野を概観したが，本章では軍事問題に特化した「軍事OR（Military Operations Research）」の研究について述べる．

　近代の科学技術研究の発展過程における急速な専門の分化の流れは，ORの分野でも例外ではない．OR活動は第2次大戦期の素朴な野外科学の揺籃期から，大戦後の理論・応用両面の爆発的な発展期を経て成熟し，学術的な理論研究の分野と実社会のシステムの開発・改善の活動とに分離して急速な発展を遂げた．このことは前章の表 1.1. に示した理論研究の分野の細分化にも現れている．更に電子計算機能力の発達とネットワーク，データ・ベースの整備のIT革命に伴い，意思決定支援のOR分析の理論及び応用が急速に拡大された．本章では現代の軍事ORの活動の内容を，前章と同様に理論研究と応用研究に分けて概観する．

§ 2.1.　軍事OR＆SAの概説

　§ I.3.2. で我が国の安全保障の内的脅威；「戦後レジーム」の弊害を述べたが，将来の我が国には更に困難な問題が立ちはだかっている．それは国家財政の逼迫と少子化問題である．そこでは防衛費を増加させる余裕は少なく，また若い自衛官の人的資源の欠乏も深刻である．「H. 17 大綱」でもこの点を厳しく認識し，「防衛力の果たすべき役割が多様化している一方，少子化による若年人口の減少，格段に厳しさを増す財政事情に配慮」し，防衛力整備の一層の効率化，合理化，装備のライフサイクル・コストの抑制，及び研究開発の重点的な資源配分や防衛施設の効率的維持・整備を推進することが強調された．これを実行するためには，脅威の状況や防衛戦略を総合的に把握し，対処方策の効率を定量的に評価して最適化する科学的な防衛計画策定の意思決定分析の確立が必要である．更に「H. 17 大綱」では，新たな脅威や多様な事態への即応性，機動性，柔軟性，及び多目的性を備えた防衛力の造成が強調された．そのような防衛力整備計画の合理性・効率性を確保するには，防衛力整備計画における定量的な分析・評価の

機能が必要であり，その基礎になる軍事ＯＲの理論研究が不可欠である．また効率的な防衛計画の策定や部隊運用の即応性・機動性を実現するには，作戦情報処理・意思決定支援システムの整備が必要であり，そのためにも軍事ＯＲ研究は不可欠である [2, 3]．

１．意思決定支援分析の形態；動的ＯＲ分析と静的ＯＲ分析

上述した意思決定問題のＯＲ分析は，対象問題の状況によりいろいろに変化するが，大別すればシステムの状態が逐次的に変化する状況下の意思決定問題と，基準的な安定した環境下の意思決定問題に分けられる．前者を「動的ＯＲ問題」，後者を「静的ＯＲ問題」という．

(1)．「動的ＯＲ問題」の分析

上述した軍事ＯＲ＆ＳＡの情報処理と意思決定分析の「動的ＯＲ分析」を一般的に述べれば，以下のとおりである（参考文献 [3, 6, 10, 11]）．

○「動的ＯＲ分析」：軍事的危機管理の情報処理と意思決定分析

軍事的な脅威やテロに対する危機管理或いは災害救助等の事態の意思決定では，時間が経過して状況や事態が進行するに伴い，Ａ．情報分析，Ｂ．意思決定分析，Ｃ．追従分析/終結分析が逐次的に発生する．図 2.1.はこの意思決定分析の流れを時間軸上で整理したものである．この図においてＡ〜Ｃ間の分析中に目標の新情報が追加される都度，分析作業はＡに戻る．図 2.1. 中の①〜⑨の分析の内容は，以下に述べるとおりである．

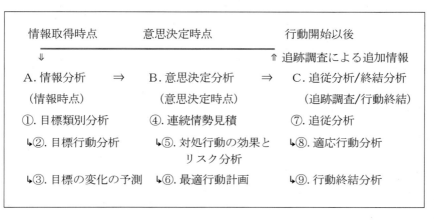

図 2.1. 「動的ＯＲ問題」の意思決定分析の流れ

①．目標類別分析．　対象事態（以下，目標という）に関する異なる媒体や複数の情報源の情報を融合し，一元化して情報を整理統合し，事態や脅威を評価し，目標を詳細に類別・認識する分析．

②．目標の行動分析．　前項の目標情報の時系列を目標ごとに分類し，過去のデータと結合して，目標の行動パターンを判定する分析．

③．目標の変化の予測．　目標の企図や行動の変化の可能性，過去の類型の統計データ等を勘案して，将来の目標の動きや事態の変化を予測し，分析する．

④．連続情勢見積．　②，③項で分析した脅威や対象目標の動きの時系列に対して，更に周辺情勢と目標の企図分析を加味し，我の防衛環境の状況，対処兵力（一般的には対処資源量）の展開等を勘案して，事態を総合的に評価する．ここでは③項の脅威の変化を考慮した総合的な将来の展開の見積りが重要である．

⑤．対処行動の効果とリスク分析．　対処行動に使用できる我の資源の状況を調査し，実行可能な行動の代替案を幅広く列挙して，それぞれの効果と損害等のリスクを分析・評価する．

⑥．最適行動計画．　資源制約や実行可能条件の下で，最適な我の行動計画の諸元を求める分析である．ここでは一般的なＯＲ理論の資源配分の最適化理論，ゲーム理論，ネットワーク分析，スケジューリング理論等が適用できる．

以上により行動計画が決定される．その後，対処行動を実施しつつ事態の推移を観察し，次の分析が行われる．

⑦．追従分析．　対処行動の開始後の事態推移を追跡し，計画の時間管理と対処行動の計画諸元の見積値の妥当性を監視する．

⑧．適応行動分析．　前項の結果によりベイズ決定等の確率・統計的理論を利用して事後分析を行い，見積値を補正し，要すれば行動計画を検討して修正する．

⑨．行動転換／終結点の分析．　前項の⑦，⑧項の分析に基づき現在実施中の行動の終結時期を検討する．ここでは現行動の資源を他に転用した場合の機会効用及びリスクと，現行動を継続した場合の効用及びリスクのトレード・オフの分析が重要となる．

上述した動的ＯＲ分析の①〜③項は，目標情報の整理と現状把握及び将来予測の分析であり，④〜⑥項は我の行動計画の意思決定分析，⑦〜⑨項は行動計画の実施状況の監視と，状況が変化した場合の適応行動及び行動終結の分析である．

　これまで危機管理や軍事的意思決定における軍事ＯＲ＆ＳＡ分析の時系列を一般的に述べたが，その内容は対象問題や状況によっていろいろに変化することは言うまでもない．しかし対象が何であれ，これらの一連の定量的な分析は意思決

定に不可欠な分析情報であり，その分析の情報処理には，確率・統計学と理論モデルによる定量的評価を基礎とするORの数式モデルが用いられる．

(2)．「静的OR問題」の分析

安定した環境下の意思決定問題では，基準的な環境における意思決定対象のシステムに対して「OR&SAの循環手順」と呼ばれる図2.2.の手順に従う分析が推奨される（参考文献［2,6］参照）．

対象システムの内外の環境条件が安定しており目標情報や環境が変化しない場合には，図2.1.のブロックA.の情報分析が精密化され，図2.2.のブロック1，2，3となり，B.の意思決定分析がブロック4，C.の精密分析がブロック5に対応する分析となる．

図2.2.の内容の概要は以下のとおりである．

①．ブロック1＆2．問題提起と問題の明確化．　分析対象の問題の合理的な目

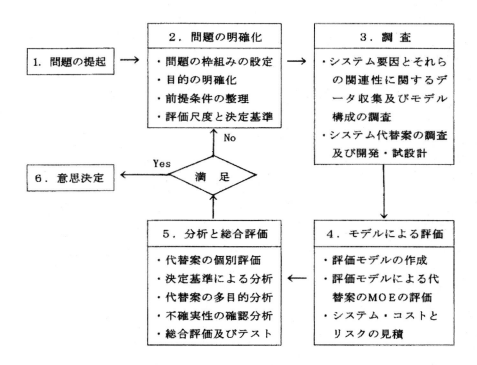

図2.2.　静的問題のOR&SA分析の循環手順

104　第2章　軍事ORの概要

的を達成する枠組みとして，分析の前提条件で設定する外部システムの条件と，最適な選択の対象となる内部システムの線引きを設定する．これにより対象システムの前提条件，評価尺度，決定基準等を決定する．

②．ブロック3．調査．　外部システムとして設定されたシステムの性能や環境条件を調査し，それに基づいて最適化される内部システムの前提条件が設定され，内部システムの計画の代替案が展開される．

③．ブロック4．モデルによる評価．　数式モデル（理論モデル，統計的回帰モデル）又は手続きモデル（モンテカルロ・シミュレーション・モデル，ゲーミング・モデル）等を作成して，システム代替案の性能特性を定量的に計出する．更にシステムのコストやデータの不確実性（変動幅）等のリスクを見積る．

④．ブロック5．分析と総合評価．　前項で定量化されたシステム代替案の評価尺度について，決定基準（「不確実性の確率分布が推定できる場合」の期待値，安定性，最尤値，希求水準の各基準，又は「不確実性の確率分布が推定できない場合」の評価尺度の最大値＝ラプラスの基準，マックスミン利得基準＝ワルドの基準，ミニマックス損失基準＝サベッジの基準，評価尺度の楽観値と悲観値の重みづけ基準＝ハービッツの基準）による選好を分析する．

以上の分析で行動代替案の優劣順位が定量的に評価され，選好順位が決められるが，次にその分析に用いた入力データや外部システムの前提条件等が標準的な見積りからずれた場合の影響を調べる「不確実性の確認分析」を行い，選好の妥当性を検討し最適代替案を選ぶ．「不確実性の確認分析」には次の種類がある．

○　「不確実性の確認分析」

①．感度分析．　入力データの予測値の誤差が評価尺度に与える影響を見るために，評価に用いた標準的な入力データを変化させ評価尺度の変化を調べる分析．

②．状況変異分析（危機分析ともいう）．　前提条件や分析に用いた主な状況設定のパラメータ値の違いによる分析結果の変化を調べる分析．

③．ハンデキャップ分析．　最良の計画案には不利な環境条件，次善の計画には有利な条件を与えて再評価し，評価の強度を確認する分析．

④．優劣分岐分析．　最有力案と次善案の優劣が逆転する状況や環境条件について調べる分析．

以上の一連の分析結果を意思決定者に提示し，その決定を支援する．

これらの分析は意思決定に伴う不確実性領域を狭めるのに役立つが，通常，問題の不確実性領域が狭まれば対象問題の新たな局面や別の不確実性が浮かび上がるので，次にそれらを取り込んだ新たな問題が定義され，分析も次の段階に移る．

§2.1. 軍事OR&SAの概説　105

このような分析の循環を通じて意思決定の精度の向上に努めるのが，OR&SAの循環手順のねらいである．

　意思決定問題の定量的な分析は，対象や状況により変化するが，これらは意思決定者には不可欠の分析情報である．図2.1.のブロックB.の意思決定分析，又は図2.2.のブロック4のモデルによる分析を可能にする具体的な技法は，次項に述べる確率・統計学と応用数学の理論モデルや電子計算機を利用して行うシミュレーションによる定量的評価のOR&SAのアプローチである．

２．一般的なOR問題の理論研究

　これまで述べてきた「動的/静的なOR」の分析では，複合的なシステムの各種の現象を理論モデルに定式化して分析するのが特徴である（図2.1.の⑤&⑥，又は図2.2.のブロック5）．その分析に用いられる一般的なOR理論のモデルは次の研究がある．

①．最適な資源配分を求める数理計画法（線形計画法，非線形計画法，整数計画法，動的計画法）

②．確率的に変化する事象の特性分析の理論（確率過程理論，マルコフ連鎖理論，混雑問題の待ち行列理論，在庫理論，品質管理）

③．複雑なネットワーク構造の特性を解析するネットワーク理論

④．競争問題を分析するゲーム理論（協力ゲーム，非協力ゲーム）

⑤．予測問題の分析理論（応用統計学・多変量解析，数量化理論，時系列分析法，デルファイ法）

⑥．システムの構造分析理論（KJ法，構造モデリング法（ISM法），デマテール法）

⑦．システムの評価と決定（統計的決定理論の効用関数や決定基準の理論，モンテカルロ法，階層分析法，決定の木の逐次決定法）

⑧．軍事ORの理論（捜索理論，射撃・爆撃理論，交戦理論），[7, 8, 9, 17, 18]．

上記以外にもいろいろな理論モデルが研究されており，それぞれが大冊のテキストにまとめられる内容を持っている．

３．軍事問題のOR分析の事例

(1)．「動的OR分析」のモデル

　1980年代，海上自衛隊の自衛艦隊指揮支援システム（SFシステムと略称）で次のモデルが用いられた（参考文献[3, 15]）．

①. 対潜探知情報処理・目標位置局限モデル CODAP (Contact Data Analysis Program). 海上自衛隊の第1，2世代の固定翼対潜哨戒機 P2V /P2J の広域対潜哨戒には目標潜水艦の低周波音波の音波収束帯の信号を捕らえる無指向性パッシブ・ソノブイ；ジェジベルが主用された．CODAP モデルは音波伝播損失曲線を利用して複数の目標コンタクト情報の時系列を処理し，目標位置を局限し，アクティブ・ソノブイ捜索に切り替える戦術転換の意思決定に用いられた（参考文献［3］又は［15］の第8編参照）．

②. 対潜戦情報・目標分析モデル ASWITA (ASW Information and Target Analysis Program). 対潜戦の各種の目標探知情報の時系列を処理して目標の位置を推定し，60×60 nm メッシュ内で行動する目標の企図見積確率（ACT），我の護衛船団への攻撃可能確率（COV），探知目標の拡散確率（PRO），航路帯等の目標潜在確率（LAN），目標哨区存在確率（TEZ），指揮官の当該海域の兵力運用方針（任務特性コード入力）に従い上記の各脅威度に重みを付けて積算した総合脅威度（TOL）の6種類の脅威度を図示する（参考文献［3］又は［15］の第8編参照）．これにより対潜航空機の重点哨戒海域の設定の意思決定を支援する．①，②はＳＦシステムに登録され，海上自衛隊の実動演習で頻繁に用いられた．

(2). 「静的ＯＲ分析」のモデル

①. 対潜装備の能力評価モデル JASO (Japan Anti-Submarine Operation). 「中期防衛力整備計画の分析評価」等で使用された対潜戦の総合的な能力評価モデルであり，武器単体の能力評価モデル，個艦・個機の評価モデル，各種戦の評価モデル，総合戦評価モデルの階層的サブ・モデルからなる総合的対潜戦能力の評価モデルである（参考文献［2］参照）．

②. 対潜ジェジベル・オペレーション評価モデル ASJEP (Anti-Submarine Jezebel Operation Evaluation Program). 一様分布の目標に対する海中の音波伝播損失及びソナー方程式によるジェジベルの広域捜索の評価モデルである（参考文献［3］又は［15］の第8編参照）．初探知ブイを指定すれば目標分布も出力される．

③. 対潜捜索・攻撃評価モデル SEATAC (Search and Attack Model). 艦艇・固定翼機・ヘリコプターによる局地的協同対潜戦のシミュレーション・モデルである．このモデルは艦艇部隊でも使用されたが，航空部隊では主に複数のヘリコプターのデイタム捜索や固定翼機によるアクティブ・ソノブイ捜索時の捜索パターンの評価に用いられた（参考文献［3,4］）．

§2.1. 軍事OR&SAの概説　　107

　実動対抗演習の作戦計画や中期防衛力整備計画の策定の軍事OR&SA分析は，上記のモデルを適用して分析されるが，しかしそれらの問題の各部で「捜索における目標の探知・目標側の先制探知・回避・失探，交戦による目標撃破や我の被害」が入り込むので，軍事問題の分析では捜索理論，射撃・爆撃理論，交戦理論等の軍事OR理論による基礎的な分析でシステムの部分的な特性値を予め評価し，そのデータを用いて全体問題のシステム分析を行うことになる．ゆえに現実の軍事OR&SA問題の分析の基礎理論が軍事ORの理論であると言える．

　我が国では大東亜戦争の敗北以後，最近に至るまで左翼偏向の情緒的な平和論が横行し，軍事アレルギーが猖獗を極め，その影響は学術研究の分野にも及んで軍事ORの理論研究は「禁忌の研究分野」であった．そのことは日本OR学会（1957 年設立）の論文誌に，これまで軍事ORの理論研究（射撃理論や交戦理論等）の発表が皆無であることに表れている．僅かに民間でも応用される捜索理論や機会目標の最適資源配分の論文が，時々，発表されたに過ぎない．そして有志によるOR学会の「防衛と安全」研究部会が発足したのは，日本OR学会発足後50 年を経た 2008 年春であり，2010 年の春期研究発表会で始めて「警備と危機管理」のセッションが置かれて，上記の研究部会のメンバーの口頭発表があった．しかしながら防衛省（庁）及び陸・海・空自衛隊では，発足当初から米英軍の第2 次大戦中のOR活動の調査・研究を開始し，また防衛力整備計画にORを適用した応用研究を進めてきた（§4.3. 参照）．その間，分析担当の組織も逐次整備され，分析要員の教育も十分とは言えないまでも継続的に努力されてきた．しかし我が国では今日でも軍事ORは理論研究でさえも自衛隊内に限定されており，軍事的な戦闘統制システムや情報処理システムは米国のシステムの模倣に終始し，防衛秘密の強固な壁の中にある．第 2 次大戦後の軍事アレルギーの後遺症は，この分野では未だに修復されていないと言ってよい（参考文献 [12, 13, 14] 参照）．しかも情報化時代の今日，学術レベルの軍事OR研究さえも社会一般から隔離されているのが現状である．国家安全保障のシステム造りや基礎的な学術研究が，このように一部の特殊な組織の中に密閉されていることは，我が国の安全保障体制にとって不健全である．国の防衛体制の強靭さは兵力の多寡や兵器の性能の優劣にあるのではなく，軍備が抑止の機能を果たすのは，それが国民の一致した断固たる国家防衛の意思の表明であるからである．現在の我が国のように国民の軍事に関する知識や関心が薄いことは，我が国の防衛基盤の最大の弱点であり，自衛隊を如何に近代兵器で装備しようとも，その弱点をカバーすることはできない．また今日の情報化時代にあって国家社会の防衛体制にとり最も重要なことは，防

衛情報システムと危機管理の意思決定分析システムの確立である．本節に述べた動的ＯＲや静的ＯＲの防衛情報・意思決定支援分析システムの構築は，有事法制や危機管理体制の整備，テロ対処の CBRNE 防護対策と同じく喫緊の課題と言ってよい．しかもそれらのシステムにおける意思決定の考え方や危機管理のあり方は，民族の歴史や伝統，価値観の思想・哲学に深く根ざした固有の文化の所産であり，米軍システムに依存して済むことではない．そのシステム造りは国民の知恵を結集することが重要である．そのためにはまず防衛に関する国民の関心を高め，これまで防衛省・自衛隊の専有物として密閉されてきたこの分野の研究や知識を広く我が国の社会全体で共有することが不可欠である．

　以下の節では技術革新の情報化時代に相応しい防衛情報・意思決定分析システムを構築し，それを運用する上の必須の基礎技術である軍事ＯＲを取り上げ，その研究の発展の歴史と現状を概説する．更に第５，６，７章では戦術分析の軍事ＯＲ理論の中心的な研究分野である，捜索理論，射撃理論，交戦理論の３分野の理論の骨組みを簡単に述べる．これらの解説によって軍事ＯＲの基礎的な知識を普及し，この問題の社会の関心を呼び起こすことができれば，我が国の安全保障の基盤を固める上ですこぶる有益であると信ずる．なお本書は入門書であるので，理論モデルの細部に立ち入ることを避けて，各分野の研究の全体構成を俯瞰的に展望することに専念した．ゆえに本書にはＯＲの書物に特徴的な数式モデルの解説は全く出てこない．軍事ＯＲの数学モデルについては，更に詳しい軍事ＯＲの知識の探求を希望する読者のために，第８章で軍事ＯＲの３分野；捜索，射撃，交戦の各理論モデルと軍事ＯＲ全般に関する内外の専門書を簡単に紹介しているので，それを手掛りに適切な書物を選んで次の研鑽の段階に進むことを勧める．

§2.2.　軍事ＯＲの理論研究

　前述したとおり一般的なＯＲのほとんどの理論は，防衛問題の意思決定分析に応用できる．ここで軍事ＯＲの理論研究を「軍事問題に固有のＯＲ分析の理論モデル」や，「戦闘プロセスの特性分析の理論」に限定すれば，次に列挙する理論研究分野が挙げられる [5, 6, 21]．これらは狭義の「軍事ＯＲ」と呼ばれる．

1．捜索理論：Search Theory

　捜索理論は目標の効率的な捜索法を研究する理論であり，第２次大戦中の米海軍の対潜戦ＯＲグループのクープマン（B. O. Koopman）達の研究 [19] によって

体系化された．ドイツ海軍は潜水艦隊司令官デーニッツ少将（Karl Dönitz. 後に海軍総司令官（元帥））の熱心な指導の下に，「狼群作戦（Wolfsurudel-taktik)」を展開したが，それに対抗するU-ボート狩りのOR研究から捜索理論が生まれ，対潜戦の基本的な作戦準則が作られた．また冷戦時代には米ソ両国の核戦略を支える弾道ミサイル搭載の原子力潜水艦に対する鍔迫り合いの捜索問題が重要な作戦となった．そのために捜索理論の研究が更に精密化された．それは1979年にポルトガルのプライア・ダ・ロシャで開かれた NATO 主催の技術研究シンポジュームのテーマに「捜索理論」が取り上げられ，特別課題を「移動目標の最適捜索問題」として，世界各国の研究者が多数集って熱心な討論が行われたことからも知られる [1]．

捜索理論の研究は，次に列記する4つの分野の研究に大別される．

①. 目標分布の推定問題　　　　②. 捜索センサーの探知理論
③. 捜索オペレーションの特性分析　④. 捜索計画の最適化問題

上述の①，②は捜索の周辺科学（電波や音波の伝播理論，センサー工学，目視の生理学）と関連する問題であり，③，④ が捜索理論の本来のテーマである．③の複合捜索問題の研究はマルコフ連鎖で定式化される場合が多く，また④の一方的な捜索問題は最適資源配分問題として非線形計画法や変分法で解かれ，双方的な最適化問題はゲーム理論が応用される．軍事捜索は多くの場合双方的な意思決定問題であり，目標側の先制探知，逃避，欺瞞等の対応行動を考慮する必要があるので，双方的な捜索ゲームや広域捜索と目標類別の2段階捜索等，軍事捜索に特有の理論的研究 [7] がある．上述の軍事ORの捜索問題は主に目標の位置確定のための探知捜索問題（Detection Search）であるが，広義の捜索理論では試薬や検知器による検査問題の2分法捜索（Dichotomous Search），探知捜索と捜索失敗時の目標位置推定からなる所在局限捜索（Whereabouts Search），関数の極値探索の線形捜索（Linear Search），目標分布の曖昧さを扱う情報捜索（Information Search），目標の状態や不在確認の哨戒・監視（Surveillance）等の捜索問題の研究がある．これらは第5章で詳述する．

2. 射撃理論：Firing & Bombing Theory

射撃理論は，射撃や爆撃による目標撃破の確率論的特性の分析と，射撃の効率化・最適化問題を分析する理論研究分野である．前者の戦闘射撃の特性分析問題は軍事に固有のOR問題であり，射撃の応用確率論ということができる．この問題の分析では，射撃・爆撃システムの不確実性要因を次に列挙する5つの確率変

110 　第2章　軍事ORの概要

数の分布で扱う.

①. 目標分布：目標位置の不確実性や観測誤差
②. 武器誤差分布：各砲の固有の特性，位置誤差や砲座の堅確性等による射弾のバラツキ
③. 照準誤差分布：照準器・射撃指揮装置の照準誤差や動揺修正等の誤差
④. 弾道誤差分布：弾道計算の誤差や発射・飛弾段階の弾道のバラツキ
⑤. 目標破壊の不確実性：小目標（後述）の場合は弾丸の威力と目標の脆弱性及び弾着点の離隔距離の関数として目標撃破確率を表す損傷関数で表され，大目標の場合は期待カバレッジ又は命中弾数の条件付き撃破確率で表される.

上記の要因から各種の形状や脆弱性をもつ小目標に対する1発の射撃の撃破確率；単発撃破確率 SSKP（Single Shot Kill Probability）やその近似式が計算される. また多数発射撃の各種の射法：独立射撃（各回独立に照準・発射を繰り返す射撃），サルボ射撃（同一諸元の多数発射撃），パターン射撃（弾着点をパターン化する射撃）の目標撃破確率を定式化する.

一方，後者の射撃の最適化問題は一般的な資源配分の射撃問題への応用であるが，サルボ射撃やパターン射撃等の射法の最適化問題，逐次修正射撃及び観測射撃（Shoot-Look-Shoot）の最適化問題，特性が異なる複数の既出現目標又は逐次出現目標（機会目標とも呼ばれる）に対する最適射弾配分や最適兵力指向等の問題が研究されている [9, 18]．（第6章を参照.）

3. 交戦理論：Combat Theory

交戦理論は，交戦中の双方的な撃ち合いの両軍の兵力損耗過程の特性分析と，交戦の最適な制御（複数の目標に対する双方的な兵力配分や異種混成兵力の交戦における最適火力指向等）を分析する理論研究である. 前項の射撃理論が一方的な射撃の効率化に焦点があるのに対して，交戦理論は交戦における両軍の兵力損耗の死滅過程の分析をテーマとし，戦闘に伴う両軍の兵力の変化，勝利の条件，残存兵力，交戦時間等を定式化し，或いは交戦中の最適な兵力配分や火力指向を求める. 両軍の平均的な兵力損耗の経過を連立微分方程式で扱う古典的な決定論的ランチェスター・モデル（1，2次則）やその拡張モデル，異種混成兵力の交戦モデル，大規模な交戦の戦力定量化や軍拡競争を扱うマクロ・モデル等の研究があり，また兵力損耗の確率プロセスを微分（時間）・差分（兵数）連立方程式で定式化する確率論的ランチェスター・モデル，撃ち合いの先制撃破問題を分析する確率論的決闘モデル等が研究されている. また交戦の最適化モデルとしては，

§2.2. 軍事ＯＲの理論研究　111

異種混成兵力間の交戦でランチェスター型の兵力損耗の微分方程式がシステムの運動方程式として与えられている場合に，敵の撃破兵力，我の残存兵力，残存兵力差（優勢度）等を目的関数とする兵力指向（又は火力指向）の最適制御問題（イズベル・マーロウ（Isbell-Marlow）問題と呼ばれる）や，第１線の交戦部隊と後方支援部隊からなる構造化された軍団間の交戦の火力指向の最適化問題の研究等がある．更に敵対者の行動を古典的なピストル決闘でモデル化して行動発起の最適タイミングを分析するゲーム論的決闘モデルも研究されている [9, 17]．（詳細は第７章を参照.）

4．資源配分モデルの応用：Resources Allocation Problem

最適資源配分問題は一定の総資源量の制約の下で，最大の効果を挙げるには各種のジョブに如何に資源を配分すべきかを求める問題であり，応用性の高い一般的なＯＲ理論である．この問題は数理計画法（線形計画法，非線形計画法，整数計画法，動的計画法）や変分法を適用して目的関数（資源投入の効果を定量的に表す関数）を最大にする資源配分の最適値が求められる [6]．このモデルは任意の資源の最適配分を求める一般的理論であり，捜索，射撃や交戦等，軍事問題にも応用され，捜索時間，弾薬量，交戦兵力の最適配分等の多くの研究がある [7, 9, 18]．最適資源配分の最初の論文は捜索努力の最適配分を扱った B. O. Koopman の論文 [20] である．但しこのモデルは相手の対応行動を考慮しない一方的な最適化モデルであり，軍事問題（特に戦闘モデル）に適用する場合は我の資源投入に対する目標側の対応行動（防御や反撃等）の影響を考える必要がある．

5．機会目標モデルの応用：Opportunity Assignment Problem

一般的なＯＲ理論で研究されている機会目標に対する最適資源配分問題は，確率的に出現するいろいろな収益やリスクの可能性のある投資機会に対して，どの程度の資源を投入するのが長期的に総利益を最大にするかを求める問題であり，通常，動的計画法で定式化されて解かれる．また投資機会が１回しか許されない場合は最適停止問題と呼ばれ，一般的なＯＲモデルでは「秘書選び問題」がある．この最適化問題の軍事的応用として，逐次に確率的に出現する目標に対する最適射弾配分や目標選択問題が研究されている．この問題では作戦期間と攻撃資源総量が制限されているとき，会敵目標数や目標価値，攻撃成功の確率等の不確実性の下で作戦期間中の総戦果を最大にする最適な攻撃資源配分（各時点で会敵した各種レベルの価値の目標に対する攻撃兵力配分の基準）を求めるものであり，敵

112 第2章 軍事ORの概要

の後方攪乱のコマンド部隊や通商破壊任務の潜水艦等のように作戦期間中に補給
が受けられない状況下の攻撃目標選択や兵力配分の問題である．またこのモデル
において，会敵率が不明な場合，目標の防護力や反撃力を考慮する場合，再使用
可能な資源（兵士等）の場合，護衛又は防御戦闘の場合等，いろいろな状況下の
モデルが研究されている［9, 18］．

6．ゲーム理論の応用：Game Theory

　予測や判断に誤りのない完全な合理性（全知的合理性という）をもつ意思決定
者の相手を想定して，資源配分問題を双方化したモデルがゲーム理論モデルであ
る．軍事的な戦術問題は敵味方が明瞭であり，支払の零和の関係（我の戦果は敵
の損害）が通常成り立つので，単純な型のゲーム（「2人零和ゲーム」という）
に定式化できる場合が多い．ゲーム理論応用の軍事OR問題として次に列挙する
各種のゲーム理論モデルが研究されている［6, 7, 9］．

(1)．捜索ゲーム：Search Game

　双方的捜索のゲーム理論モデルとしては次の問題が研究されている．

① 潜伏・捜索ゲーム：Hide-and-Search Game

　　目標は複数の地域又は地点の1つを選んで静止して潜伏し，捜索者は一定の
総捜索努力を各地域に配分して捜索するゲームである．このゲームは捜索者も
目標も1回の決定しか許されない1段階ゲームで定式化される．捜索者と目標
が取り合うゲームの支払は，勝点の期待値（この場合は目標発見確率を支払と
するゲームに等しくなる）や目標発見までの期待捜索コスト，期待利得（目標
発見時の報酬－捜索コスト）等で定義され，2人零和ゲームに定式化される．
目標が複数の経路の1つを選んで移動する経路型移動目標の場合も，経路が交
差しなければ上述の静止目標と同じ1段階ゲームでモデル化される［7］．

② 逃避・捜索ゲーム：Evasion-and-Search Game

　　目標は移動可能であり捜索者の過去の捜索地域（又は地点）の履歴を知って
逐次的に次の時点の潜伏位置を変更できる多段階の捜索ゲームである．捜索者
の捜索資源が各時点で制約される場合は，問題は時点ごとのゲームとなるので，
目標のエネルギー制約（在来型潜水艦の動力電池容量等）や使用速度とエネル
ギー消費率等を考慮した現実的な捜索ゲームが研究されている［7］．

③ 待ち伏せゲーム：Ambush Game

　　目標は複数の経路の1つを選んで移動し，捜索者は経路上又は経路の交差点
で待ち伏せる（又は各経路に捜索努力を配分する）捜索ゲームである．

④. 侵入ゲーム：Infiltration Game 又は Inspection Game

　目標は一定期間内にある地点に複数回の侵入を試み，捜索者はその期間内に既定の日数だけ目標の阻止哨戒を行う状況を考える．この問題は両プレーヤーが各時点で行動（目標の侵入，捜索者の哨戒）を実施すべきか否かの最適戦術を分析する多段階ゲームとなる．前項の待ち伏せゲームが経路空間上の最適行動を求めるのに対して，侵入ゲームでは時間空間上の両プレーヤーの最適行動を求める [7]．

(2). 攻防戦ゲーム：ブロットー大佐のゲーム (Col. Blotto Game)

　前項は1つの目標と捜索者のゲームであるが，攻防戦ゲームは複数の軍事拠点の攻防戦における双方の最適兵力配分のゲームである．各軍の総兵力を制約条件として複数の拠点に攻者と防者がそれぞれ最適に兵力を配分する1段階のゲームである．攻者は総戦果（勝利拠点の総数）の最大化を図り，防者は被害（敗北拠点の総数）を最小にするように総兵力を配分する．ミサイル攻防戦等の軍事問題に適用されるゲーム問題として各種の拡張モデルが研究されている [9]．

(3). 決闘モデル：Duel

　競争状況下の行動の最適タイミングを古典的ピストル決闘で抽象化したゲームであり，決闘者が接近しつつ，いつピストルを発射するのが最適かをゲーム理論で分析する [9, 18]．両者の成功確率は距離や時間の関数で与えられる．

①. 静粛な決闘モデル：Silent Duel

　ゲーム中に相手の行動が観測できず適応行動がとれない場合の決闘ゲームであり，ゲームは事前に決めた戦術に従って行われる．

②. ノイジィな決闘モデル：Noisy Duel

　ゲームの各時点で相手の行動（ピストルを発射したか否か）を観測し適応的に戦術を変更できる決闘ゲームである．

更に上記の拡張モデルとして複数発の射撃ができる場合や，非対称型（一方が静粛，他がノイジィ）の決闘モデルも研究されている．

　上述の決闘モデルはピストル発射をある行動の実施，弾数を意思決定回数，ピストルの単発撃破確率 SSKP の距離分布を行動成功率の時間分布，ゲームの静粛性を情報構造等と読み替えることにより，一般的な意思決定問題のタイミングの最適化モデルとして応用される．

(4). 微分ゲーム：Differential Game

　システムの制約条件として微分方程式で表される状態変化の運動方程式が含まれる場合の連続時間のゲームを微分ゲームという．分析対象の問題に応じていろ

114 第2章 軍事ORの概要

いろなシステム運動方程式が定義され，多彩なゲームが分析されているが，軍事
応用としては次のゲームが研究されている.

① 追跡ゲーム：Pursuit Game
　　両プレーヤーの制約条件が連続的な運動の軌跡を表す運動方程式で与えられ
る場合のゲームである.

② 照準射撃と逃避者のゲーム：Aiming and Evasion Game
　　「爆撃機と戦艦のゲーム」とも呼ばれ，戦艦を爆撃しようとしている爆撃機
は照準・発射から弾着までに時間遅れがあり，戦艦はそれを見てジグザグ運動
をとって逃避する. 爆撃機の照準点の選択と戦艦の回避戦術のゲームである.

③ 交戦ゲーム：Combat Game
　　制約条件のシステムの運動方程式がランチェスター型の兵力損耗の微分方程
式で与えられる場合の連続時間の交戦ゲームであり，両軍の兵力（又は火力）
の最適配分を求めるゲームである. 前述した交戦理論の制御問題のイズベル・
マーロウ問題を双方的な競争問題として拡張し，ゲーム理論モデルで定式化し
たモデルである. また評価尺度（ゲームの支払）を交戦終了時の敵の撃破数の
最大化（攻勢指向），我の被害の最小化（守勢指向），我の残存兵力と敵の残存
兵力の差の最大化（優勢維持指向）等で定義することによって，いろいろな状
況のモデルが定式化される.

7. マルコフ連鎖モデルの応用：Markov Chain Model

　　システムの状態変化が確率的な場合，システムの長期的な振舞い（任意時点の
状態分布やある状態に到達するまでの経過時間等）を各時点の状態変化の推移率
を用いて定式化し，プロセスの確率的特性値を理論的に求めるのが確率過程モデ
ルである. 特にシステムが可算個の状態からなり，各状態間の状態推移率が定常
的な場合，マルコフ連鎖と呼ばれ，比較的簡単にプロセス特性値が求められる.
一般的なOR問題ではシステムの混雑問題の待ち行列理論や信頼性解析等に広く
応用される. このモデルの軍事応用としては，対潜各種戦（区域哨戒，掃討，護
衛，バリヤー哨戒，虚探知問題，欺瞞問題等）にマルコフ連鎖モデルを適用した
多くの分析例がある [7]. 待ち行列や信頼性問題では，通常，全ての状態間で推
移可能な連鎖（エルゴディック連鎖という）の定常状態を考えるので，定常状態
分布は確率の平衡方程式（連立1次方程式）で求められる. しかし軍事問題のマ
ルコフ連鎖では目標撃破や我の敗北，目標の離脱，戦闘の終結等の決着（吸収状
態という. このとき連鎖は吸収マルコフ連鎖と呼ばれる）があり，その状態に到

§2.2. 軍事ＯＲの理論研究　　115

達するまでの時間経過の過渡状態の分布を分析する必要があるので，状態分布は連立微分方程式となり，解析はかなり複雑になる.

8. 決定理論の応用：Theory of Decision Making

　決定理論は意思決定上の不確実性の合理的な扱い方を研究する分野であり，多属性効用関数の理論，リスクや不確実性がある場合の合理的な決定基準，学習とベイズ決定等，意思決定に関するいろいろな問題が研究されている [6, 8, 10, 11]. また各種の資源制約下で複数の評価尺度を全体的に最適にする実際的な計画問題では，全ての評価尺度の値を最大にする代替案は，通常，存在せず，何らかの意味で決定者にとってバランスのよい代替案を選ぶことが重要となる. また現実には定量化できない要素が決定基準に入り込むことも多い. 多目的計画法や階層分析法 AHP (Analytic Hierarchy Process) [6, 16] は，このような定量化できない決定要素の意思決定上の重要度を一対比較法で相対化して定量化し，複数の評価尺度の重み付けを行って最適案を選択する手法であり，軍事的な意思決定手順への応用も研究されている.

　最近の軍事技術の進歩によって情報の範囲と速度及び精度，武器の能力等が飛躍的に向上し，交戦の様相，戦術，兵力展開や状況変化のスピード等を激変させ，所謂 戦場の革命 RMA (Revolution in Military Affairs) が急速に進展した. 即ちセンサーの進歩，精密制御，デジタル情報処理，高速度通信，衛星の利用等のハイテク諸技術の発達により戦場の情報の精密化・高速化が進み，また精密誘導兵器が著しく進歩した. そのために湾岸戦争（1991）やイラク戦争（2003）に見るように，交戦態様及び戦場の様相は従来とは全く一変した. しかしながら上述した軍事ＯＲの理論研究は，必ずしもこれらの交戦状況の変化を十分に反映した理論モデルではなく，それらが想定している戦闘状況はいわば１世代前の戦闘と言える. 今後の軍事ＯＲの理論研究は高度情報化時代の兵器の進歩とそれに伴う兵力運用及び戦術の変化に歩調を合わせて，研究内容を変革し充実させなければ，「軍事問題の意思決定分析の科学」としての軍事ＯＲの役割を果たすことはできないと考えられる. RMA の新時代の状況に焦点を当てた新たな軍事ＯＲの理論研究の速やかな展開が渇望される所以である. しかしながら今日の技術革新によって上述したこれまでの旧システムに関する軍事ＯＲの理論研究が全て無意味になるわけではない. 即ち最近の RMA の状況を踏まえて新しく展開される将来の軍事ＯＲも，戦闘プロセスの定量的分析モデルの構造やその解析技法は基本的には従来の理論モデルと共通の要素が多く，これまで蓄積された軍事ＯＲ

116 第2章 軍事ORの概要

モデルの知識は，新たな RMA 環境下のOR理論を構成する礎や骨格となり，
戦術の解析評価と意思決定分析の基礎として役立つことは明らかである．

　以上，軍事OR理論の主要な研究を概観したが，上述の4，5，6及び7項の理
論モデルは，内容的には捜索，射撃，交戦のOR問題のいずれかを分析するもの
である．したがって本書の第5，6，7章の捜索理論，射撃理論，交戦理論の章で
は，これらの資源配分問題，機会目標問題，ゲーム理論，及びマルコフ連鎖の軍
事応用の研究を含めて概説する．

§2.3.　軍事ORの応用研究

　前節に述べた軍事ORの学術レベルの理論研究に対し，軍事ORの応用研究は，
具体的な防衛システムの将来計画や行動方針，戦術等について分析を行い，計画
を評価して推奨案を提案する意思決定分析である．即ち将来の脅威の態様や彼我
の可能行動，武器の性能，環境特性等を調査・分析し，実行可能な行動計画やシ
ステムの代替案を創出し，シミュレーションや理論モデルを適用してシステムの
費用対効果やリスク等を定量的に評価して最適案を分析し，意思決定者の判断を
支援する活動である [10, 11, 15]．

　また部隊は想定される戦術場面に対して標準的な戦術行動を決め，それに基づ
いて訓練や対抗演習を行い，部隊を演練することが必要である．その場合，標準
的な戦術行動を予測し訓練教範等を作成するのも，軍事ORの重要な応用問題で
ある．更に部隊の訓練・演習に伴って得られる実動演習データ（オペ・データと
略称される）の統計的な分析を行い戦術の改善に役立て，軍事ORモデルの適用
に当たり必要なデータを供給することも軍事ORの応用の重要な役割である．

　防衛問題に関する応用研究は高度の軍事秘密事項が多く，具体的な研究事例が
公表されることは少ないが，研究テーマとして考えられる応用研究を列挙すれば
次の問題がある．但しこれらは現実の研究の実施例ではなく，防衛問題のOR応
用の研究対象として考えられる問題であることを断っておく．具体的な分析例の
いくつかは§4.3.2.に後述する．

1．防衛力整備計画やシステム取得計画の策定に関するOR&SA

(1-1)．長/中期的な軍事技術予測

　　軍備の造成は長期の開発期間を要し，その時代の最先端の科学技術を反映し
　なければ軍備は時代遅れの無用の長物となってしまうのが歴史の鉄則である．

§2.3. 軍事ＯＲの応用研究   117

ゆえに兵力整備計画の基礎として長/中期的な先端技術の予測と各国の兵器の開発動向の調査研究が重要である.

(1.2). 長/中期的な脅威見積

　　装備開発を含む兵力整備計画には，前項の軍事技術予測と平行して，長/中期的な将来の関係各国の政治・経済動向と外交の国際関係の予測と，我が国に対する脅威の態様と規模の見積が基礎となる.

(1.3). 防衛力整備計画のシステム分析問題

　　上記の２つの長/中期的な見積に基づき，我が国周辺の脅威の変化に対処する防衛力の質と量を総合的に検討するシステム分析を行う. 特に技術の急速な進歩に伴う防衛システムの質的な検討が重要である. この分析では兵力構成と新規導入の新装備や事業計画の費用対効果分析を重点的に行う. また冷戦崩壊後，脅威の多様化が進む中で，我が国の周辺地域の不安定要因を作らないために，基盤的な防衛力の従来の考え方を基本的に踏襲しつつ，新たな国際環境に適応して絶えず防衛力の規模及び機能の見直しが行われる. 武力侵略対処の防衛から，国際協調下の平和維持活動への貢献，対テロ防衛，日米間の安定した安全保障環境の構築等に至る各種の事態に対する基幹戦闘単位の対処能力を基本とする防衛力整備の検討が課題である［10］. (我が国の防衛力整備の経緯については§4.2.1.参照)

(1.4). 主要装備やシステムの機種選定問題

　　艦艇，航空機や各種装備の選定の代替案の評価及び費用対効果分析を行い最適機種が分析される.

(1.5). 部隊配備や施設の配置及び更新計画の経済性分析

　　防衛力整備の対象期間内に予想される脅威の態様に対処ための (新編や統合を含む) 部隊配備や展開能力，現状施設の維持・更新等の最適化計画の検討が必要である.

2．部隊運用に関するＯＲ

(2.1). 統合作戦に関するＯＲ研究

　　陸・海・空にわたる大規模な不測事態での統合部隊運用に関するＯＲ分析であり，今後，３自衛隊の統合運用の進展に伴い重要となる.

(2.2). 部隊運用の基本戦術のＯＲ分析

　　各種の戦闘における基本戦術の準則等の設定のためのＯＲ分析であり，標準的な事態シナリオについて戦術代替案をシミュレーション等により評価し，行

動方針や行動基準を作成する.

(2.3). 部隊の事態対処能力の評価に関するOR分析

　　各種事態の状況設定の下で，交戦等における対象目標の撃破能力や我の被害の算定及び弾薬・火工品・燃料・糧食等の作戦資材の所要量の見積と，その補給計画等を分析評価する．（以上，静的OR）

(2.4). 各種事態における指揮官の意思決定支援及び幕僚要務の支援

　　前項の想定事態への現システムの問題点の分析に対して，事態発生時に生起した事象列に基づき，逐次的に脅威の可能行動を予測して連続情勢見積と対処戦術の有効性の分析評価を行い，現時点の自軍の兵力展開から将来の最適な対処行動を策定する動的なOR分析を行う．(動的OR)

(2.5). 整備システムの運用に関するOR分析

　　艦艇，航空機，戦闘車両，武器システム等の整備システムの効率的運用及び機器の点検・修理・整備計画等に関するOR分析を行う.

(2.6). 後方支援問題のOR

　　階層化された補給システムの在庫管理や，個艦・個機の保有する予備品の定数等に関するOR分析を行う.

(2.7). 大規模な事業や作戦行動の実施計画の管理のOR分析

　　多数の作業からなる一連の作業の全業務の日程管理（PERT, CPM）のOR分析を行う.

3．研究開発に関するOR&SA

(3.1). 研究開発計画に関するOR&SA分析

　　開発対象の新装備の艦艇，航空機，戦車等の主要装備の運用構想と各種の戦闘状況での戦闘能力を検討し，開発目標の期待効用と全コストの費用対効果等を評価して期待性能や要求性能を明確化する.

(3.2). 研究開発の各段階における諸試験のOR分析

　　研究開発に伴う性能試験，実用試験，運用試験，性能改善試験等の計画と試験結果の分析及び評価に関するOR分析を行う.

4．データ・システムや評価システムの維持管理に関するOR

(4.1). 訓練データのOR分析

　　実動のフリープレーの対抗演習の訓練データの収集処理と解析・評価のOR分析を行う.

§2.3. 軍事ORの応用研究　119

(4.2)．防衛問題に関する技術情報データの収集・管理

世界各国の軍備，戦略・戦術等の情報資料，及び各自衛隊の戦術研究，術科研究，諸試験，訓練データ等の蓄積・検索・流通システムの管理及びデータ解析に関するOR分析を行う．

(4.3)．作戦指揮支援システムの維持・管理・運用

作戦情報処理や連続情勢見積等の応用プログラムの設計と維持管理及び運用データの管理を行う．

(4.4)．ウォー・ゲーミングや戦闘シミュレーションのシステム開発・設計，及びそれらのシステム運用のデータ・ベースの維持管理

(4.5)．航空機，艦艇，武器システム等の整備データの管理と信頼性解析

5．その他

(5.1)．隊員の意識調査，人的要素の評価や人事に関する諸施策の有効性の分析と評価

(5.2)．人事統計，人事管理データ・システムの管理及び人事制度や施策の効果の分析評価

(5.3)．隊員募集，採用等に関する施策の分析評価

(5.4)．教育カリキュラムやクラス編成等，教育に関するシステムや施策の効果の分析評価

(5.5)．自衛隊の医療システムの展開に関するOR分析

(5.6)．CBRNE 攻撃やテロに対する対処方策の研究

(5.7)．暗号，通信保全，サイバー・テロ等に関する研究

(5.8)．防衛システムの開発・展開・維持・運用に関する費用構造の分析とその関連データの収集管理

(5.9)．各種の防衛システムに対するサイバー攻撃対策と戦闘被害の保障対策

(5.10)．防衛の基本問題の研究

ⅰ．有事の海上交通輸送量と日本船籍船舶のみによる輸送可能量や護衛所要船舶量の見積

ⅱ．有事の輸出入量と産業構造及び経済動向の分析，等々．

以上，今後の可能性を含めてORを適用して分析検討される防衛問題の応用研究を列挙した．勿論，ORの軍事応用が上記の項目で網羅されたり，或いはそれらに限定されたりするわけではなく，今後も現実の要請から次々に新たな問題が提起されるであろう．我が国を取り巻く安全保障環境は脅威の質的な変化と多様

120 第2章 軍事ＯＲの概要

性を加え，地域内の秩序維持や安全に対する「世界規模の協調」にまで拡大し，軍事力の役割は防衛分野のみにとどまらず，外交政策との整合性が求められる．これに伴って自衛隊の任務も大幅に変化し，組織や装備，統合運用，行動態様，戦術等も質的な変革に曝されている．将にこの不確実性の現代こそ将来の国の防衛の確立のために，軍事ＯＲは従来よりも更に幅広い視野の中でその機能を発揮することが求められていると言えよう．

　本章では防衛問題に適用される軍事ＯＲの理論研究と応用研究の全般について概説した．防衛関連の応用研究は，通常，多数の不確実要因を含む非定型的な複合問題となるので，本章に述べた各種の軍事ＯＲの理論や，後述する捜索理論，射撃理論，交戦理論等の理論モデルだけでは分析できないことが多い．しかしその場合でも上述した狭義の「軍事ＯＲ」の理論モデルは，複合的な防衛問題のサブ問題である交戦結果の評価には不可欠であり，軍事的な応用のＯＲ分析の基礎となる研究である．第6章以下の3つの章では，捜索理論，射撃理論，交戦理論の順で軍事ＯＲの理論モデルについて概説するが，ここでそれらの軍事ＯＲ理論の概説に入る前に，次の第3，4章で英米の軍事ＯＲ活動の歴史と我が国の軍事ＯＲ活動の現状を概観する．

参考文献

[1]　K. B. Haley and L. D. Stone (eds.), "*Search Theory and Applications, NATO Conference Series II : Systems Science Vol. 8* ", Plenum Press, NY, 1980.

[2]　本多明正 監修，『海上防衛とオペレーションズ・リサーチ』，海上幕僚監部防衛部防衛課分析班，1979，（部内限定）．

[3]　飯田耕司，福楽 勲，『ASW作戦情報処理・戦術解析のためのシミュレーション・モデルについて』，海上自衛隊航空集団司令部，1977，（部内限定）．

[4]　飯田耕司，福楽 勲，『戦術オペレーションズ・リサーチ事例集・第1集（TAG・REP NO. 1～23）』，海上自衛隊航空集団司令部，1977，（部内限定）．

[5]　飯田耕司，「軍事ＯＲの彰往考来」，『波涛』，海上自衛隊幹部学校 兵術同好会，前編：通巻160号（2002.5），88-105．後編：通巻161号（2002.7），71-91．

[6]　飯田耕司，『意思決定分析の理論』，三惠社，2005．

[7]　飯田耕司，宝崎隆祐，『三訂 捜索理論』，三惠社，2007．（初版 飯田 単著，1998.）

[8]　飯田耕司，『捜索の情報蓄積の理論』，三惠社，2007．

[9]　飯田耕司，『改訂 軍事ＯＲの理論』，三惠社，2010．

第 2 章の参考文献　　121

[10]　飯田耕司,『国防の危機管理と軍事ＯＲ』, 三恵社, 2011.

[11]　飯田耕司,『国家安全保障の基本問題』, 三恵社, 2013.

[12]　飯田耕司,「日本を取り戻す道―「日本国憲法」の改正に関する私見」,『水戸学』, 水戸史学会, 第 80 号, 2014 年.

[13]　飯田耕司,「戦後レジームの原点（1）〜（5）」,『日本』, 一般財団法人日本学協会, 2015 年 1, 2, 3, 5, 6 月号.

[14]　飯田耕司,「国家安全保障の基本問題　第 1 部〜第 5 部」,『日本』, 2016 年 6, 7, 9, 10, 12 月号＆2017 年 2 月号.

[15]　飯田耕司,『国家安全保障の諸問題―飯田耕司・国防論集』, 三恵社, 2017.

[16]　木下栄蔵,『孫子の兵法の数学モデル　最適戦略を探る意思決定法　AHP』, 講談社, 1998.

[17]　岸 尚,『ランチェスターの交戦理論』, 防衛大学校, 1965,（部内限定）.

[18]　岸 尚,『射撃・爆撃理論』, 防衛大学校, 1979,（部内限定）.

[19]　B. O. クープマン 著, 佐藤喜代蔵 訳,『捜索と直衛の理論』, 海上自衛隊第 1 術科学校.

　　原著：B. O. Koopman, *"Search and Screening"*, OEG Rep. No. 56, 1946.

[20]　B. O. Koopman, "The Theory of Search Ⅲ. The Optimal Distribution of Searching Effort", *Operations Research*, 5 (1957), 613-626.

[21]　S. M. ポロック, 他, 編, 大山達雄 監訳,『公共政策ＯＲハンドブック』, 朝倉書店, 1998, 68-110.

　　原著：S. M. Pollock, et al. (eds.), *"Handbooks in OR/MS, Operations Research and the Public Section"*, Elsevier Science B. V., Amsterdam, 1994.

第3章　英米の軍事ＯＲの発展史

　これまでの章ではＯＲ活動の内容や研究の現状について述べてきたが，本章ではそのような活動が誕生し発展してきた経緯を顧み，今日のＯＲ研究の形成の歴史を概観する．最初に第２次世界大戦勃発の直前に英国で生まれたＯＲ活動と大戦中の英・米国における組織的な展開を述べ，次いで大戦後のＯＲの爆発的な発展について，米軍のＯＲ活動を中心に概説する．

§3.1.　英国におけるＯＲの誕生

　科学的な知識を人間社会の活動の分析に適用して現実社会の諸活動を効率化した事実は，科学史上枚挙にいとまがない．このことは軍事技術の分野でも多くの事例が見出される．例えば史書によれば，紀元前３世紀，ローマの艦隊に攻められたシシリー島シラクサ王ヒエロンⅡ世は，科学者アルキメデスの知恵を借りてその撃退方策を練った．アルキメデスは大凹面鏡と巨大クレーンを造り，ローマの軍船を凹面鏡で焼き払い，或いはクレーンで叩き潰して戦果を挙げたという．彼の努力は結局報いられることなく，シラクサはローマ軍に蹂躙されたが，３年にわたる攻防の間，大いにローマ軍を悩ましたという．この例のように，古来，技術者の専門的な知識によって新兵器が生まれ，或いは兵術が改良されて，軍の指揮官の作戦を援けた事例は決して少なくない．

　一方，今日のＯＲの理論モデルの原型が古い過去に遡って見出される事例がいくつかある．例えば交戦理論の基本的なモデルであるランチェスターの公式は，英国の自動車工業の独創的な技術者 F. W. ランチェスター（1868〜1946）が大空を自由に天翔ける少年時代の夢を生涯に亘って追求した知的な余技の成果として，彼の著書の１つ「*Aircraft in Warfare*」[16] の中で述べたものである（1916年）．また同様の研究はロシアの科学者 M. オシポフによっても行われていた（1915 年の論文）．更にオシポフよりも 10 年ほど前に，米海軍の提督 B. A. フィスケ（1854〜1942）は，海軍協会の 1905 年の年次論文賞受賞の論文：「American Naval Policy」[3] の中で艦隊決戦における兵力損耗の数表を示したが，今日では彼の数表はランチェスターの２次則モデルの離散型版であることが

§3.1. 英国におけるORの誕生　123

解析されている．また対潜戦のORについても次の古い研究事例がある．第1次
世界大戦中の 1917 年に，ドイツの無制限潜水艦戦による甚大な船舶被害に悩ん
だ米海軍は，海軍顧問委員会（Naval Consulting Board）の長；発明王 T. A. エ
ジソンに委嘱してドイツ海軍のUボート対策を研究した．彼はUボートによる商
船の被害データを綿密に調べて，夜間の被害が極端に少ないことに注目し，被害
の少ない船舶の運航計画を作成した．また 10 kt 以上の高速船では，敵潜水艦
の襲撃回避にジグザグ航法が有効なことをハンド・シミュレーションの結果から
見出して海軍省に提案した．しかしこれらの苦心の研究結果は一顧だにされず，
海軍省の紙屑篭に放り込まれたとエジソンは慨嘆しているという．

　上述した事例はほんの一部の例に過ぎない．今日のORと類似の先駆的な理論
を創造しながら，しかし当時はその真価が理解されずに埋もれてしまった先人達
の業績は決して少なくないであろう．今日発掘されたこれらの先人達の独創的な
仕事は，その内容において現代のORグループの分析作業に比して遜色のないも
のも多い．しかしながら彼らの仕事をOR活動とは決して言わない．その理由は
彼らの研究や分析が，組織上の意思決定の各段階で明確に位置づけられた活動で
はなかった点にあるとされている．このことは既に§1.1. に前述したが，第2
次大戦中，米海軍のORグループを指導してOR活動の第1歩を創めたモース博
士の次の文章によって言い尽されている．

　「ORは，名人芸ではなく，教育可能な，公認され，組織化された活動である．」
[17].

　上記の文中，特に「ORは，公認され，組織化された活動である」という点に
注意したい．ORは組織の意思決定の各段階において，組織上で公式に位置づけ
られた意思決定分析の活動であることが重要である．そしてそのようなORの最
初の活動は第2次世界大戦勃発の直前に英国で誕生した．

§3.1.1. レーダの開発・戦力化：ORの誕生

　ORは第2次世界大戦の勃発の直前，英国で誕生したというのが今日の定説で
ある [1, 2, 5, 20]．歴史的な発明や発見の多くがそうであるように，少なからぬ
偶然と幸運と，そして勇気ある数人の卓見と献身的な努力とによって，ORの最
初の活動が始められた．1935 年1月，英国航空省内に防空委員会と名付けられ
た諮問委員会が設けられた [2]．委員長は王立理工科大学学長の H. T. ティザー
ド，メンバーはマンチェスター大学の物理学教授 P. M. S. ブラッケット，ユニバシ

ティ・カレッジの生理学教授 A.V. ヒル，航空省研究局長 H.E. ウインペリス，ボーゼイ研究所の A.P. ロウの5人であったが，これらの人々が今日のOR活動の最初の扉を開き，そして英国をドイツ軍の蹂躙から救うことになる．

H. T. ティザード（1885〜1959）

　　オックスフォード大学出身の物理学の学究であるが，後に科学技術行政に携わり，1927〜1930 年の間，科学技術研究庁の長官を勤めた．また第1次世界大戦中は陸軍航空隊で活躍した軍歴もあり，この当時は王立理工科大学学長の職にあった．更に 1940 年には科学使節団長として米国に渡り，第2次世界大戦中の英米間の軍事技術の強固な提携の確立に尽力し，連合軍の勝利に大いに貢献した．

P. M. S. ブラケット（1897〜1974）

　　歴代提督の家系に生まれ，海軍兵学校に進んで第1次大戦には青年士官として活躍した．大戦後，ケンブリッジ大学に留学して原子物理学の権威 E. ラザフォード博士に師事して学問の道に進み，この当時はマンチェスター大学の物理学の教授であった．後に分析チームを組織して軍の第1線で各種のOR分析を実施し，戦術問題に関する科学的分析の有効性を実証してORを定着させた．1948 年，「原子核物理及び宇宙線の研究」でノーベル物理学賞を受賞した．

　この委員会が設置された経緯は，当時 W.S. チャーチルを先頭にチェンバレン内閣の弱腰外交と対独戦備の遅滞を攻撃していた野党対策として，政府のポーズを示すためであったという穿った見方もある．この防空委員会の命題は，「現時点の科学技術面での進歩が，どの程度まで敵の航空機に対する現在の防衛手段を強化するのに使えるか」を検討することであり，具体的には当時の科学雑誌等で話題になっていた「殺人光線」の戦力化の可能性を探ることにあったとされている．しかしながらこのような姑息な政府の意図とSFまがいの命題とには関係なく，この委員会は次の4つの点でめざましい成果を挙げたとブラケット博士は後に述懐している [1]．

　①．対空レーダを開発し，更に早期警戒網・要撃管制システムを完成させた．このシステムはドイツ軍の英本土進攻のための前段作戦である制空権獲得作戦：バトル・オブ・ブリテン（1940.8〜10）で威力を発揮し英本土上空の防空戦を勝利に導く基盤を作った．

　②．上級軍人と国立の技術研究所の科学者との間に，兵器開発の政策決定上有効で親密な関係を確立した．

§3.1. 英国におけるORの誕生　125

③. 軍人と大学の科学者との相互信頼を醸成し，装備の開発や実験の実務レベルにおいても協力関係が生まれた.

④. 兵器の開発だけではなく，従来軍人の聖域とされた軍の作戦運用の効率化に科学者が寄与し得るという認識を確立し，科学者による作戦研究の実際的分析活動が活発に行われるようになった.

上記の④項がOR誕生の記録である. この活動が英国を対独戦の敗北の淵から救い出し，またORを生み出した. 以下，防空委員会の活動の概略を述べる.

防空委員会は，1935 年 1 月末に第 1 回の会合をもち，この席上，ティザード委員長によって事前に聴取されていた R. W. ワット博士（国立物理学研究所電波研究部長）の「殺人光線の可能性」についての覚え書きが披露される. ワット博士は「現在及び近未来の技術では殺人光線はパワー的に実現不可能である」と明言すると共に，「しかしながら電波は対空目標の発見には役立つであろう」と示唆していた. これを討議し 2 月末に簡単な展示実験を見学した防空委員会は，殺人光線の開発を取り止めてレーダの開発・戦力化を推進すべく政府に働きかけ，開発費の予算措置を講ずることに成功する. 1936 年夏には高度 1500 ft の航空機を 75 哩で探知できる試作レーダを開発し，9 月には防空演習を実施するまでに漕ぎつけた. しかしこの演習ではレーダは遥か遠方に敵機を発見するが，迎撃機や高射砲は全く間に合わず，敵機は悠々と爆撃を実施して飛び去ってしまうという惨憺たる結果に終わった. 委員会はこの事態を厳しく認識し，レーダ単体の研究の枠組みから飛躍し，防空戦闘機隊と一体化したレーダの運用法に関するシステム的な取り組みを行い，早期警戒レーダ網システムの建設計画を政府に提案した. 政府もこれに迅速に対応し，1937 年には 3 ヵ所，1938 年には 5 ヵ所，第 2 次世界大戦勃発の 1939 年には 20 ヵ所のレーダ・サイトが稼働して，英国本土の空は 24 時間レーダによって隅々までカバーされていた. 図 3.1. はこの間の早期警戒レーダ網の急速な展開の様子を示したものである [2].

この早期警戒レーダ網は，独空軍が英本土侵攻の前段作戦として 1940 年 7 月 10 日から 10 月 31 日にかけて実施した制空権獲得作戦 バトル・オブ・ブリテンにおいて，ドーバー海峡上空の熾烈な航空戦の帰趨に決定的な威力を発揮した. 英国爆撃に出撃した独空軍の爆撃編隊は，常にドーバー海峡の上空で十分に高度をとり戦闘態勢を整えた英空軍の戦闘機群の待ち伏せを受けた. 戦後の調査ではこの英本土防空戦の両空軍の損害は，英空軍：915 機，独空軍の喪失は 1733 機と報告されている. 独空軍は交換比で約 2 倍という消耗に耐えられず，制空権獲得に失敗して英本土への進攻を断念するが，この英空軍の戦闘機隊の健闘を支え

126　第3章　英米の軍事ORの発展史

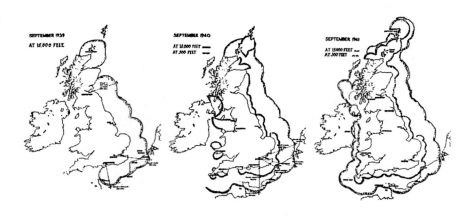

1939.9.（WWⅡ）　　1940.9.（Battle of Britain）　　1941.9.

図 3.1.　英国のレーダ覆域の成長

たのは，ティザード博士の指導で大戦の勃発直前に完成された早期警戒レーダ網であることは明白である．ここで防空委員会が行った仕事は，単なる一兵器：レーダの開発作業ではなく，「レーダという新兵器をいかに配置し，通信・指揮網をどのように組織して迎撃戦闘機や高射砲群を指揮管制するか」というシステム分析であった．このシステム分析によって新兵器：レーダの探知情報を有効に活用する方策を明らかにし，英国本土防空の任務を全うする新システム：早期警戒レーダ網が完成された．間もなく列国もレーダを開発し戦力化するが，第2次大戦中に早期警戒網・要撃管制システムを完備した国は無い．

○ 閑話挿語

　この早期警戒レーダ網は，かなり早い時点で日本海軍の目に触れていた．1937（S.12）年に英国皇帝ジョージ6世の戴冠式に列席する秩父宮殿下の乗艦としてヨーロッパに派遣された巡洋艦足柄が，6月初旬ドイツのキール軍港の訪問を終えて帰国の途につき，夜間ドーバー海峡を南下中に，たまたま英国の沿岸部で実施されていた防空演習を望見する．足柄の艦橋からこれを見ていた牧野　茂　中佐（造船官）は，漆黒の夜空を飛行する航空機が，地上の探照灯の点灯と同時に光芒の中心に的確に捕捉される，迅速さ，正確さに驚嘆し，それが従来の望遠鏡や聴音機ではなく英国が全く新しい防空探知兵器を完成したことを察知して艦政本

§3.1. 英国におけるORの誕生　127

部に報告した．しかし支那事変の勃発に取り紛れて十分な調査も行われずに推移
し，我が国が陸上用対空見張電波探信儀１号１型の開発に着手したのは，日米開
戦の直前，1941 年８月のことである．

　ORは上述したとおり英国においてレーダの開発・戦力化の過程で（幾分）偶
然に誕生したが，後年の人々がこれをORの誕生と称したのではなく，この早期
警戒網の開発に携わった防空委員会のメンバー達が，そのシステム分析としての
新しいアプローチの意義を明確に意識していた．それは委員の１人のロウが彼等
の前段のレーダの研究開発と後段の早期警戒網のシステム研究を区別して，前者
を「Technical Research」，後者を「Operational Research」と呼んで，それら
の研究の差異と意義を明確に説明し周囲を啓蒙したことから，ORという言葉が
生まれたとされている．また米語では名詞を並べて「Operations Research」と
言い，日本語はこれをカタカナ書きしているが，この「Operations」は軍事用語
では「作戦」を意味し，ORを字義に正確に翻訳すれば「作戦研究」となる．し
かし我が国では軍事用語を避け「運用分析」と称し，英略語の「OR」が通用し
ている．華語では「運籌学」（籌を帷幄の中に運らす学問）という妙訳を与え
ているが，当初，ORは明らかにこの意味で用いられた．

　更に前に紹介したブラケット博士の述懐［1］のとおり，防空委員会の活動を
通じて科学者と軍人達の間の相互の厚い信頼関係が育まれ，兵器の運用法や戦術
の改善に関するいろいろな問題が，科学者達の許に持ち込まれるようになった．
ORの活動はこのような経緯で本格的に開始されるが，これを肉づけし作戦研究
として確立していったのは防空委員会でティザード博士の片腕として働いたブラ
ケット博士である．ブラケット博士は持ち込まれた戦術問題を解決するために，
データを集めて解析するOR分析チームを組織し，軍の各部で兵器の用法や戦術
問題を分析して目覚ましい成果を上げ，ORの有効性を実証した．

§3.1.2. ブラケット・チームの活躍：ORの定着

　1940 年夏，英陸軍の対空防衛隊司令官 F. パイル大将は，ロンドン防空の高射
砲陣地に新たに配備される照準用レーダ GL-1 の効果的用法についてブラケッ
ト博士に相談する．ブラケット博士は，この問題を分析するために各分野から合
計 11 名の科学者・技術者を選んでチームを編成し調査・研究を開始する．この
チームのメンバーは，物理学者×３名，生理学者×3，数学者×２，天文学者，
測量士，将校×各１，計 11 名であり，１つの専門に偏らない広い分野から専門

128 第3章 英米の軍事ORの発展史

家を集めた学際的なチーム編成であった。このグループは、以後、軍のいろいろな部門の戦術問題についてデータを集め、分析し、何を為すべきかを討議して改善策を提案し、結果を確認し、戦術の改善に目覚ましい成果を挙げた。兵隊達は彼らの活躍を称賛し、ブラケット・サーカスと呼んで歓迎したという。次にこのグループが行った分析例の著名な事例を紹介する。

1. ロンドンの防空高射砲隊の配置問題

1940 年当時、ロンドン防空の高射砲隊は4門の高射砲を1隊とする30 ヵ所の陣地でロンドンの全域をカバーするように配置されており、新型レーダ GL-1（後にGL-2）の数は乏しく、従来の編成では GL-1 が装備されない隊が生じた。一方、全ての高射砲をGL-1 の管制下に置くには陣地を集約しなければならず、火網の空白を生ずることが避けられない状況にあった。パイル大将の依頼を受けたブラケット博士の分析チームは直ちに活動を開始し、データを集めて分析し、発射諸元の調定法を改善すると共に、陣地の配置を検討して1基の GL-1 が8門の高射砲を管制する編成に改め、全ての高射砲を GL-1 の制御下におく陣地の再配備案を提案した。従来の陣地配備の原則：「火網の地理平面上の完全なカバー」はあまり意味がなく、予想される複数の爆撃進入コース上でレーダ管制による全砲の正確な射撃を行う方がはるかに重要なことが分かったからである。この改編によって高射砲の門数は変わらないが、陣地の数は半減した。その後、分析チームは追跡調査を行い、敵機の撃墜率が従来の5倍に跳ね上がり、驚異的に改善されたことを確認した。

2. 対潜爆雷の深度調定問題

ブラケット博士のOR分析チームは 1941 年春からは沿岸警備隊の対潜問題の分析に当たり、いくつかの難問を解決した。当時、英海軍の対潜哨戒機のパイロット達の不満の1つは、折角苦心してドイツ海軍のUボートを発見し爆雷攻撃を実施しても、対潜爆雷が弱体なためになかなか撃沈できないことであった。もっと炸薬量の大きな強力な対潜爆雷を開発する必要があるというパイロット達の意見具申が相次いだ。分析者達は 1941 年9月から翌年5月まで哨戒機のUボート攻撃時のデータを集めた。それによれば哨戒機がUボートを発見したときの状態を大まかに分類すれば次のとおりであった。

①. 発見されたことに気づかないもの：40％

②. 急速潜航中のもの：40%

③. 潜没してしまっているもの：20%

このうちの爆雷攻撃の対象を①，②とすれば攻撃目標の 80 ％は爆雷攻撃時にまだ艦体の一部が海上に見えている状態にあることが分かった．一方，当時の対潜爆雷の深度調定は 30 m にセットされており，その根拠はUボートは平均して攻撃の約2分位前に哨戒機を発見して急速潜航し，哨戒機の爆雷投下までには約30 m 潜航できると予想されるためである．しかしこの値は上記の攻撃時の実情とかなり異なるものであり，爆雷の深度調定が深すぎて有効弾（危害半径6 m）とはならないことが判明した．そこで対潜爆雷の調停深度は最低の 7.5 m に変更され，その結果，ドイツ潜水艦の撃沈率は約4倍に跳ね上がった．撃沈されUボート乗組みの救助された捕虜達は，いずれも英軍が強力な新型爆雷を開発したと信じていたという．ここでも何ら装備の改造・変更をすることなしに，単なる運用法の改良によって大きな効率改善が得られた．

以上，ブラケット・チームのOR分析の著名な2つの事例を述べたが，これ以外にも爆撃問題，爆撃機の対潜哨戒機転換，レーダ対潜哨戒法，哨戒機の塗装，船団規模と護衛艦隻数，双眼鏡の使用法等々，今日でも興味深い分析が数多く行われた．これらのOR分析は上述の例に見るとおり，安易に従来の通説やその道のベテラン達の常識を盲信することなく，実際にデータを集め，データから現実の実態を読み取り，そこから何を為すべきかを幅広く考えて問題点を探るという，何の変哲もない素朴な科学的態度が頑固に堅持されているのが特徴である．そこには今日のORの精緻な数学技法は何もなく，科学精神のむき出しな躍動を見るのみであり，荒削りな野外科学と言ってよいであろう．しかしそれゆえに往時のORは説得力に富み，現実を改善する力に満ちていたのかも知れない．

§3.2. 第2次大戦中の米国のOR活動

§3.2.1. 国家防衛研究委員会による軍事技術研究の推進

英国でレーダ開発中に生れたORは，第2次大戦中に科学者のグループを中心とする分析チームの活動として軍の作戦・運用の分析に定着していった．ORは間もなく大西洋を渡り米国では国家規模の活動として組織化された [4, 17, 19]．それは単にOR活動の組織化ではなく，科学技術の軍事応用に関する国家規模の組織化の一環として行われた．そこで大きな役割を果したのは，1940 年7月，

130　第3章　英米の軍事ORの発展史

政府の緊急機関として設置された国家防衛研究委員会　NDRC (National Defense Research Committee) である．米国では有力な大学・研究所はほとんど私立又は州立のものであり，これらに所属する科学者や研究施設を軍の要求に従って軍事技術の研究に従事させるには委託研究の契約が必要である．1940 年，欧州戦線が危機的状況に陥り，米国も参戦に向けて準備態勢に入るが，NDRC は戦争の遂行に不可欠な軍事技術の研究開発に全国の科学者達を動員する態勢を確立するために設置された機関である．この委員会の設立には，当時，カーネギー・ワシントン研究所長の V. ブッシュ，マサチューセッツ工科大学学長の K. T. コンプトン，ハーバード大学総長の　J. B. コナント，ベル電話研究所長 兼 全米科学学会議長の F. B. ジュエット等が参画し，NDRC の初代委員長にはブッシュが就任した．科学技術行政について経験豊かなこれらの人々は，国家の緊急時に NDRC を有効に機能させるために，それを諮問機関ではなく政府の執行機関とした．更に NDRC は 1941 年に医学部門（この部門は大戦中に異例の短期間で抗生物質ペニシリンを開発し，数十万のGI達の生命を救った）を加え，科学研究開発局 OSRD (Office of Scientific Research and Development) に改組され，OSRD 局長にはブッシュが，NDRC 委員長にはコナントが就任した．このようにして NDRC は次の2つの任務と権限をもつ機関として活動を開始した．

①．研究契約機関と協力して，NDRC の長に対して戦争の遂行手段の研究計画に関する勧告を行うこと．

②．研究契約機関が行う科学技術研究活動を管理すること．

　　NDRC の組織は当初，ⅰ．装甲, 武器，ⅱ．爆弾, 燃料, ガス, 化学問題，ⅲ．通信, 輸送，ⅳ．探知, 制御, 及びその装備，ⅴ．特許, 発明品，の5課からなる簡素な組織で活動を開始した．しかし 1942 年秋には大幅に組織が拡充され，表3.1.の 19 課2班に編成替えされた．

当時，米国にはORという言葉はなく，表 3.1.の応用数学班 AMP (Applied Mathematic Panel) がOR関係の業務を担当した．即ち大戦中の米陸海軍のOR組織の編成や要員の教育等を支援し，また NDRC の他の部署や部隊から要求されたOR研究を全国の大学等へ委託して研究活動を管理した．大戦中に AMP が処理した委託研究の総数は 200 件に上り，その内の半数は部隊からの要求による研究，残りの半数が NDRC の他課からの依頼であった．それらは応用数学の古典的な応用問題や数値計算等の基礎的なものから，爆撃機 B-29 の編隊の規模，最適な爆撃高度，防御火網の火力分布の研究（この研究結果は教育映画に

§3.2. 第2次大戦中の米国のOR活動　131

表 3.1.　NDRC の組織構成（1942. 秋）

課	担　　当	課	担　　当	課	担　　当
1	弾道研究	8	爆薬	15	無線調整
2	衝撃爆発効果	9	化学	16	光学・迷彩
3	ロケット兵器	10	吸収剤・エアゾル	17	物理学
4	兵器付属装置	11	化学技術	18	兵器冶金学
5	新型ミサイル	12	輸送	19	その他
6	水中戦	13	電気通信	班	応用数学
7	射撃管制	14	レーダ	〃	応用心理学

作られ, 世界中の B-29 の航空基地を巡回してパイロット達の教育が行われた）等, 実戦的なOR研究まで様々であった.

　更に NDRC は英国の科学技術使節団の受皿となり, 米英の軍事技術の相互援助態勢の確立を推進した働きも特記すべきことである. これが連合国側の勝利にいかに貢献し, また大戦後の米国の科学技術の世界的な指導的立場の確立に寄与したかは計り知れない. §3.1.1. に前述したとおり英国のORの父：H. T. ティザード博士を団長とする科学技術使節団が, NDRC の発足後間もない 1940 年 9 月に訪米する. ティザード博士は以前からヨーロッパで大規模な戦乱が生じて英国がそれに巻き込まれた場合, 英国が勝ち残るには盟邦米国の工業力を英国の兵器廠として活用できる態勢を造り上げることが必要であり, それには英国の最新の軍事技術を米国に提供して, 協力を取り付けなければならないと主張してきた. しかし英国内にはそれを危険視する意見もあって実現が遅れていたが, この時期, 英本土防空戦の最中の危機的状況にあって, その主張が漸く認められ, ティザード博士がその協定締結の大任を担って訪米したものである. 博士が携えたブラック・ボックスの中には, これまで英国の技術者達が英知を傾け心血を注いで研究・開発してきた新兵器：ソナー, レーダ, 航空機用旋回砲塔, 射撃管制装置, ジェット・エンジン, 大出力マグネトロン等々の設計図や資料が一杯に詰め込まれていたという.

　米国はティザード使節団の提案を受け入れて, これらの新兵器を戦力化して前線に供給する. そのために NDRC は迅速に活動し, 研究管理態勢を整備して科学者を組織的に軍事技術の研究開発に動員する体制を造り上げた. 例えば 2 ヵ月後の 1940 年 11 月には NDRC の主導で MIT に電波研究所が開設され, 以

132　第3章　英米の軍事ORの発展史

後この研究所は米国の電波兵器の研究開発のメッカとして活動した．後に独軍は大陸から長距離無人ロケットで英本土を攻撃するが，この V-1 ロケットは英国の防空組織によって85 ％が撃墜された．この驚異的な撃墜率は MIT の電波研究所で開発され英国に提供されたレーダ：SCR-584 とVT 信管によるとされる．ティザード博士は再び英国を滅亡の危機から救うことに貢献した．

　上述のとおり米国の大学・研究所の科学者達は NDRC により全国的な規模で組織化され，軍事技術研究の体制が整備され，その一環としてORも AMPを通じて軌道に乗り広がった．この点，米国のOR活動は全国規模の組織立った活動として推進され，先見的な科学者のORチームを中心とする英国のOR活動とは非常に対照的な展開であった．以上は米国での大学，研究所レベルのOR研究の進展の経緯であるが，軍の組織の中でもOR活動は着実に発展していった．

§3.2.2.　米軍のOR活動

1．米陸軍航空軍のOR活動

　米陸軍航空軍（1941.6.に Army Air Corps を Army Air Force に改編．米空軍が独立軍種となるのは大戦後の 1947 年である）のOR活動は，1942 年9月当時，英国に展開してブラケット・チームの活躍を眼の当たりにした在英第8航空軍司令官スパッツ大将の要請により，その司令部に作戦分析セクション OAS（Operations Analysis Section）が置かれたことに始まる．このグループは専門分析者48 名を擁し活発なOR活動を行った．例えば爆撃編隊の縮小と全弾倉からの一斉投弾により爆撃精度を飛躍的に向上（約4倍）させた事例が著名である．同年10 月，米陸軍航空軍総司令官 H. H. アーノルド大将は全航空軍司令官に各司令部の幕僚組織の中にOR分析グループ OAS を置くことを勧告した．その勧告に従い各航空軍司令部に逐次 10 数名のORグループが配置されていった．分析者の人選及び配置教育は NDRC が全面的に支援した．また 1942 年 12 月，各部隊の OAS の研究管理と支援のための中央組織として，ワシントンの陸軍航空幕僚部内に OAD（Operations Analysis Division）が設置された．1945 年8月の第2次大戦の終結時には，OAS は 26 チーム，約 400 名（博士分析者 175 名）の組織に成長していた（大戦中の博士分析者は延べ 245 名）．その他，アバディーン弾道試験場で行われた航空機の残存性に関する各種兵器の効果分析や爆撃パターンの研究等も著名である．しかし大戦中の米陸軍では組織的なOR活動は航空部隊に限定され，地上軍のOR活動は行われなかった [4]．

2. 米海軍のOR活動

　第2次大戦中，米海軍のOR活動の中心となって活躍したグループは，1942年に発足した対潜戦ORグループ ASWORG (Antisubmarine Warfare Operations Research Group) である．このグループは英国のブラケット・チームの活躍を見た米海軍の大西洋艦隊対潜部隊指揮官：W. D. ベーカー大佐（後に少将）が，科学的な対潜戦のドクトリンを確立するために科学者の協力を要請し，これを受けた NDRC が編成を支援して1942年4月に MIT の物理学者 P. M. モース博士を長とする7名のグループとして発足したものである．1943 年7月にはこの ASWORG は44名に増強され，E. J. キング大将指揮下の第10艦隊司令部（この司令部は大西洋全域の対潜戦部隊の配備に関する指揮権を有した）に編入された．更に 1944 年 10 月には対潜戦以外のOR分析にも関与するために，米海軍の戦術・訓練・装備の決定及び軍事輸送の船団の編成・航路選定等の船舶運航統制に関して全般的な責任を有する合衆国艦隊司令長官の指揮下に移され，作戦分析グループ ORG (Operations Research Group) と改名された．ASWORG 及び ORG は第1線部隊が直面している問題の発掘とデータの収集，解決案の試行やその結果のフォロー等のために，全世界に展開する対潜戦部隊の基地や司令部に数名の科学者を常駐させて，問題の分析や準則案の検討はワシントンの本部や NDRC の AMP を通じた委託研究によって行う態勢をとった．この態勢は基本的にはその後も変わっていない．このように作戦・運用の現場と分析グループとを直結したOR組織の態勢が平時も堅持されていることは，米海軍のOR活動の基本的な姿勢を物語るものであり，特に注目すべき点である．また ORG のサブ・グループとして，SORG (Submarine ORG：潜水艦司令部 (1943))，Air ORG (太平洋艦隊航空部隊 (1945))，AAORG (Anti-Aircraft ORG：太平洋艦隊司令部)．このグループは 1945 年に太平洋艦隊司令部に特別防衛部が設置された際に増強され，名称を Spec. ORG (Special Defense ORG) と改めた（後述する神風特攻機に対する回避戦術のOR分析はこのグループが行った），Phib. ORG (Amphibious ORG：両用戦司令部) 等が次々に設置された．この時点では合衆国艦隊司令部の ORG は，ORC (Operations Research Center) としてサブ・グループの全般的な管理と理論研究の支援及び分析結果やデータの配布を行う情報センターとして機能した．ここで扱われた技術報告，軍事情報，戦闘報告等は平均的な月で 1600 通に上ったという．このように米海軍では第1線部隊〜ORG〜NDRC (AMP) の3者の円滑な連携の下に活発なOR活動が進められ，

134　第３章　英米の軍事ＯＲの発展史

　その中で ORG が米海軍のＯＲ活動の中心として機能し，第２次大戦の終結時には 80 名の米海軍のＯＲ活動のセンターに成長していた．米海軍の第２次大戦中の軍事ＯＲ研究は，戦後間もなく次の３つのレポートにまとめられた．

①．P. M. Morse and G. E. Kimball, "*Methods of Operations Research* ", OEG Rep. No. 54, 1946).

　　邦訳：中原勲平，『オペレーションズ・リサーチの方法』，日科技連，1954.

②．B. O. Koopman, "*Search and Screening* ", OEG Rep. No. 56, 1946.

　　邦訳：佐藤喜代蔵，『捜索と直衛の理論』，海上自衛隊第１術科学校.

③．C. M. Sternhell and A. M. Thorndike, "*A Survey of Antisubmarine Warfare in World War II* ", OEG Rep. No. 51, 1946.

　　邦訳：筑土竜男：第２次大戦中の対潜戦闘』，海上自衛隊第１術科学校.

これらの書物は OEG（後述）の３部作と呼ばれ，軍事ＯＲの古典的な名著として今日でも価値を失っていない．このことは「捜索理論」を誕生させた上記の「*Search and Screening*」が，執筆以来 34 年を経た 1980 年に，大戦後の理論研究の進展を踏まえてクープマン博士によって全面的に書き直され，Pergamon Press 社から改訂増補版として出版されたことに表れている．上記の報告 ②, ③ は秘文書に指定されたために一般市民の眼には触れなかったが，モース＆キンボールの書物 ① は普通文書で発刊され市販されために，多くの読者を惹き付け，ＯＲに関する最初のテキストとしてＯＲの普及と定着に貢献した．次にこの書物の中から神風特別攻撃機に対する艦艇の回避運動のＯＲ分析の著名な事例を紹介する．

○ 神風特攻機に対する艦艇の回避運動の分析

　1944（S. 19）年 10 月以降，日本軍の特攻機の猛攻に曝されるようになった米海軍の艦艇は，闘魂の火の玉となって突入してくる特攻機をかわすために艦艇長は如何に操艦すべきかが問題となった ［17］．米海軍のＯＲ分析者達は特攻機に攻撃された艦のデータ 477 件を集め（このうち艦艇の行動，特攻機の最終状況が明確な有効データは 365 件であった），被攻撃時の艦艇の回避運動の状況や特攻機の攻撃法（急降下攻撃，低空侵入ホップ・アップ攻撃），攻撃方位と突入成功率等を調べ，戦艦，空母，重巡の大型艦と，軽巡，駆逐艦，揚陸艦，補助艦艇等の小型艦艇に層別して表 3.2. のデータをまとめた．

　この表では艦艇の回避運動の有無と特攻機の突入成功率の大小関係が大型艦と小型艦では逆の傾向を示している．分析者達はその理由として特攻機の突入成功

§3.2. 第2次大戦中の米国のOR活動　135

表3.2. 特攻機の突入成功率

回避運動	大型艦	小型艦
あり	8/36 = 0.22	52/144 = 0.36
なし	30/61= 0.49	32/124 = 0.26

分母：攻撃特攻機数
分子：突入成功機数

率には艦の回避運動よりも対空砲火の影響の方が大きいと考えた．即ち大型艦では艦が急変針の回避運動を行っても慣性が大きいために艦の回頭は比較的ゆるやかであり，安定した対空射撃ができるので回避運動は有効であるが，小型艦では高速・急転舵の回避運動を行った場合には，艦の傾斜・動揺が激しく射撃精度が大きく崩れるために有効な対空射撃が実施されず，回避運動は反って特攻機の突入を容易にしていると解釈した．これを確認するために再び対空射撃による特攻機の撃墜データを集めて分析した．表 3.3. は上述の推論が正しいことを裏づけている．即ち大型艦では回避運動により対空砲火の撃墜率が向上するが，小型艦ではかなり低下する．これは大型艦は慣性が大きいのでゆっくり回頭し，それに伴って対空火器の射界制限が移動して各銃砲の射撃が均等化されるために目標撃破率が向上するのに対して，小型艦では急変針に伴う艦の傾斜・動揺・振動が激しく正確な対空射撃ができなくなるためと考えられる．これより小艦艇の回避運動に伴う対空火網の崩れが特攻機の突入を許している原因であり，したがって小艦艇の回避運動は対空射撃を阻害しない範囲で行うべきであると結論された．

表3.3. 対空射撃による特攻機撃墜率

回避運動	大型艦	小型艦
あり	28/36=0.78	85/144 = 0.59
なし	45/61=0.74	82/124 = 0.66

分母：攻撃機数
分子：撃墜機数

　次に特攻機の攻撃方位と突入成功率の関係を調べ，表 3.4. のデータを得た．この表のデータは，高空からの急降下突入機は艦首尾線方向で成功率が高く，海面を這ってくる低空突入機は艦艇の正横からの攻撃の成功率が高い．これは突入時の目標の大きさによる定性的な理解に一致する．表 3.4. のデータは艦艇の有効な回避運動の在り方を示している．

　これらの分析を踏まえて，OR分析者達は神風特攻機の攻撃を受けた場合の艦艇の回避運動の原則として，次に述べる対抗戦術を勧告した．

136   第3章　英米の軍事ORの発展史

表 3.4.　特攻機の攻撃方位と突入成功率

攻撃方位	突入成功率	
	急降下突入	低空突入
艦首方向	1 / 1　○	4 / 11
斜め艦首方向	3 / 6	7 / 17
正横方向	2 /10	13 / 23　○
斜め艦尾方向	5 /13	3 / 13
艦尾方向	4 / 5　○	9 / 23

分母：攻撃機数
分子：突入機数
○ ：極大値

・大型艦：対空射撃を実施しつつ，急速な大角度の転舵により回避運動を積極的に行え．
・小型艦：射ちまくれ．急激な大角度変針の回避運動を避け，正確な対空砲火網の維持を優先しつつ，適切な回避運動を行え．
・回避運動の原則：全ての艦艇は高空からの急降下特攻機には艦腹を向け，低空からの特攻機には艦首尾線を向けるように回避せよ．

　ORワーカー達はその後上述の回避戦術の有効性について追跡調査を行い，上述の勧告に従った艦艇に対する特攻機の突入成功率はわずか 29 ％ に過ぎないのに対して，勧告を無視した艦艇は 47 ％ にも上る被害を受けていることを確かめ，上述の勧告が妥当であったことを確認した．上述した特攻機に対する艦艇の回避戦術のOR分析について，特に次の3点に注目したい．

①．有効データ 365 件に上るデータの収集

　　調査対象の艦艇がかなり甚大な被害を被っている状況の中で，生死転瞬の間の行動について，このように大量の詳細なデータが戦場で驚くほど短期間のうちに収集できる態勢にあったことは驚嘆すべきことである．

②．統計的な戦訓の分析

　　戦史・戦訓の研究はともすれば観念的な原則論に終始しがちであるが，統計的な分析に耐え得る多数のデータに基づいて，戦訓の統計分析が実施されていることに注目したい．ここに血を以って購ったデータであればこそ，ルーズな議論は許されないという真剣な合理精神が育まれるのであろう．

③．追跡分析の実施

　　上述したとおり問題を分析して結果を得た後，その対処策の妥当性を更に追跡調査してデータによってそれを確認する実証的態度は，ORの自然科学としてのアプローチの姿勢を明示している．特にこれが戦場で行われたこと

§3.2. 第2次大戦中の米国のOR活動　137

に注目したい．指揮官や隊員達のORに対する厚い信頼はこのようにして培われたものと考えられる．

以上，第2次大戦中，米海軍のOR活動の中枢として活躍した ORG の活動の一例を述べた．大戦の終結と共に戦時の海軍組織の多くは解体されたが，海軍は大戦後もORグループの機能を維持する決定を下し，ORG はマサチューセッツ工科大学 MIT 内の海軍のOR研究機関：作戦評価グループ，OEG（Operations Evaluation Group）として引き継がれた．OEG はその後いろいろな変遷を経て，今日では CNA（Center for Naval Analyses, 1962 年設立）の一部に編入されているが，今日まで終始一貫して米海軍のOR活動の中心として活躍している．その活動の歴史は ASWORG の発足 40 周年を記念して編纂された OEG の歴史："*The Operations Research Evaluation Group：A History of Naval Operations Analysis* [19]"，に詳しく述べられている．

3. 海軍武器研究所の対日機雷戦のOR研究

第2次大戦中，米海軍には上述した ORG の他に，海軍武器研究所 NOL（Naval Ordnance Laboratory）のE.A.ジョンソンを中心とするグループが戦略的な攻勢機雷戦のOR研究を行った．このグループは当初，ジョンソンが主催するセミナー・グループとして発足したが，後に 1942 年3月，NOL の機雷戦のORグループとして組織化された．ジョンソンは後に予備役の海軍中佐として太平洋艦隊司令部に勤務し，ニミッツ提督の信頼を得て，この研究に基づいて日本の機雷封鎖作戦（飢餓作戦．Operation Starvation）を立案した [7]．この作戦は機雷の火薬の装填や内機の調定等，機雷の準備は海軍が担当し，敷設はテニアン島に展開する陸軍航空部隊の B-29 の爆撃戦隊（第 313 爆撃隊群）が実施するという任務分担の下に，1945 年3月 27 日〜8月 15 日の間，延べ 1,614 機の B-29 を投入して行われた．爆撃機は夜間に少数機の編隊を組み低高度で西日本沿岸に侵入し，レーダ照準によって関門海峡を中心に，日本海側は仙崎, 浜田, 境, 宮津, 舞鶴, 敦賀, 七尾, 伏木, 新潟, 酒田の各港湾, 瀬戸内海は周防灘, 伊予灘, 広島湾, 安芸灘, 備讃瀬戸, 備後灘, 播磨灘, 和泉灘にわたり，総計 12,053 個の機雷を敷設した．これに対して帝国海軍も懸命の掃海を実施したが各地で甚大な船舶被害を生じ，西日本・日本海の沿岸航路及び内海航路はほとんど封鎖され，小型の木造船以外は航行不能となった．因みに戦後半世紀にわたり海上自衛隊の1個掃海隊群がこれらの機雷掃海に専従して，1996（H. 8）年3月に業務掃海部隊を解隊するまで，掃海面積は 32,038.6 km² に上り，6,190 個の機雷を処分した．しかし

138 第3章 英米の軍事ORの発展史

旧海軍の処分機雷を勘案しても数千個が未処分のまま残っている．なおこの日本への機雷封鎖作戦は，当時既に完成していた潜水艦による海上封鎖網に比較して非常に効率的であったと報告されている．

以上，米国における第2次大戦中のOR活動を概説したが，米国では前節に述べた英国のブラッケット・チームを中心としたOR活動の展開と異なり，OR活動が軍の組織として確立され，またそれが NDRC を通じて全国の大学，研究所につながる国家レベルの活動として組織化されたことが特徴である．なおこれまでに述べたORの誕生と発展の歴史については，岸 尚 元防衛大学校教授の論考 [8〜15] に詳述されている．

§3.3. 第2次大戦後のOR理論の発展

§3.3.1. ORの理論研究の発展

第2次大戦終結後，OR活動は戦争で荒廃した産業の復興と生産活動の効率化に有効な分析手法と認められて，広く民間に普及していく．それに伴い大学でのORの専門教育や研究組織も整備され，学術レベルの理論研究も急速に進展した．特に米国では戦後，戦場から凱旋する若者に奨学金を与えて大学に吸収し高等教育を授ける政策がとられ，「教育爆発の時代」が到来する．それに伴って大学や研究所も整備され，それが戦後の科学技術の分野で世界を席巻する米国の技術開発の牽引力醸成の基盤を形成した．その大学整備の一環として新しい学問のORの教育・研究機関も急速に充実されORの発展に拍車をかけ，それに伴って学会活動も活発に行われるようになった．また戦後間もなく米国では軍の指導と資金援助の下に大規模なシンクタンクが設立されて活発に活動し，ORの理論・応用研究を推進した [4]．RAND Co. (Research and Development Co. 米空軍のOR研究所)，SDC (System Development Co. 防空システム研究所)，ORO JHU (Operations Research Office, Johns Hopkins Univ. 米陸軍のOR機関)，RAC (Research Analysis Co. 米陸軍のOR研究所)，OEG (米海軍のOR分析機関)，CNA (Center for Naval Analyses. OEG を拡大発展させた米海軍のOR分析機関) 等である．これらの研究所は軍の予算で運営されるが研究内容は軍事ORに限定されず，ORの基礎理論の研究や戦略問題の分析等，非常に幅広い問題について活発な研究が行われた．その一例としてランド研究所の 1960 年代前半までの研究成果を挙げれば，ORの基礎理論研究では R. ベルマンや S.E. ドレ

イファスの動的計画法，L. シャープレイ，J. C. C. マッキンゼイ，M. ドレッシャーのゲーム理論の研究，G. ダンチィッヒの線形計画法，L. フォード，Jr. やD. R. フルカーソンのネットワーク・フローの研究，H. マルコビッツや B. ハウスナーによるシミュレーション言語；シムスクリプトの開発，その他モンテカルロ法の研究や乱数表の作成等が著名である．これらのORの理論研究は，各種の問題の一般的な定式化や最適解の解法に関する精緻な数学モデルを提案したものであり，ORの基礎理論を飛躍的に進展させた．また応用研究としては E. パックソー，「戦略爆撃部隊のシステム分析 (1950)」，A. J. ウォールステッター，「戦略航空基地運用の選択問題 (1954)」，C. J. ヒッチ＆R. N. マッキーン，「核時代の国防経済学 (1960)」，H. カーン，「熱核戦争論 (1960)」，E. S. クェイド編，「軍事意思決定の分析 (1964)」，E. S. クェイド＆W. I. ブッチャー編，「システム分析と政策分析 (1968)」等が挙げられる．これらの研究は米国の安全保障システム造りに大きな影響を与え，政府や軍の政策の骨格となった研究も少なくない．

　OR活動の発展は電子計算機の発達・普及により加速された．高速・大容量の大型電子計算機はOR分析の計算量を飛躍的に増大させ，ネットワークの整備に伴い各種のデータ・システムや意思決定支援システムが急速に発展し，それらのシステムの構築にORは理論的基礎を提供した．曽って軍の作戦準則の数表作りに貢献した静的なORは，千変万化する状況に対応した意思決定支援の動的ORに発展していった．例えば米国沿岸警備隊の捜索計画支援システム CASP (Computer Assisted Search Planning System) は海洋気象情報システムと連動して海潮流や表層流による遭難船の漂流分布を求め，更に一定時間捜索した後の事後目標分布を計算し，逐次適応的な捜索計画の作成を支援するシステムであり，1972 年から稼働した．海軍の作戦情報処理にもこの種の応用例が多く [6]，最近の情報処理技術とネットワークの発達により，今後更に増加すると思われる．

　前節のOR誕生の歴史に見たとおり，第2次大戦中のORは素朴な野外科学であった．そこでは未だOR分析の特別な手法はなく，現実のシステムの正確なデータをとり，学際的な科学者達の訓練された観察眼によってデータから物事の本質を読み取り，衆知を集めて対策や行動案を考究・案出し，改善案を意思決定者に提案するというOR活動であった．しかしながら大戦後ORの分析手法は飛躍的に発達し，民間の生産活動や通信，交通，在庫，信頼性等のシステム分析又は長中期の公共政策の計画分析等の有効な分析技法として活用され，民間にも普及していった．また成熟した技術の研究が常にそうであるように，ORもその成長につれて基礎理論研究と現実の実際問題の応用研究とが分離して発展し，理論及

140 第3章 英米の軍事ORの発展史

び応用の両面で爆発的な発展を遂げて新しいシステム分析科学として認知された.

表3.5. は1940年代後半から1960年にかけて提出されたORの理論モデルの主な研究業績と, 日・英・米3国のOR学会発足の年表である.

表 3.5. OR理論及び学会発足の年表

年	事　項
1944	J. フォン・ノイマン＆O. モルゲンステルン：「ゲーム理論」の著書
1945	第2次世界大戦終結
1946	OEG Rep. No. 51, 54, 56：OEG の3部作.（探索理論, 交戦理論）
1948	英ORクラブ（英OR学会の前身. 1953年に学会組織）発足
〃	G. B. ダンチッヒの「線形計画法」の論文
1949	C. E. シャノンの「情報理論」の論文
1950	W. フェラーの「確率過程」の著書
1951	D. G. ケンドールの「待ち行列理論」の論文
〃	H. W. クーン＆A. W. タッカーの「非線形計画法」の論文
1952	R. ベルマンの「動的計画法」の論文
〃	米OR学会 ORSA 発足
1953	米 TIMS 学会発足
1957	日本オペレーションズ・リサーチ学会発足
〃	M. R. ウォーカー, J. E. ケリーJr. の PERT・CPM) 日程計画) 開発
1959	国際OR学会連合（IFORS）発足

§1.4 に前述したとおり, これらのシステム科学はORの理論モデルをシステムの最適化の要素技術として利用しつつ, 更に総合的なシステム問題の分析を提唱している. また極く粗い説明であるが, ＩＥ, ＳＥは工学的なシステムの開発・設計に関する問題, ＭＳは経営問題の分析, ＳＡは軍事システムや政策分析を中心的なテーマとするのが特徴である. このため軍事問題の複合的システムの計画やマクロな意思決定問題の科学的分析を「ＯＲ＆ＳＡ」と呼ぶことが多い.

§3. 3. 2.　ＯＲ学会の活動

1. 各国のＯＲ学会

今日, 欧米先進国ばかりでなく, 中南米, アジア, アフリカ等の発展途上国に

§3.3. 第2次大戦後のOR理論の発展　141

おいてもOR学会が活発に活動している．学会の会員数の多い国を順番に挙げれ
ば，やはり第1位は米国（約9,200人）であり，次いでイギリス（2,900），日本
（2,800），ドイツ（1,100），韓国（900）と続く．以下，学会員800〜500人程度
の国は，スペイン，ブラジル，中国，インド，ギリシャ，ポルトガル，カナダ，
オーストラリア等である（国際OR学会連合の2004年のHPによる）．この中で
日本OR学会は会員数や研究論文数において，米・英に次いで活発な学会である．
上に挙げた2004年時点の会員数に比して2000年頃は米国で11,000人，日本で
3,000人程度であり，その後は減少している．また日本ではOR学会と類似の研
究分野の学会として，日本経営工学会，経営情報学会，情報処理学会，計測自動
制御学会，日本信頼性学会，日本品質管理学会，スケジューリング学会，日本シ
ミュレーション&ゲーミング学会等々，システムの分析研究をテーマとする多く
の学会が盛んに活動している．
　　主な国のOR学会は以下のとおりである（下記は2004年現在）．

(1)．英国：Operational Research Society.（略称：ORS）
　　1948年創立．当初，Operational Research Club と称した．世界で最初に
できたOR学会である．会員数：約2,900人．
　　学会誌：*Journal of the Operational Research Society.*（略称：JORS）

(2)．米国：INFORMS
　　§1.4.2. に前述したとおり米国では1952年にORSA学会が発足したが，翌
年，内紛を生じて分裂し，TIMS学会が発足した．以後，ORSA，TIMS
の2つのOR学会が並立して活動していたが，1995年にこれらの学会が合併
してINFORMSとなった．会員数：約9,200人．
　　・ORSA：1952〜1995．
　　　　学会誌：*Journal of the Operations Research Society of America.*
　　　　　　（略称：JORSA）
　　・TIMS：1953〜1995．
　　　　学会誌：*Management Science.*（略称：MS）
　　・INFORMS：学会誌は従来どおり ORSA と TIMS のそれぞれの学会
　　　　誌を引き継ぎ，上記の2誌（2003年）を刊行している．

(3)．日本：日本オペレーションズ・リサーチ学会略称.（略称：ORSJ）
　　1957年発足．会員数：約2,800人．
　　普及誌：オペレーションズ・リサーチ(月刊)．
　　論文誌：*Journal of the Operations Research Society of Japan.*（JORS-J）

142　第3章　英米の軍事ＯＲの発展史

2．国際ＯＲ学会，地域ＯＲ学会

　上述の各国のＯＲ学会をつなぐ全世界の国際ＯＲ学会連合として，ＩFORS
があり，また地域的な4つの連合国際学会が活動している．

(1)．国際ＯＲ学会連合：ＩFORS (International Federation of Opera-
　　　　　　　tional Research Societies).

　　国際ＯＲ学会連合は，米国，イギリス，フランスのＯＲ学会の呼びかけで
1959 年に設立され，現在48 ヵ国ＯＲ学会と後述の4地域ＯＲ学会連合が加盟
している（2004）．日本ＯＲ学会は1960 年に加盟した．

論文抄録誌：*International Abstracts in Operations Research*.

この抄録誌は加盟各国のＯＲ学会誌に掲載された論文のアブストラクトを分類
し編集したものである．

　　上記のＩFORS は全世界のＯＲ連合学会であるが，この他に地域国際学会
として，ヨーロッパ地区，中南米地区，アジア・太平洋地区，北米地区，の4
つの国際学会が活発に活動している．

(2)．地域ＯＲ学会連合

i ．ヨーロッパ地区：EURO；The Association of European Operational
　　　　　　　Research Societies.

　1975 年に設立．現在，ヨーロッパの 29 ヵ国（例外的に南アフリカが参加）
　が加盟している．

　論文誌：*European Journal of Operational Research*.

ii．ALIO：中南米地区；Asociación Latino-Iberoamericana de Inves-
　　　　　　　tigación Operativa.

　1982 年設立．加盟国は中南米の8 ヵ国．

iii．アジア・太平洋地区：APORS；The Association of Asian-Pacific Opera-
　　　　　　　tional Research Societies.

　1985 年に設立．メンバーはアジア・太平洋地域のオーストラリア，中国，香
　港，インド，日本，韓国，マレーシア，ＮＺ，フィリピン，シンガポールの
　10 ヵ国．

　論文誌：*Asia-Pacific Journal of Operational Research*.

iv．北米地区：NORAM；The Association of North American Operations
　　　　　　　Research Societies.

　　1987 年に設立．メンバーは米国とカナダの2ヵ国．

§3.3. 第2次大戦後のOR理論の発展　143

　以上が国際OR学会として定常的に活動している学会である．なお IFORS と地域国際OR学会加盟の国数が一致しないのは一方だけの参加国があるためである．また上記以外にテーマを限定した定期的な国際研究学会が多数活動している．例えば数理計画分野の権威ある研究学会である ISMP（International Symposium on Mathematical Programming）は，千人以上の研究者が集まり3年ごとに開かれている．またゲーミングや階層化意思決定法 AHP 等の国際会議や発表会も，多数の研究者を集めて定期的に開かれている．

3．米国の軍事OR学会の活動

　軍事OR（略称：MOR）という言葉はORの分野ではよく使われ，また米国では軍事ORに特化した学会：軍事OR学会 MORS（Military Operations Research Society）も活発に活動している．しかしながら「軍事ORとはどのような内容の研究や分析活動を指すのか」という軍事ORの定義については，各国のOR学会等の公的機関の基準的な文書（学会編纂の事典やハンドブック）等には見出せない．軍の作戦や兵力運用の意思決定分析には軍事問題特有の特殊な問題も存在することは事実であるが，各種の装備の機種選定や人事・教育・調達・補給・整備等のシステムの効率的運用に関する応用的研究には，ほとんどの場合一般的なOR理論が適用でき，理論モデルに軍用と民需の区別はない．数理計画法の最適化理論の適用に一般社会の問題と軍事問題との区別はないからである．しかしながら常識的に考えれば，軍事ORは「軍事問題に固有のOR分析の理論モデル又はその応用研究」として捉えてよいであろう．即ち射撃や交戦等の問題に関するOR理論や応用問題は，軍事的な活動だけを対象としており，それらの一般社会には見られない特殊な問題をテーマとする研究を「軍事OR」と呼ぶことは自然である．具体的な理論研究や応用研究の内容については，既に第2章に前述したのでここでは繰り返さない．

　第2次大戦以後，ORの理論研究や応用研究の普及とその対象領域の飛躍的な拡大につれて，軍事問題に固有の理論研究は相対的に縮小して表面上は漸次影を潜め，今日ではORの起源が軍事作戦の効率化の研究にあり，その名称の由来が「作戦研究」にあると知る人も少なくなった．特に我が国ではこの50年間に学会誌等に発表された論文は皆無であるので，軍事OR研究は既に消滅したかに見える．しかしながら欧米では軍事問題に固有の戦術解析の理論研究として，捜索理論，射撃理論，交戦理論やゲーム理論応用の決闘モデル，捜索ゲーム，微分ゲーム，攻防戦のゲーム，ミサイル配分問題等のOR研究が継続的に行われており

144   第3章 英米の軍事ＯＲの発展史

（これらは§2.2. に前述した），軍事ＯＲは決して過去の研究分野ではない．また米国では古くから軍事ＯＲの学会活動が活発であり，1952 年設立の米国ＯＲ学会 ORSA には常設の軍事応用部会：MAS（Military Applications Section）が設けられ，独立の研究発表会を開催し多くの軍事ＯＲのテキストを出版する等，活発な学会活動を行っている．1995 年には ORSA と TIMS は合併して INFORMS となったことは前述したが，ORSA の MAS は INFORMS に引き継がれた．一方，軍事ＯＲに特化された学会には「軍事ＯＲ学会（MORS）」がある．この学会の起源は 1957 年に防空問題をテーマとしてカリフォルニアの米海軍武器研究所 NOL で開かれた「第1回軍事ＯＲシンポジュウム MORS（Military Operations Research Symposium）」である．当初，この研究会は学会組織を作らず，単に米西海岸の軍事ＯＲ関係の研究者が集まる研究発表会として毎年開催されていたが，1962 年から全国規模の研究会に拡大され，1966 年に「軍事ＯＲ学会」に組織化されて MORS は学会名称として使われるようになった．以後，MORS は継続して研究会を開催するほか，論文誌やニューズ・レター誌の発刊，軍事ＯＲの古典的研究書の出版等，活発に活動しており，現在の会員は約 3,000 人と言われている．これは日本ＯＲ学会の会員数を越える盛況ぶりであり，このことは米国における軍事ＯＲに関する一般社会の関心の強さを示すと同時に，米国4軍の将校の教育レベルの高さを物語っている．（米海軍の士官はモントレー市の海軍大学院大学（Naval Postgraduate School）の修士課程の修業が普通の教育コースになっている．）なお米国では古くＯＲの揺籃期の1954 年から，海軍がスポンサーとなって刊行しているＯＲ専門の論文誌：「*Naval Research Logistics*」が著名である．この論文誌は内容を軍事ＯＲに限定しない一般的なＯＲの学術論文誌であるが，しかし米国ＯＲ学会の論文誌（JORSA，MS）に比して軍事問題に関するＯＲの論文の発表が多いことも事実である．ここにも米国の軍・学一体となった軍事ＯＲ研究の態勢が窺われる．

§3.4.　第2次大戦後の米軍の軍事ＯＲ活動

　前節では第2次大戦以後のＯＲの爆発的な発展について述べたが，それを推進したのは米軍との契約下で運営されたシンクタンクや研究所であった．それ以後，米国ではＯＲは大規模なシステム分析や政策・軍事システムの分析へと飛躍するが，本節ではそのような戦後数十年間の米軍の軍事ＯＲの展開を，陸・海・空の3軍に分けて概観する [4, 18, 19]．

§3.4.1. 米陸軍

　第2次大戦中，米陸軍では航空部隊以外に組織的なOR活動が見られなかったことは前述した．しかしながら陸軍部内でも戦時中の英国のブラケット・チームの活躍に注目しOR活動の必要性を強く認識しており，1948年に安全保障及び防衛事案に関する客観的かつ科学的研究を目的としてORO（Operations Research Office）を設立し，ジョンズ・ホプキンス大学JHUに研究所の運営を委託した．ORO JHUは大戦中の「対日機雷封鎖作戦（Operation Starvation）」の企画者E. A. ジョンソンを所長に迎え，専従分析者40名と100名以上のコンサルタント，及び多数の研究分析会社の連携の下に活発な研究を行った．また1950年6月，朝鮮戦争の勃発に即応してOROは朝鮮の戦線に40名の分析チームを展開し，これらの分析者は第1線で数百の作戦分析のケース・スタディを実施して指揮官達を援けた．一方，西独のハイデルベルグにあった在欧米陸軍司令部内にOROの事務所を開設し，NATO軍の作戦のウォー・ゲーミングや演習の支援等を活発に行った．ORO JHUは1961年まで13年間に亘って陸軍のOR分析を担当し，その間，航空作戦, 防空問題, ゲリラ戦, 市街地域の非正規戦闘, 戦術的及び戦域横断的又は戦略的な機動力及び兵站, 兵器体系, 市民防衛, 情報, 心理戦及び民間の治安維持に関する事案, 陸軍の即応態勢全般等，広範なテーマについて重要な分析と提言を行い，発刊された報告書は648件に上った．しかしながら1961年，JHUは研究所の管理上の問題で陸軍当局と合意できず契約関係を破棄し，ORO JHUは閉鎖されて業務はRAC社に引き継がれた．

　RACの分析研究の業務の対象は，単に陸軍のOR分析に留まることなく，大統領府，国家安全保障会議，国防省等の国家安全保障に係わる9つの部局，その他の約40の政府部局と多くの財団にまで広がり，その分析内容は米国内外の経済や社会の開発に関する研究から公共安全問題，裁判・犯罪・非行管理に至るまで，経済的，政治的，社会科学的研究を幅広く行った．特に軍事問題に対するRACの顕著な業績は，人的資源と徴兵制度の問題，軍事費等の費用分析，ウォー・ゲーミング及びシミュレーション，戦略及び制限戦争，軍備管理及び軍縮に関する研究等，軍事計画や国家安全保障の立案者に必須の「政治・軍事システム分析」の研究分野を確立したことである．また陸軍の分析業務としては，兵力構成，兵力整備計画，兵站，人的資源分析，一般資源分析，費用分析，軍事ゲーミング・シミュレーション等の広汎な分野で重要な研究が行われた．それらは兵力運用や

146 第3章 英米の軍事ORの発展史

軍備計画の効率化問題はもとより，情報や研究開発に関する問題まで含まれていた．RAC はこのように活発な研究を行っていたが，1972 年，GRC 社（General Research Co.）に買収された．

§3. 4. 2. 米海軍

第2次世界大戦の終結に伴い海軍の多くの機関や施設は廃止されるが，1945 年8月，合衆国艦隊司令長官 E. J. キング元帥は海軍長官 J. V. フォレスタルに書簡を送り，ORG は平時においても戦時要員の約 25 ％の規模（約 20 名）で海軍のOR分析機能を継続すべきことを要請し，2日後に許可された [19]．また組織の運営は人材確保の観点から戦時の NDRC の契約形態が望ましいとされた．これに従い 1945 年 11 月，マサチューセッツ工科大学 MIT との間で契約が交わされ，ORG は OEG と名称をかえて平時の海軍のOR活動を開始した．その後，OEG は徐々に増員され，朝鮮戦争の勃発時（1950.6）には 40 名の分析者が活動した．しかし戦争の拡大に伴い第1線司令部から分析者の派遣要請が相次ぎ，その需要を満たすために逐次増員され，戦争終結時には 60 名になっていた．分析テーマは戦術目標に対する海軍航空機の割当て，近接航空支援の作戦計画，空対空戦闘の分析，沿岸陣地に対する艦砲射撃の分析，ゲリラ船舶の侵入阻止及び陸上輸送路の遮断等の作戦について，前線でデータを集めて分析し，作戦の改善策を提案し海軍の作戦行動を援けた．朝鮮戦争後も OEG の業務は増え続け，分析者達は全ての国家安全保障上の危機の度に各レベルの司令部の勤務についた．一方，原子力艦艇や誘導ミサイル等の進歩は国防費を著しく高騰させ，それに伴いコスト有効度分析の OEG の活動も急速に広がり「政治・軍事システム分析」の分野の問題に踏み込んでいった．またこの時期，これらの問題を処理するために海軍は新たに MIT に長期研究プロジェクトを設け，後に海軍調査研究所 INS（Institute for Naval Studies）に発展した．

1961 年，R. S. マクナマラが国防長官に就任すると，軍事費の高騰に対処し無駄のない効率的な安全保障・軍備システムを構築するために，総合的なシステム分析による費用対効果分析に基づく国防予算の策定方式 PPBS を導入し，国防省では 1962〜1970 年度の予算編成にこの方式を採用した．国防次官補 C. J. ヒッチを中心とするランド研究所の分析者達がこれを強く推進した．1961 年には MIT の中に経済分析部門（前述の INS）が設けられ，また 1962 年には海軍長官は OEG と INS を統合して拡充することを決定した．しかしこの企画に対

§3.4. 第2次大戦後の米軍の軍事OR活動　147

して MIT は契約を断り研究所の運営はフランクリン研究所に委ねられることとなった. 1962 年8月, OEG と INS は新しい組織：海軍分析センター CNA に統合された. 但し OEG の名称は CNA の部局名として残された. CNA 発足後間もなく OEG は再び海軍の実施部隊の戦術分析に関与する. 海上兵力によるキューバ孤立化計画の封鎖作戦, 南ベトナムへのベトコン・ゲリラの侵入阻止作戦, 北ベトナムにおける破壊活動等の分析が行われた. 一方, この時期, ワシントンのCNA 事務所は, 軍事行動に関する大規模なデータ・ベースの構築と維持管理システムの運営を担当し, これを確立した. またベトナム戦の激化に伴い, 海上作戦の実施部隊を直接支援するためにベトナムに数名の分析者が派遣された. また海軍作戦本部：OPNAV (Office of the Chief of Naval Operations) に東南アジア戦闘分析グループ SEACAG (Southeast Asia Combat Analysis Group) が新編され, CNA がそれを支援した. このグループはベトナム戦の戦闘機の損失, 攻撃戦闘と空母防衛, ゲリラ船舶の哨戒監視, 陸上目標の艦砲射撃支援等の多数の作戦分析を行った. 1967 年, CNA の契約はフランクリン研究所からロッチェスター大学に移された.

　1970 年代のソ連の軍備増強に対抗して1980 年代には米国が軍事力を拡大させるが, このため米国の海軍戦略は世界規模に拡がり世界的戦争 (Global War) のレベルにおける艦隊の作戦構想が鮮明化された. 1982 年, CNA は大西洋艦隊の作戦構想に関する広範囲な研究を実施し, 戦術・戦略的革新を齎す成果を挙げた. この一連の米国の施策の影響はゴルバチョフの 1987 年の軍縮路線への政策変換を促し, 1991 年のソ連邦の崩壊を加速させる影響を与えた. 1980 年代のCNA は海軍と海兵隊の高級指揮官からの分析支援の要求が急激に増加し, トップレベルの重要な意思決定分析に深く関わるようになり, CNA の分析業務は質・量ともに著しく増大した. しかし1983 年には海軍省とロッチェスター大学の間で CNA の管理に関する意見の不一致を生じ, 公開の競争入札の結果, 分析業務の契約がハドソン研究所に変更された. このような環境の中で CNA の組織は数年の間にしばしば改編されたが, 1990 年春には関係機関の間で CNA を独立機関とすることが合意され, 10 月から海軍省と直接連携して海軍の軍備や戦略・戦術の全般の分析業務を実施する独立機関となった. 1991 年, 湾岸戦争の勃発と同時に CNA は 20 数名の分析要員を中東に派遣し, 現地で米海軍中東艦隊司令官を初めとする各級指揮官に対して多くの作戦分析支援を行った. 特に海上事前展開部隊やトマホーク巡航ミサイルに関する分析を行い, また上陸用舟艇の運用等は, この作戦を通じて実証的にそれらの有効性が検証された. また

148　第3章　英米の軍事ORの発展史

CNA は砂漠の盾・嵐作戦 (Operation Desert Shield /Storm) に関するデータ収集・分析の海軍の主務担当に指定され，この作戦の再構成作業 (合戦図を作り生起事象を確認して行動や判断のデータ・ベース化を行う作業) と作戦データ分析を実施し，その後も全ての戦争と海軍作戦の大規模なデータ・ベースを管理することとなった.

　ソ連邦崩壊後の 1990 年代は，第3世界を中心に宗教や民族の対立が深刻化し，それに米ソの主導権争いが絡んで戦争の脅威が拡散する新しい戦略環境が急速に進行する. その中で米海軍の兵力構成や部隊編成，兵力の展開・運用，作戦の態様は大きく変化した. CNA は新たな国家安全保障環境の分析，海軍及び海兵隊の兵力構成，通信機能，沿岸作戦，戦闘海域の調整，教育訓練等，海軍全般にわたるシステムの代替案の経済性・効率性に関する分析評価を実施し，海軍の意思決定分析の中心的機能を果たしている.

§3.4.3. 米空軍

　第2次大戦中，米陸軍航空軍 (Army Air Force) の OAS が活発なOR活動を行い，ORの有効性を実証したことは前述したが，この部門のOR分析機能は平時においても維持されることが決定された. 米陸軍航空軍は 1947 年に陸軍から分離され，空軍として独立した軍種となった. これより前に米陸軍航空軍の総司令官 H.H. アーノルド大将の強い指導により，米軍がヨーロッパ戦線において入手したドイツのロケット技術を完成させ，また将来の大陸間航空作戦の技術を研究するために，1945 年，ダグラス航空機会社との契約の下に3年計画でランド計画 (Project RAND) が開始された. 3年後の計画終了時の1948年，空軍はこの計画を継続して更に発展させるために，ロックフェラー財団の支援を得て非営利法人のランド研究所 (RAND Co.) を設立し，ランド計画はダグラス航空機会社からランド研究所へ移管された. ランド研究所では約200名の研究員が学問分野別の研究部門に編成されたが，そのうちの1/3程度がOR関連の要員であったという. ランド研究所の研究業績の一部は前述したが，これ以後ランド研究所は空軍のOR分析研究の中心として，また世界的な戦略研究所として現在まで目覚ましい業績を挙げている. 一方，空軍内では空軍規則 AFR 20-7 (Air Force Regulation 20-7) により，空軍省及び米空軍司令部に作戦分析部門が置かれることとなり，また地方部隊の指揮官にはその司令部に作戦分析部門を設置する権限が与えられた. 1951 年時点で地方の 10 の司令部に作戦分析部門が設

§3.4. 第2次大戦後の米軍の軍事OR活動　149

置され，95名の定員（実員70名．ほとんどが文官）が活動した．当時，ランド研究所は主に空軍の将来システムの問題を研究テーマとして担当し，それに対して空軍の司令部の作戦分析部門は現時点の実動の部隊レベルの戦術問題の分析に研究努力を集中した．特に朝鮮戦争においては空軍司令部のOR部門は，ランド研究所やその他のシンクタンクからの応援を受けて，第1線の戦術問題の活発なOR分析活動を行った．1950年代中期の空軍司令部の作戦分析部門（定員25名）は5つのグループ：①．核兵器担当，②．弾道及び巡航ミサイル担当，③．作戦戦闘情報，④．幕僚の作戦計画の作成支援，⑤.地方の分析部門の支援，の各部門からなり活発に活動した．

　1960年代に入り上述の状況は大きく変化し始める．それは国防省のPPBS導入に伴って空軍の諸計画に対する費用対効果のシステム分析の需要が爆発的に増加し，また電子計算機のハード，ソフト両面の能力向上に伴うシミュレーション・モデルの開発・維持・管理業務が急速に増大したことによる．そのために分析要員はこれらの業務に振り向けられたために，ベトナム戦の作戦分析に十分に対応できない状況となった．それに対応するために新たな部局の新設や組織の統廃合が頻繁に行われた．1971年の空軍研究分析局（Air Force Studies and Analyses Office）の発足もその1つである．それまではランド研究所と空軍内の作戦分析部門が扱うテーマの差異は明確であったが，1970年代にはその差異は消滅した．空軍は作戦分析機能を強化するために1993年に空軍分析研究所（Air Force Studies and Analyses Agency）とモデリング・シミュレーション分析評議会（Directorate of Modeling, Simulations and Analyses）を発足させて活動を始めた．

　以上，第2次大戦後の米軍の軍事ORの発展を述べた．この時期のOR活動は理論・応用の両面で爆発的な発展を遂げ，大戦中の素朴なOR分析が国家戦略レベルの意思決定問題の分析にまで拡大された．しかしその発展の反面，次節に述べる困難な問題に直面した．

§3.4.4.　「政治・軍事システム分析」の問題点

　前述した第2次大戦中のOR活動の輝かしい成功と戦後の理論研究の目覚ましい進展は新しい科学の分野としてORを生み出し，OR研究は戦後の一時期ブームとなった感がある．そのブームは電子計算機の発達と共に進行してORの適用範囲をますます拡大していった．1960年代の米国の予算編成システム；PPBS

150 第3章 英米の軍事ORの発展史

やSA を提唱する人々の主張に見られるように，その適用範囲は国家レベルの意思決定問題にまで拡大されるに至った．しかしこのようなORのオーバー・セーリングに早くから警鐘を鳴らすOR専門家が居なかったわけではない．例えば第2代の ORSA 会長；R. F. リンハートの退任演説（1954）はこのような安易なORのオーバー・セーリングに対する深い憂慮に満ち，OR分析者に対して専門家としての厳しい自省を求めるものであった．またOR＆SAのブームが商売と結びつき官公庁が定量的分析に塗り潰されたとき，ORはまさしく「虚偽の報告を似非科学で飾り，浪花節を数字で語る」ための道具となる危険性があることも否めない事実である．IE のテーラー・システムの「山師達」の苦い経験は記憶に新しいが，これは決して過去のことではなかった．例えば米国の弾道ミサイル防御網 Safeguard Phase I のシステム評価に関する紛糾はその一例である．1969 年4月23日，米上院の特別委員会において弾道ミサイル防御網；セィフガードIの必要性について公聴会が開かれる．その日の論点は，「もしミニットマン・ミサイルを ABM 網で護らなければ，1975 年以後のソ連の先制攻撃に対してミニットマン 1,000 基のうち何基が生き残れるか」という点にあった．MIT の G. W. ラスジェンス教授は 250 基と証言し，シカゴ大学教授の A. J. ウォールステッターは 50 基以下と答える．この2人の専門家の証言のSA分析結果の大きな食い違いについて会議は紛糾した．各証人に対しシステム評価の根拠となったデータや前提事項の提示が求められるが，ラスジェンス教授は後日書面で回答すると約束しながらそれを実行しなかった．民主党の実力者 H. M. ジャクソン上院議員は激昂し，「SAは科学だろうか？分析者の人格を信ずることができるだろうか？」という手酷い罵声を浴びせた．OR＆SAはそれを扱う分析者の資質ばかりではなく，OR＆SA 分析の科学性さえも疑われるに至ったのである．ここにかつて科学的管理法に便乗して生産現場を混乱に陥れた「山師の能率専門家達」が復活し，テーラー・システムの悲劇は再び繰り返されたかに見えた．ウォールステッター教授はこの事態を憂慮し，11 月，米国OR学会 ORSA の会長 T. E. ケイウッドに書簡を送り，この ABM 網の論争においてシステム分析者達のプロフェッショナリズムが守られたか否かの裁定を依頼した．ORSA は学会長を委員長とする6名の特別委員会を設け，1年半にわたりこの問題を討議して報告書：「ORガイドライン」をまとめ，1971 年9月の学会誌の特別号として刊行する．国防施策の政治問題にOR学会を巻き込んだこのSA偽証事件は，確固たる方法論の裏づけなしにその範囲を拡大し過ぎたSAに対する厳しい鉄槌であったといえよう．今日ではORの適用範囲の不用意な拡大については多くの疑

義が提出され，分析の有効性や信頼性を危惧する声が少なくない．射撃・爆撃や捜索問題の分析に成功したと同類の手法が，世界の軍備管理問題の解析に有効であると考えることはあまりに楽観的すぎるし，また生産計画の合理化をもたらしたORの分析手法が，環境問題や難民問題の解析に役立つという考えは幼稚すぎることは明らかである．これらの高度に複合化された問題に関する我々の知識や経験は非常に貧弱であり，そのために仮説と実証の科学的サイクルが働かない中で，形式的な定量化と表面的な論理性だけを際限なく肥大させることは，もはや合理性や科学性とは似て非なるものである．かつてIEの発展を阻害し，戦後のOR活動の認識を歪めて「ORは応用数学の一派である」とミスリードしたものが，別名「山師」と呼ばれた能率専門家達と彼等を無批判に取り込んだ経営者達であったように，OR技術の錬磨とその限界について厳しい認識と倫理観を持たない専門家と，それを便宜的に利用する意思決定者がこれまでのORの栄光の歴史を汚す者にならないとは誰が保証し得るであろうか．ORはあくまでも「仮説と実証のサイクルを基本とした自然科学の原則に則るべきである」という見解は，この危惧の表明である．合理性に対する鋭敏な感覚と良識をもつ意思決定者と，科学や合理性に対する高い倫理性に裏づけられた黄金律と鍛えぬかれた分析者の実力によってのみ，ORは将来に亘って科学の一隅を占め続けることを許され，社会の合理化に寄与できるのであろう．（本節の内容に関しては岸 [13, 14, 15]に詳しい論考がある．）

　以上，本節では第2次大戦以後数十年の間のORの発展について米軍のOR活動を中心に概説した．その後，電子計算機，偵察衛星，センサー，新材料，精密制御技術，通信やデータ処理等々の爆発的なIT技術の革命によって，「戦場の革命」の時代を迎え，今や戦争の形態もネットワーク中心の戦闘 NCW となった．また 2001 年の 9.11 テロ以後は，自由主義諸国と国際テロ集団の戦が拡大して新たなテロ戦争の時代に突入した．次章では防衛省と陸海空3自衛隊のOR活動について述べる．

参考文献

[1] 　P.M.S.ブラケット 著，岸田純之助，立花 昭 訳，『戦争研究』，みすず書房，1964.
　　原著：P.M.S.Blackett, "*Studies of War : Nuclear and Conventional* ", Oliver & Boyd, London, 1962.

[2] J. G. Crowther and R. Whiddington, *"Science at War"*, Philosophical Library, Inc., NY, 1948.

[3] B. A. Fiske, *"American Naval Policy"*, The Proceedings of the United States Naval Institute, 31-1 (1905), 1-80.

[4] S. I. ガス, C. M. ハリス 編, 森村英典, 刀根薫, 伊理正夫監訳, 『経営科学OR用語大事典』, 朝倉書店, 1999.
　　原著：S. I. Gass and C. M. Harris, (eds.), *"Encyclopedia of Operations Research and Management Science"*, Kluwer Academic Publishers, Boston, Ma., USA.

[5] Her Majesty's Stationery Office, *"The Origins and Development of Operational Research in the Royal Air Force"*, Air Pub. No. 3368, 1963.

[6] 飯田耕司, 『捜索の情報蓄積の理論』, 三恵社, 2007.

[7] E. A. Johnson and D. A. Katcher, *"Mines against Japan"*, U. S. Naval Ordnance Lab., 1973.

[8] 岸 尚, 『オペレーションズ・リサーチの 25 年』, 防衛大学校紀要, 5 (1968), 399-422.

[9] 岸 尚, 『OR誕生の必然と偶然』, オペレーションズ・リサーチ (以下, OR誌と書く), 13-10 (1968), 2-7.

[10] 岸 尚, 『OR活動の離陸 その背景』, OR誌, 14 (1969), 23-27.

[11] 岸 尚, 『OR活動の離陸 その条件』, OR誌, 14 (1969), 25-29.

[12] 岸 尚, 『ORはいかにつくられたか』, OR誌, 15 (1970), 24-29.

[13] 岸 尚, 『二つの学会－ORSA と TIMS』, 経営科学, 19 (1975), 45-49.

[14] 岸 尚, 『OR；来し方行く末』, OR誌, 22 (1977), 413-420.

[15] 岸 尚, 『OR そのみなもとをたずねる I 』, OR誌, 24 (1979), 353-358. 『同上 II』, OR誌, 421-426. 　『同上 III』, OR誌, 485-490.

[16] F. W. Lanchester, *"Aircraft in Warfare ; the Dawn of the Fourth Arm"*, Constable and Company, Ltd., London, 1916.

[17] P. M. モース, G. E. キン. ボール 著, 中原勳平 訳, 『オペレーションズ・リサーチの方法』, 日科技連, 1954.
　　原著：P. M. Morse and G. E. Kimball, *"Methods of Operations Research"*, OEG Rep. No. 54, 1946.

[18] E. M. ポロック, ほか. 編, 大山達雄 監訳, 『公共政策ORハンドブック』, 朝倉書店, 1998, 68-110.
　　原著：S. M. Pollock, M. H. Rothkopf, and A. Barnett (eds.), *"Handbooks in OR/MS : Operations Research and the Public Section"*, Elsevier Science B. V., Amsterdam, 1994.

[19] K. R. Tidman, *"The Operations Evaluation Group : A History of Naval Operations Analysis"*, Naval Institute Press, Annapolis, Md., 1984.

第3章の参考文献　　153

[20]　C. H. Waddington, *"OR in World War II, Operational Research against the U-boat"*, Elek Science, London, 1973.

第4章 我が国の軍事ＯＲの展開と現状

前章では英米のＯＲの誕生と発展の歴史を述べたが，本章では我が国の軍事ＯＲの歴史と現状を概説する．我が国にＯＲが導入されたのは戦後のことであるが，施策の合理化活動は大戦中にも行われた．本章では最初に我が国の第２次大戦中のＯＲに類似した活動について整理し，引き続いて大戦後の我が国の自衛隊の防衛力整備の経過と軍事ＯＲ活動を述べる．

§4.1. 我が国の軍事ＯＲ前史

第２次大戦中は我が国でも，当然，科学者・研究者を軍事技術の研究開発に動員することは緊急の重要な施策であった．1940（S.15）年４月，「科学動員実施計画要綱」が閣議決定され，それに基づいて学術研究会議（現在の日本学術会議（1949）の前身．1920（T.9）年設立．文部大臣所管）は改組・拡充された．1943（S.18）年８月には更に「科学研究の緊急整備方策要綱」が閣議決定され，同年末には学術研究会議に多数の戦時研究班が設置されて軍の要請により多くの科学者が兵器の改良や開発に従事した．一方，1944（S.19）年９月には「陸海軍技術運用委員会」が設置され，これと緊密に連携して戦時の科学研究を推進するために，1945（S.20）年１月には学術研究会議の改革を実施し研究班は大幅に再編成された．第２次大戦中の我が国の数学者の戦時研究に関する木村 [13] の報告に，この時期の「ＯＲ活動に類似した組織的な調査分析活動」として以下に述べるいくつかの活動が挙げられている．

1．内閣戦力計算室（内閣参事官室．1943〜1944.1）

この研究室は迫水久常内閣参事官を責任者として，室長 橋本元三郎（技術院数理課長）以下，数学者３名ほか工学，医学，農学，労働科学の専門家及び数名の動員学徒が集められた．研究テーマとしては，食料問題，航空機や軍需品の生産計画，在庫問題，取替え問題，船団輸送問題等の分析が行われ，南方の海軍航空基地への航空機や軍需物資の補給問題の分析も重要な研究課題として取り上げられたという．また航空機の生産予測問題の分析では原材料の生産量と航空機工

§4.1. 我が国の軍事OR前史　155

場の能力のみによる従来の予測法ではなく, 2次, 3次の関連業種の生産活動の循環構造を考慮し, W.W.レオンチェフの産業連関分析に類似した手法で13の関連産業を関連づけて分析する手法が採られた. その結果, 南方からの輸送船舶の被害率が高くなる状況下では, 従来の予測の1/10程度しか生産できないという実際的な分析結果を得た [13]. (文献 [2] によれば18のパラメータによる分析.) この分析手法は初期のレオンチェフの産業連関モデルよりも巧妙な工夫が凝らされていたといわれている.

この研究室は1944年始めに東条首相が研究室を視察した際に, 今次の大戦の今後の推移を予測したいろいろなケースの感度分析を行い, 次の5ケースに分けて結果を展示した.

①. 日本が大勝,　　②. やや有利に展開し勝利,　　③. 引分け,

④. やや不利に展開し敗北,　　⑤. 日本が惨敗.

上記の感度分析の条件と分析結果を部屋からはみ出して廊下にまで貼り出し, 橋本室長が長々と熱弁を振って説明した. 辟易した首相がそれを遮って, 「ところで今の日本の状況はこれらの表のどれに該当するのか」と質問した. これに対して室長は躊躇なく「惨敗想定」の分析表を指さし, 「現在の日本はジリ貧で惨敗は必至」と大声に答えたという. これを聞いて激怒した首相は, 即日, 戦力計算室の閉鎖を命じ研究グループは解散された. この事件は分析の内容や結論が何であれ, 機密事項の重要な分析結果を公開の場で不用意に扱った室長の迂闊さは責められるべきであるが, 一方, 首相と雖も国家戦略の分析に関わる機関を怒りにまかせて恣意的に即刻廃止するなどは許されることではない. しかし前述した「OR活動は, 公認され, 組織化された活動である」[16] という点で, この組織は公認されたものではなく, 組織的活動でもなかったことは明らかである.

2. 陸軍航空本部総務部調査班 (1942末 (又は1943春) 〜1945春)

表記の調査班はドイツ駐在武官の大谷修陸軍中将が「ドイツの科学的な作戦研究」の日本導入の必要性をしばしば進言し, それによって航空科の飯島正義大佐を班長に理工学出身の将校十数名を配置して編成された. 調査よりも分析活動に重点がおかれた. 敗戦時の資料の焼却で明確な記録は残っていないが, 米国のB-29の生産機数の予測や日本本土に対するB-29の爆撃の統計データによる来襲時期と機数のパターン分析, ドイツに対する連合軍の航空戦のデータから本土防空作戦を分析した事例研究, 特攻機の突入成功率の解析による突入戦術の分析等が行われたという. 分析研究の成果は参謀本部の参謀達には高く評価されていた

156 第4章 我が国の軍事ORの展開と現状

が，大戦末期に「軍の統制を乱す」という批判が強まって間もなく解散された.

3. 海上護衛総司令部 調査部 （1943 秋～1945.8）

海軍は 1943 年 11 月に連合艦隊司令部と並列して，各鎮守府の防衛海域の防備と物資輸送の船舶の護衛を任務とする海上護衛総司令部を創設した. その中に多数の要員を配置して充実した調査部が置かれ活発に活動した. この調査部は通信諜報班による傍受通信の分析をはじめ，軍需・民需の生産予測や国内外の物資輸送等，有益な統計資料や調査報告を数多くまとめた [19].

4. その他 （ランチェスター・モデルの研究等）

上では第2次大戦中の我が国の科学的アプローチによる調査分析活動について述べたが，我が国ではかなり古くから交戦理論のランチェスター・モデルが研究されていた. この件は交戦理論の §7.1. において詳述するが，概要を述べれば以下のとおりである.

我が国で初めて決定論的ランチェスター・モデルを取り上げて研究したのは，京都大学理学部教授兼海軍教授 （砲術学校） 野満隆治 理学博士 （1884～1946，地球物理学） である. 1921 （T. 10）年 12 月に執筆された「交戦中彼我勢力逓減法則ヲ論ズ」[17] と題する論文が，旧海軍砲術学校の教材の参考資料として遺っている. ランチェスターの著書「*Aircraft in Warfare* [14]」が出版されたのは 1916 年であるから （フィスケ [1] の論文はこれよりもやや早く 1905 年），この理論モデルが数年のうちに極東の海軍で議論されていることになる. 野満博士の資料は単なるランチェスター理論の紹介ではなく，ランチェスター・モデルの2次則を艦隊の打撃戦に適用し，先制攻撃や敵兵力の分断作戦の効果等の戦術解析にまで拡張している. またランチェスター・モデルは海軍大学校でも教授されており，井上成美大将の伝記：「井上成美」の資料編に，1932 （S. 7）年の海軍大学校甲種学生に対する戦略教案：「戦闘勝敗ノ原理ノ一研究」[9] が収録されている. （当時，井上大佐は海軍大学校戦略教官.）また学生に配布した「比率問題研究資料」[10] では，「主力艦ノ保有隻数ヲ英米各 10 隻日本6隻程度ニ減少スルノ兵術上ノ利害」を2次則で分析し，10 対 6 の主力艦の戦備は日本に有利であると結論している. （この理由は §7.1. に後述.） この海軍大学校戦略教官の議論は明白な軍縮論であり，その意味でも興味深い資料である. しかしこの井上大佐のランチェスター・モデルの講義は，校長 高橋三吉中将から「純数学的な講義は士気に悪影響を及ぼす」と注意されたというから，海軍大学校の教育に

§4.2. 自衛隊の発展の歴史　157

おいても数理的な分析が兵術の原理解明の理論として尊重されていたとは言い難い．しかしながら源田実大佐（戦後，航空自衛隊に入隊，航空自衛隊の育ての親．航空幕僚長（第3代）で退官後，参議院議員を4期務めた）の戦後の著書等にはランチェスターの2次則の引用が多く見られることから，海軍大学校では井上教官以後もランチェスター理論の教育が続けられていたようである．以上は海軍におけるランチェスター理論の教育・研究の記録であるが，陸軍でのこの理論モデルの位置づけに関する資料は残されていない．

　一方，民間では 1938（S.13）年の数学教育誌：「高等数学研究」に，森本清吾博士（広島高工教授）がランチェスターの2次則モデルの兵力集中効果を応用した敵兵力分断の各個撃破戦術を論じた小論文を発表している [15]．この論文は決定論的ランチェスター・モデルの兵力損耗方程式の基本的前提である「両軍の全軍参戦の仮定」を緩和した2次則の改良に触れており，昭和の早い時期に民間の数学者の間でこのモデルの本質的に関わる議論があったことは興味深い．ランチェスター・モデルの拡張研究は欧米では第2次大戦中の米海軍の ASWORG の研究まで待たねばならないのに比べて，日本ではそれよりもかなり前に，野満，森本，井上等のモデルの拡張研究があったことは注目すべきである．

　なお大戦中には統計的品質管理や信頼性分析等の初歩的な調査研究が，多くの軍需工場で行われていたことが報告されている [13]．上述したように我が国でも第2次大戦の戦前・戦中にOR活動に類似の科学的分析や組織的な調査研究が行われていた．戦後のマスコミでは旧軍の活動はことごとに不合理な精神論的側面ばかりを取り上げる軍隊バッシングが多いが，上述したとおり科学的分析に基づく戦術改善の枠組みの構築を試みた事例も少なくない．しかしそれらは英国のように軍人と科学者の深い信頼関係をつくり，戦術解析のOR活動に成長するには至らず，また米国のように軍・学・民の組織的なOR活動に発展することもなく，多くの創意は個人的な研究のレベルで孤立して枯死した．我が国の組織的なOR活動の発足は，第2次大戦後に導入された米国のOR活動である．

§4.2.　自衛隊の発展の歴史

　第2次大戦後の我が国の軍事OR活動を述べる準備として，本節では自衛隊の発展の経過を概説する．以下では防衛省（庁）内部部局，統合幕僚監部（2005年度までは統合幕僚会議事務局と称す）及び陸・海・空の幕僚監部を，それぞれ内局，統幕，陸幕，海幕，空幕と略記する．

158 第4章 我が国の軍事ORの展開と現状

§4.2.1. 自衛隊の防衛力整備の経過

1. 警察予備隊の発足

第2次大戦終結後間もなく始まった東西両陣営の対立は，ヨーロッパではソ連軍によるベルリンの全面封鎖（1948.6.～1949.5.）やベルリンの壁（1961.8.～1989.11.）等の深刻な緊張状態に発展した．この東西の対立は極東に飛び火し，1950年6月，韓国開放を呼号する北朝鮮軍が38度線を突破して韓国に侵攻し，東西冷戦の最初の代理戦争である朝鮮戦争（1950.6～1953.7.休戦）が勃発した．直ちに日本占領の在日米軍が投入され，後に米軍を中心とする国連軍が組織されて全面的に介入した．当時，大東亜戦争の敗北により我が帝国陸海軍は掃海部隊を除いて解体され，我が国の軍備は白紙状態にあった．ここに在日米軍の朝鮮投入による軍事的空白状態を補完するために，GHQの指令によって1950年8月に軽装備の陸軍部隊が編成され，「警察予備隊」と称した．

これに先立ち1948年に我が国周辺海域の法秩序の維持と大戦中に米軍が敷設した機雷の掃海のために，旧海軍の掃海部隊を中心として運輸省の外局に「海上保安庁」が設置された．この掃海隊は朝鮮戦争時に元山の掃海作業に出動し，1隻が触雷沈没して殉職者1名を出した [18]．その後海上自衛隊の発足に伴い移管され，1996（H.8）年まで約半世紀に亘り沿岸・港湾の掃海に専従した．また1952年4月には「海上保安庁」の機関として「海上警備隊」（海上自衛隊の前身）が創設された．

2. 自衛隊の創設

1951年9月には「サンフランシスコ講和条約」が結ばれ，同時に「日米安保条約」が締結された．翌年4月の講和条約発効と同時に我が国は主権を回復し，警察予備隊令を含む全ての「ポツダム政令」は失効した．これに伴い1952年8月に施行の「保安庁法」で治安維持組織の一元化を図り，警察予備隊及び海上警備隊並びに海上公安局（海上保安庁を改組した組織）の3者を保安庁として統合することになった．それに従って同年10月に警察予備隊及び海上警備隊は総理府の外局として発足した保安庁に移管され，それぞれ保安隊，警備隊と称した．このとき警察予備隊の本部を引き継いだ内部部局，警察予備隊総隊を引き継いだ第1幕僚監部（陸上幕僚監部の前身），第2幕僚監部（海上幕僚監部の前身）が置かれた．更に1954年3月に「日米相互防衛協定」が結ばれ，我が国はこの協

§4.2. 自衛隊の発展の歴史　159

定の「自国の防衛力の増強の義務」を果たすために，同年6月に「自衛隊法」及び「防衛庁設置法」を成立させ，それに基づいて翌月に保安庁を廃止し（このとき海上保安庁（海上警察）の統合は見送られて独立），保安隊及び警備隊を中心に陸海空の3自衛隊及び防衛庁が創設された．その際，軍事アレルギーが全国を覆う中で，独立国家の根幹である国家安全保障を「日米安保条約」に依存して全面的に米国に委ね，安全保障政策の中心を担う防衛庁は総理府の一外局に位置づけられた．その後も半世紀にわたり防衛庁は省として扱われず，2007年1月に至って漸く防衛省に昇格した．

　周知のとおり「日本国憲法」は3原則「主権在民，基本的人権の尊重，平和主義」で特徴付けられる．その「平和主義」は憲法前文と共に第9条の第1項で「戦争の放棄」，第2項前段の「戦力の不保持」，後段の「交戦権の否認」の3つの規範的要素から構成される．しかしこれら3つの規範は無条件に科せられるものではない．即ち第9条第1項は，「国際紛争を解決する手段」としては，「国権の発動たる①.戦争と，武力による威嚇又は武力の行使は，永久にこれを放棄する」とし，第2項では「前項の目的を達するため」，②.陸海空軍その他の戦力を保持せず，③.国の交戦権を認めない」と規定している．自衛隊の合憲性については様々な議論や「憲法解釈」が行われてきたが，結論的には「個別的自衛権は国家の固有の権利であり，第9条はこれを禁止するものではない」が「集団的自衛権は禁止される」という見解で，自衛のため必要最小限度の戦力の「自衛隊」が建設されてきた．しかし自衛隊は集団的自衛権に係わる行動や武器使用基準，交戦権，軍事司法制度，海外派遣等々を何ら規定せず，マッカーサー憲法上の多くの制約の下に戦力なき軍隊として機能不全のまま今日に至っており，いつ如何なる場所でも自立的に行動できる軍隊組織としては不完全な形で整備されてきた．しかしその装備は核武装及び弾道ミサイルや爆撃機等の長距離攻撃力を除いて世界一流の軍事力に成長している．防衛力整備は，要員の教育・訓練，組織編制や基地の建設，戦車・艦艇・航空機・その他の武器・戦闘車両・装備品等の調達，研究開発体制の整備等，多岐にわたり莫大な国費と長期間の蓄積を要する大事業である．我が国は第1次防衛力整備計画（1958～1960）以後，左翼勢力の反戦運動の中で防衛力整備に努め，自衛隊の戦力増強と装備の近代化に努力し，その結果，核兵器や長距離攻撃武器，軍事衛星等を除き質の高い防衛力を整備した．しかしそれらの防衛力を国益の防護・増進に機能させる基本的な法制度や指揮・情報システムの整備は，憲法第9条を金科玉条とする進歩的文化人の言論界や左傾マスコミ及び再軍備や自衛権を巡る国会の神学論争の中で埋没した．以下，

160　第4章　我が国の軍事ＯＲの展開と現状

我が国の防衛力整備の経過を簡単に述べる.

3．自衛隊の兵力整備

　軍事力造成の防衛力整備計画策定の骨組みは，以下のとおりである.
　「日本国憲法」及び「自衛隊法」（1954（S.29）年成立）に基づき，他国の侵略を未然に防ぎ我が国の独立と平和を守るための「国防の基本方針」が，1957年5月に閣議決定された．それに基づき防衛力の整備，維持，運用に関する諸計画の基本指針である「防衛計画の大綱」が策定され，国防会議（1956～1986）及び閣議で決定される．「防衛計画の大綱」は情勢の変化に対応してこれまでに5回（1976，1995，2004，2010，2014年）の見直しが行われ，また国防会議は1986年に安全保障会議に改組され，更に 2013 年に国家安全保障会議に改組されて現在に至っている．防衛庁（2007 年に防衛省に昇格）は「防衛計画の大綱」を受けて，原則として5年ごとに「中期防衛力整備計画」（中期防という）を作成する．それに先立ち統幕では4年後の計画年度以降のおおむね 15 年間の周辺国の軍事情勢を見積り，我が国の防衛戦略を考慮して防衛力の質的構成を明らかにし，政府が決定する「防衛計画の大綱」の策定等に資するための「統合長期防衛戦略」を分析する（大臣報告）．更に中期防決定の2年前に将来の5年間の国際情勢の変化に留意して我が国に対する脅威を分析し，防衛構想，各自衛隊の防衛体制の基本構想，重点施策等を明らかにする「統合中期防衛構想」を作成し，各幕の中期防策定に反映させる（大臣報告）．各幕は「統合中期防衛構想」を踏まえて，「中期防」年度の前年に以後5年間の「中期防計画（案）」を策定し，安全保障会議及び閣議で決定される．この「中期防」に基づいて各幕は各年度の「年度業務計画（案）」を作り，所要予算を見積り大蔵省に予算の概算要求を行う．大蔵省では各省庁の要求を査定して政府予算案を作り閣議決定し，更に国会の審議を経て予算が成立した後，各幕では予算に合わせて各年度の「業務計画」及び「予算執行計画」が決定される．またその年度の装備・兵力で想定される各種事態に対処する場合の細部計画（「年度防衛・警備等計画」（年防と略称））が作られる．上述の防衛力整備計画策定の基本的な流れは「防衛諸計画の作成に関する訓令（1977.4）」に示されているが，これらの長中期見積等の作成に当たっては，いずれも「努めて科学的分析評価を行う」ことが強く求められており，これらの中期防計画，年防の能力見積等の分析業務を担当するのが，統幕，陸の研究本部，海・空幕のＯＲ担当部署である．各幕のＯＲ部門の中心的な分析業務は，それらの効率的な軍備造成における防衛力整備計画のシステム分析であった．以下では

§4.2. 自衛隊の発展の歴史　　161

上述した防衛力整備の経緯を概観する.

　1957（S. 32）年5月に閣議決定された「国防の基本方針」は，国力に応じた必要最小限の自衛力を整備し，通常兵器による局地戦以下の侵略を防ぐ防衛力を造成することを目標とし，それに基づいて第1次防衛力整備計画（1958〜1960）が作られ，以後5年ごとに第2次防（1962〜1966），第3次防（1967〜1971），第4次防（1972〜1976）の合計4回の防衛力整備計画が策定された．これらの計画では計画期間中の防衛力整備方針，主要装備の内容や数量等が示され，それに基づいて各年度の防衛予算が作られ防衛力が整備された．このようにして基本的な防衛力が整備されるに伴い防衛費の増加に対する懸念が高まり，これに対して将来にわたる政府の防衛力整備の基本的な考え方を示すために，1976（S. 51）年10月に「昭和52年度以降に係る防衛計画の大綱について」（以下，表題年次を付して「S. 52 大綱」と呼ぶ）が策定された．この大綱では我が国の防衛力整備は「脅威対抗型ではなく，軍事的空白によって我が国が周辺地域の不安定要因とならないために，独立国としての基盤的防衛力を保有する」という基本構想の下に，防衛上の各種の必要機能を備え，後方支援体制を含む組織や部隊配備において均衡の取れた防衛力を保有することが主眼とされた．本大綱の別表には各自衛隊の基幹部隊の構成と主要装備の規模が具体的に示され，その後 1995 年に本大綱が改定されるまでの 20 年間は，ここで示された防衛力の水準を達成することが目標とされた．「S. 52 大綱」後の暫くの間（1977〜1979）は，各年度の弾力的な計画を可能にするために単年度計画で防衛力整備が進められたが，多額の経費と長期の造成期間を要する防衛力整備は，将来の方向を見定めつつ逐次的に計画する必要があるため，1980 年以後は防衛庁内計画として防衛力整備の基礎的な主要事業計画について3年ごとに5年先を見た「中期業務見積」が作られ，各年度の予算要求に反映された．これらは作成年度を付して「〇〇中業」と呼ばれ，「53 中業」（1980〜1984），「56 中業」（1983〜1987）が作られた．しかし国の重要な施策の防衛力整備を防衛庁内計画で行うのは文民統制の原則に悖るという見地から，「59 中業」は政府計画に格上げされ「中期防衛力整備計画」（1986〜1990. 以下，年号を付して「S. 61 中期防」と書く）として安全保障会議及び閣議で決定された．その内容は，防衛力整備の方針，主要事業，兵力の規模，所要経費等からなる本文と，主要装備品の整備規模を示す別表からなる．また5年後には「H. 3 中期防」（1991〜1995）が策定され，各年度の防衛予算はこれらの計画に基づいて決められた．

　第2次世界大戦後，東西両陣営の間で 40 数年間に亘って闘われた冷戦は，

162 第4章 我が国の軍事ＯＲの展開と現状

1989 年，西側の勝利に帰し 1991 年にソ連が崩壊した．また同年１月には湾岸戦争が勃発する等，世界の軍事環境は激変した．これを受けて 1995 年 11 月，「Ｓ.52 大綱」を見直し，「平成８年度以降に係る防衛計画の大綱（Ｈ.８大綱）」が策定された．この大綱は基本的には前の「Ｓ.52 大綱」の基盤的防衛力構想を踏襲しつつ，世界の戦略環境の変化に対応して防衛力の規模と機能の見直しを行い，その合理化・効率化・コンパクト化により機能の充実と質的向上を図り，多様な事態に有効に対処し，その変化に円滑に対応できる弾力性を確保することが主眼とされ，大綱に従い概ね５年ごとに中期防衛力整備計画が作られた．

　その間にも世界の情勢は刻々変化し，特にソ連崩壊以後は核・生物・化学兵器等の大量破壊兵器が国際テロ集団の手に渡る怖れが生じ，2001 年のアルカーイダの米国同時多発テロ；9.11 テロによって，その疑惑は世界共通の現実的な脅威となった．この 9.11 テロこそ自由主義諸国に対する国際テロ集団の宣戦布告であり，従来の戦争の形態を一変させるものであった．それ以後，国際テロ集団に対する対テロ戦争という米国主導の新たな非対称脅威に対する戦争の時代に突入し，アフガン戦争（2001），イラク戦争（2003），それ以後の中東地域の戦乱が連続して勃発した．貿易立国の我が国にとって国際情勢の不安定化の防止は国家安全保障の基本であり，そのための国際活動への積極的な参画が不可欠な情勢となり，米国の要請も強まったこともあって自衛隊の海外派遣が必要になった（次節 §4.2.2. 参照）．

　序論に前述したＩＴ革命の進展は，兵力整備計画の防衛力の質的変換を促した．特にミサイル防衛システムには早期警戒衛星等の米国との共同開発が不可欠であるが，我が国は 1969 年の「軍事衛星の研究開発禁止」の国会決議により人工衛星の軍事研究が禁止された．世界の軍事技術の動向を弁えず，マスコミに煽られた世論の平和ムードに媚びる国会決議は，国の安全を危うくするものであり，国家安全保障の根本にかかわる愚挙であった．また 1967 年，佐藤栄作内閣は共産圏・国連決議の禁止国・紛争当事国へ武器輸出を禁止する「武器輸出３原則」を閣議決定し，1976 年，三木武夫内閣が適用範囲を拡大して外国との武器の共同開発や技術供与をも禁じた．これによって防衛技術基盤の維持・育成が妨げられ，防衛装備費の高騰を齎した．

４．周辺国の脅威の変化；中国，北朝鮮の脅威の高まり

　ソ連の崩壊（1991.12）までは我が国の主な脅威はソ連の極東海軍であり，陸・海・空自衛隊は北方重視の配備と訓練を行っていたが，前世紀末から今世紀

§4.2. 自衛隊の発展の歴史　163

にかけて，中国の「力による現状変更の海洋覇権戦略」の強行と，北朝鮮の核兵器開発重点の先軍政治路線が顕著になり，極東情勢の緊張が高まった．ソ連の崩壊（1991.12）と共に脅威の対象が変わった．

(1)．中国.　中国は近年の急速な経済成長に伴い，飛躍的に軍備を拡張した．特に海・空軍の近代化を進め，黄海，東シナ海，南シナ海等での海洋覇権行動を示威する艦艇活動が活発化し，西太平洋及びインド洋への進出の動きが顕著になった．中国は「領海及び接続区域法」（1992.2.施行）や「排他的経済水域及び大陸棚法」（1998.6.施行）により，東シナ海では尖閣諸島の領有，ガス田開発，国際法を無視した沖縄トラフまでの EEZ を主張し，2013 年 11 月には一方的に東シナ海の「防空識別圏」を告示した．1996 年 3 月の台湾の総統選挙では台湾独立派の李登輝の当選を妨害するために，中共軍が台湾海峡において大規模な恫喝的演習を強行し，台湾の基隆港と高雄港の沖に多数のミサイルを撃ち込み，米海軍は機動部隊を派遣した（「第 3 次台湾海峡危機」）．また漢級原潜の石垣島での領海侵犯（2004.11.海上警備行動発令），尖閣諸島中国漁船衝突事件（2010.9.尖閣諸島付近で操業中の中国漁船が違法操業取り締まりの海保・巡視船に故意に衝突した事件），東シナ海の海底資源開発に係わる軍事的恫喝等は，我が国の安全に対する直接的な脅威となっている．更に南シナ海では国際法では認められない 9 段線による領海宣言と沿岸国漁船の締め出し，西沙諸島の領有，南沙諸島の岩礁の埋め立て（7 ヵ所），飛行場及びレーダ基地の建設等々，「力による現状変更」の海洋覇権行動を進めた．

(2)．北朝鮮.　極東の「ならず者国家」；北朝鮮は特殊工作部隊による日本人拉致（1977〜1980），麻薬密輸や諜報員の潜搬入等の不審船舶（武装工作船）事案（1999.3：能登半島沖（このとき始めて海上警備行動が発令），2001.12：奄美大島沖）等が頻発した．また国際世論の強い反対を無視して核兵器の開発を進めて核実験を繰り返した（§I.2.2.参照）．2016 年 1 月の実験では北朝鮮は「水爆開発に成功」と発表したが，米・韓当局は「改良型原爆，又は水爆の起爆装置」の実験と判定した．しかし核弾頭の小型化は進み，実用化段階に入ったと見られている．更に東方に向けて 200 余基のノドン・ミサイルを配備し，弾道ミサイルや人工衛星の実験を頻繁に行った（1993.5〜2017.7. の間に 24 回．§I.2.2.参照）．北朝鮮は間もなく核弾頭の小型化も完成させ，核弾頭搭載の弾道ミサイルが戦力化されると予想されている．米国防総省の国防情報局 DIA（Defense Intelligence Agency）は北朝鮮が核弾頭搭載の信頼性の高い ICBM の配備を 2 年早めて 2018 年に配備する可能性があると発表した（2017.7）．

164　第4章　我が国の軍事ORの展開と現状

5．我が国の防衛力整備の強化

　一方，日本国内ではバブル崩壊（1991）以後，失われた10年の経済停滞の中で，積年の政治的・社会的な制度疲労と，隣国；中国の尖閣事件，ガス田開発やEEZ拡大の無法な主張，及び北朝鮮による青少年の理不尽な拉致や核及び弾道ミサイル開発等の恫喝によって，漸く我が国は長き惰眠から醒めつつある．台湾海峡ミサイル危機を契機に，1997年9月に「周辺事態」における日米の軍事分担の基本方針を決めた「日米防衛協力のための指針（略称；日米ガイドライン）」（1978.11）が改訂され，「周辺事態安全確保法」（1999.5）が制定された．また小泉内閣（2001.4〜2006.9）及び安倍第1次内閣（2006.9〜2007.9）の下で，一連の有事関連法制が決められた．即ち2003年6月に有事関連3法（有事の対処法を定めた「武力攻撃事態対処法」，自衛隊の防御施設の構築等の自衛隊行動を円滑化する「自衛隊法」の一部改正，安全保障会議に総務大臣，経済産業大臣，国土交通大臣を追加し，事態対処専門委員会を新設する「安全保障会議設置法」の改正）や，2004年6月の有事関連7法（事態対処法に基づく「国民保護法」，米軍の行動円滑化の「米軍関連行動措置法」，米軍に対する物品・役務の提供の「自衛隊法」の一部改正，領海内の外国船舶の武器輸送規制の「海上輸送規正法」，米軍・自衛隊の港湾・飛行場・道路等の利用の「特定公共施設利用法」，並びに「捕虜取扱法」，「国際人道法違反処罰法」）等の危機法制が整備された．また中国・北朝鮮の脅威の高まる情勢の変化を踏まえて，2004年12月，「防衛計画の大綱」が見直され，「平成17年度以降に係わる防衛計画の大綱（H. 17大綱）」が閣議決定された．この「H. 17大綱」では従前の軍事的空白をつくらない「基盤的防衛力構想」の有効な部分を継承しつつ，新たな脅威や多様な事態への即応性，機動性，柔軟性及び多目的性を備えた多機能で弾力的な防衛力整備の方針が示された．本大綱では防衛力の在り方として新たな脅威や多様な事態への実効的な対応について，①. 弾道ミサイル防衛，②. ゲリラや特殊部隊等への対処，③. 島嶼防衛，④. 周辺海空域の警戒監視，領空侵犯，武装工作船への対処，⑤. 大規模・特殊災害等への対処，を挙げ，またこれらの防衛力実現の基本的事項として，ⅰ. 統合運用の強化，ⅱ. 情報機能の強化，ⅲ. 科学技術の発展への対応，ⅳ. 人的資源の効率的活用が謳われている．特にⅲ項の科学技術の発展への対応として，「情報通信技術をはじめとする科学技術の進歩による各種の技術革新の成果を防衛力に的確に反映させる」ことを強調している．このことは我が国の防衛装備の質的目標を明示したものであり，その量的目標については別表として陸

§4.2. 自衛隊の発展の歴史　165

海空3自衛隊の主要装備の総枠を示した。厳しい国家財政の状況と人的制約（別表の編成定数は「H. 8 大綱」に比して5千人減）の中で，最新鋭の装備と多様な任務対応能力を持つ自衛隊の建設が再出発したといえる。2005年度完成予定の「H. 13 中期防」（2001〜2005）は，これを受けて1年前倒しで2004年度に打ち切られ，新たに「H. 17 中期防」（2005〜2009）が作られた。また2006年12月には「H. 17 大綱」を受けて「自衛隊法」が改正され，従来の自衛隊の任務；「直接侵略及び間接侵略に対する防衛任務」に加えて（主任務の遂行に支障がなく武力の威嚇や行使に当たらない範囲で）「我が国周辺地域の安全確保」及び「国連中心の国際平和への取り組み及び国際社会の平和と安全の維持活動」を自衛隊の任務として規定し，その任務行動としては従来の防衛出動，治安出動，海上における警備行動，災害派遣に加えて，国民保護等の派遣，警護出動，弾道ミサイル防衛，地震防災・原子力災害への派遣，在外邦人の輸送や周辺事態安全確保法の支援活動，国際緊急援助活動，国際平和協力業務等の広範囲な任務行動が明記された。この自衛隊法の規定により，自衛隊はこれらの多様な任務行動を全世界のいかなる場所においても常に遂行できる体制を整え，そのための装備・訓練を日頃から準備することを義務付けられた。更に「H. 17 大綱」では3自衛隊の統合運用及び効率化のために，統合幕僚会議事務局を廃止し統合幕僚監部を新編（2006.3），情報本部（1997. 1. 新編）を統幕から長官直轄に改編（2006.3），及び中央即応集団（2007.3. 編成：機動運用部隊（空挺団及びヘリコプター団），特殊専門部隊（特殊作戦群，特殊武器防護隊）並びに国際活動教育隊から成る）の新編等が矢継ぎ早やに行われた。

　ここにおいて陸上自衛隊は北方重視の重装備の防衛力整備から多機能かつ即応性重視の防衛力整備へ，また海上自衛隊は対潜戦中心の態勢から広域哨戒重視の防衛力整備へと重点を移した。更に防衛組織の充実・強化の最重要案件として，2007年1月に防衛庁は省に昇格された。

　更に安倍首相は2006年12月，戦後の教育を再構築する「教育基本法」を改正し，それに基づいて2007年6月に「学校教育法」等の教育改革関連3法（「学校教育法」，「教育職員免許法及び教育公務員法」，「地方教育行政の組織及び運営に関する法律」）の改正等，国家の基本に関わる諸問題の怠惰な取組みの改革を開始した。憲法改正の手続きを決めた国民投票法（2007.5）が制定され，衆参両院に憲法審査会を設置することになり憲法改正への第1歩が動き始めた。

　更に安倍首相は2007年5月に「安全保障の法的基盤の再構築に関する懇談会（安保法制懇）」を発足させ，集団的自衛権の行使に関する個々の事案を精査し，

166 第4章 我が国の軍事ORの展開と現状

憲法解釈の是正を図った．この一連の改革で戦後レジームの清算が軌道に乗るかに見えたが，安倍内閣は僅か1年で挫折した．後継の福田康夫首相（2007.9～2008.9）の守旧退嬰的政治姿勢により，小泉・安倍内閣の「戦後レジームの清算」は頓挫した．

　2007年夏の参院選で自民党が大敗し，衆参両院は与野党勢力がねじれて機能を停止した．「国民投票法」により2007年8月に発足予定の憲法審査会は棚上げされて委員も選出されず，審査会規定も未制定のまま放置され，国会の法律違反が公然と罷り通る事態となった．また安保法制懇は福田内閣では1回も開かれず，2008年6月に「公海上の米艦船の護衛や米国への弾道ミサイルの迎撃，PKO活動中の他国軍の防衛，戦闘地域内の後方支援等には，自衛隊の集団的自衛権の行使を認める」という報告書を福田首相に提出して幕引きした．これに対して首相は「憲法解釈を変える考えはない」というとぼけたコメントを発して答申を無視した．このように「国会の法律違反と首相の重要諮問答申の無視」という無責任かつ不届きな先例を残して，「戦後レジームの清算」は元の木阿弥と化した．また政府・与野党は挙って目先の利益を誘う大衆迎合の「生活・安心」の選挙宣伝に走り，マスコミに幻惑された世論は民族の生存に関わる教育問題，占領軍憲法の改正や安全保障体制の整備を棚上げし，国会の法律違反を黙認して，「国家百年の大計」を年金や老人医療問題にすり替えてしまった．

　2008年5月に「宇宙基本法」が施行され「宇宙開発戦略本部」が発足し，それまで国会決議で禁止されていた軍事衛星の研究が解禁された．2012年，内閣府に「宇宙戦略室」が設けられ，広域測位システムの日米共同開発や早期警戒軍事衛星の整備に着手した．またアジア地域の宇宙デブリの把握・追尾を主任務とする「宇宙部隊」が航空自衛隊に創設された（開隊；2018．運用開始予定；2023）．

　防衛庁の省昇格の前後に防衛省及び自衛隊では不祥事が相継いだ．夫婦で数百回も商社の接待ゴルフに耽った守屋武昌 防衛事務次官やそれを取り囲むゴマすりキャリア官僚達，調達業務の官製談合など相継ぐ収賄汚職，緊急事態対処の即応性に係わる情報伝達の遅延，イージス艦の防衛秘密の漏洩及び秘密文書のネット流出，法定記録の破棄，記者会見・新聞発表等の内容の矛盾や不手際，違法射撃，艦艇の衝突事故や火災事故等，組織的な弛み事故が連続した．また過去の様々な不祥事の対策の不徹底も強く反省された．これまでにも防衛庁の組織は各部の権限が不明確で，防衛相を補佐する機能が十分でないことが識者から指摘されており，そのような制度疲労の根幹は，中央組織の内局（背広組）と陸海空の幕僚監部（制服組）の意思疎通の欠如にあるとされた．防衛庁の中央組織

§4.2. 自衛隊の発展の歴史　　167

は旧軍時代の軍の政治介入を排除し文民統制の強化のために，「防衛庁設置法」
で内局の下に各幕僚監部が置かれたが，防衛庁内ではこの「政治が軍事を主導す
る文民統制」が「文官統制」にすり替えられ，防衛参事官制度の形骸化や内局と
各幕の意思疎通の欠如等の組織的な弛みが生じた．これを改善するために 2008
年に石破防衛相の指導の下で防衛省の中央組織の見直しが図られ，首相官邸に防
衛省改革会議が置かれて検討された．この報告（2008.7）では「規則遵守の徹
底」，「プロフェッショナリズムの確立」，「任務遂行の全最適化組織」が強調され，
「防衛会議」や「防衛力整備部門の一元化」等の積極的な提案が答申された．こ
れを受けて防衛省は大臣を長とする改革本部を設置し，細部計画の策定と防衛省
設置法等の法改正の準備に入り，防衛省の「戦後レジームの清算」に取り組んだ．
また前述したとおり中期防の基本方針は「防衛計画の大綱」で示されるが，政府
は 2004 年の「H. 17 大綱」以後の中国の軍事力増強等の情勢の変化を踏まえ，
2008 年内に有識者会議で検討を加え，ミサイル防備の強化や対潜能力の増強等
を盛り込んで抜本的に防衛大綱を改定し，2010 年からの中期防に反映すべく準
備を進めた．しかし 2009 年 8 月末の衆議院選挙で自民党が大敗し民主党に政権
交代し，上記の改革は白紙に戻され，「防衛計画の大綱」の改訂や「中期防」の
策定は先延ばしされ，2010 年 12 月に決定された．

　2009 年 8 月の衆院選で自民党が大敗して，民主党に政権交代し鳩山由紀夫内
閣（2009.9〜2010.6）が発足した．民主党は多数の旧社会党員を抱える体質に加
えて，自虐史観の総本舗の社民党（旧社会党）と連立し（民主党，社民党，国民
新党の 3 党連立），しかも切迫するアジア情勢に関する認識が全く欠落していた
ために，国家安全保障体制は急速に弱体化した．鳩山内閣は防衛省改革の白紙還
元，「防衛計画大綱」の改訂や中期防衛力整備計画の先送り等々に加え，沖縄の
米海兵隊の普天間基地の移転（註）を唱えた．しかし米軍の反対で実施できずに
社民党との連立が破れ総辞職した．次の菅直人内閣（2010.6〜2011.9）は尖閣
事件，東北大震災対処の初動の混乱等々，目を覆うばかりの惨状を呈した．

註：普天間基地の移転問題　沖縄県宜野湾市の米海兵隊・普天間基地は米軍の沖縄上陸直後
　に基地が建設され運用されてきたが，その後，市街地が広がり「世界で 1 番危険な基地」
　と言われた．事故の危険性，騒音，米兵の犯罪と地位協定の問題（起訴されるまで日本の
　警察が犯罪人の身柄拘束・取り調べができない）等が問題とされた．1990 年の日米合同委
　員会で一部の基地用地の返還について調整を進められたが，基地全体の返還には至らなか
　った．1995 年に米兵 3 人による少女暴行事件を契機に，米軍基地の反対運動や普天間基地
　返還要求運動が激化し，1997 年に名護市辺野古付近への移転が決まり，2002 年に計画案

168 第4章 我が国の軍事ＯＲの展開と現状

が固まった．2004 年に沖縄国際大学敷地内に米軍ヘリが墜落し返還要求が強まった．当時，米軍は世界規模で再編成中であり日米政府はその一環として沖縄駐留の海兵隊の一部のグアム移転及び 2014 年までに代替施設を辺野古地区に建設し移転する計画が決まった（2006）．しかし 2009 年 7 月の総選挙では民主党の鳩山代表は沖縄市の集会で，政権を獲得した場合，「米軍普天間飛行場は海外移転，少なくとも県外移転」の方向で積極的に行動する」と述べ，沖縄県民の歓心をかった．鳩山内閣成立後，米国と調整し既存の海上自衛隊基地や徳之島移転案等の様々な代替案が検討されたが，米軍の賛成は得られなかった．読売新聞（2010.4.13）によれば，米側担当者は「日本政府は様々な移設案に対し新たな案の詳細や実現可能性を示さず，グーグルの地図ぐらいしか出してこない」，「何かの冗談だ」と評したという．2010 年 5 月，日米両政府は共同声明を発表し，移設先を名護市のキャンプシュワブ辺野古崎地区と決定した．この結果，民主・社民党連立は破れ，鳩山内閣は総辞職した．その後，親中反米の翁長雄志県知事（2014.12）が就任し前知事の工事認可を取り消し，真っ向から政府と対立し工事阻止闘争を続けた．なおこの闘争の支援団体に中国筋の資金援助や朝鮮総連の協力があると公安関係者が語ったと新聞が報じた．

民主党政権は「やってはいけないことを全部やった」（著名な某大学教授・政治評論家の講演）の不毛な鳩山，菅，野田内閣の 3 年で終わり，2012 年 12 月の総選挙で自民党が大勝し，第 2 次安倍内閣が成立した．

6．安倍内閣による安保法制改革

2000 年代に入り東シナ海・南シナ海における中国の海洋覇権強国の活動が加速され，北朝鮮の核・ミサイル開発も進展し，更に国際テロ活動も活発化して，安全保障環境は急速に変化した．安倍首相は内閣発足の記者会見で，この内閣を「危機突破内閣」と位置づけ，以後，長期不況克服の経済政策と規制緩和，安保法制改革，教育再生，積極的外交等々，旧弊を打破する改革を矢継ぎ早に断行した．以下，第 2 次安倍内閣の安保法制改革についてまとめる．

(1)．「安全保障会議」の改組

中国・北朝鮮の脅威の急速な拡大に対し政治の即応性を高めるために，第 1 次安倍内閣の行政改革の一環として，「安全保障会議」（1986）が改組され，第 166 回国会（2007.1〜7）に「安保会議設置法改正案」が衆議院に提出された．しかし安倍首相が健康上の理由で退陣し，後継の福田康夫首相は「現存の安全保障会議で充分機能する」として国家安全保障会議の創設を取り止め，審議未了で廃案となった．民主党政権の迷走 3 年の後，2012 年 12 月に第 2 次安倍内閣が成立した．2013 年 2 月に有識者会議を立ち上げ，その提言により同年 6 月，国家安全

§4.2. 自衛隊の発展の歴史 169

保障会議を創設するための関連法案を閣議決定し，同年秋の第185回国会で成立した（2013.11）．これに伴い「安全保障会議」が「国家安全保障会議」に再編され，翌2014年1月には内閣官房に事務局の「国家安全保障局」が発足した．

(2)．「国家安全保障戦略」及び「中期防衛力整備計画」の策定

既定の「国防の基本方針」（1957）を改め，安倍内閣の積極的平和主義の外交政策及び防衛政策の基本方針を定めた「国家安全保障戦略」（2013.12）を策定した．この文書では我が国の国益は，①．国の主権・独立を維持し，領域の保全，国民の生命・身体・財産の安全を確保し，文化と伝統を継承しつつ，我が国の存立を全うすること，②．経済発展により我が国と国民の繁栄を実現し，我が国の平和と安全を固めるために，自由貿易体制を強化し，安定性及び透明性が高い国際環境を実現すること，③．自由，民主主義，基本的人権の尊重，法の支配等の普遍的価値や規範に基づく国際秩序を維持・擁護すること，を挙げた．

国家安全保障への取り組みの目標としては，ⅰ．抑止力を強化し，脅威を防止する，ⅱ．日米同盟を強化し，信頼・協力関係を強化し地域の安全保障環境を改善し，脅威発生を予防・削減する，ⅲ．グローバルな安全保障環境を改善し，平和で安定し繁栄する国際社会を構築する，等を謳った．

国家安全保障上の戦略的アプローチとしては，（ⅰ）．日本の能力・役割の強化・拡大，（ⅱ）．日米同盟の強化，（ⅲ）．国際社会の平和と安定のためのパートナーとの外交・安全保障協力の強化，（ⅳ）．国際社会の平和と安定のための国際的努力への積極的寄与，（ⅴ）．地球規模課題解決のための普遍的価値を通じた国際協力の強化，（ⅵ）．国家安全保障を支える国内基盤の強化と内外の理解の促進，を今後の外交・防衛の基本方針として明示した．

更に安倍内閣は民主党政権が作った「H.23 中期防計画」（2010.12）を停止し，「H.26 防衛計画大綱」，及び「H.26 中期防計画（2014〜2018）」を新たに策定した．なお2017年6月，自民党安全保障調査会は「次期防（H.31 中期防）」の策定の提言として，敵基地攻撃能力の保有，ミサイル防衛能力の強化，防衛費の確保，サイバー攻撃能力の強化，日本独自の早期警戒衛星の保有等を求めた．なお北朝鮮のミサイル脅威に対処するためにイージス艦の整備を前倒しし2017年度中に1隻就役させ（計5隻），2020年度までに8隻体制とする計画を固めた．

(3)．「特定秘密保護法」の制定

国際テロの頻発に備えて諸外国と国際テロ情報を共有するために，従来の「防衛秘密保護法」（1954）の適用対象（「日米相互防衛援助協定」の装備品）を拡大した「特定秘密保護法」を制定した（2013）．

170   第4章　我が国の軍事ＯＲの展開と現状

(4)．「武器輸出３原則」の改定

　武器の輸出や外国との共同開発は「武器輸出３原則」（1976）で禁じられていたが（但し米国は除外），2014年，厳格な輸出管理の下で平和構築・人道目的の武器の外国への供与や共同開発・生産を認める「防衛装備移転３原則」に改めた．同年，「防衛生産・技術基盤戦略」を策定し，防衛技術の研究開発の民・学・官の連携を進めた．また2015年，防衛省の外局として「防衛装備庁」を設置し，防衛装備品の研究開発・調達・輸出を一元的に所管する体制を整備した．

(5)．集団的自衛権行使の一部容認

　これまで歴代政府は「憲法第９条は集団的自衛権の行使を禁止する」と解釈したが，2014年７月，安倍内閣は憲法解釈を変更し，「存立危機事態（§Ⅰ.1.参照）での集団的自衛権の行使」を認める閣議決定を行った．従来の「行使できない集団的自衛権」は，我が国の周辺事態対処やPKO活動の重い足枷であった．安倍内閣の閣議決定により次項の「平和安全法制整備法」及び「国際平和支援法」が制定された．これにより限定的ながら集団的自衛権の行使が可能となり，我が国の国防体制やPKO活動の法的基盤が著しく改善された．

(6)．安保法制改革

　上述の閣議決定に基づき，「平和安全法制整備法」と「国際平和支援法」が制定され，2015年10月に公布された．

　前者の「平和安全法制整備法」は，「グレーゾーンの切れ目のない安全保障体制」の確立のために，自衛隊の任務に武器使用を認めた在外邦人の保護や地域を限定しない米軍の武器保護等を加え，重要影響事態（註）や存立危機事態の対処行動について，「自衛隊法」，「重要影響事態法」（「周辺事態法」改名），「船舶検査活動法」，「PKO協力法」等の10法案を改正する法律である．改正前の「自衛隊法」には周辺事態の米軍への後方支援以外のグレーゾーンの規定はなかった．

　　註：**重要影響事態．** 日本への直接の武力攻撃は発生していないが，日本の平和と安全に重要
　　　な影響を与える事態．

　後者の「国際平和支援法」は，国連総会又は安保理事会の決議で活動する外国軍隊に対し，戦闘への一体化を避けつつ非戦闘地域で行う自衛隊の補給・輸送・医療・建設等の活動を規定した．これにより自衛隊海外派遣の度ごとの「特別措置法」が不要となった．

(7)．日米ガイドラインの改定

　上述の安保法制改革を踏まえ，2015年4月の日米外務・防衛閣僚協議で「日米防衛協力の指針（日米ガイドライン）」が見直され，18年ぶりに改定された．

合意文書では平時・グレーゾーン事態，重要影響事態，存立危機事態，日本有事の各事態における自衛隊と米軍の役割分担を定め，平時から切れ目のない協力・調整を行う「同盟調整メカニズム」の設置（註），地域を限定しない米軍への後方支援の実施，他の同盟国や国際機関との協力，宇宙空間及びサイバー空間の安全についての協力等が盛り込まれた．今後，日米両軍は具体的な兵力運用計画の策定と，共同訓練による実際的な防衛力の錬成が重要である．

> 註：**同盟調整メカニズム.** 自衛隊と米軍の活動に関する政策面の調整を担う「同盟調整グループ」，運用面の調整を行う「共同運用調整所」，各軍種レベルが連携する「自衛隊・米軍間の調整所」の３つのレベルで構成される．

(8). 憲法改正

安倍総裁が 2017 年の憲法記念日に日本会議の集会にビデオメッセージを寄せ，「2020 年を新しい憲法が施行される年にしたい」と明言したことは前述した．これを受けて自民党憲法改正推進本部は，同年6月，自衛隊の根拠規定，高等教育の無償化，緊急事態条項の創設及び参院選の合区解消の4項目を中心に改正素案を取りまとめる調整を始めた．憲法改正の日程としては，自民党の改正案を2017 年内に作成，2018 年 1 月の通常国会に提出し，衆参両院憲法審査会で審議して 2018 年 6 月に憲法改正の国会発議を行い，8 ～12 月に国民投票，2020 年に公布・施行の日程をまとめた．一方，安倍総理は 2017 年 9 月，「外に北朝鮮の核開発，内には少子高齢化社会の国難を抱え，これを突破するために政権支持の民意を問う」として衆議院を解散した．翌月の総選挙では自公与党で 2/3 超を占める大勝を収め，政権の基盤を固めて「憲法改正」の環境を整えた．

§4.2.2.　自衛隊の海外活動

次に自衛隊の海外活動について概観する．貿易立国の我が国にとって世界的な治安の不安化は国家の安全に係わる事態であり，それを防止する外交及び自衛隊の国際活動は不可欠である．しかし従来，憲法第9条による「反戦の時代思潮」と「専守防衛」の政府方針によって自衛隊の海外派遣は消極的であり，湾岸戦争（1991）では「小切手外交」が世界から非難されたことは前述した．その後，「国際平和協力法（PKO 協力法）(1992)」が制定され PKO 活動等が行われるようになり（註），更に「国際緊急援助法」(1992)，「テロ対策特別措置法（2001）」，「イラク人道復興支援特別措置法（2003）」，「海賊対処法(2009)」，「国際平和支援法（2016）」等の法制が整備され，それらに基づくいろいろな業務の自衛隊の海

172 第4章 我が国の軍事ORの展開と現状

外活動が行われた. 2017年3月までの実績は以下に述べるとおりである.

註：PKO参加5原則. 「PKO協力法」は自衛隊の国連 PKO への参加に次の5条件を定めている. ①. 紛争当事者間の停戦合意の成立, ②. 紛争当事者の受け入れ同意, ③. 中立性の厳守, ④. 上記が満たされない場合の部隊撤収, ⑤. 武器使用は必要最小限. 但し受け入れ同意が安定的に維持されている場合は, 任務の妨害排除の武器使用が可能. 2017年4月時点で累計13ミッション, 12,073人を派遣した.

1. 後方支援・復興支援の PKO

①. **海上自衛隊のペルシャ湾派遣.** 自衛隊の最初の海外派遣は, 湾岸戦争（1991.1）の終結後にペルシャ湾に派遣された掃海部隊である. 湾岸戦争の開始に先立ち米国は我が国に同盟国としての共同行動を強く求め, 政府（海部俊樹内閣）は急遽「国連平和協力法」を提案し自衛隊の派遣を図ったが, 野党及び自民党の一部の強い反対にあって廃案となり, 人的支援は行われなかった. その代わりに政府は多国籍軍等に総額130億ドル（1兆6,900億円. 我が国の国防費の約3割）の戦費援助を行ったが, 我が国の「金を払って汗をかかない」姿勢は世界各国から強い非難を浴びた（§I.1.の第2項参照）. この非難に対し海部内閣は, 自衛隊法の第99条（日本船舶の安全確保）に基づき戦後のペルシャ湾の機雷掃海に掃海部隊を派遣した（1991.4〜9. 機雷34個を処分）. また次の宮沢喜一内閣は1992年に PKO への自衛隊派遣を可能にする「PKO協力法」を成立させ, 以後, 多くの PKO 活動に自衛隊が派遣された.

②. **海上自衛隊インド洋派遣.** 米国の同時多発テロ事件（9.11テロ）のアルカーイダを匿ったアフガニスタンのタリバーン政権に対して, 2001年10月上旬, 米軍が空爆を始め, 有志連合諸国（英・仏・加・独）及び北部同盟（反タリバーン勢力. 2001年以降はアフガニスタン政府軍）が「不朽の自由作戦」を実施し, アフガニスタン紛争（2001〜2014）が始められた. 我が国は「テロ対策特別措置法」に基づき海上自衛隊がインド洋で多国籍軍の合同艦隊等に洋上給油支援を行った（2001.12〜2007.11）. この後方支援活動は「テロ特措法」の期限切れで中断し, 政府は後継法の「補給支援特措法」を提出し衆議院を通過させたが, ねじれ国会の参議院で再び否決され, 憲法の規定により衆議院の2/3条項で成立させた. この間, 海上自衛隊の洋上補給は約3ヵ月間中断し, 関係国には迷惑をかけた. 2008年2月に再開したが, 2010年2月,「新テロ特措法」の期限切れで海上自衛隊の派遣部隊が帰国して終結した.

③. **イラク派遣.** 「イラク復興支援特別措置法（2003.7）」によりイラク派遣(陸

§ 4.2. 自衛隊の発展の歴史 173

上自衛隊のサマーワでの復興支援活動（2004.1〜2006.7），航空自衛隊の輸送業務（2003.12〜2008.12））等が行われた．

2．国連の平和維持活動の PKO

①．カンボジア．内戦終結の「カンボジア紛争の包括的な政治解決に関する協定（1991.10）」に基づき，国連安保理決議745号（1992.2）により国際連合カンボジア暫定統治機構が設けられ，我が国は「国際平和協力法」によりPKO活動に停戦監視要員8名，施設大隊600名を派遣した（1992.9〜1993.9）．

②．モザンビーク．国連安保理決議797号（1992.12）により国連モザンビーク活動が設立され，和平合意に基づく停戦監視・選挙支援等の司令部要員5名，輸送調整部隊48名（1993.5〜1995.1）が派遣された．

③．ゴラン高原．1996年2月，イスラエルとシリアの国境地帯のゴラン高原に国際連合の兵力引き離し監視軍の司令部要員と輸送隊を派遣した．しかしシリア騒乱による現地の治安が悪化したため，2013年1月に撤収した．

④．東ティモール．国連東ティモール暫定行政機構（国際連合東ティモール支援団）に2002年2月〜2004年6月の間，司令部要員と施設部隊を派遣した．

⑤．ネパール．国連ネパール支援団による政府軍とネパール共産党毛沢東主義派勢力との停戦監視のため，国連からの要請を受け，「国際平和協力法」に基づき，2007年3月〜2011年1月の間，軍事監視自衛官6名，連絡調整要員5名を監視要員として支援団に派遣した．

⑥．スーダン．国連安保理決議1590号（2005.3）に基づき北部スーダン政府とスーダン人民解放軍の停戦監視のため，2008年10月〜2011年9月の間，国際連合スーダン派遣団の司令部要員として陸上自衛隊員2名を派遣した．

⑦．東ティモール．2006年4月に発生した東ティモールの騒乱に対し国連安保理決議1704号（2006.8）に基づき設立された国際連合東ティモール統合ミッションに，2010年9月〜2012年9月の間，軍事監視要員として陸上自衛隊中央即応集団から2名が派遣された．

⑧．南スーダン．南スーダン共和国がスーダン共和国から独立し（2011.7），国連安保理は南スーダンの「地域の平和と安全の定着，及び環境構築の支援等」を任務とする国連南スーダン共和国ミッションの設立を決議した（第1996号）．我が国は「自衛隊法」及び「PKO協力法」に基づき施設部隊及び司令部要員を派遣した（2011.12〜2017.5）．前節の第6項に述べた第2次安倍内閣の「安保法制改革」により，集団的自衛権行使が一部容認され，これに基

174 第4章 我が国の軍事ORの展開と現状

づき PKO 部隊に武器使用を許可した「駆けつけ警護」と「宿営地の共同警護活動」の新しい任務が付与された．最初の適用部隊は南スーダンの PKO 活動で 2016 年 12 月に南スーダンに現地入りした第 11 次交代要員の陸上自衛隊施設部隊であり，南スーダンのミッションは 2017 年 5 月末に終了した．なおこの PKO 活動中の「日報」を報道記者が開示請求し，防衛省は廃棄したとして開示しなかったが，統幕の電子ファイルに残っており，稲田朋美防衛大臣が国会での虚偽答弁で辞任し，事務次官，陸幕長も引責辞任した（2017.8）．

3．難民救援

①．ルワンダ難民救援．ルワンダの内戦で大量のルワンダ難民が生じ，アフリカのザイール（現コンゴ民主共和国）及びケニア等に流入した．我が国は自衛隊の部隊及び連絡調整員を派遣し，国連難民高等弁務官事務所 UNHCR (Office of the United Nations High Commissioner for Refugees) と調整しつつ，医療，防疫，給水及び空輸等の支援を行った（1994.9〜12）．

②．東ティモール紛争．UNHCR の要請により空輸部隊をインドネシア共和国等に派遣した（1999.11〜2000.2）．

③．アフガニスタン紛争．UNHCR の要請で空輸部隊を派遣した（2001.10）．

④．イラク戦争．空輸部隊による UNHCR のための救援物資の空輸を実施した（2003.3〜4）．C-130H によるヨルダンのアンマンとイタリアのブリンディシとの間の空輸を行った（2003.7〜8）．

4．国際緊急援助隊

1987 年に海外の大規模災害（特に災害救助組織の未整備な発展途上国）の緊急援助活動に救助チーム，医療チーム，専門家チームを派遣する「国際緊急援助隊の派遣に関する法律」（通称 JDR 法（Japan Disaster Relief Team 法））が施行され，1992 年の法改正で自衛隊も参加することになった．2016 年末までの自衛隊派遣の実績は以下のとおりである．

①．ホンデュラス．1998 年 11 月〜12 月．ハリケーンの被害に対して医療部隊 80 名，空輸部隊 105 名を派遣．

②．トルコ．1999 年 9 月〜11 月．トルコ北西部地震の国際緊急援助活動の物資輸送に輸送艦「おおすみ」，掃海母艦「ぶんご」，補給艦「ときわ」をイスタンブールに派遣．

③．インド．2001 年 2 月．インド西部地震の救援に物資支援部隊 16 名，空輸部

§4.2. 自衛隊の発展の歴史　　175

隊78名を派遣.

④. イラン. 2003年12月〜2004年1月. イラン南東部のバム地震の救援に空輸
部隊31名を派遣.

⑤. タイ. 2004年12月〜2005年1月. スマトラ島沖地震の救援にインド洋派遣
を引き継ぎ, 帰国途中の護衛艦「きりしま」,「たかなみ」, 補給艦「はまな」を
プーケット県の周辺海域に派遣.

⑥. インドネシア. 2005年1月〜3月. スマトラ島沖地震の救援に輸送艦「く
にさき」, 護衛艦「くらま」, 補給艦「ときわ」をナングロ・アチェ・ダルサラ
ーム州の周辺に派遣し, 物資・人員の航空端末輸送, 重機等の海上輸送.

⑦. カムチャッカ半島沖国際緊急援助活動. 2005年8月. 海難事故. カムチャ
ッカ半島周辺海域でロシア海軍が演習中に, 潜水艇（ＡＳ-28型潜水艇, 7人
乗組）が沈没した. その救難のため, 海上自衛隊の艦艇4隻を派遣したが, 日
本隊の到着前に英海軍などによって救助され, 引き返した.

⑧. パキスタン. 2005年10月〜12月. パキスタン地震の救援のため陸上自衛隊
北部方面隊第5旅団を基幹に, パキスタン国際緊急航空援助隊（ＵＨ-1×6
機）が援助活動の空輸. 航空自衛隊のＣ-130Ｈ×4機, 日本国政府専用機×
2機が陸上自衛隊の国際緊急援助隊を空輸.

⑨. インドネシア. 2006年6月. ジャワ島南西沖地震の救援に陸上自衛隊の医
療部隊50名（追加100名）がジョグジャカルタ近郊で医療活動. 航空自衛隊
のＣ-130Ｈ×2機（予備機 C-130H×1, U-4×1）が空輸.

⑩. ハイチ. 2010年2月〜2013年3月. 2010年1月12日にハイチ共和国で発生
したハイチ地震により, 20万人以上が死亡した. 国連安保理は国連ハイチ安
定化ミッションの増員などを含む国際連合決議第1908号（2010.1）を採択し
各国に派遣を要請した. これに対して我が国は施設部隊を派遣.

⑪. パキスタン. 2010年8月〜10月. パキスタン北部の洪水で衛生環境の悪化
による感染症の蔓延や治安の悪化が懸念され, パキスタン政府の要請により陸
上自衛隊第4師団, 中央即応集団隷下の第1ヘリコプター団の部隊から成るパ
キスタン国際緊急航空援助隊（ＵＨ-1×3機, ＣＨ-47×3機）を派遣し, 部
隊輸送に航空自衛隊の C-130, 海上自衛隊の輸送艦「しもきた」が協力.

⑫. ＮＺ. 2011年2月〜3月. ＮＺのカンタベリー地方で発生した地震の救援
に国際緊急援助隊を派遣.

⑬. フィリピン. 2013年11月〜12月. 台風第30号被害の救援に護衛艦「いせ」,
輸送艦 「おおすみ」, 補給艦「とわだ」を派遣.

176　第4章　我が国の軍事ORの展開と現状

⑭．マレーシア．2014 年3月～4月．マレーシア航空 370 便の墜落事故捜索に
　　航空自衛隊の C-130H × 2機，海上自衛隊の P-3C× 2機を派遣し捜索した．
　　4月末以後，捜索活動が艦艇による海中捜索に切り替わったため撤収．
⑮．バヌアツ．2015 年3月に発生したサイクロン・パムによる被害の救援に国
　　際緊急援助隊の医療チームを派遣．
⑯．西アフリカ．エボラ出血熱の防疫物資輸送．2015 年 12 月に航空自衛隊の
　　KC-767 が個人防護具 20,000 セットをガーナに輸送．
⑰．ネパール．2015 年4月に発生したネパール地震の救援に自衛隊員約 200 人
　　が災害救助や医療活動に当たった．5月下旬に帰国．
⑱．NZ．2016 年 11 月中旬にNZ南部で起った北カンタベリー地震において，
　　当時，NZ海軍との共同訓練を実施していた海上自衛隊の哨戒機 P-1 が，被
　　災状況の確認飛行を行った．

5．ソマリア沖海賊の対策部隊派遣

　　2007 年頃からソマリア沖やアデン湾で海賊が頻繁に出没し，国連安保理決議
に基づき，日本政府はソマリア沖・アデン湾の海賊対処のための海上警備行動を
発令し（2009.3），海上自衛隊の護衛艦2隻をソマリアに派遣した．その後「海
賊対処法（2009.6）」が成立し，7月下旬以降，派遣部隊は「自衛隊法」の海上
警備行動から「海賊対処法」に切り替えて当該海域で警備を行った．この派遣部
隊の海上自衛官には司法警察権が与えられていないため，海賊の逮捕等の司法手
続きを行う海上保安官を同乗させた．アデン湾を航行する船舶は船団を組み，護
衛艦がこれを護衛するエスコート方式で警備を行い，護衛艦搭載の哨戒ヘリコプ
ターが船団周辺の海域を警戒し，近くの船舶から要請があれば現場に急行して救
援し，P-3C 哨戒機× 2機は広域の警戒監視を実施した．また P-3C の運用の
ために 2011 年7月，海上自衛隊航空部隊の海外拠点がジブチに開設され，陸上
自衛隊が基地警護と基地管理を行い，航空自衛隊が物資と人員の輸送に当った．
　　またインド洋・アラビア海・ペルシャ湾等において，対テロ戦争の海上阻止行
動/海上治安活動等の作戦行動を行う多国籍合同海上部隊の艦隊が組織された．
①．第 150 合同任務部隊（CTF-150；Combined Task Force 151）　2001 年編成．
　　インド洋，アラビア海，オマーン湾，アデン湾，及び紅海の海上阻止行動が主
　　任務．
②．CTF-151．2009 年 1 月に設立．アデン湾を中心にソマリア沖の海賊に対応
　　するために各国船舶を護衛．

§4.2. 自衛隊の発展の歴史　　177

③. CTF-152. 2004 年 3 月編成. ペルシャ湾中南部の海上治安活動を行なう.
　　米・英海軍や湾岸諸国艦艇が中心.

④. CTF-158. 2006 年編成. イラク戦争後のイラク国内治安維持に関する多国
　　籍軍の駐留延長の国連安保理決議 1723 に基づき, 米・英・豪海軍によりペル
　　シャ湾北部の石油プラットフォーム警備を行う.

　2013 年 12 月以降, 海上自衛隊の派遣水上部隊のうち護衛艦 1 隻を CTF-151 に
編入させ, 2014 年 2 月以降は派遣航空隊も編入させた. また 2015 年 5 月末, 第
7 次派遣の海賊対処行動水上部隊指揮官 (伊藤弘海将補) が CTF-151 司令官に
就任した.

　ソマリア沖アデン湾海域の海賊が 2015 年は 0 件, 今年も 1 件に止まっており,
護衛の必要性が減少したため, 2016 年 11 月, 海上自衛隊の海賊対処活動の護衛
艦を 2 隻から 1 隻に縮小された.

　また　P3C 哨戒機は現地での航空機による警戒監視活動の 7 ～ 8 割を自衛隊
機が担っている現状をふまえ 2 機態勢を継続する. また派遣期間を延長し, 2017
年 11 月中旬までとした (2017. 4. 現在).

6．その他

(1)．遺棄化学兵器処理

　我が国は「化学兵器禁止条約」を 1995 年 9 月に, また中国は 1997 年 4 月に批
准し, 同年, 発効した. 条約は 1925 年 1 月 1 日以降に他国の領域に同意なく遺
棄された化学兵器 (使用不能なものを含む) を「遺棄化学兵器」と定め, 現存地
の管理国と遺棄した国に原則として 10 年以内の廃棄を義務付けた. この法では
遺棄した国が必要な資金や技術等を提供し, 遺棄された国は遺棄化学兵器の廃
棄・処分事業に協力することが規定されている. 旧日本軍が終戦時に保有した化
学兵器は, 糜爛剤砲弾 2 万発～12 万発, くしゃみ剤砲弾 72～88 万発, 同発煙筒
125 万発と推定される. 中国は 1992 年に公式に日本の責任を問う声明を発表し,
1996 年から日中協議が行われた. 1997 年 8 月に第 2 次橋本内閣は「遺棄化学兵
器問題に関する取組体制」を閣議決定し, 内閣官房に遺棄化学兵器処理対策室を
設置 (後に内閣府に遺棄化学兵器処理担当室を設置) して対策に当った. 1999
年 7 月に第 1 次小渕改造内閣は「日本国政府及び中華人民共和国政府による中国
における日本の遺棄化学兵器の廃棄に関する覚書」に署名し, 翌年から調査・処
理作業を開始した. 2000 年 9 月～2015 年 11 月の間に 52 回, 約 5 万 6 千発の化
学砲弾等を発掘・処理した (2016. 11. 現在). 陸上自衛隊は内閣府遺棄化学兵器

178 第4章 我が国の軍事ORの展開と現状

処理担当室の依頼を受けて，化学兵器担当官を吉林省へ派遣し，砲弾の識別，砲弾の汚染の有無の確認，作業員の安全管理等を行っている．

(2)．在外邦人輸送

外国でテロ事件等に巻き込まれた邦人を輸送した．

①．イラクの人質事件．2004年4月中旬．イラク派遣の陸上自衛隊を取材のためサマーワに在留中の報道関係者10名を C-130H で同国のタリル飛行場からクウェートのムバラク飛行場まで輸送した．

②．アルジェリア人質事件．2013年1月下旬．イスラム系武装集団が，アルジェリアのイナメナス付近の天然ガス精製プラントを襲撃し，人質を拘束して立てこもった．ソマリア沖海賊対策部隊としてジブチに派遣中の陸上自衛隊のレンジャー部隊を救出活動に向かわせる作戦案も検討されたが，法的に任務の付与は不可能と判断され何もできず，事件終息後，航空自衛隊の特別航空輸送隊の日本国政府専用機で10名の遺体を日本に輸送した．

③．ダッカ・レストラン襲撃人質テロ事件．2016年7月初め，バングラデッシュの首都ダッカのレストランを武装集団7人が襲い20人が犠牲となった．被害邦人等の輸送のため，政府専用機をダッカに派遣し邦人の遺体（7人）とその家族を日本に輸送した．

④．南スーダン．2016年7月，同国での大統領派と副大統領派が衝突し戦闘が激化した．C-130H×3機を南スーダンの隣国ジブチに派遣し，1機が南スーダンのジュバから大使館員4名をジブチに輸送した．

(3)．能力構築支援

東南アジア諸国の防衛当局から，自国の人道支援・災害救援，地雷・不発弾処理，防衛医学，海上安全保障，国連平和維持活動等の安全保障・防衛関連分野の能力を構築するための支援の要請があり，これに応えるために2010年12月に閣議決定した「国家安全保障戦略」，「防衛計画」の大綱や「中期防衛力整備計画」において，自衛隊が有する能力を活用し，発展途上国の能力構築支援に取り組むことが明記された．活動の内容は，他国の軍又は軍関係の機関に自衛官等を一定期間派遣して行う教育訓練や，自衛官を派遣しての短期間のセミナーの実施，防衛省・自衛隊関連部隊・機関等への研修員の受け入れ等である．2012年度から東ティモール，カンボジアで，安全保障分野における自衛官の派遣を開始した．その後，東南アジアを中心に自衛官等が派遣された．

以上，本節では2017年春までの自衛隊の防衛力整備と海外活動の状況を概説した．表4.1.はこれらを年表にまとめたものである．

§4.2. 自衛隊の発展の歴史　179

表 4.1. 我が国の防衛力整備の経過

年　月	事　　　　　　項
1945. 8	日本の「ポツダム宣言」受諾．第2次世界大戦の終結
1948. 5	旧海軍の掃海部隊を中心に運輸省の外局に海上保安庁を設立
1950. 6	朝鮮戦争勃発
1950. 8	警察予備隊発足
1950. 10	特別掃海隊が朝鮮に出動，1隻が元山沖で触雷沈没，1名殉職
1951. 4	海上保安庁の機関として海上警備隊を創設
9	「サンフランシスコ講和条約」及び「日米安保条約」を調印
1952. 4	総理府の外局として保安庁（保安隊(陸)，警備隊(海)）を設置
8	警察予備隊と海上警備隊を保安庁に移管し，保安隊，警備隊と称す．（海洋権益保全や海難救助等主管の海上保安庁は運輸省外局のまま）
1954. 3	「日米相互防衛協定」調印
7	「防衛庁設置法，自衛隊法」施行．防衛庁，陸海空自衛隊が発足
1956. 7	国防の重要事項の審議機関として内閣に「国防会議」を設置
12	日本の国連加盟
1957. 5	「国防の基本方針」を国防会議及び閣議で決定．これの基づき「第1次防衛力整備計画（1958〜1960）」を策定し国防会議及び閣議で決定
1960. 1	「日米安保条約」を改訂
1961. 7	「第2次防衛力整備計画（1962〜1966）」を決定
1966. 11	「第3次防衛力整備計画（1967〜1971）」を決定
1972. 10	「第4次防衛力整備計画決定（1972〜1976）」を決定
1976. 10	「昭和52年度以降に係る防衛計画の大綱（S.52大綱）」を決定
1978. 11	「日米ガイドライン」（有事の日米軍の任務分担）の協議成立
1979. 7	「中期業務見積（53中業.1980〜1984）」を防衛庁長官承認
1982. 7	「56中業(1983〜1987)」を国防会議に報告，了承
1985. 9	「中期防衛力整備計画（1986〜1990）」を国防会議，閣議決定
1986. 7	「国防会議」を「安全保障会議」に改組
1990. 12	「中期防衛力整備計画（1991〜1995）」を安全保障会議,閣議決定
1991. 1	湾岸戦争(1〜3月)．6月に掃海艇6隻をペルシャ湾に派遣
1992. 6	「国際平和協力法」，「国際緊急援助法改正」成立
1995. 11	「平成8年度以降に係る防衛計画の大綱（H.8大綱）」決定
1995. 12	「中期防衛力整備計画（1996〜2000）」を決定
1997. 9	「日米ガイドライン」改訂

180　第4章　我が国の軍事ＯＲの展開と現状

年　月	事　　　　　　　項
2000. 12	「中期防衛力整備計画（2001〜2005）」を決定
2001. 9	N. Y. 同時多発テロ（9. 11テロ）発生
11	「テロ特別措置法」成立. 海自のインド洋派遣（2007. 11. 中断，2008. 2. 再開）
2003. 6	「武力攻撃対処法」成立.「国民保護法」,「有事関連法」成立（2004. 6）
2004. 1	イラク復興支援（陸自のサマーワ派遣，空自の輸送支援）
12	「平成17年度以降に係る防衛計画の大綱（H. 17 大綱）」を決定
12	「H. 17 中期防（2005〜2009）」を決定
2006. 12	「自衛隊法」改正（任務の拡大等）
2007. 1	防衛庁を省に昇格
12	首相官邸に防衛省改革会議を設置し中央組織再編成を検討. 2008. 7. 報告
2009. 5	「海賊対処法」成立.（ソマリア沖船舶護衛）
2009. 8	衆院選挙で民主党が大勝し政権交代. 前自民党政権の諸政策（沖縄普天間基地の辺野古地区移転，防衛省組織改革，防衛大綱の改訂）の白紙的再検討を決定
2010. 12	「防衛計画の大綱」の改訂,「H. 23 中期防計画」の策定
2012. 12	総選挙で自民党が勝利し，第2次安倍内閣が成立「安全保障会議」を「国家安全保障会議」に再編，翌年1月に内閣官房に「国家安全保障局」が発足.「特定秘密保護法」の制定
2013. 11	「国防の基本方針」を「国家安全保障戦略」に改訂
12	「H. 23 中期防計画」（2010. 12）を停止し,「H. 26 防衛大綱」及び「H. 26 中期防計画（2013〜2018）」を策定
2014. 4	「武器輸出3原則」を「防衛装備移転3原則」に改正
6	「防衛生産・技術基盤戦略」を策定.
2014. 7	第2次安倍内閣が「存立危機事態における集団的自衛権の行使容認」の閣議決定
2015. 4	「日米ガイドライン」の改定
2015. 9	「平和安全法制整備法」及び「国際平和支援法」の制定
10	「防衛装備庁」を設置
2016. 12	南スーダンＰＫＯ活動・第11次隊から集団的自衛権の一部容認の「駆けつけ警護」と「宿営地の共同警護活動」の任務付与

§4.3. 自衛隊の軍事ＯＲ活動の展開と現状

　本節では前節に述べた自衛隊の防衛力整備計画の策定や部隊の活動を支えてきた軍事ＯＲ活動の展開について概説する．

§4.3.1. 自衛隊の軍事ＯＲ活動の組織の沿革

　序章に述べたとおり，第２次大戦以後，我が国では軍事アレルギーが猖獗を極め，その後遺症は未だに払拭されていない．例えば日本ＯＲ学会は 2007 年に創立 50 周年を迎えたが，この間，学会論文誌にランチェスター理論や射撃理論等の軍事ＯＲ研究の論文発表は皆無であり，防衛省関係者による捜索理論や機会目標の選択問題等，一般社会でも応用される研究が軍事色を隠して稀に発表されたにすぎない．日本ＯＲ学会での軍事ＯＲの研究部会；「防衛と安全」が発足したのは，学会発足後半世紀を経た 2008 年３月である．このように軍事ＯＲは学会の理論研究でさえもタブーとされ，欧米では多数出版されている軍事ＯＲの専門書も，日本では最近まで市販の書物は皆無に近い状態であった [7, 12]．しかし防衛庁は発足と同時に（1954．日本ＯＲ学会設立の３年前），米軍が第２次世界大戦中に行ったＯＲ活動の研究を開始し，また「中期防衛力整備計画」や「年度防衛計画」等の計画評価についてＯＲ応用の研究が進められ，分析担当の組織も逐次整備されていった．即ち 1953 年春，技術研究所にＯＲ班が設置されてＯＲの研究が開始され，1954 年には陸幕・空幕のＯＲ組織が，少し遅れて 1956 年には海幕のＯＲ班が発足した．大戦の惨憺たる敗北の原因が旧軍の組織的な合理性・科学性の欠如にあることを反省し，科学的な合理的精神を組織運営の中心に据えようとしてＯＲの研究に取り組んだ先輩達の祖国再建の熱意が感じられる．このように我が国の３自衛隊の軍事ＯＲ活動は，前章に述べた戦場の第１線で誕生した欧米のＯＲ活動とは異なり，中央の各幕僚監部から始まった．以下，自衛隊のＯＲ組織の発展の履歴について述べる．

　自衛隊が米国の戦時ＯＲの研究を始めたのは，防衛庁発足以前の保安庁時代の 1953 年春であり，保安庁技術研究所第１部に数理解析担当が置かれたのが我が国の軍事ＯＲ研究の嚆矢となった．このグループは翌年防衛庁発足時に技術研究本部第１研究所の数理研究室となった．

(1). 内局・システム分析室

　前述したとおり 1960 年代後半に大蔵省はシステム分析を基本とする米国防省

182　第4章　我が国の軍事ORの展開と現状

の予算編成システム PPBS の我が国への導入を企て，最初に試行する防衛庁の準備室として，1969 年4月に内局経理局にシステム分析室が置かれた．しかし米国での PPBS の凋落に伴い我が国でも導入が中止されたが，システム分析室は防衛局計画官付のシステム分析室として残り，その後防衛政策局防衛計画課システム分析班となった．なお 1986〜2003 年の間に計 11 回に亘って米軍と防衛庁のORグループの研究会が定期的に開かれ，日米の軍事ORの交流が行われた．

(2). 陸上自衛隊

3自衛隊創設の 1954 年，陸上自衛隊では陸幕第3部研究班にOR係が置かれ，翌年には幕僚幹事所管の幕僚庶務室研究室OR係（当初定員8名）として組織的なOR研究が開始された．また発足当初，前述した対日機雷封鎖作戦の企画者 E. A. ジョンソン博士（米陸軍の ORO JHU 所長）を招き，また 1961 年には第2次大戦中の ORG の指導者 P. M. モース博士達を招聘して指導を受けた [22, 23]．幕僚庶務室研究室のOR係は1958年にOR別班として独立し，1963 年には増強されて運用解析班と改称した．その後，1978 年2月に防衛部研究課分析班となり，防衛力整備の中期業務見積の分析を担当することとなった．このように 1960 年代後半以後の陸上自衛隊のOR活動は，防衛力整備計画に関する装備の選択・編成・防衛能力の評価等のマクロな軍事OR問題の分析研究（以下，政策ORという）に移っていった．この傾向は陸幕に限らず海・空の各幕にも共通の傾向であり，この時期の米国の予算編成システム：PPBS の導入（1962）の動きの影響と考えられる．その後 PPBS の導入は中止（1970）されたが，各幕のOR活動がマクロな政策ORに偏重する傾向は続いた．また 1985 年4月，統幕を含む4幕のOR班は分析室に昇格された．更に 2000 年度末，陸上自衛隊では各学校の研究部を統合して研究本部を発足させ，各部門の研究開発業務を一括して行う体制をとった．このとき陸幕の分析室は研究本部の総合研究部第5研究課に移され，従来の政策ORの業務に加えて部隊運用のOR分析（以下，部隊ORという）も行うこととされた [23]．

(3). 海上自衛隊

1956 年4月，海幕防衛課にOR担当が配置され，1959 年，正式に研究班が発足した（当初定員6名）．このように海幕では当初から防衛課で一貫して防衛力整備計画の評価のマクロな政策ORの分析に取り組んだのが特徴である．一方，実施部隊の戦術分析のORとしては，1960 年に実用実験隊（艦艇装備品の実験担当部隊）にOR要員が配置され，1961 年に第 51 航空隊（実験航空隊）にオペレーショナル・データ（以下，オペ・データという．部隊の実動演習時のデー

§4.3. 自衛隊の軍事ＯＲ活動の展開と現状　　183

タ）の分析グループ（オペ・データ班と呼ばれた）が置かれて運用試験や訓練デー
タ等の分析に当った．但しいずれも１〜２名の配員に過ぎず，本格的な部隊ＯＲ
の取り組みにはほど遠い状態であった．この体制が暫く続いたが，1975 年に航
空集団司令部の解析評価室にＯＲ班が設置されて戦術問題のＯＲ分析が始められ
た [3,4,8]．この時期，海上自衛隊の主力対潜哨戒機として従来の第２次大戦時
代の改良型の P2-J に代わって近代的な電子装備の P-3C が導入され，また
海上自衛隊のネットワーク・システム；自衛艦隊指揮支援システムが稼動し始め
た時期である．それに伴って対潜戦連続情勢見積支援プログラム ASWITA
(ASW Information and Target Analysis Program) や各種の戦闘シミュレーショ
ンが航空集団司令部のＯＲ班を中心に急速に整備され [3,8]，従来の防衛力整備
や作戦準則の評価問題の静的ＯＲ分析は，時々刻々変化する作戦状況に対応した
動的ＯＲ分析に拡大された．その後間もなく航空集団司令部の解析評価室は組織
改編に伴って縮小され，連続情勢見積支援のＯＲモデルはプログラム業務隊に引
き継がれ，海上航空部隊のＯＲ活動も終息した．
　　一方，1978 年には自衛艦隊司令部にオペ・データの収集活用の運用解析室が
設置された．その後，プログラム業務隊や運用開発隊等にもＯＲ要員が配置され
たが，2002 年に研究開発関係の部隊組織が大幅に改編された際にプログラム業
務隊は解隊されてこれらの部隊運用のＯＲ組織が再編成された　（§4.3.2. の３
項参照）．また 2005 年には自衛艦隊司令部の分析室は作戦分析幕僚部となった．

(4). 航空自衛隊

　　1954 年７月，自衛隊の発足と同時に空幕装備部装備第１課にＯＲ担当が置か
れた（当初定員３名）．その後何度か組織改編を経て 1959 年に防衛課分析班に
なり，防衛力整備計画等の策定の各種の分析，特に航空自衛隊の中核的な装備と
なる主力戦闘機等の各種航空機の機種選定問題の分析評価が中心的なテーマとな
った．一方，部隊ＯＲ活動としては 1995 年に航空自衛隊の最上級司令部の航空
総隊司令部防衛課に研究室が設置され，逐次，増強された．

(5). 統幕

　　統合幕僚会議事務局は 1954 年７月に発足し，1961 年７月に長・中期計画の統
合運用レベルの評価グループとして第５幕僚室にＯＲ班が置かれ，1985 年４月
に分析室となった．2005 年度末に３自衛隊の統合運用のために統合幕僚会議を
統合幕僚監部に改組し，第５幕僚室の分析室は防衛計画部計画課分析室となった．

(6). ＯＲ要員の教育課程

　　防衛省のＯＲ組織の発展に伴い要員養成の教育組織も整備されていくが，その

184 第4章 我が国の軍事ORの展開と現状

概要は次のとおりである.

　防衛大学校の本科教育課程にORコースが設置されるのは 1989 年の情報工学科の設置以後であるが，理工学研究科 （修士課程相当） には 1962 年の研究科発足時にOR課程が開設され，運用分析系列が開講された. その後， 3系列（応用確率，システム工学，計画管理） が相次いで開講してOR専門を形成し教育研究を行う体制が 1995 年まで続いた. 1991 年度からは文部省の学位授与機構の審査を経て卒業者に学位が授与され，それに伴い 1996 年度に研究科の再編成が行われた. その際本科の学科に直結して研究科が置かれ，本科課程をもたないOR専門は廃止されて各工学分野に分散された. ORは学際的な研究教育が特徴であり，この改革は時代錯誤も甚だしい変革である （自衛隊の教育の欠陥は§4.3.3.の2項で再論する）. 更に 2000 年には防衛大学校は教室・講座制を改めて学群制に移行し，2001 年には博士課程が設置された. また 2006 年には理工学研究科のOR研究室 （運用分析） が境界科学分野から情報工学分野に編成替えされた.

　一方，自衛隊のOR教育課程としては 1970 年に陸上自衛隊の業務学校にORコースが開かれた. 当初はOR配置の研究員養成の長期課程 （1年間） と短期課程 （3ヵ月間） の2コースがあったが，1974 年に長期課程は休止し，1975～1983 年の間，管理者コース （3週間） が開かれた. 短期課程は 1974 年に研究技法課程（当初6ヵ月，後に 13 週間）となり，年に2コースの教育が行われた. この課程は海・空自衛隊からの委託学生も受け入れ， 3自衛隊のOR要員の教育が実施された. 更に 2001 年には業務学校は組織統合により調査学校と統合され小平学校となり，このときシステム教育部が新設され，情報化時代に対応した情報処理要員養成の3つの教育課程 （システム，研究技法，戦闘シミュレーション） が設けられた. この課程は 2014 年の組織改編で戦術教官室がシステム教育部に統合され，システム・戦術教育部になり，幹部特技課程「研究技法」 となった. また海上自衛隊では 1978 年の自衛艦隊司令部運用解析室等の開設に伴うOR要員教育のために，第2術科学校で6週間のOR講習が開かれた. 但しこの課程は短期間 （2年） で終わり，海上自衛隊のOR要員の教育は，防大研究科，同運用分析研究室の研修生 （1年間. 1979 年～2003 年頃まで） 及び陸上自衛隊小平学校の研究技法課程で行われている.

　以上，防衛省のOR＆SA組織の発展の経緯を概説した. 前章に述べたとおりORは英米では軍の第1線の戦術効率化の活動として誕生し，その後，政策分析の手法として発展したが，我が国では前段の戦術ORの研究やデータ・システムの整備を省略して始められたのが特徴である. また上述したとおり3自衛隊のOR

§4.3. 自衛隊の軍事OR活動の展開と現状　185

組織は，陸上自衛隊は研究本部で政策OR及び部隊ORの両方を行い，海上自衛隊では政策ORを海幕防衛課分析室，部隊ORを自衛艦隊司令部以下の各部隊に分散して実施し，また航空自衛隊は空幕防衛課分析室の政策ORにOR要員を集中し，部隊ORは航空総隊司令部防衛課分析室が担当している．大雑把な説明であるが，陸上の戦闘は環境条件が複雑で戦闘状況の変動幅が大きく，個別的な部隊ORの分析と兵力整備の政策ORの分離が困難であり，空の戦場は反対に環境条件は均質であるが戦闘速度が早く，意思決定や行動選択がシステムに作り込まれていなければ戦闘に対応できないので，個別的な部隊ORの活動が育ちにくかったと考えられる．一方，海の戦闘環境は陸と空の中間であり，戦闘速度はあまり速くなく，兵種ごとのビークルの機能も異なる．また広大な海洋の環境条件に適合した部隊運用が要求され，環境予測のデータや理論モデルも利用できるので，海上自衛隊では水上艦，潜水艦，掃海艇，航空部隊等の各種部隊ごとに作戦分析のOR活動が展開された．また人事管理制度としては，いずれの自衛隊も定められた教育課程を経て各個人の職務の専門分野（特技と呼ぶ）が決まり，その特技によって人事管理が行われる．陸上自衛隊でいえば普通科（歩兵），特科（砲兵），機甲科（戦車），…　等々である．これらは主特技と呼ばれ自衛官はいずれか１つの主特技に区分されるが，それ以外に特殊な技能職種が副特技として認められている．OR業務に従事する幹部自衛官は，陸上自衛隊では運用解析幹部，海上自衛隊では数理幹部の副特技職として管理されるが，航空自衛隊ではOR専門の副特技職は認められていない．このように３自衛隊のORの組織や人事管理制度及び業務の重点指向は，陸海空の各自衛隊によってかなり異なっている．しかし軍種が違い作戦態様が全く異なるこれらの組織のOR体制が異なることは当然であろう．またOR要員はORの専門技術と作戦運用の軍事面の両方の知識を要求されるので要員の養成確保が難しいが，人事管理の面では３自衛隊とも制服自衛官を専門化してOR部署に固定的に配置する制度は採らず，在任期間が長い研究職技官とOR特技の自衛官（通常は２，３年ごとに配置転換）を混在させて分析業務の継続性の維持を図っている．

　図　4.1.は上述した防衛省のOR組織をまとめたものである．但しこの図では部隊ORレベルの細部は簡略化した．

　なお§4.2.1.の終りに防衛省中央組織の改革の動きを述べたが，2008 年７月の防衛省改革会議の答申を受けて防衛省は改革本部を設け，細部計画の策定と防衛省設置法等の法改正の準備に入った．OR関連では兵力整備計画の分析評価部署を内局に一本化する案が固まった．当初の計画では有識者会議で更に検討し，

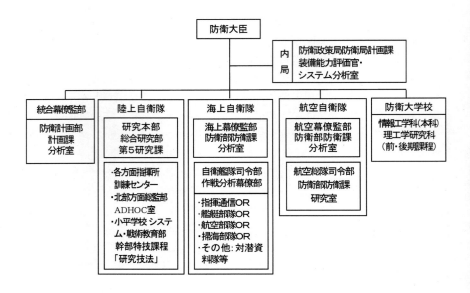

図 4.1. 防衛省のOR組織図（2017.3.現在）

防衛省中央組織の改革やミサイル防備の強化，対潜戦能力の増強等を含めて大幅に防衛大綱を改定し，2010年からの中期防衛力整備計画に反映することとされた．これに基づき麻生内閣は有識者による「安全保障と防衛力に関する懇談会」を発足させ2009年8月に報告書が提出されたが，その直後の衆議院選挙で自民党が大敗して民主党政権に交代した．民主党の鳩山由紀夫内閣の外交政策は日米安保条約を基軸としつつも対等な日米関係の構築を唱え，新たに「防衛大綱の見直し等に関する閣僚委員会」を発足させ，前政権の懇談会を2009年11月に廃止した．また前懇談会が8月に提出した「集団的自衛権の政府見解」の見直し等の答申は白紙に戻され，更に2010年末予定の「防衛計画大綱」の改定や「H.22中期防（2010〜2014）」も先送りされた（2010年12月に菅直人内閣で決定）．鳩山内閣は既に日米間で合意済みの米海兵隊の普天間基地の辺野古地区への移設計画も基地の県外移設を唱えたが，米側の同意が得られず，社民党の連立離脱を招き鳩山内閣は菅内閣に交代した．§4.2.に述べたとおり民主党政権3代（鳩山，菅，野田内閣）は失政を重ね，3年後，2012年12月の総選挙で自民党が勝利し，第2次安倍内閣が成立した．2000年代に入り東シナ海・南シナ海における中国の海洋覇権活動が加速され，北朝鮮の核・ミサイル開発も進展し，更に国際テロ

§4.3. 自衛隊の軍事OR活動の展開と現状　187

活動も活発化して安全保障環境は急速に変化した．安倍首相は内閣発足の記者会見で，この内閣を「危機突破内閣」と位置づけ，以後，長期停滞克服の経済政策と規制緩和，安保法制改革，教育再生，積極的外交等々，旧弊を打破する改革を矢継ぎ早に断行したことは前述したとおりである（§4.2.の6項参照）．表 4.2. は上述した防衛省の軍事OR活動の発展の経過をまとめた年表である．

表 4.2. 防衛省・自衛隊におけるOR組織の発展の歴史

年	所属	事　項
1950	全	警察予備隊発足
1952	全	海上警備隊発足
1953	技研	保安庁技術研究所第1部に数理解析担当を配員　（後の防衛庁技術研究本部第1研究所第5部数理研究
1954	全	防衛庁，陸・海・空・3自衛隊が発足
〃	陸	陸幕第3部の研究班にOR担当を配員　1955：幕僚庶務室研究班OR係　1958：同班OR別班　1963：幕庶運用解析班　1978：防衛部研究課分析班　1985：研究課分析室
〃	空	空幕装備部装備第1課にOR担当を配員　1957：技術1課分析班．1959：防衛課分析班．1985：防衛課分析室
1956	海	海幕防衛課にOR担当を配員　1959：防衛課研究班　1967：同分析班　1985：防衛課分析室
1960	海	実用実験隊にOR要員を配員
1961	統幕	統幕第5幕僚室にOR班が発足．1985：第5室分析室
〃	海	第51航空隊(実験航空隊)にOR要員を配員
1962	防大	防衛大学校理工学研究科発足．OR-I系列（運用分析）が開講．逐次OR-II〜IVの3系列が開講．4系列でOR専門を形成
1969	内局	経理局システム分析室発足（防衛計画課システム分析班）
1970	陸	業務学校に運用解析課程（後の研究技法課程）が発足
1975	海	航空集団司令部・解析評価室OR班が発足（数年後に廃止）
1978	海	自衛艦隊司令部・運用解析室が発足．逐次，プログラム業務隊，運用開発隊，対潜資料隊等にOR要員を配置
1985	全	統・陸・海・空の各幕OR班を分析室に昇格．分析主任研究官を新設
1989	防大	防衛大学校本科課程の学科再編成．情報工学科開設
1995	空	航空総隊司令部防衛課に研究室を設置
1996	防	防衛大学校理工学研究科前期課程再編（7専攻）．OR専門廃止

188 第4章 我が国の軍事ORの展開と現状

年	所属	事　　　　　項
2000	防大	防衛大学校本科の組織改編：6学群，14 学科に編成替え
2001	陸	研究本部発足．陸幕分析室は研究本部総合研究部第5研究課に移る
〃	陸	業務学校と調査学校を統合，小平学校システム教育部が発足
〃	防大	防衛大学校理工学研究科・後期課程開設
2002	海	部隊OR組織を再編．プログラム業務隊解隊，艦艇開発隊，指揮通信開発隊，航空プログラム開発隊が発足
2004	海	自衛艦隊司令部の作戦分析幕僚部が発足
2006	統幕	統合幕僚監部への改組に伴い，防衛計画部計画課分析室となる
2007	全	防衛省に昇格
〃	全	防衛省改革会議を設置し中央組織の再編成を検討．2008.7．報告．
2009	全	政権交代により防衛省組織改革及び防衛計画の大綱の改訂は先送り
2013	全	防衛省改革検討委員会を設置し防衛省改革の方向性を検討
〜 2015	全	「防衛計画の大綱」の改定（H. 26 大綱），大綱の掲げる防衛省改革の方向性に基づき， ① 統合運用機能の強化（統合幕僚監部への部隊運用業務の一元化） ② 内局部局の改変（政策立案機能及び防衛力整備機能を強化） ③ 防衛装備庁の新設（防衛省内の装備取得関連部門を集約・統合，外局を新設）

§4.3.2.　自衛隊のOR活動の概要

前節では自衛隊のOR活動の組織体制について概説したが，本節ではこれまで各自衛隊で行われた具体的な軍事OR問題の分析の事例を簡単に紹介する．但し最近の事案は秘密保全上の理由で公表されていないので，かなり以前の研究事例の紹介となった．

1. 陸・海・空3自衛隊の政策ORの分析活動

前述したとおり防衛省のOR活動は，自衛隊の発足と同時期に中央の幕僚監部（陸・海・空幕の分析班）で始まり，設立当初は米軍の第2次大戦中の軍事OR研究の調査や，部隊の戦術運用に関する研究が主であったが，3次防以後（1960年代後半），各計画年度の中期防や各年度の年防及び予算の概算要求に関する説

§4.3. 自衛隊の軍事OR活動の展開と現状　189

明資料のOR＆SA分析が中心的な分析業務となった．これを中期防で計画される新装備の機種選定問題を例にとって説明すれば，新装備の個機の性能の調査及び評価から始めて，それを装備した部隊の基本戦術行動の奏効率（行動目的の達成確率．例えば対象目標を発見し接敵し撃破する確率等）を評価し，更に各種規模の脅威の侵攻シナリオに対する総合的防衛能力をシミュレーションやOR理論モデル等によって定量的に見積る．更に戦闘資材や兵力の維持・運用の費用を見積り，上述の新装備の効果と所要経費を用いて費用対効果分析を行い，複数の代替案について比較して効率的な装備の質と量を求め，中期防の計画策定の資料とする研究が行われる．それらの分析業務の対象は計画の内容により多岐にわたるが，§2.3.に前述した各種の問題が分析される．

　一方，実施部隊でも部隊運用の効率化の各種の分析業務（部隊OR活動という）が行われているが，その態勢は陸・海・空各自衛隊で大きく異なる．以下では各自衛隊の部隊OR活動について概説する．

2．陸上自衛隊の部隊運用のOR活動

(1)．OR要員の配置

　陸上自衛隊においてORの特技職である「運用解析幹部」の定員があるのは，陸幕，方面総監部，研究本部，各種の学校，補給統制本部，補給処等である（2007年度末）．

　2017年時点の陸幕のOR要員は，2001年に陸幕研究課の分析室が研究本部に移管されたときに，陸幕の運用解析ニーズを研究本部につなぐための要員として配置されたものであり，分析業務は行っていない．

　方面総監部では定員上は総務部と防衛部に若干の運用解析の副特技の配置があるが，現在は北部方面総監部を除き配員されていない．北部方面総監部の ADHOC 室は，指揮所訓練統裁支援のプログラムを作成しており，また部隊運用に関する評価モデル等の開発が行われている．

　研究本部のOR職の配置は，2001年に研究本部の新編に伴い，それまでの陸幕分析室のOR業務を研究本部 総合研究部 第5研究課に移管したものである．第5研究課は2つの室からなり，運用解析実務（部隊及び機関における隊務運営及び陸上幕僚監部の所掌する業務に関わる具体的な課題の運用解析）と運用解析研究（上記の運用解析実務を除く運用解析全般に関わる調査研究）を行っている．研究本部のその他の課にもORの配置があるが，大半が副特技職（主特技職の兼務）であり，専門のOR分析員はほとんど配員されていない．

190 第4章 我が国の軍事ORの展開と現状

　各自衛隊は各種の特技教育を行う学校を設けているが，ORに関する特技教育
は小平学校のシステム・戦術教育部の幹部特技課程「研究技法」が3自衛隊のOR
要員教育を行っている．陸幕ではOR係が設置された翌年（1955）から，陸幕各
課及び各学校研究部員等 30～40 名に対して数週間のOR講習を毎年継続して実
施 [23] したが，1970 年にこの講習は業務学校の幹部運用解析課程に引き継が
れ，更に小平学校の研究技法課程となり，現在の「研究技法」課程となった．
　補給統制本部，各方面隊の補給処，自衛隊中央病院及び各地区病院，学校等の
研究を行う部署にもOR特技職が若干名指定されているが，現状ではほとんど配
員されていない．このように陸上自衛隊では各部隊のOR要員が十分には充足さ
れていないのが現状である．

(2)．部隊ORの研究事例

　陸上自衛隊の部隊運用上のOR分析は，これまでいろいろな問題が研究されて
きたが，以下ではその中の顕著な研究事例を紹介する．

①．自衛隊の発足時の個人装備のライフル銃は，米軍が大戦中に使用したM1ラ
　イフルであったが，この銃は重く日本人の体格には合わない代物であった．
　1964 年に我が国独自の設計になる 64 式小銃が仮制式化されるが，その設計に
　当って要求性能の有効射程を決定するために，1955 年に陸幕OR班は全国の
　約 4,000 箇所の戦場適地を選んで見通し線の距離を計測し，小銃の所要有効射
　程を調査した [22]．この調査に基づき狙撃用自動小銃についても所要の有効
　射程，弾丸エネルギー，重量，反動エネルギー及び発射速度等の設計諸元が分
　析された．更に各地点の視界のデータに基づいて対戦車火器の射程が分析され，
　要求性能が提案された．また全国各地の戦術的地形解析により戦車等の装軌車
　の路外機動における地形の影響や，戦闘車両等の路上機動時の橋梁の障碍度，
　弱小橋梁補強に要する作業量の推定等，全国の調査データに基づく実際的な研
　究が行われた（1956）．

②．陸幕OR班の初期の研究では，電子計算機による師団級ウォー・ゲーミング
　の研究 （1965） や戦車部隊の攻撃戦闘シミュレーション・モデルの研究
　（1966） 等，各種規模の交戦の評価モデルに関する研究が熱心に行われた．ま
　た各学校の研究部で早い時期 （1961） から火力指揮のデータや各種作戦情報の
　電送処理・自動化の研究が行われ，それらを総合する形で師団レベルの指揮支
　援システム；「野戦 ADPS (Automatic Data Processing System)」の研究が，
　陸幕OR班で数年に亘って行われた （1969 年に最終報告）．この研究では車載
　のコンピュータ及び周辺機器一式を野戦の師団司令部に配備して隷下部隊をネ

§4.3. 自衛隊の軍事OR活動の展開と現状　191

ットワークで結び，作戦に関わる各種情報の収集，部隊の作戦指揮や兵站及び
人事情報等に関する各種の業務報告や見積，命令等の伝達・配布を行い，更に
計画射撃や機会目標に対する火力配分等の情報処理や各種の計算，及び意思決
定支援を行う広範なシステムが考えられていた．このような近代的な指揮支援
システムが，このように早い時期に構想されていたことは注目すべきである．
研究の結果，本システムは5次防時点（1977〜1981）の各師団への配備が提案
されたが，実際の装備化は見送られた [22]．

③．　前項の「野戦 ADPS」計画は実現しなかったが，北部方面総監部では 1991
年に防衛部に ADHOC 準備室を発足させ（翌年正式に稼動），指揮所訓練統
裁支援システム ICE（Intelligent Combat Exercise System）の開発を開始
した（2000 年完成）．このシステムは指揮所訓練（部隊の実動を伴わない兵棋
演習）において，各種の戦闘状況に対する師団司令部及び連隊本部の見積や計
画の作成，状況判断及び意思決定をコンピュータで支援し，また演習のシナリ
オの設定や審判基準に基づく演習部隊の評価等，統裁部の演習統裁を支援する
システムである．このシステムはその後，全国の方面隊の訓練支援センターに
装備されて運用に供された．

④．　陸上自衛隊は全国各地の演習場で実弾射撃演習を頻繁に行うが，稀に特異な
弾道を飛ぶ弾（不軌弾）や，一度弾着した弾が跳ねて予想外の地点に落下する
（跳飛弾）ことがある．これは演習場周辺の安全に係わる重要問題であり，こ
のような特異な弾道の事例が生じた場合は陸上幕僚監部に報告され，原因を究
明して対策が講じられる．1990 年に生じた戦車砲の粘着榴弾の跳飛弾の事案
は，当時の陸幕研究課分析室で解析されたが，検討の結果，事故防止には演習
場を垂直停弾堤で囲む必要があることがわかり，各種の停弾堤を試作して実弾
射撃の実験が行われた．その結果，垂直停弾堤はかなり大規模なものが必要で
あり，この弾種は以前から不軌弾・跳飛弾が多く，また保有弾数も少ないので，
経費の観点からこの弾種は破棄されることになった．この例は特殊な事案であ
るが，通常の射撃や弾道に関するOR分析は，各種の弾の射表作成の担当部隊
で行われている．

⑤．　兵站問題のOR分析としては，地区補給処から部隊に至る補給組織について
在庫管理シミュレーションによる評価を行い，整備用部品の需給・在庫統制の
あり方を分析した研究や，各種機材の購入・修理計画のための器材の耐用年数
や予備品在庫定数の研究，或いは燃料の備蓄に関する研究等の事例がある．

⑥．　自衛隊員の募集が困難な 1970 年頃には，募集方策や人事制度について各種

の検討が行われた．更に 1990 年代の初めには自衛隊の職場の魅力化について若年隊員のアンケート調査を行い，ＯＲの分析手法のデマテール法（文献 [6] の§5.2. 参照）を適用して分析した．このように人事・服務等に関する統計分析にもＯＲが各種の分析に活用されている．

⑦．国際貢献等の任務で海外に派遣される部隊の活動に関連する問題は特に重要であり，緊急性が高いので集中的に検討される．例えばイラク人道支援群（イラク・サマーワ派遣（2004.1〜2006.7））からの各種の相談は，研究本部で検討された．内容は現地のいろいろな施設や宿営地周辺の監視装置の配置等，各種の問題の分析が行われた．

⑧．武装工作員等対処の治安出動事案における陸上自衛隊と警察との共同のための指針を警察庁と共同で作成し，図演・共同訓練が行われた（2004）．（陸上自衛隊の特殊作戦群や海上自衛隊の特別警備隊が設置されているが，テロ対処は警察のテロ対処部隊の担当である．）

⑨．研究本部のＯＲ研究の事例では，近代化された電子装備のＩＴ化部隊と従来装備の部隊の戦闘能力をシミュレーションによって比較し，部隊の戦闘能力を評価した研究がある．また 2007 年に新編された中央即応集団の戦闘状況として予想されるゲリラ・コマンドウ戦闘や市街地でのゲリラ捜索に関する戦術についても，研究本部及び北部方面総監部の ADHOC 室でモデルによる定量的分析が行われた．

⑩．研究本部は 2008 年 4 月に防衛大学校で C4I 部隊実験，実用試験，訓練教訓等の研究発表を行い，活発な討論と意見交換が行われた．また同年 7 月には開隊 7 周年を記念し「多次元空間での戦い：先進部隊指揮官の意思決定」と題するセミナーを和光市民文化センターで開催した．このセミナーではＩＴ時代の先端的陸上戦闘の装備と戦闘の様相及び指揮官の意思決定について，研究本部の最近の研究テーマの講演とパネル展示が行われ，約千人にのぼる民間の参加者があった．

3．海上自衛隊の部隊運用のＯＲ活動

海上自衛隊では，政策ＯＲは海幕防衛課分析室が担当し，部隊運用や戦術分析，研究開発等の部隊ＯＲは，自衛艦隊司令部（実施部隊の最上級司令部）の作戦分析幕僚部が統括し隷下のＯＲ関連部隊が行う体制がとられた．実施部隊の部隊ＯＲの展開は，3 自衛隊中では海上自衛隊が最も歴史が古く，幅広く進められている．海上自衛隊の部隊ＯＲの発足は，海幕ＯＲ班の誕生から 4 年後の 1960

§4.3. 自衛隊の軍事ＯＲ活動の展開と現状　193

（Ｓ.35）年に実用実験隊（艦艇装備品の実験部隊）の第2試験科に，また翌年には第51航空隊（航空機装備品の実験部隊）のオペ・データ班にＯＲ要員が配置された時に始まった．このように海上自衛隊の部隊ＯＲの歴史はかなり古い．しかし部隊ＯＲの組織は少人数の配置が多く，頻繁に改編された．以下では艦艇部隊（潜水艦，掃海部隊を含む），航空部隊及び自衛艦隊司令部に分けて概説する[5, 8, 11]．

(1).　艦艇部隊

①．　1960 年に艦艇装備品の実用試験（開発した装備品を採用し制式化するための性能確認試験）及び運用試験（制式化した装備品を部隊に配備したときの戦術運用法の試験）の担当部隊として実用実験隊が開隊し，運用試験担当の第2試験科にＯＲ要員が配置された．各種の通峡阻止・港湾防備用のセンサー（水中固定パッシブ・ソナー及び海底固定の磁気探知装置等）や電波逆探装置等の運用試験が行われ，捜索理論やソナー理論を応用して分析された．実用実験隊はその後改編され，艦艇開発隊 装備実験部となった．

②．　1977 年，海上訓練指導隊群司令部の研究班は，護衛艦搭載のアクティブ・ソナーのオペ・データの分析を行い，併せてアクティブ・ソナーのマルチ・ピング・モデル（ソナー員がアクティブ・ソナーの連続した発振エコーの内の幾つのピングのエコーを記憶して目標の探知を認識するかを定式化した数学モデル）の一般的理論をマルコフ連鎖モデルによってモデル化し，オペ・データの解析やＳＦシステムのソナー探知距離予察モデルに利用した．この研究はその後，防大の理工学研究科で更に精密化された．海指群司令部研究班の部隊ＯＲ業務は，間もなく運用開発隊に引き継がれた．

③．　運用開発隊は 1978 年に艦艇装備品の企画研究や戦術運用のＯＲ研究を担当する部隊として新編され，新型艦艇の企画・評価研究や艦艇部隊（潜水艦，掃海部隊を含む）の戦術評価ソフトウエアの開発等を活発に推進した．運用開発隊は 2002 年の編成替えで解隊され，開発隊群の中の艦艇開発隊となった．

④．　掃海部隊は古くから「演習は野外実験である」という意識が強く，オペ・データの収集と各種のＯＲ分析が行われてきた．特にベトナム戦争後，米海軍の掃海戦術が一変し各種の掃海要表が全面的に改定されたことに伴い，その理論的背景を究明する研究が活発に行われた．これらの成果はプログラム業務隊でプログラム化され，ＳＦシステムで利用できるようになった．また 1980 年頃から掃海ヘリコプター部隊で，ヘリコプターによる掃海戦術のＯＲ研究が行われ，卓上計算機用の航空対機雷戦プログラムが開発されて運用に供された．更

194   第4章　我が国の軍事ＯＲの展開と現状

に 1997 年，プログラム業務隊に「掃海システム部門」が設けられ，英国から
導入された艦載の掃海システムを維持・改修しつつ，技術研究本部で実施した
研究試作に基づき「将来の掃海艇用戦術情報処理システム」の研究が行われた.
この研究により次期掃海艇搭載の掃海システム開発に必要な基礎が造られた.
また 2000 年に掃海艇のオペ・データの収集分析及び戦術支援モデルの開発担
当の掃海業務支援隊が掃海隊群隷下に新編された. プログラム業務隊は 2002
年に解隊され，掃海システムの研究開発業務は艦艇開発隊に引き継がれた.

⑤. 1978 年に第2潜水隊群司令部に解析評価幕僚が置かれ，潜水艦部隊の作戦
分析に焦点を当てた潜水艦オペ・データ収集処理システムを研究した. このグ
ループは2年後に新編された潜水艦隊司令部に移り，潜水艦に関するオペ・デー
タの収集処理プログラムを開発し，潜水艦部隊独自で再構成作業（演習中の
全事象の両軍の行動図を付き合わせて合戦図を作り，生起事象の時間・位置を
確定する作業. Reconstruction. リコン作業と略称）を行い，オペ・データを
収集する態勢をつくった. またこれらのオペ・データや理論モデルをもとに，
潜水艦の被探知回避戦術の研究や評価モデルの開発が行われた. その他，潜水
艦の沈没事故発生時の捜索救難活動に備えて，深海の海底救難捜索の調査研究
が行われた.

(2)．海上航空部隊

①. 第 51 航空隊は航空機装備品に関する実用試験・運用試験を担当する部隊と
して 1961 年に開隊された. 1966 年に海上航空の主力対潜哨戒機 P2V-7 を
大規模に改造して P-2J として制式化したとき，51 空で運用試験を実施した.
このときマルコフ連鎖モデルを応用して総合的対潜戦能力の評価を実施し注目
された. また 1965～1985 年にかけて 51 空研究指導隊のオペ・データ班を中心
に対潜オペ・データの収集処理が熱心に行われた. 潜水艦部隊との大規模な対
抗演習時の赤・青両軍の行動図，合戦図，潜水艦の行動記録等をもとに，手作
業でリコン作業を実施して，航空機搭載センサーの距離対探知率データや潜水
艦の行動態様分析をまとめ，「オペ・データ集」として発刊し，全航空部隊に
配布した. 部隊の戦術行動に密着したこれらの貴重なデータやＯＲ分析の報告
書は 60 数冊にのぼり，各部隊で利用された.

②. 1975 年夏，航空集団司令部の解析評価室にＯＲ班が設けられた. ＳＦシス
テムの稼働開始，電子化された新対潜哨戒機 P-3C の導入直前の時期であり，
「対潜戦の科学化」をモットーに活発な航空部隊のＯＲ活動が行われた. 空団
司令部のＯＲ班と 51 空研究指導隊が連繋して，ＳＦシステムの応用プログラ

ムとして多数の戦術評価プログラムを開発し，ＳＦシステムに登録した．（モデルの概要は文献［3］参照．）また大規模演習時にＳＦシステムのネット・ワークで全国航空基地を結び，「対潜戦連続情勢見積支援プログラム」や無指向性ソノブイ・コンタクトの「位置局限プログラム」等を全国部隊で運用し，実動演習の中で動態ＯＲ分析を行った．また空団司令部のＯＲ班は，訓練の事前・事後の研究会で問題になった事項について各種の戦術解析のＯＲ分析を行い，全航空部隊に配布した（文献［4］参照）．しかし空団司令部の解析評価室は，1981 年に音響業務支援隊の基幹要員として移され，空団司令部のＯＲ活動も間もなく終息した．

(3). 自衛艦隊司令部

①. 1973 年，海上自衛隊は米海軍の対潜訓練データ収集システムを導入し，FADAP-J (Fleet ASW Data Analysis Program-Japan) に改造した．大規模な対潜戦対抗演習では，演習終了後リコン作業を実施し，生起事象の事実確認と問題点の摘出・原因探求（有効探知距離内で会敵したのに何故探知できなかったか等）を行う．これに付随してセンサーの探知能力データが収集された．演習の終了後，各部隊の要員を横須賀に集めてリコン作業を行ってデータ・シートに記入し，電算機に入力してファイリングする作業を数年間継続して実施した．このシステムの導入・開発は，1973 年頃から海幕分析班で推進し，その後 1978 年に自衛艦隊司令部に運用解析室が発足して開発・運用・維持に当たった．運用解析室は更に 2005 年に改編され自衛艦隊司令部作戦分析幕僚部となった．このシステムのデータ収集処理は，当初統計データを人力で入力したため作業の負担が大きく，これを軽減するために自動リコン・システムの導入が進められた．その後，卓上型小型コンピュータ（ミニ・コン）を使った簡易リコン（ミニ・リコン・システムと呼ぶ）に切り替わり，簡便に使えるのでデータの収集量も増えた．またそれによって収集したデータの処理及び検索を行うプログラムが開発されたが，機能は必ずしも十分ではなく，多種多様の利用目的に対応した訓練データのデータ・ベース構築は今後の課題である．

②. 自衛艦隊司令部の運用解析室は，1980 年以降，艦艇部隊の戦術ＯＲ能力の向上のために，各護衛隊群司令搭乗の護衛艦にミニ・コンを搭載し，各種の対潜戦の状況に対応した戦術評価プログラムを開発して配布し，部隊ＯＲを実施するソフトウエア環境を整備した（Ｗｉｎ-ＯＲシステムと呼ばれた）．このシステムはその後も継続的に整備・充実が図られ，詳細なモデル説明書（分析評価参考書）も各部隊に配布された．しかしこれらの応用プログラムが艦上で作

196 第4章 我が国の軍事ORの展開と現状

戦分析に活用されたとは言い難く，これらのモデルを艦上で使いこなすには，今後，乗組み幹部自衛官に対するOR教育の徹底が必要であり，大きな課題である（§4.3.3.に後述）．

以上，海上自衛隊の部隊OR活動について概説したが，上述したとおり海上自衛隊では，自衛艦隊司令部以下の各部隊で部隊運用及び研究開発のOR分析が行われ，それらの研究成果の作戦情報処理モデルや戦術評価モデル，オペ・データ収集処理プログラム等は自衛艦隊指揮支援システムに登録され，ネットワークを通じて全国の各地方総監部及び航空群司令部等の部隊が利用できる形に整備されている．前掲の図4.1.の組織図では部隊ORの細部を省略したが，これまで自衛艦隊司令部の作戦分析幕僚部以下，開発隊群司令部（2002年編成）隷下の指揮通信開発隊，艦艇開発隊，同 実験部及び航空プログラム開発隊，並びに掃海業務支援隊，51 空 調査研究隊，海洋業務群 対潜資料隊等で部隊運用及び研究開発支援のOR分析が行われ，これらの部隊ORの要員は海幕分析室の政策ORの2～3倍にのぼっている．

4．航空自衛隊の部隊運用のOR活動

航空自衛隊のOR部署は空幕分析室が主であり，その他には航空総隊司令部に若干の研究職技官の配置があるが，実施部隊にはOR要員は配置されていない．しかし軍事問題としては新装備の評価，兵力配備・運用計画，演習等の計画作成や事後評価及び戦力維持の後方支援業務等について，定量的評価に基づいた合理化・効率化は必要であり，そのためのOR機能は不可欠である．航空自衛隊でも20 数年前に「部隊OR業務」態勢の整備が試みられたことがある．しかし防空シミュレーションや作戦能力見積の支援システムの装備は実現したものの，人的な施策は従前と同様なシステムの装備化に伴う運用・維持のための要員の確保に止まり，OR要員を部隊に配置する必要性は認められず，定員化は実現しなかった．そのような経緯から，航空自衛隊では航空総隊司令部にOR専門の技官が定員化される1990年代の中頃までは，「部隊運用のOR」という概念自体が希薄であった．これは航空作戦は陸上や海上の交戦に比して非常に高速であり，システムに造り込まなければ実用に役立たないという特性も影響している．

(1)．航空総隊ウォーゲーム・シミュレーション・システム

1981 年，航空総隊は作戦計画の立案，演習計画の定量的な検討・分析に用いる「航空総隊ウォーゲーム・シミュレーション・プログラム」を独自に開発した．このプログラムは，初代バッジ・システムの電算機（待機系や維持管理用器材）

§4.3. 自衛隊の軍事OR活動の展開と現状 197

上で作動するモンテカルロ方式の防空戦シミュレーション・モデルであった．このモデルは電算機メモリー及び処理速度の制約のために，入力シナリオによっては数日の計算時間を要することもあって，使い勝手が悪く不評であった．しかし他に代わる手段が無かったため，初代バッジの終焉（1989）まで使用された．このプログラム開発において運用要求は航空総隊司令部が策定したが，システム設計，プログラム・データ設計，プログラム作成や試験などをプログラム管理隊（1969 年にバッジ・システムのプログラム維持管理部隊として編成．航空総隊の直轄部隊）が行った．当時，プログラム管理隊は本務のバッジ・プログラムの大規模更新を終える直前であり，バッジ・システムの機能を熟知したベテラン達がプログラム開発に参加できたことが，この開発作業を可能にした．しかしバッジの実時間システムとは異なるノウハウ（特に防空作戦を模擬するモデル・アルゴリズムの開発，乱数生成法やその統計的検証法の確立，モデルに使用する運用データの収集整理等）が必要であり，そのようなノウハウの習得や問題解決を図りながら，プログラム開発が進められた．本プログラムの開発を通じて将来の研究課題として指摘された次の事項は，傾聴すべき教訓である．

①．電算機の能力に比してモデルに過大な要求を盛り込みすぎる．

②．各部の機能の精度のバラツキが問題：モデル全体の精度を考慮せずに担当者が知っていることを細部まで設定しがちである．

③．オペレーショナル・データの不備：理論モデルを検証する実運用・演習等のデータが不十分．またそれらのデータを収集し整理する組織的体制の不備．

(2)．演習用作戦解析装置

バッジ・システムの換装とともに上述の「航空総隊ウォーゲーム・シミュレーション・プログラム（データ・ベースを含む）」が終焉を迎える時期となり，1985 年春，これらを有効活用する方策が空幕運用課，通信電子課等で検討され，次のような方針にまとめられた．

①．単に当該プログラムやデータを引き継ぐだけでなく，バッジ等のツールも取り込み，作戦の定量的分析ができるようにする．

②．バッジの運用状況に左右されない分析専用電算機を取得する．

③．モデル，データ等のシステム全体を更に充実・発展させる人的な体制を確立する．

そして 1986 年度に「部隊におけるOR態勢の整備：作戦解析装置の取得と作戦解析体制の整備（編制）」が計画され，予算要求が開始された．この計画は3年後の 1989 年度予算で当初の計画がかなり縮小された形で成立し，作戦解析装置

198　第4章　我が国の軍事ORの展開と現状

の取得及びプログラム作成が実現した．予算上の制約とはいえ，システムの機能が「演習に特化した定量的分析」に限定され，データの収集整理やプログラムの維持管理のため若干の要員が認められたのみで，航空総隊司令部の作戦解析室の新編は見送られた．名は体を表すというが，部隊OR活動は演習の場に限定されることになった．またプログラムの維持管理要員がOR分析業務にも当たることになったため，ORの知識・技能の習得に陸上自衛隊の小平業務学校OR課程に依託学生が派遣され，1989年3月，演習用作戦解析装置の運用が開始された．このシミュレーション装置は，当初は実施部隊の理解や協力が得られなかったが，装置の操作慣熟，解析結果の考察，使用データの再チェック，適用範囲拡大の工夫，これに伴うプログラムやデータの更新等を通じて，次第に演習の計画や評価に利用されるようになった．本格的な運用段階では，

　　①．作戦計画策定時の見積や分析
　　②．作戦の意思決定に係わる各種の見積
　　③．演習計画に関する見積や分析資料
　　④．兵器の運用法に関する運用研究

等に利用された．その後，情報処理技術の革新に対応して，ハードウエアの換装やダウンサイジング等を行い，処理効率・操作性・信頼性は向上されたが，導入当初に計画されたモデルや運用データの充実はやや低調であった．

(3)．航空自衛隊作戦用シミュレーション・システム

　米軍との共同演習等を通じて，情報技術の進歩による指揮統制情報に関する演習環境のリアル化の激烈な変革を目の当たりにして，航空総隊では単なる演習支援のツールではなく，演習環境そのものを提供しうる新しいシステムを望むようになった．それを踏まえて空幕は「航空自衛隊の作戦シミュレーションの在り方」に関する検討を行い，複数案の曲折を経て，航空自衛隊幹部学校の教育用システムと航空総隊の演習用作戦解析装置を統合し，幹部学校に新しい演習環境を実現するシステムを構築することとなり，2006年度に上記の「演習用作戦解析装置」を廃止して，新しい「航空自衛隊作戦用シミュレーション・システム」を整備した．これに伴いプログラム管理隊の要員は幹部学校に付け替えられた．このシステムの運用部隊は幹部学校及び航空総隊司令部等であり，運用目的としては次が挙げられている．

　　①．航空総隊，各航空方面隊，航空支援集団等の指揮所演習の支援
　　②．幹部学校の戦術教育支援
　　③．航空総隊司令部の作戦計画や幹部学校の調査研究等の支援

§4.3. 自衛隊の軍事OR活動の展開と現状　199

このシステムの主要構成である指揮所演習用シミュレーション・プログラムは米軍のモデルをベースに開発されているが，実際のシステムの運用データは航空自衛隊の手で完備する必要がある．このシステムが演習等で有効に活用されるためには，モデルの論理の解明，データの準備，また逆に入手可能なデータに合わせたモデルの改善等が今後の課題である．特に弾道ミサイル防衛に関しては我が国独自の実証は極めて限定されるので，米国の支援の確保を含めて，様々な施策を講ずる必要があろう．航空自衛隊を挙げてこれらの課題を克服し，モデルとデータの信頼性を向上させることによって，当該システムを十分に活用できる態勢づくりが期待されている．

以上，本節では各自衛隊のOR活動を概観した．上述したとおり自衛隊のOR活動の発足は民間の生産活動のORや学会活動の開始時期よりも早く，また陸上自衛隊の「野戦 ADPS」の企画研究（1969）や海上自衛隊の全国基地をネットワークで結んだ「対潜戦連続情勢見積支援プログラム」の運用（1976），航空自衛隊のバッジ・システムの待機系による大規模な「防空作戦のシミュレーション」（1981）等々，現代のIT時代のネットワーク中心の戦闘システム NCW の原型ともいうべき試みがかなり早い時期に，しかも部隊自身の発意によって行われていたことは注目すべきである．しかしながら関係者の並々ならぬ熱意と努力にもかかわらず，これらは継続した組織的なシステム開発の蓄積には繋がらず，また当時の計算機の能力がこれらのシステム構想の実現には劣弱すぎたこともあって，優れた個々の着想や創意は実を結ばずに消え去ったのは残念である．次節では自衛隊のOR活動の今後の課題について考察する．

§4.3.3.　自衛隊における軍事ORの将来に向けて

情報化時代の防衛システムとして，今後新たに必要とされると思われる軍事OR活動は次の事項が挙げられる．

①．情報優越の確保：情報データのシステム化に伴い情報資料の情報化要領を分析し，各種事態発生を未然に防止する方策を研究する．

②．訓練管理の効率化：任務のウエイト付け・練度の定量化等を行い，訓練時間を効果的に活用して多様な任務への対応能力を訓練する．

③．少子・高学歴化への対応：自衛隊の魅力化，中途退職者の削減施策及び「公共サービス改革法」（Private Finance Initiative）を検討する．

④．以下に列記する各種事態対処体制の整備．

200 第4章 我が国の軍事ORの展開と現状

・効率的な防衛力整備（装備の取得・延命・能力向上・組み合わせ）の検討
・部隊ORツールの作成及び分析能力の養成
・各種事態を考慮した兵站の解析
・災害派遣時の効率的・効果的部隊運用

　表 4.1.の年表に見るとおり，自衛隊のOR活動は陸海空の各自衛隊のいずれ
も，実施部隊の運用や諸活動とは遠く離れた六本木（2001 年に市ヶ谷に移転）
の行政官庁：防衛庁の各幕僚監部において発足し，主として中期防計画や予算編
成のための評価作業に従事する政策ORの評価グループとして発展したのが特徴
である．発足当初の一時期こそ米英軍の戦時研究の学習と戦術ORの分析に関心
が持たれたものの，間もなく陸海空の各幕僚監部のいずれのOR班も，長・中期
の防衛力整備計画の評価と予算編成支援の分析作業を中心的な業務とするセクシ
ョンに変貌していった．それは中央官庁の政策評価グループとしては当然のこと
であるが，実際の組織の運用現場の問題を放置したまま，しかも十分なデータ・
システムの基盤もなしにマクロな政策問題のOR分析に取り組んでいったことは，
後述するようにその後の3自衛隊のOR活動の展開に大きな歪みを遺すこととな
った．これまで自衛隊のデータ・ベースは非常に小規模又は特殊な分野に限定さ
れていたことも，防衛力整備計画に関する定量的な意思決定分析のORの信頼性
に関わる問題点を遺した．前述した米国の軍事ORの発展の歴史に見たとおり，
米国の陸・海・空軍では第2次大戦中はもとより，朝鮮戦争，ベトナム戦争，湾
岸戦争及びその他の国防上の危機において，OR分析チームは常に戦場にあった．
またそのOR分析チームの派遣を要請したのは第1線の指揮官達であった．即ち
彼らのOR活動は第1線の砲火の中で血をもってデータを購いつつ，急迫する切
実なる戦術問題との格闘を通じて成長を遂げ，その結果の蓄積に基づいてマクロ
な「軍事・政治分析」や国防予算編成の PPBS 等に拡大していった．これに
対して自衛隊のOR活動は，上述したとおりそれとは全く逆の経過をたどり，運
用現場の諸問題の分析に全く携わることなく，中央官庁のマクロな政策分析に関
与していった．このように自衛隊のOR活動は，欧米の成長過程とは全く逆方向
にマクロな政策ORとして始まり，部隊運用の実動の現場を離れて成長して現在
に至ったが，このことが今日の我が国の軍事OR活動の基本的な体質にいくつか
の深刻な影を落とし，歪みを遺したことは否定できない．著者も 20 数年間この
業務に関わり，責任の一端を担う者として顧みて忸怩たるものがあるが，自衛隊
のOR業務の健全な発展のために敢えて率直に所見を述べたいと思う．以下の見
解は著者の個人的な狭い経験から導かれた私見ではあるが，我が国の防衛応用の

§4.3. 自衛隊の軍事OR活動の展開と現状　201

ＯＲ及びＳＡ活動に関する歪みとして，以下の７つの事項が指摘される［5,8］．

１．自衛隊のＯＲ体制の歪み

(1)．運用現場からの乖離

　第１点は，陸海空の各自衛隊のＯＲ活動がいずれも実施部隊の運用現場の問題と乖離し，中央官庁の政策計画問題の分析に限定されたために，実施部隊からＯＲに対する信頼と支持を克ち得ることができなかった点が最も深刻な弊害として挙げられる．そのためにＯＲ活動の本質的な「システムの概念」や「合理性」の考え方を自衛隊の組織及び隊員の中に定着させることに失敗した．また「戦術は実動部隊が工夫し，改良する」姿勢や，「戦うための装備は運用者自身が発想し，育てて戦力化する」という組織の創造性を育てることができなかった．即ち前述した英国のブラケット・チームを歓迎する将兵達の群れや，米国のさまざまな危機の現場からＯＲチームの派遣を熱望する部隊指揮官達の姿は，これまで我が国のＯＲグループの周囲には遂に見ることがなかった．このことはこれまで国家防衛上の危機に際会することのなかった自衛隊の幸運というよりも，むしろ問題の山積する運用現場のニーズに立脚しない予算取りの政策ＯＲ活動に対する，実施部隊の不信感の現れであると考えられる．

(2)．ＯＲ活動の矮小化

　第２点は，ＯＲ活動が予算編成に関する評価作業という極めて限定された分析作業に偏向したために，狭い選択肢の中の論証の技術，即ち予算要求の説明資料作りの技術としてＯＲを矮小化してしまったことである．そこではＯＲが意思決定分析の科学として「問題解決の体系的アプローチである」という本来の機能で活用されることはほとんど無かった．そしてそれが組織全体の意思決定の「合理性の追求」の取り組みの姿勢を根本から腐敗させ，崩壊させる病根となったと考えられる．そこでは「問題の体系的分析による根本的解決」よりも，過去の経緯に整合する「辻褄の合った説明」だけが求められるからである．そしてこのことが前項に述べた実施部隊のＯＲに対する信頼の喪失に拍車をかけた．運用現場では屁理屈をこねまわす説明などは不要であり，問題解決の事実だけが要求されるからである．それは単に信頼の喪失に止まらず，「ＯＲは難解な数学を振り回して屁理屈の浪花節を数値で語り，数字で烏を鷺と言いくるめる技法である」という悪意に満ちた風聞が囁かれる中で，実施部隊の不信感を増幅させた．

(3)．科学的実証性の喪失

　影響の第３点は，ＯＲ活動が組織の実動現場の実施部隊と遊離し，しかも信頼

202　第4章　我が国の軍事ORの展開と現状

性の高いデータ・ベースの構築を怠った結果，ORの分析結果を現実のデータで
検証するという，OR分析の自然科学の基本的なメカニズムが働かなかったこと
である．このために自衛隊のOR分析は検証されることのない仮定と，その仮構
の論理の連鎖の中で緊張感と活力を喪失してしまった．自衛隊のOR技術者達は
運用現場の事実によって自分の行ったOR分析を試されることはこれまでかつて
一度もなかった．第2次大戦中，米海軍のOR活動を指導したモース＆キンボー
ル両博士が，ORの最初のテキストである「オペレーションズ・リサーチの方
法」[16] の中で述べた次の文章は，わが自衛隊のORワーカーに対する直接の
警告かと思われるほど，この問題の本質；「ORは論理の遊戯ではなく，現場の
知恵である」ことを鋭く指摘している．

　「ORを役立てようとするならば，ORを作戦の意思決定の厳しい現実に繰り
　返し曝して，毎日変化する要求を突きつけ，鍛え上げなければならない．（中
　略）そうしなければORは哲学ではあり得ても，科学ではなくなってしまう
　であろう．」

上述の一文はマクロな政策分析のSAや PPBS の理念に熱中し，あたかもそ
れが進歩したOR活動の如く錯覚して，組織体の運用現場のORのニーズを顧み
なかった結果，我が国の軍事ORの技術者達が如何に大切なものを失ったかを痛
烈に指摘している．

(4)．創造性の希薄化

　第4点は，ORグループの支援を得られなかった実施部隊が，米軍の戦術マ
ニュアルや武器システム等を通じて長く米軍のORの上澄みだけを安易に模倣し
てきたために，自ら泥に塗れてデータを集め，部隊運用や戦術の展開を研究改善
する創造的体質が希薄になってしまったことである．翻訳文書の模倣からは創造
性に富んだ組織体は生まれない．またこれが自衛隊のシステム造りの「他力本願」
体質を醸成し，今日技術立国を標榜する我が国で基本的な作戦情報処理システム
やデータ・システムさえも米軍システムの模倣以外には企画できないという貧弱
な発想と，またその安易な模倣を是認する風潮を生み出した．かつて 1932 年，
帝国海軍が欧米列強に劣らぬ性能の航空機を我が国独自の技術で製作するために，
「外国人技師に依存せず自力で取り組むことを原則とする（七試計画）」と各航空
機メーカーに指示したことが，世界に冠たる名戦闘機「零式艦上戦闘機（ゼロ
戦）」を生む基盤となったことを思い起こしたい．特に意思決定支援システムや
データ・システム，戦術開発の評価シテム等は，その国の「戦略思想」と直結し
ており，したがってそれらはそれぞれの国の固有文化の所産であり，その国の歴

§4.3. 自衛隊の軍事OR活動の展開と現状　203

史や伝統, 価値観の思想・哲学に深く根ざしていると言ってよい. ゆえにこれら
のシステムやプログラム体系の選択は単なる機械装置の選択問題ではなく, それ
を使う意思決定者の考え方の枠組みを規定し, 将来の意思決定を支配する選択で
あることは, 人類の文明の伝播と拡散の歴史の鉄則であり, 英国の歴史家 A. J.
トインビー博士の「歴史の研究」を繙くまでもなく明らかである. 現在, 米軍と
の共同オペレーションやシステムの共用性の名目の下に, データ・システムや情
報処理システム, 指揮支援システム等について, この点の配慮を欠いた怠惰な選
択を行い, 将来の意思決定の枠組みを他国に委ねる危険を犯しているという厳し
い認識が, 今日の自衛隊の各種のシステムの企画者から欠落していることは, ま
ことに憂慮すべきことである.

(5). データ軽視体質の醸成

　悪影響の第5点は, 上述した組織的な「他力本願」体質とも関連があるが, 自
衛隊は自作のシステム造りを放棄した結果, その基盤となる実証精神をも忘却し,
データ軽視の体質を醸成してしまったことである. またこのために組織的に獲得
した専門知識に対する意識がすこぶる希薄となり, 防衛専門集団としての知的財
産に関する価値観をも喪失した. これまで各種の戦術研究, 術科研究, 運用試験
等のデータや報告書, 対抗演習の訓練データ, 防衛関連の論文誌・技術誌の論文
等々, 膨大な防衛専門のデータや資料類に日々埋もれながら, それらのデータや
文献・資料の蓄積・検索・流通の防衛専門技術情報システムは全く構築されなか
った. 研究作業が終われば報告書は秘文書に登録されて金庫に眠り, 数年後には
シュレッダーの餌食となって紙屑と化し, 貴重な知識は垂れ流しに失われてしま
っている. 自衛隊では最近まで各種のデータ・ベースや, 信頼性の高いオペレー
ショナル・データの収集・分析システムがほとんどなかったことは前述したとお
りである. 軍事ORにとって決定的に重要なことは, 過去の知見の蓄積に基づい
て将来の事態の推移やシステムのふるまいを構造化する能力 (モデル化の能力)
と, それらのモデルを動かす信頼性の高いデータ群をもつことである. 第2章に
述べた各種の軍事ORが将来の不確実性の解明に有効に働くことができるのは,
決してその理論モデルが卓抜なためではない. 理論の背景にある過去の知識の蓄
積が理論モデルの構造を支え, 各種のデータが理論モデルを有効に機能させるこ
とによって, はじめてOR分析が生きた知恵となる. 即ちORは理論モデルや分
析手法の集合体ではなく, 過去の知見とデータの集合体であり, 組織体の過去の
経験と知恵が集積されたものであるといった方が正しい. その意味で自衛隊のデ
ータ軽視の体質は, その将来に深刻かつ重大なる障碍となろう. 近代化された軍

204 第4章 我が国の軍事ORの展開と現状

は情報と先端技術が集積された集団であるが，それを機能させるにはそれを運用する隊員がデータを重視する科学者であることを要請される．特に幹部自衛官にはそれが強く要求される．そこでは「戦闘の対抗演習は単なる手続きの演錬ではなく，交戦の野外実験であり，その訓練データの中に将来の問題解決の鍵がある」という意識が必要である．そのようにして蓄積されたデータと軍事ORの理論モデルが，科学の「実験と仮説」の車の両輪となって，初めて軍事的な意思決定の科学化が実現できる．

(6)．指揮官のリーダーシップ

　第6点として部隊指揮官のORに対する取り組みを糺したい．それは指揮官としての意思決定に対する姿勢の問題である．第3章の英米におけるORの発展の歴史の節に前述したとおり，これまでの英米の軍事ORの活動は常に部隊指揮官が起動し機能させてきた．英国においてブラケット博士のORチームの誕生を促したロンドン防空の指揮官；パイル大将，米陸軍航空部隊のORの扉を開いた第8航空軍司令官；スパッツ大将，またそれを全航空部隊に拡大したアーノルド大将，米海軍の ASWORG を生んだ大西洋艦隊の対潜部隊指揮官ベーカー大佐，それを米海軍全般に拡大し，更に戦後の OEG の態勢を造った合衆国艦隊司令長官のキング元帥，また世界的な戦略研究所でありかつORの分析技術開発のメッカとなったランド研究所の創設に尽力したアーノルド大将等々，枚挙にいとまがない．更に米軍のOR活動の節に詳述したとおり，第2次大戦からイラク戦争の間，陸海空軍の軍種を問わずORグループの派遣を切望したのは，常に砲火に曝された第1線の指揮官達であった．意思決定者が直面する不確実性への深刻なる葛藤がORを必要としたのである．砲弾の飛び交う修羅場の戦場であれ，或いは平時の司令部であれ，指揮官が直面する意思決定問題の不確実性を縮小するために，如何に悩み，如何に努力するかが重要である．指揮官が自ら率先して意思決定の不確実性の解明と縮小に取り組み，その決定の完全性に挑戦する姿勢のない所には，OR活動は存在し得ないと言ってよい．企業のOR活動では「OR組織が機能するか否かは，それを使う決定者の意思決定に対する考え方による」と言いふるされているが，これは軍事ORの活動でも同じである．各部隊のOR活動の消長の変遷は，指揮官の意思決定に対する科学的な取り組みの真剣さをありのままに映し出していると言っても過言ではない．

(7)．OR分析者の責務

　最後に第7点として，陸海空の各自衛隊のOR分析に従事するOR技術者に対し，「OR専門家としての意識改革」の必要性について2つのことを指摘したい．

§4.3. 自衛隊の軍事OR活動の展開と現状　205

その第1点は，上述したようにこれまで自衛隊のOR分析者は「検証されることのない政策OR」に狎れすぎたことを強く自戒し，ORは自衛隊の組織の構成員全体の科学思潮と合理精神の醸成に責任があることを自覚する必要がある．即ちOR活動は平時の軍隊において，単なる予算要求資料や諸々の報告書類を数字で彩るためにあるのではない．自衛隊の活動や業務の全般にわたる合理化・科学化の推進こそがOR分析者の本来の仕事である．このことをひと時も忘れてはならない．第2点は，作戦の意思決定分析に関与するOR分析者は，指揮官の意思決定の質を高めることに責任があることを自覚する必要がある．このためにはOR分析者が指揮官と同じ視座に立って問題を捉え，指揮官が直面する問題のどの部分の不確実性に焦点を絞ってOR分析の斧を加え，混迷・錯綜する現実の糸を解きほどき，システムの将来像を明確化するかを的確に把握することが必要である．そして更に彼にはその問題解明の分析アプローチの腹案を用意する義務があることを胆に銘じなければならない．このことは指揮官と同じ問題意識と判断力が要求されることを意味する．これは実現し難い厳しい要求であるが，常にその自覚を怠ってはならないであろう．そのためにはOR分析者は単なる理論モデルの計算屋ではなく，組織全般の問題に関する広い視野と識見と，そして現実の難問題を解くOR技術に関する深い専門知識とが必要であり，日頃からその研鑽に弛みがあってはならない．上述のOR技術者に対する2つの「意識改革」の大切さは，前述したIEのテーラー・システムの蹉跌や米国の ABM 網のシステム分析にまつわる混乱，本節の第3点に述べたモース＆キンボール博士の「OR分析のあり方」の警告 [16] 等々を思い起こせば，その重要性はいくら強調してもしすぎることはない．OR分析者がその使命感と倫理観を欠き，そして専門分野の実力に裏付けされた問題把握の識見を失ったときに，意思決定支援のOR分析は空疎な数字の羅列となり，「数字で烏を鷺と言いくるめる」所業の有害無益な存在となることは免れない．油断して怠れば，嘗て工場の生産現場で生産性向上に取り組むと称して，結果的には「山師」と呼ばれたIEの能率専門家達の轍を踏むことになるのは火を見るよりも明らかである．

上述した問題点は，その後改善されているものもあるが，必ずしも問題の深刻さが正しく認識されていない点も多く残されている．これらは過去の失敗であると同時に，今日直面している病弊であり，早急に取り組み解決すべき課題でもある．自衛隊のOR環境について一度失われた実施部隊の現場の信頼を回復し，組織の創造性を取り戻すには，「人造り」の基本に立ち返って今後長く地道な努力を積み上げていくことが必要であろう．

206　第4章　我が国の軍事ORの展開と現状

2．自衛隊における幹部教育の欠陥

　前項では自衛隊のOR活動の問題点について狭い著者の経験から見た私見を述べたが，これらは基本的には自衛隊の情報化時代の「人造り」の2つの欠陥に起因していると考えられる．即ち上述の問題点の根底には，陸海空の各自衛隊の幹部（士官）教育における一般的な「システム教育の欠落」と，組織の合理性醸成の推進力となるOR技術者の「専門教育の質と量の決定的な貧困」の2つの欠陥を指摘することができる．上述の幹部教育の「システム教育」とは，システムの概念やその考え方，システム分析の循環手順，システムの最適化法，統計的決定理論，ORやコンピュータの概論等に関する基礎的な知識，及び評価モデルやシミュレーションによるシステム評価技法の概要と，軍事ORとその応用プログラムの全般的な知識である．これらは情報化時代の幹部自衛官として必須の素養であるが，一般的な幹部教育の中ではほとんど無視されている．

(1)．一般幹部教育の欠陥

　先ず上述の幹部教育における「システム教育の欠落」について3自衛隊の幹部要員の基礎教育を担う防衛大学校（以下，防大と略記）の教育を見てみよう．防大の理工学研究科のOR課程は研究科教育の発足と同時（1962：修士相当課程，2001：前・後期研究科課程）に始められたことは前述したが，しかし本科教育の中でOR教育が開始されたのは1989年の情報工学科の開設以後であり，この間20年近い歳月を経ている．一般大学のOR教育課程の整備に後れること数十年，一般社会ではIT革命の真っ盛りの時期である．時代思潮ともいうべき「システム教育」に対するこのような大幅な遅延は，防大の本質的な体質が関連している．即ち防大は「自衛隊の幹部要員を養成する」ことを教育目標に唱えながら，現代の情報化時代の軍人教育のあるべき姿を見据えた3自衛隊の基幹要員の教育を目指すよりも，むしろ防大のファカルティの勢力関係を反映した時代遅れの工科系大学教育を熱心に追求してきた．そして学生の「科学的な思考力を養う」と称しながら，時代の要請である「システム教育」を棚上げしてきたと言える．ここでは情報化時代が要求する幹部自衛官の教育とは無関係に，防大は教室間の勢力関係の内部事情によって，自衛隊の将来の幹部要員の教育を歪めてきたと言っても過言ではない．驚くべきことに今日でも防大の本科学生のカリキュラムの基礎科目には，学生の「システム思考」を培う一貫した教科目はほとんど準備されておらず，専門科目も旧態依然たる縦割りの工学科目が羅列され，防大の科学教育からは今なお「システム教育」が脱落している．上述の体質は1989年の学科再編

§4.3. 自衛隊の軍事ＯＲ活動の展開と現状　207

成以後，現在も継承されていると言わざるを得ない．このことは前述した 1996
年の理工学研究科の再編成にも明瞭に現れている．即ちこのときの研究科の再編
成では，組織の「ビルド＆スクラップ」と称してそれまで専攻横断的に運営され
てきた研究科のＯＲ専門を解体し，ＯＲの４系列を分散して従来の縦割りの工学
系学科の中に封じ込め，実質的にＯＲの専門教育を廃止する暴挙を断行した．防
大は「1996 年の改革」で本科教育のみならず，研究科からもシステム教育を抹
殺したのである．

　ＯＲは旧来の専門科学の障壁を越えた学際的研究を目指し，社会科学や人間科
学との連携を強調する学問分野であるが，防大ではこの常識に背を向けて，ＯＲ
の研究を各工学分野に封じ込めてしまった．その結果，防大の理工学研究科のＯＲ
教育は一貫したカリキュラム構成を失い，それ以後，各専攻のＯＲ関係の教育研
究分野が各個に分立して統一性のない研究科のＯＲ教育が行われることとなった．
この時代錯誤的な不見識きわまる改編は，防大の執行部とファカルティの「科学
教育」の視野が，システム概念を欠いた「旧工学系の縦割り学科」に局限されて
おり，その根底には「時代の要求に即した学科再編成の改革」と称して自己勢力
の拡大を図る「卑小な根性」が占めていたことを物語っている．近年，防大では
ＩＴ時代対応の教育と称してコンピュータ教育を重視しているが，いうまでもな
く「コンピュータ教育」はコンピュータ関連の技術教育であり，ＯＲ＆ＳＡのシ
ステムの理念や意思決定分析の各種の理論・概念の教育ではなく，「コンピュー
タ教育」で「システム教育」を補完することはできない．このことは最近の防大
理工学研究科の受験生に「コンピュータいじり」を志願する防大卒業生は多数あ
るが，情報工学のＯＲ理論コースに入校して「自衛隊の業務や意思決定分析の科
学化」を学び，そのための知識や技能を修得しようとする防大本科の卒業生がほ
とんどないことに明瞭に現れている．自衛隊のコンピュータ・システムに何を仕
込むかを考える基礎を与え，情報革命時代を迎えた自衛隊のその分野を担当する
人材を育てるのが防大のＩＴ教育の目的であり，防大のＯＲ教育の役割である筈
である．しかし「システム思考の教育」を欠いた防大のＩＴ教育は，単に「コン
ピュータ・ゲームに熟達した幹部自衛官」を育てるのが目的であるように見える
のは，筆者の僻目のゆえであろうか．

　更に前述したとおり「システム教育」は防大のみならず陸海空の各自衛隊の幹
部教育でも欠落している．各自衛隊の学校教育の中に先に挙げた教育項目の部分
的な教務はあるが，体系的なシステム教育は行われていない．これは各自衛隊の
教育担当者が「システム教育」を知らない防大卒業生であることを考えれば無理

208 第4章 我が国の軍事ORの展開と現状

からぬことである．これこそ正に開校以来 65 年を経た防大教育の悪しき成果と言ってよい．3自衛隊では幹部候補生課程，幹部初級課程，及び幹部中級課程位までは，適宜段階的に高度化させた共通の体系的「システム教育；ＯＲ＆ＳＡ教育」を実施することが必要である．特に科学技術の粋を集めた近代装備の自衛隊にあって，文系出身の幹部自衛官が増加している現状では，このことは看過できない重要事項である．嘗て海上自衛隊の組織体質を「1歩前進，2歩後退の組織」と評した論者があったが，上述したとおり3自衛隊とも幹部教育に「システム教育」を欠き，加えて技術職種の位置づけやＯＲの特技管理の人事制度の不備のために，組織の科学化・合理化の原動力となるこれらの部門に人材が集まらず，そのために「前進力」の乏しい後ろ向きの組織体質が醸成されたと考えられる．

(2)．ＯＲ要員教育の欠陥

次に「ＯＲ専門教育の質と量の決定的な貧困」については次の事項が指摘される．部隊の軍事ＯＲ活動には，ＯＲの理論研究と各自衛隊の応用研究の現場をつなぐ高度な知識技能を持った多数のシステム・エンジニアが必要であるが，ＯＲの専門教育を担当する課程（防大理工学研究科のＯＲコース，陸上自衛隊小平学校研究技法課程，一般大学・大学院のＯＲコース国内留学等）の教育人数は全く不十分であり，各自衛隊のＯＲ部署は未教育者が大部分を占めているのが実情である．更にまた専門教育の質の面でも，防大の理工学研究科は単に大学評価・学位授与機構のレッテル付き修士を産出することに熱心で，各自衛隊の要請に応えて自衛隊の現場のＯＲ活動を推進できる人材を育てていないことが大きな問題である．これを改善するには防大が各自衛隊の実施部隊の戦術研究の現場と連携して，その理論的研究を積極的に支援し，研究科学生の研究テーマを現実のＯＲ問題に関連づけ，或いはＯＲ実習の機会とする等の工夫が必要であろう．これまで学位授与機構の審査官に憚って研究科学生の研究テーマから極力軍事的色彩を薄め，論文の軍事用語の使用を控えるなど，従来，行われた迎合は防大の理工学研究科の存在意義を疑わしめる本末転倒の所業である．防大は自衛隊の現場の革新の推進に役立つ専門教育に徹するべきである．数十年前に全国大学で吹き荒れた「自衛官の大学院入学拒否」の騒ぎも収まった現今では，一般的な工学や広義のＯＲ理論の高等教育は国内外の一般大学の大学院に留学すればよく，防大の理工学研究科で実施しなければならない理由はない．防大の理工学研究科の修士・博士課程は自衛隊の技術業務分野に特化し，その技術開発力を高めるための人材の供給を目的に，効率のよい高等教育の体制を再構築する必要がある．

このように幹部自衛官の「システム教育」の欠陥と，ＯＲ専門技術者の人的資

§4.3. 自衛隊の軍事ＯＲ活動の展開と現状 209

源の質・量両面の供給に失敗した自衛隊のＯＲ部門は，発足当初の取り組みの熱
意にも拘わらず，間もなく失速せざるを得なかった．前者の欠陥が組織のＯＲの
土壌を荒廃させ，後者の失敗が幼いＯＲの苗木の成長力を奪ったからである．前
節に述べた各自衛隊の初期のＯＲ活動に見られた「作戦情報処理」や「意思決定
支援システム」，「戦術解析シミュレーション・システム」等の優れた着想が実を
結ばずに枯死したのは，上述した組織的なシステム思考が防衛力整備の運用者達
の中で欠落していたことが原因であると考えられる．米海軍では 1970 年代に出
現したイージス艦システムから，その後ネットワーク/情報力中心の沿海域戦闘
艦 LCS (Littoral Combat Ship) 艦システムへとシステム構築コンセプトの重
点指向が大きく変化してきたが，これは次々に輩出して持続的にリーダーシップ
を発揮した米海軍の提督達の先見的かつ創造的な指導による長年の蓄積の成果で
あるとされている（大熊 [20,21]）．軍事システムは軍事の専門家である運用者
が自らの手でつくり出すべきものであり，しかもそれが散発的な個人の着想や創
意であってはあまり意味がない．大規模なシステムの開発には長期にわたる段階
的な進化の過程があり，それを支える一貫した中心的な思想と技術や運用面の持
続的な組織力が必要であるが，それは個人の力では実現できないからである．先
端的な防衛システムはそれを絶えず再生し進化させていく組織の意思，即ち「組
織の持続的な志」が不可欠であり，それがなければ現状の維持すらも困難である．
その「持続する志」を産み出すものは教育であり，そこに組織の教育の大切さが
ある．上述の所論から「H. 17 大綱」に謳われている「軍事技術水準の動向を踏
まえた高度の技術力と情報能力に支えられた多機能で弾力的な実効性のある防衛
力」を効率的に整備し，情報化時代の新たな自衛隊を造るには，自衛隊全体の科
学的システム思考の教育を確立することが必須の条件であるといえる．次の時代
に備えて絶えず防衛システムを点検し開発・改善していく知識と識見をもち，そ
のためのリーダーシップを発揮できる将軍・提督を次々に輩出し，またそれを支え
る幕僚達を鍛える教育の確立こそが急務である．それによって業務の効率化を図
り，装備の陳腐化を防ぎ，新システムの開発・改善のスピードを上げなければ，
国家財政の逼迫と人的資源の枯渇の壁を克服して近代的な防衛力を維持すること
はできない．そのためには防大及び3自衛隊の各学校は，幹部の「システム教育」
のあり方について抜本的に見直して内容を再検討し，新時代の自衛隊を支えるこ
の分野の人材の養成について，「質の向上と量の拡大」を図ることが今後の最重
要かつ緊急の課題である．そしてそのための教育組織の構造改革の素案づくりは，
既存の縦割りの組織にはびこる勢力分布に左右されない，先見的な第3者

の慧眼と豪腕を取り入れることが必要であろう．前述した防大の教育改革の先例に見るとおり，既存組織の改革案は「改革に名を借りた旧弊の自己増殖」に過ぎないことが多い．

以上，本章では初めに我が国の第2次大戦中の分析活動を述べ，次いで自衛隊の発展の歴史；防衛力整備の経緯と自衛隊の海外活動の展開を概説し，更に軍事OR活動の経緯と現状を概観して今後の課題を考察した．またこれまでの4つの章では，広義のORと軍事ORについて全般的事項を述べたが，以下の3章では戦術分析のOR理論の代表的な3つの研究分野；捜索理論，射撃理論，交戦理論の軍事ORの理論研究の構成について概説する．そこでは各研究分野における資源配分問題や機会目標問題，ゲーム理論及びマルコフ連鎖モデル等の軍事応用等を含めて述べる．

参考文献

[1] B. A. Fiske, *"American Naval Policy"*, The Proceedings of the United States Naval Institute, 31-1 (1905), 1-80.

[2] 後藤正夫，『あるORの体験』，オペレーションズ・リサーチ，34, No. 2 (1989)，60-61.

[3] 飯田耕司，福楽 勲，『ASW 作戦情報処理・戦術解析のためのシミュレーション・モデルについて』，航空集団司令部，1977,（部内限定）.

[4] 飯田耕司，福楽 勲，『戦術オペレーションズ・リサーチ事例集：第1集 （TAG Rep. No. 1～23）』，航空集団司令部，1977,（部内限定）.

[5] 飯田耕司，「軍事ORの彰往考来・前編」，『波涛』，海上自衛隊幹部学校，通巻 160 号 (2002.5)，88-105.「同・後編」，通巻 161 号 (2002.7)，71-91.

[6] 飯田耕司，『意思決定分析の理論』，三惠社，2006.

[7] 飯田耕司，『改訂 軍事ORの理論』，三惠社，2010.（初版. 2005）.

[8] 飯田耕司，『国家安全保障の諸問題 － 飯田耕司・国防論集，第 7, 8, 9 編』，三惠社，2017.

[9] 井上成美，「戦闘勝敗ノ原理ノ一研究 (1932.4)」，井上成美伝記刊行会編，『井上成美. 資料編 （その四）』，伝記刊行会，1982, 80-86.

[10] 井上成美，「比率問題研究資料 (1932.5)」，井上成美伝記刊行会編，『井上成美. 資料編 （その五）』，伝記刊行会，1982, 86-91.

[11] 海幕防衛課分析室，『海上自衛隊分析業務 50 年を振り返って』，2006,（部内限定）.

[12] 菊池 宏，『戦略基礎理論 戦略定義・力・消耗・逆転』，内外出版，1980.

第4章の参考文献　211

[13]　木村 洋,『第2次世界大戦期における日本人数学者の戦時研究』, 京都大学数理
解析研究所講究録 (数学史の研究), 1257 号 (2002), 260-274.

[14]　F. W. Lanchester, "*Aircraft in Warfare ; the Dawn of the Fourth Arm*",
Constable and Company, Ltd., London, 1916.

[15]　森本清吾,『各個撃破に就て』, 高等数学研究, 7-7 号 (1938), 1-3.

[16]　P. M. モース, G. E. キンボール 著, 中原勲平 訳,『オペレーションズ・リサーチ
の方法』, 日科技連, 1954.
原著 : P. M. Morse and G. E. Kimball, "*Methods of Operations Research*", OEG Rep.
No. 54, 1946.

[17]　野満隆治,『交戦中彼我勢力遞減法則ヲ論ズ』, 海軍砲術学校 昭和7年度 基戦
参考資料 第12 号, 1932, (部内限定).

[18]　能勢省三 (元海軍少佐),『朝鮮戦争に出動した日本特別掃海隊』, 海上自衛隊 幹
部学校, 1978 年11 月, (部内限定).

[19]　大井 篤,『海上護衛参謀の回想』, 原書房, 1975.

[20]　大熊康之,『軍事システム・エンジニアリング : イージスからネットワーク中心
の戦闘までいかにシステム・コンセプトは創出されたか』, かや書房, 2006.

[21]　大熊康之,『戦略・ドクトリン 統合防衛革命』, かや書房, 2011.

[22]　陸幕幕僚庶務室,『ＯＲ研究資料要約』, 1968, (部内限定).

[23]　陸幕防衛部研究課分析室編,『陸幕分析業務のあゆみ』, 2001, (部内限定).

[24]　寺部甲子男,『オペレーションズ・リサーチとは何か』, 世界の艦船, 1986 年7
月号, 134-139.

212　第5章　捜索理論の概要

第5章　捜索理論の概要

　本章以後の3章では，捜索理論，射撃理論，交戦理論の3つの軍事ORの理論を概説する．但し本書は入門書であるので数学モデルの細部に立ち入ることを避けて，これらの理論研究の全貌を俯瞰する．

　本章では捜索理論を取り上げる．この理論はその名のとおり「効率的に目標を発見する捜索法」を分析するORの理論研究である．物探しの行動は，軍事捜索に限らず人間にとって日常的な行動であるが，この問題が体系的な理論研究の俎上に上ったのは第2次世界大戦中であり，米海軍ORグループによる潜水艦狩り（対潜捜索）の問題の研究によって体系化された．人間の行動はそれが何であれ対象の正確な認識から始まるが，軍事作戦では敵対目標の迅速な先制探知が必要であるので，捜索の効率化が特に重要である．特に広大な大洋中を隠密裡に行動する敵の高性能潜水艦の捜索は，非常に困難な捜索問題であり，それはまた冷戦時代の米ソ両国の核戦略を支える弾道ミサイル搭載の原子力潜水艦に対する鍔迫り合いの捜索問題であった．そのため多彩かつ精緻な理論研究が行われた．ソ連邦の崩壊によって大洋の対潜戦は解消したが，軍事行動における捜索理論の重要性は，偵察衛星が飛び交う今日でもほとんど変わらない．本章では捜索理論の骨組みと研究の現状を，§5.1. 捜索理論の発展の経緯，§5.2. 捜索理論の構成，§5.3. 捜索理論の概要，の順序で概説する．

§5.1.　捜索理論の発展の経緯

　捜索理論の研究は第2次大戦中にOR活動の発足と同じ時期に始められた．ORは英国のティザード博士の早期警戒網開発やブラケット博士のOR分析チームの活躍によって誕生したことは，§3.1. に前述した．ブラケット・チームが分析した問題の中にも，対潜哨戒機の塗装問題や双眼鏡の使用法等，捜索問題の研究がいくつか見出されるが，捜索理論をORの理論研究分野のひとつとして体系づけたのは，米海軍のORグループ；ASWORG の研究者達による体系的な対潜捜索問題の研究であった．米海軍のORグループが活動を開始した当初，その中心的な研究課題は独海軍のUボートの対潜捜索問題であったが，これは戦後間

§5.1. 捜索理論の発展の経緯　213

もなく米海軍がまとめた戦時ＯＲ研究の３編の書物（§3.2.2.に前述した OEG の３部作）の内の２編 [7, 12] が対潜戦に関するものであったことからも知られる．その一編が B. 0. クープマン著の「*Search and Screening* [7]」（佐藤喜代蔵訳，「捜索と直衛の理論」）であるが，この書物が「捜索理論」を体系化した．この書物は捜索センサー（レーダ，ソナー，目視）の探知モデル，捜索パターンの評価モデル，最適捜索努力配分問題等を９章に亘って詳述し，大戦の戦塵の中から生まれた研究とは信じ難いほど緻密な構成と幅広い内容をもった書物である．本書は捜索理論の誕生を齎した古典として高く評価され，現在でも対潜捜索の理論的基礎となっている．この書物が理論的バックボーンとなって科学的な対潜戦の「作戦準則」を生み出し，また一方，「ＯＲ科学」の１つの理論研究分野として捜索理論を認知させることとなった．クープマンはこの書物の中で捜索理論は次の３つの問題からなると述べている．

①．センサーの探知理論
②．目標と捜索者の会的の運動学
③．捜索努力の効率的使用

この見解はその後の理論研究の充実に伴い現在では若干変更されているが，それについては後述する．またこの書物は1980 年夏にクープマン博士によって戦後の理論の発展を組み入れた改訂版が出版された．このように捜索理論は対潜捜索問題の研究から誕生したが，戦後，ＯＲが市民生活の生産活動や経営問題の効率化の有効な分析手法として認められ爆発的な発展をとげる中で，捜索理論はクープマンが示した全般的な広がりをもつ堅固な理論体系を築き上げる形では発展しなかった．大戦後の捜索理論の研究は，他のＯＲ分野の理論研究とは対照的に，問題中心的に研究が進められ，しかもそれらが軍事応用；特に対潜捜索問題と緊密に関連しながら進行したのが特徴である．大戦後間もなくＯＲは他の諸科学の発展形態と同様に理論研究と応用研究が分化する中で，理論研究は数学手法に対する傾斜を深め，今日ではＯＲはオペレーションとは無縁の応用数学の一分野の観を呈しているが，この中で捜索理論は現実に密着して問題中心的に研究を積み上げてきた．そしてその応用の大部分が軍事捜索問題，特に海軍の対潜捜索問題であったために軍事機密の壁があったことも否めない事実である．ゆえに他のＯＲ理論のように多くの研究者の興味を吸引できず，理論の体系化は遅れたが，軍事捜索，特に対潜捜索の現実問題に密着して着実に研究が蓄積された．このようにして捜索理論は戦後のＯＲ研究の爆発的な発展からは取り残され，今日ではマイナーな研究分野に転落した．殊に我が国ではこの分野の研究は低調であり，継

214　第5章　捜索理論の概要

続的な研究者は数名に過ぎない．それには2つの理由が考えられる．第1の理由
は，上述したとおり捜索理論の研究対象が軍事的応用に偏ったために，軍事アレ
ルギーのはびこる我が国では一般のOR研究者が参加しにくかったことである．
また第2の理由は，捜索理論にはORの他の分野（例えば数理計画法）のよう
に，その分野に固有の方法論や中心的なモデルがなく，他のOR分野の手法を適
用して問題の解を求める応用的色彩が強すぎたためであると考えられる．

　このように捜索理論は問題中心的に研究を発展させたが，その中でマイル・ス
トーン的な幾つかの事件やイベントが記録されている．主要なものを挙げれば，
スエズ紛争やベトナム戦争後の機雷掃海問題，スペイン沖の水爆捜索（1966），
アゾレス群島沖の米原潜救難捜索（1968），NATO主催の捜索理論研究シンポ
ジューム（1979），等である．捜索理論はこれらの経験から強く刺激を受け，現
実に学びつつ理論研究を進展させていった．その一例として米原潜 SSN-589 ス
コーピオンの救難捜索オペレーションが挙げられる．1968 年5月下旬，地中海
における訓練を終えてノーフォーク基地に向けて帰投中のスコーピオンは，アゾ
レス群島の南方約 250 浬の地点からの位置報告を最後に消息を絶った［10］．米
海軍は事故原因の究明と 99 名の乗員の救出に懸命の捜索活動を展開する．約6
ヵ月にわたる苦闘の末，3,000 m の海底で圧壊したスコーピオンの残骸の写真撮
影に成功するが，この事件は捜索理論に大きな衝撃を与えた．既成の理論を適用
して実施した捜索が必ずしもよい結果を齎さなかったからである．この苦い経験
は海軍関係者のみならず捜索理論の研究者達に対しても厳しい鞭撻と多くの研究
材料を提供し，捜索理論の研究はその後かなり加速された．特に目標分布推定法
（重み付けシナリオ法）や最適捜索計画の策定法，捜索センサー能力が不確実な
場合の最適捜索努力配分，虚探知問題等の研究が進展した．その後の一連の研究
は，1975 年の L. D. ストーンの著作；『Theory of Optimal Search ［13］』で体系
化される．この書物は捜索努力の最適配分問題について，数学的な厳密さを高度
に維持しつつ，従来の研究を集大成したものである．因みに米国OR学会は毎年
ORの研究普及に貢献した書物を選び，「ランチェスター賞」と銘打って表彰し
ているが，1975 年のランチェスター賞はこの書物に与えられた．しかしながら
このような捜索理論研究の発展形態は，この分野の研究の特殊性を示すと同時に，
既にそこに凋落の影が見られると言っても過言ではないかもしれない．

　上述したとおり第2次大戦中にOR活動の中心的テーマとして誕生した捜索理
論は，大戦後は他のOR分野のように爆発的な発展は見られなかったが，海軍の
戦術研究や対潜捜索システムの構築を支える主要な理論として，関連分野の研究

§5.1. 捜索理論の発展の経緯　215

者の中で着実な成長を遂げていった．それは牛の歩みにも譬えられるとはいえ，
大戦後半世紀を越える継続的な努力の結果，今日までに蓄積された研究は多岐に
わたり，知識の体系は確実に成長してきた．例えば，目標分布の推定問題，捜索
プロセスの特性分析モデル，移動目標の最適捜索問題，捜索径路制約問題，寿命
のある目標の捜索問題，虚探知問題，先制探知問題，双方的な捜索ゲーム，捜索
停止問題，所在局限捜索問題，発見法則の一般化や捜索努力の局所有効性の緩和，
捜索径路やエネルギー制約のある捜索問題，ネットワーク上の捜索問題等々，多
彩な理論研究が進展した [4, 13]．また兵器の進歩に伴って新たな研究（幾何学
的な問題を含む無人機の飛行経路問題等）も進展しつつある．

　1970 年代以後の捜索理論はその応用面でも新しい進展をみせた．情報化時代
の波と大型・高性能の電子計算機の普及に伴い，捜索理論はクープマン時代の海
軍の「対潜戦準則」検討のための静的なＯＲ分析から，情報収集・意思決定支援
システムの中の目標分布推定や捜索計画策定等を支援する動的なＯＲの理論モデ
ルとして，急速に応用範囲を拡大した．即ち目標に関する情報処理の一環として
目標存在分布推定や捜索オペレーションの経過に伴う事後目標分布の計算，及び
情報に対応した捜索計画の評価システム等が実用化された．従来の作戦準則等の
数表作成のための静的ＯＲの捜索理論から１歩を進めて，動的なＯＲ分析，即ち
状況に対応した意思決定支援システム中の動的な捜索理論の適用分野が開けたと
いえる．その最初のシステムは米国沿岸警備隊の捜索計画支援システム CASP
[11] であり，1972 年に稼働を開始した．また海上自衛隊の対潜戦連続情勢見積プ
ログラム ASWITA やパッシブ・ソノブイ・コンタクト位置局限モデル CODAP
[2, 5] 等が挙げられる．このような形の捜索理論の応用はＩＴ技術の進歩ととも
に今後も一層拡大されていくものと考えられる．

　捜索理論の研究成果の直接的な受益者が海軍及び沿岸警備の海上警察の捜索部
隊であることは洋の東西を問わない．海上自衛隊ではＯＲを始めた当初，米海軍
ORG の研究の勉強が熱心に行われたことは，前述の「捜索と直衛の理論」[7]
や「第２次大戦中の対潜戦闘」[12] の翻訳者が現役の海上自衛官であることか
らも伺うことができる．また 1950 年代の海幕分析班のレポートには戦術的な捜
索問題のＯＲ研究がいくつか見出される．海幕分析班はその後，中期防衛力整備
計画のマクロなシステム分析に研究努力を注入するようになったために捜索問題
の研究は中断されるが，しかし 1970 年代に入り海上自衛隊では戦術分析のＯＲ
活動が重視され，各レベルの司令部等にＯＲ要員が配員されるに伴い，現場に密
着した捜索問題の研究が逐次実施されるようになった [3]．またこの時期，自衛

216　第5章　捜索理論の概要

艦隊司令部と各地方総監部，航空集団司令部及び海上自衛隊の全航空基地を結んだ「自衛艦隊指揮支援システム」が稼働し始める．その中で対潜戦情報処理プログラムとして，目標分布予測，対潜脅威評価及び捜索計画策定のための評価モデル等が多数準備され，また各種の対潜戦の戦術研究のシミュレーション・モデル[2]が開発された．その後これらのモデルは装備武器の進歩に伴い廃棄されたものを除き一部のモデルは現在でも使われている．

　以上，本節では捜索理論の誕生と発展の経緯を述べたが，次節では捜索理論の構成を概説する．§2.2.に前述した軍事ＯＲの理論研究の捜索理論の項では，一般的な広義の捜索理論の研究として，探知捜索，２分法捜索，所在極限捜索，線形捜索，哨戒・監視等のいろいろな捜索問題の研究を挙げたが，軍事捜索の問題はほとんどが探知捜索であるので，以下では探知捜索に限定して述べる．

§5.2.　捜索理論の構成

　探知捜索の理論は「対象目標を効率よく発見するにはどうすべきか」をテーマとする研究であるが，捜索理論という名称のゆえにこの理論が捜索問題の全てをカバーする理論体系であると見るのは正しくない．捜索は情報収集活動であるから，「何のために，どのような目標を，いかなる手段により，どんな精度や信頼度で」探すのかは，捜索システムに求められる外的条件と見るのが捜索理論の基本的な立場であり，それらの条件によって捜索の効率が定義される．ゆえに目標が不明瞭な「面白しろそうな書物探し」や「我が家の惣領息子に相応しい嫁探し」の類は，探知捜索の研究では除外される．

　探知捜索は通常，事前に捜索を動機づける何らかの粗い目標情報があり，それを更に精密にするために行われる．その「粗い目標情報」を如何に評価して捜索に活用するかが，捜索理論の第１の研究テーマ；目標分布の推定問題である．

　一方，捜索には捜索の対象物を認識する手段（センサーと呼ぶ）が必要であるが，捜索のやり方はセンサー能力に強く影響されるので，これを明確化することが捜索理論の第２のテーマとなる．即ちセンサーの理論に基づく捜索システムの捜索能力の定量化の問題である．

　上述の２つの問題は厳密にいえば捜索の問題ではなく捜索の事前の知識であり，捜索システムと外部システムとの境界領域の問題である．しかしながらこれらの知識を出発点として「如何に捜索すべきか」という捜索問題の理論的な分析が始められる．

§5.2. 捜索理論の構成 217

　捜索理論研究の第3のテーマは，上述の目標分布やセンサー特性等の要因と捜索効率との関係を解明する問題，即ち捜索の確率プロセスの特性分析の問題である．この研究では捜索プロセスの細部の条件，例えば捜索センサーの距離対探知確率曲線の形状や捜索パターン，目標の分布や運動，虚探知の有無，目標の敵対的な行動等の捜索状況をなるべく正確に考慮し，それらの条件の下で捜索計画の目標探知確率や探知時間の分布，目標発見までの虚探知や目標側の先制探知の期待回数等々，捜索プロセスの確率的な特性値を示す評価モデルを定式化する．更にその評価モデルを用いて発見的に捜索計画の改善を図るものである．この立場の研究においては，捜索計画の実行可能性や評価モデルの分析力が重視され，システム要因の制御による捜索プロセスの最適化は2次的に考えるのが普通である．したがってそれは上述の捜索オペレーションの特性値の評価問題として特徴づけられ，捜索のミクロ・モデルと呼ぶことができる．

　捜索理論の第4のテーマは，「捜索は開始すべきか否か，どこをどれだけ・どのような順序で，いつまで捜すか」という捜索の全般計画の最適化を究明する研究である．この種の問題を「捜索計画の最適化問題」といい，特に目標側の対応行動のない一方的捜索の問題を「最適捜索努力配分問題」と呼ぶ．この研究の主題は，センサーの性能や目標行動の確率的構造（目標分布や移動の確率法則）の下で，定義された評価尺度（目標探知確率や目標発見までの期待努力量等）に関する捜索の全般的な計画諸元の最適性の条件を導出し，最適な捜索計画の設計指針を明らかにすることである．ゆえにこの種のモデルは捜索資源の制約条件の下で，捜索の評価尺度を最適化する条件付き最適化問題として定式化され，数理計画法（特に非線形計画法）や変分法等の最適化手法を適用して解かれる．一方，捜索者が探し，目標が隠れる（或いは逃げ廻る）双方的な意思決定のある敵対的な捜索状況は，ゲーム理論によって問題を定式化し，両者の合理的な行動や競争下の均衡状態が分析される．ここで問題の定式化の形式が何であれ，問題の最適性の条件を解明するには定式化の段階で多くの仮定を設定し，かなり高度に抽象化する必要があり，捜索オペレーションの微細な構造はモデルに取り込めないのが普通である．即ちモデルは捜索問題のマクロ・モデルとなる．特に捜索パターンや運動の連続性等，捜索運動の幾何学に関わる要因は，問題を極端に複雑化し，最適化の数学手法が動かなくなることが多い．ゆえにこの問題では捜索努力量と呼ばれる捜索の制御因子を考え，この捜索努力量の最適配分の解を求めて，その地理的・時間的分布から捜索計画を逆に再構成するのが普通である．しかしこの再構成の手順が常に矛盾なく実行でき，捜索計画が唯一に決定できる保証はない．

218 第5章 搜索理論の概要

ゆえに最適努力配分問題の最適解は現実には実行不可能なことがあるが，ここでは解の実行可能性を暫く不問に付して最適解の構造の究明を優先する立場をとる．この点が前述の搜索のミクロ・モデルとマクロな最適化モデルの基本的な相違点である．しかしながら搜索の最適化モデルは，搜索のミクロな構造や運動の連続性等が考慮されないからといって，これらの理論モデルの意義はいささかも傷つけられない．簡易化した理論モデルの最適解が複雑な現実の搜索問題の理解に深い洞察を与え，よりよい搜索計画の改善の指針を明示し，効率的な搜索行動の原理・原則を教えてくれるからである．一方，最近では電子計算機の進歩によって，搜索者の径路や運動の連続性，目標の逃避速度とエネルギー総量制約等を考慮した双方的な最適化問題を数値的に解くことが可能になってきている．

以上を整理すれば，搜索理論の研究は上述した次の4つに大別される．

① 目標存在分布の推定問題
② 発見法則の定式化問題：搜索センサー・システムのモデル
③ 搜索プロセスの特性分析問題：搜索モデル
④ 搜索計画の最適化：努力配分問題，搜索ゲーム

図 5.1. は上述した搜索理論研究の枠組みを整理したものである．

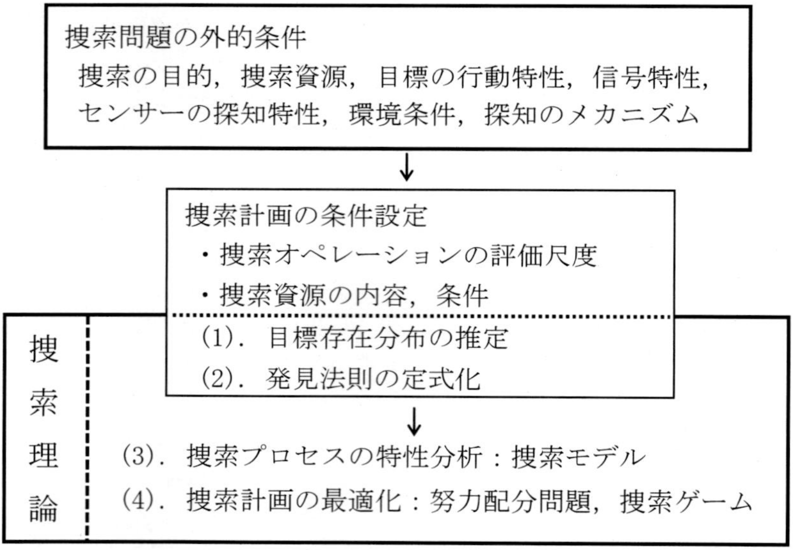

図 5.1. 搜索理論研究の構成

§5.3.　捜索理論の概要

§5.3.1.　目標存在分布の推定

　捜索オペレーションは，通常，事前の粗い目標情報によって動機づけられるが，その事前情報の知識は目標存在分布の形で定量化されて捜索計画に反映される．ゆえに捜索理論の第1のテーマは目標存在分布の推定問題となる．ここで注意すべきことは軍事捜索の目標分布推定は，次の要因によって問題が非常に複雑化されることである．

　①．目標の敵対的な行動（逃避，欺瞞等）
　②．目標の移動
　③．目標の隠密行動（目標情報の欠乏）
　④．位置誤差や虚探知
　⑤．目標や環境の変化による逐次的フィード・バックの必要性

軍事捜索では上記の要因を考慮して次に列記する目標分布の推定問題が研究されている．

1．目標初期分布の推定問題

　目標の初探知情報（デイタムという）は，通常，「目標種別，発見位置，時刻，行動（針路，速度），信頼度」等の組からなるが，これらから目標の現在位置を推定する問題は，主に初探知センサーの観測誤差によるので正規分布の母数推定問題となる．但し方位線探知の場合は次に述べる分布推定の処理が必要である．

2．方位線探知による目標位置（又は運動）の推定問題

　複数の同時探知の方位線から目標分布を推定する問題（Position Finding）と，逐次的な方位線探知情報から目標の運動軌跡を推定する問題（Bearing-Only Target Motion Analysis）の研究がある．後者で高密度の探知がある場合は，統計的なカルマン・フィルターが適用できる．

3．移動目標の拡散分布の推定問題

　静止目標のデイタムの位置分布は観測誤差によるので，（円形）正規分布で推定され，分布の分散の推定だけが問題となるが，目標が移動する場合は経時的な

220 第5章 捜索理論の概要

拡散分布を求める必要がある．直進目標の拡散分布は，目標の初期位置，針路，速度，直進時間の確率密度の積の多重積分で表され，また目標がランダムに運動する場合は中心極限定理を適用した極限分布で求められる．更に複数の可能行動が考えられる目標の場合は，次項の重み付けシナリオ法が適用される．

4．目標の行動予測による目標分布推定：重み付けシナリオ法

目標の拡散分布推定には目標行動の予測が必要であるが，それには目標の企図や地理的条件等の多くの不確実な要因が関係する．そのために目標企図分析を行い可能性の重みを付けた複数の目標行動シナリオを予測し，計算機内で仮想目標を走らせるシミュレーションによって目標分布を求める．更に逐次的に目標探知や非探知事象が生起する場合は，情報更新の都度，誤差や虚探知の尤度（事象の生起確率）に比例してシナリオの重みを修正し，目標分布や行動シナリオの事後推定を行い精度を上げる方法が用いられる（「重み付けシナリオ法」という）．

5．事後目標分布の推定問題

非探知の捜索データや真偽不明のコンタクト情報が追加された場合，それらをフィード・バックし，「ベイズの事後確率の定理」を適用して目標分布や目標行動シナリオ見積の事後修正を行う目標分布推定モデルが提案されている．

6．目標情報の情報処理問題：データ結合・データ融合

上述の1〜5項の処理を組み合わせて逐次的な信頼性の異なる異種センサーの目標探知情報や非探知捜索のデータを結合又は融合し，目標移動を考慮して目標空間又は目標の可能径路上で尤度に比例して見積を修正し，諸情報を蓄積する目標分布推定法が提案されている [5]．

§5.3.2. 発見法則の定式化：捜索センサー・システムのモデル

捜索には目標を認識する何らかの手段（捜索センサーという）が用いられる．この捜索センサーの能力と目標分布を所与の条件とし，それらに基づいて捜索プロセスの確率特性を分析して捜索オペレーションの改善を図り，或いは最適な捜索計画の条件を解明するのが捜索理論の研究である．しかし現実の捜索オペレーションの成否は第一義的に捜索センサーの探知能力に支配され，劣弱なセンサー能力を捜索のやり方でカバーすることは困難である．ゆえにセンサー能力の把握

§5.3. 捜索理論の概要　221

は捜索理論の中心的な重要課題である．このことは捜索理論の創始者；クープマンが明確に指摘している．しかしその後の捜索理論の研究は，科学の細分化によってセンサーの探知理論を捜索理論から分離する形で発展した．捜索センサーの探知能力を捜索現場の環境条件に即して正確に評価することは，多岐にわたる関連科学の知識の総合化によって初めて可能になる問題であり，捜索理論の応用確率論の枠組みだけでは扱えない．即ち捜索センサーの探知理論は，超音波・電波・磁気・赤外線等の各種のセンサー工学，眼の生理学，海洋特性等の環境の物理学，センサーの信号処理の理論，信号認識に関する人間の生理学・人間工学等々，多くの専門科学の学際的な理論研究から構成される．捜索センサーの探知能力の解明にはそれらの専門的かつ総合的な知識が必要であり，広汎な関連諸科学の協働で始めて解決される問題である．しかし一方，各専門科学は捜索センサーの「距離対探知確率」や「有効捜索幅」（横距離 x の直線経路を通過する目標に対する探知確率曲線下の面積）等の把握がその分野の科学の本質的な課題ではない．かくして「捜索センサーの探知能力の定量化」の理論的研究は，早々に空洞化し，「捜索センサーの探知の科学」の総合化への関連諸科学の協働はほとんど進んでいない．このようにセンサーの探知理論は現時点ではＯＲ分析の実用に耐える理論はないが，捜索理論の立場からセンサーの探知能力の定式化に関する理論の骨組みを整理すれば，以下のように述べられる．

　捜索センサーの探知理論は，捜索センサーがどのような信号エネルギーを利用して目標信号を検知するかによって，センサーの目標探知の定式化の扱いは千差万別となる．しかし捜索センサーは目標からの何らかのエネルギー放射又は反射をとらえて目標の存在を検出しているから，それに従って探知の要因を整理すれば，次の４つのブロックの問題に大別することができる．即ち第１のブロックは目標を含む環境の場の問題である．捜索センサーがアクティブであれパッシブであれ，ある強度のエネルギーの目標信号が目標とセンサーを包む媒体（これを伝達系という）を伝わり，その出力がセンサーに入力される．その過程で伝搬エネルギーのいろいろな形の損失が生ずる．第２のブロックはセンサーの受感部から表示器に至る間の信号処理部である．伝達系から入った信号は，このブロックで各センサーに固有の信号処理が行われて，目標信号がセンサーの表示器に出力される．この部分は各種のセンサー工学の信号検知の問題である．第３のブロックは表示器の出力を監視しているセンサー・マンが，目標信号の有無を判定するブロックである．センサーは信号処理部で信号の検知を行い表示器に出力するが，通常この信号検知を以って直ちに目標の探知とはしない．必ずセンサー・マンの

判定が介在し，ここに人間の「探知の認識」の問題が生ずる．以上の各ブロックの理論モデルを，それぞれ伝達系モデル，信号検知モデル，探知認識モデルと呼ぶことにする．これらの3ブロックのモデルは信号レベル（エネルギー強度）の問題を扱い，センサー条件，目標条件，環境条件を固定し目標とセンサーの相対距離を一定に保ったときのセンサーの瞬間的な探知能力：距離対瞬間探知率で表される．この探知率（detection rate）は，ある相対距離の地点に置かれた目標に対する単位時間の探知確率であり，センサーが連続的に目標空間をスイープするときの瞬間探知率又は離散的な場合の瞥見探知確率である．しかし現実の捜索場面では，センサーはあるビークルに搭載されて捜索領域をスイープし，或いは静止センサーであっても目標の移動により目標とセンサーの距離は時々刻々変化するのが普通である．またセンサーに対する目標の暴露状態も時間と共に変化する．このような目標と捜索センサーの会的や運動の状況を考慮して，捜索の場における目標探知を扱うのが，第4のブロック；捜索場面における捜索センサー及び捜索システムの探知能力の定式化の問題である．以上を整理すれば，捜索センサーの探知の理論モデルは，次の4つのブロックのモデルに区分される．

①．目標とセンサー間の信号伝達と環境の影響：伝達系モデル
②．受信した目標信号の処理と検出の問題：信号検知モデル
③．センサー・マンによる目標探知の認識の問題：探知認識モデル
④．捜索場面のセンサーの探知能力：捜索理論の探知モデル

上記の第1項～第3項が各種のセンサー工学や環境の物理学，人間工学等の学際的研究を要するセンサーの探知理論の問題であり，また第4項は捜索理論の応用確率論の問題である．そしてこの両者は距離対瞬間探知率で関連づけられる．ここに前者のセンサーの瞬間的な探知率は，捜索状況下の目標と捜索者の遭遇における捜索センサーの探知能力ではない．上述のとおりセンサーはビークルに搭載されて目標空間を捜索するから，実効的な捜索能力はセンサー搭載のビークルの運動力によって左右されるからである．ゆえにセンサーの距離対瞬間探知率のモデルとビークルの運動能力とが整合的に組み合わされることによって，センサー・システムの捜索能力の定式化の問題は完結する．

　上述のセンサー探知能力の定量化の第4ブロックの主題は，距離対瞬間探知率が与えられたときに，目標と捜索者の会的状況を考慮して捜索の場におけるセンサーとビークルの捜索システムの探知能力を定式化することである．このように第4項の捜索場面におけるセンサー探知能力(4)は，センサー工学の視点ではなく捜索場面の確率論の立場で構成され，次の4段階に分けて定式化される．

(4-1). 瞬間的な探知能力の定式化：発見法則のモデル
(4-2). 径路上の探知能力の定式化：1回の会的での探知能力
(4-3). 捜索システムの探知能力の定式化
(4-4). 捜索オペレーションの捜索密度の定式化

以上，センサーの探知能力の定式化問題の内容を述べたが，センサー工学等の周辺科学と捜索理論の関連をまとめたものが図5.2.である．

図5.2. 捜索センサー探知能力の定式化の理論構成

224 第5章 捜索理論の概要

上述した(4-1)～(4-4)の4段階の理論モデルは，次に列挙する特性値の評価モデルによって定式化される．

(4-1A)．距離対瞬間探知率モデル：瞬間探知率や瞥見探知確率の定距離発見法則，逆3乗法則及び逆 n 乗発見法則の評価モデル，並びにそれらの有効探知距離で定式化される．

(4-2A)．経路上の探知モデル：探知ポテンシャル，横距離曲線，有効捜索幅，暴露目標探知確率，真距離探知率（距離 r で探知する確率）で定式化．

(4-3A)．捜索者の運動力を考慮した探知能力：有効捜索率（有効捜索幅×捜索速度＝単位時間当りの有効捜索面積）で定式化．

(4-4A)．捜索オペレーションの捜索密度：カバレッジ・ファクターで定式化．
捜索理論では上述のセンサー探知能力の特性値のモデルが定式化されているが，これらは捜索理論のテキスト［5, 6, 7］に譲ってここでは省略する．

以上，センサー工学の探知理論と捜索場面の捜索能力の特性値の関係を述べた．図 5.3. では捜索センサーの探知能力の各レベルにおける特性値の関係を示した．

これまで論理的にはセンサー工学等の探知理論から距離対瞬間探知率が定式化され，それに基づき図 5.3. の破線内に示した捜索場面のセンサー能力の特性値(4-1)～(4-4)項が導かれると述べたが，実際はセンサー工学等の探知理論は決定論的なマクロ・モデル（ソナー方程式やレーダ方程式）の段階に止まっており，捜索オペレーションの分析に必要な確率論モデルの展開はほとんどなく，信頼性の高い距離対瞬間探知確率のモデルは未成熟である．したがって現実には距離対瞬間探知確率曲線はデータに基づく回帰モデルで定式化される．即ち経験的な知識によって距離対瞬間探知確率曲線に適合する関数型を仮定し，そのパラメータをセンサー工学の予測値や探知実験，訓練等の探知データに基づいて統計的に推定し，近似的に距離対瞬間探知確率曲線を同定する．ここで仮定される距離対瞬間探知確率曲線の近似関数を一般的に「発見法則」と呼ぶ．但し捜索努力密度と発見確率の関係を表す関数も発見法則と呼ぶ場合があるので注意を要する（この場合は距離の概念は含まれない．例：指数発見法則）．

距離対瞬間探知確率の発見法則には次の近似関数が用いられる．

①．完全定距離法則

ある距離以内では確実に探知し，それ以遠では探知不能とする (1, 0) 型の矩形分布モデルであり（クッキー・カッター型と呼ぶ），ソナー方程式やレーダ方程式の決定論モデルに相当する．確実に探知できる限界の探知距離がモデルの母数となる．

§5.3. 捜索理論の概要　225

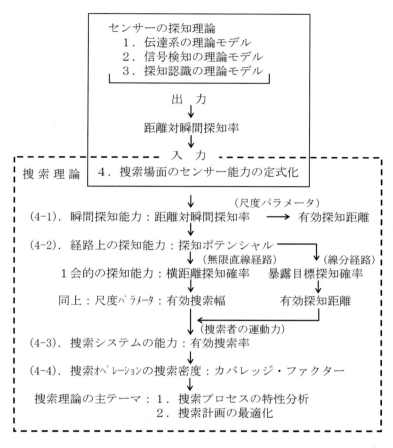

図 5.3.　捜索センサー探知能力の各特性値の関係

② 不完全定距離法則

　ある距離以内は一定確率で探知し，それ以遠は探知不能とする矩形分布モデルであり，モデルの母数は限界の探知距離と探知確率である．

③ 逆3乗法則

　瞬間探知確率が距離の3乗に逆比例する単調減少関数のモデルであり，クープマン [7] が提案した目視の発見法則モデルであるが，他のセンサーにも用いられる．モデルの母数は瞬間探知確率の尺度係数であり，平均探知距離が一致するように比例定数が決められる．

226　第5章　搜索理論の概要

④.　逆 n 乗法則

　　前項③の逆3乗法則を拡張し瞬間探知確率が距離の n 乗に逆比例するとした単調減少関数のモデルである．パラメータは n（形状係数）と比例定数（尺度係数）の2つであるので，統計的な探知データ曲線に適合させ易い．

　　上述の発見法則のいずれかで距離対探知確率曲線を近似し，それによって探知ポテンシャル，横距離探知確率，有効捜索幅等の特性値が導出される．上述の4つの発見法則を仮定した場合については，図　5.3. に示した横距離探知確率，有効捜索幅等のセンサー探知能力の各特性値の理論式が求められており，飯田・宝崎［4］に詳述されている．

§5.3.3.　捜索プロセスの特性分析：捜索モデル

　　軍事捜索の特性分析モデルは，基本捜索モデル，各種戦モデル，総合戦モデルに大別され，それぞれ理論式，マルコフ連鎖，モンテカルロ・シミュレーションでモデル化される．

　　捜索オペレーションの態様は，捜索の目的，捜索空間の構造，使用される捜索センサーやビークル，捜索戦術等によって千差万別となるが，しかしそれらはいくつかの類型に分類される．即ち探知捜索は，ピン・ポイント情報によるデイタム捜索，局所的情報に対する捜索（概位情報捜索），区域捜索又は区域哨戒，バリヤー哨戒，スクリーン（直衛）の5つの捜索形態に大別される．この分類は捜索の基本的な態様の分類であるが，これらは捜索を動機づける情報の差異によって特徴づけられる．まず目標の位置情報がある場合を捜索と呼び，これが曖昧な場合を哨戒という．目標の位置情報をデイタムと呼ぶが，センサーの探知位置誤差が小さく，また情報時点から捜索開始までの遅れ時間（タイム・レイトという）が小さい場合には，目標はデイタム点の近傍にいる可能性が高いので，探知情報に基づきデイタム点を中心に行われる捜索をデイタム捜索という．概位情報による捜索は初探知センサーの性能上デイタムの位置誤差が大きく，デイタム点が広がっている場合である．軍事捜索では，通常，目標は捜索を回避する行動をとるので，目標分布は瞬く間に拡散し，タイム・レイトが大きくなればデイタム点は捜索の基準点にはならなくなる．その場合には目標の存在領域を一様に捜索せざるを得ない．この段階を区域捜索という．またこの状況は哨戒の場合にも生ずる．即ち捜索領域は目標の企図分析や我の防護の必要上の警戒領域として設定されるが，目標の位置情報がなく目標分布は領域内で一様と見積もられ，また目標

の運動方向にも制約がない場合である．このとき目標存在領域をくまなく捜索することとなる．哨戒のもう1つの形は，目標が出現する位置・時間は不明であるが，目標の任務や地理上の制約から目標の運動ベクトルが推定できる場合である．このとき捜索者は目標存在領域を総なめする必要はなく，目標ベクトルに直交する線上に捜索努力を集中して目標の待ち受け捜索ができる．固定的な線上での待ち受け捜索をバリヤー哨戒，移動点周辺（護衛対象と共に移動する哨戒線）での待ち受け捜索をスクリーンと呼ぶ．上では捜索の5つの形態を述べたが，このうち，ピン・ポイントの目標情報による捜索と概位情報による捜索，及びバリヤー哨戒とスクリーンの理論モデル上の差異は少ない．即ち前者は現実には目標位置情報は常に誤差を含み，その誤差の大きさの差異に過ぎず，また後者のスクリーンは護衛対象上の移動空間座標では静止バリヤー哨戒と同じになるからである．したがってこれらの捜索モデルは，デイタム捜索，区域捜索，バリヤー哨戒の3つの理論モデルに集約され，これらを基本捜索モデルと呼ぶ．上述の基本捜索モデルを目標情報の区分で分類したものが，図 5.4. である．図 5.4. の基本捜索モデルについては，各種の捜索状況や捜索パターンに対する捜索要因をパラメータとして，目標探知確率の評価式が定式化されている．

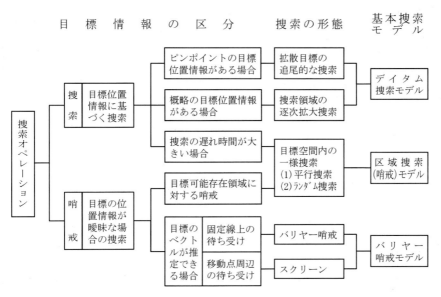

図 5.4. 目標情報区分による基本捜索モデルの分類

228 第5章 搜索理論の概要

各種の軍事搜索では搜索中の生起事象により搜索状況が確率的に変化する．例えば区域哨戒中に目標信号を探知（コンタクトという）した場合，それが真目標の信号か環境ノイズや目標に類似した虚探知かを精査（目標識別という）する必要があるので，異種センサーによる精密搜索に移る．コンタクトが真目標ならば追尾攻撃に移るが，目標識別中や追尾攻撃中に目標の探知を失う（失探という）ことも少なくない．そのときは最後の目標情報地点（失探地点）の周辺でデイタム搜索を実施し，引き続いてコンタクトが得られない場合は搜索領域を拡大した区域搜索（概位情報搜索）に移行する等の複合的な搜索状況となる．このような複合的な状況の一連の搜索オペレーションは，搜索中に確率的に生起する事象（上述の例では目標のコンタクトや失探知等）により搜索の内容が動的に変化するが，この確率的な変化を含む搜索プロセスはマルコフ連鎖で定式され，任意時点の状態分布や目標の海域外逃避，目標撃沈等のプロセスの終了状態（吸収状態という）への吸収確率，吸収までの平均時間等の特性値が求められる．目標側の先制探知，搜索回避，海域離脱，任務復帰，虚探知，搜索兵力の増援等の動的な変化を含む搜索の評価モデルもマルコフ連鎖モデルで定式化される [4]．更に長期間にわたる広域の複合的な搜索オペレーションの場合は，解析的な評価モデルの定式化は困難であるので，乱数を用いて各種の事象を模擬的に計算機の中に作り出す数値実験を行い，一連の事象列を作りシステムのふるまいを調べるモンテカルロ・シミュレーション・モデルが作られる．この型のモデルは乱数の使用によって結果がばらつくので，特性値の推定精度を高めるには多数回（数百回〜数千回）の試行を繰り返して，結果を統計的に処理し搜索システムの特性を評価しなければならない．

§5.3.4. 搜索計画の最適化：努力配分問題，搜索ゲーム

搜索計画の最適化問題は，搜索の目的や意思決定の様相，搜索空間の構造，目標の要因，搜索努力の特性，搜索プロセスの要因等々の組合せによって多種多様となるが，特に意思決定が搜索者の一方的な決定問題か，搜索者と目標の双方的な決定問題かによってモデルの定式化や最適解の解法が基本的に異なる．前者の一方的最適化問題は，数理計画法，特に非線形計画法や整数計画法，変分法の問題となり，後者の双方的な最適化問題はゲーム理論モデルによって定式化され，両者の最適行動が分析される．またその他の要因の組合せによって搜索問題の扱い方は異なり，それぞれ定式化や解法の工夫が必要となる．

1. 最適捜索努力配分問題のシステム要因

　捜索の最適化問題のシステム要因を大別すれば，目標の特性，捜索者の特性，捜索の場の特性及び意思決定の状況の4つの主要要因に区分される．探知捜索の最適化問題で扱われるこれらの要因の性質は次のとおりである．

　①．目標の要因

　　　目標数と目標空間への出現や消滅の仕方，目標の移動の有無及び運動の制約（総エネルギー量（動力電池容量），針路分布や速度分布）等の要因が問題の定式化と最適化に関係する．

　②．捜索者の要因

　　　捜索資源の種類，分割可能性，捜索努力の有効域，探知関数の正則性（努力量の単調増加の凹関数：限界効用逓減法則），捜索者の運動や捜索パターン等の要因により捜索問題が特徴づけられる．

　③．捜索の場の要因

　　　目標空間及び時間空間の連続性，環境の定常性，探知情報の信頼性（虚探知の有無）等が問題の定式化に関係する．

　④．意思決定の要因

　　　意思決定が一方的か双方的か，決定過程の性質（回数や行動の適応性），最適性の評価尺度の定義等により問題の扱いが異なる．

　図 5.5. は従来の捜索理論の研究で扱われたシステム要因の区分を示したものである．図 5.5. で上から下へ各ブロックの要因を1つずつ選んで辿れば1組の要因が設定されるが，それが分析対象の捜索の最適化問題を特徴づける．その要因の組の内容に従って，まず捜索の目的を反映する評価尺度を選び，次いで各要因の特性を表す制御変数やパラメータを定義する．更に目的関数をそれらの制御変数の関数で定式化し，また捜索資源の制約や制御変数の条件を定式化する．次に変数の初期値や変数の定義域等を付加し，目的関数，制約条件，初期値又は境界値等により最適化問題が定式化され，数理計画法を利用して最適解を求める．

　次に捜索の評価尺度の観点からこれまで研究されている捜索の主な最適化問題の形式を分類すれば，次のとおりである．

2. 捜索計画の評価尺度と最適化問題の形式

(1). 目標探知確率 (Detection Probability)

　最適捜索努力配分の典型的な問題の1つに，一定の総捜索努力量の制限の下で

230　第5章　探索理論の概要

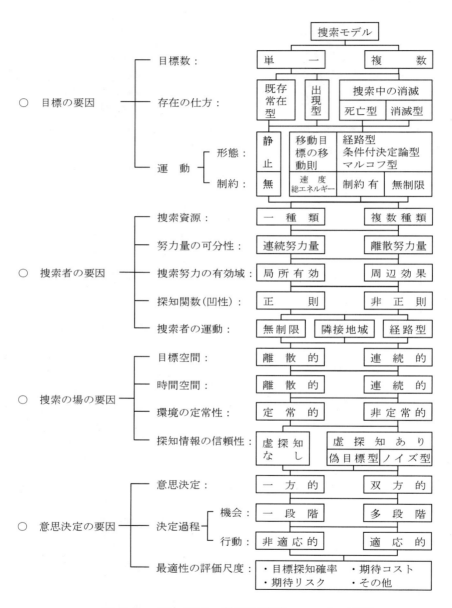

図 5.5.　探知捜索の最適化問題のシステム要因

§5.3. 捜索理論の概要　　231

目標探知確率を最大にする努力配分を求める問題があり，クープマン [8] が最初に分析したことに因んでクープマン問題と呼ばれている（この論文は努力量が任意に細分可能な連続努力量の問題を扱っている）．ここに捜索努力量は，捜索を実施する上の資源であれば何であってもよく，捜索費用，捜索時間，マン・アワー等，捜索の状況に即して決定される．探知捜索問題では目標の探知は捜索の成功，非探知は失敗を意味するので，この捜索問題は与えられた総捜索努力量によって得られる捜索の成功の可能性を最大にする「手堅い捜索計画」を求めるものである．但しこのクープマン問題は，総努力量を使いきる時点の目標探知確率を最大にする努力配分を求める問題であり，それまでの途中経過は問わないことに注意する．これに対して各時点で一定量の捜索努力が使用でき，捜索終了までの各時点で常にそれまでの目標探知確率を最大にする捜索努力配分計画を求める場合がある．この場合の評価尺度はクープマン問題と同じく目標探知確率であるが，捜索期間中の全時点でこれを最大化することが要求される．この問題の最適努力配分の解は一様最適解と呼ばれる．一様最適解は各時点でベイズの事後確率の公式を適用して目標分布と発見法則を事後修正し，クープマン問題の最適条件を適用することによって求められる．軍事捜索では状況の変化によって当初の捜索計画が途中で打切られることも稀ではないので，いつ捜索を打ち切ってもそれまでの捜索が最適に行われていることが保証されている一様最適配分が望ましい．

(2)．期待捜索努力量 (Expected Search Effort)

　単位時間当たりの捜索努力量が与えられている捜索において，「目標を発見するまでに要する期待捜索努力量」を最小にする各時点の捜索努力配分を求める問題が研究されている．この問題では捜索できない目標が存在する場合は，期待捜索努力量は無限大に発散し評価尺度としての意味を失うので，有限の努力量で目標を発見できる保証が必要である．また捜索コストは通常捜索努力量に比例するので，この評価尺度は目標を発見するまでに要する総捜索コストを最小にする捜索計画の経済効率性を追求するものである．

　努力量は捜索時間の場合は，「すばやい捜索計画」を求める問題となり，目標の早期発見が要請される救難捜索等の分析の評価尺度に用いられる．目標分布や発見法則が時間によって変化しない定常問題の場合には，この期待捜索努力量最小化問題の最適解は，上述した一様最適解になることが証明されている．

(3)．期待リスク (Expected Risk) **又は期待利得** (Expected Reward)

　捜索は何らかの捜索コストを支払って目標の価値を獲得する活動であるが，捜索コストから目標発見時の報酬を差し引いた値の期待値を期待リスクといい，こ

232　第5章　捜索理論の概要

れを最小にする捜索計画の研究がある．この値が正ならば捜索は平均的にコスト
が報酬を上回るので，捜索は期待リスクが負の範囲で行うのが合理的である．上
述した目標探知確率や期待捜索努力量の評価尺度の捜索問題では，捜索は常に開
始され，総捜索努力量を消費した時点又は目標発見時点で停止されるが，期待リ
スク尺度では「捜索を開始すべきか否か，捜索努力の配分の仕方，捜索停止時点
(捜索時間)」が捜索計画の最適化の要素となる．この問題において目標価値に比
して捜索コストが無視できる場合が上述のクープマン問題であり，また目標価値
は非常に大きい（したがって捜索は目標発見まで継続される）が，捜索コストも
無視できない場合の特殊ケースが期待捜索努力の最小化問題となる．また期待リ
スクの符号を変えた値は期待利得を意味し，これを最大にするモデルも多いが，
これは期待リスク最小化問題と同じである．

(4)．所在局限確率 (Whereabouts Probability)

　捜索は目標を発見して処置するための目標位置の情報収集活動であるが，捜索
で目標を探知できなかった場合にも何らかの処置を講じて捜索を止める必要があ
る場合がある．このために総捜索努力量の制限の下で捜索を行い，非探知のとき
にはある地域を目標存在地域と推定して何らかの処置を行い，捜索を停止する問
題を考える．この捜索の目標探知確率と地域推定の的中確率の和を「所在局限確
率」といい，これを最大にする捜索問題が所在局限捜索 (Whereabouts Search)
問題である．このときの目標地域推定は捜索が非探知の場合の目標への措置行動
を反映している．このモデルでは（捜索努力配分，非探知時の推定地域）が決定
変数となる．また上述の問題に地域推定の時期も最適化する問題；「どのような
努力配分で，いつまで捜索を行い，非探知の場合には何処を地域推定するか」に
ついて（捜索努力配分，捜索停止時刻，推定地域）の3要因を制御要因として，
期待リスクを最小化（又は期待利得を最大化）する最適化問題が研究されてい
る．この問題の最適解は捜索開始の是非も含んでおり，捜索せずに地域推定する
場合や捜索も地域推定も行わない最適行動もあり得る．

(5)．期待エントロピー利得 (Expected Entropy Gain)

　捜索開始時の目標分布 $P_0 = \{p_i\}$ のエントロピー（目標存在位置の曖昧さを表
す）：$H(P_0) = -\sum_i p_i \log_2 p_i$ から捜索終了時の $H(P)$（目標が発見されれば $H(P) \to 0$,
未発見ならば事後分布 P の $H(P)$ となる）の値を差し引いた値 $H(P_0) - H(P)$ の期
待値を期待エントロピー利得という．この値は捜索で目標存在位置の曖昧さが減
少した度合いを表し，総努力量制限の下で期待エントロピー利得の最大化問題が
研究される．また捜索終了時点の事後目標分布の期待エントロピーの最小化問

題があるが，これは期待エントロピー利得最大化問題と同じである．

(6)．先制目標探知確率 (Forestalling Detection Probability)

目標と捜索者が互いに捜し合う捜索において，捜索者の総努力量制限の下で先制目標探知確率（目標が捜索者を発見する前に捜索者が目標を発見する確率）を最大化する問題が研究されている．軍事捜索では先制探知した側が先制攻撃・隠蔽・逃避等を行うので，捜索状況はいずれかの探知により全く別の局面に入るのが普通である．したがって捜索プロセスは探知が生起した時点で終了すると考えられる．このように先制探知側が以後の状況を支配できる場合の評価尺度が先制目標探知確率であり，軍事捜索問題では特に重要である．

(7)．マックスミン（ミニマックス）基準 (Maxmin (Minimax) Criteria)

目標と捜索者の利害が対立する競争的捜索状況では，双方は相手が情報収集・分析・判断・行動に錯誤のない完全な合理性（全知的合理性という）を持つ意思決定者であると想定して，相手の利得を最小にする行動をとるのが合理的である．即ち合理的な敵対的目標は捜索計画の弱点を衝いて捜索者の利得を最小にするように行動するであろうから，捜索者は最小な利得を最大にする捜索計画 (Maxmin 戦略) を採用するのが賢明である（ワルドの基準という）．逆に目標は全知的合理性を持つ捜索者は自分の利得を最大にするように行動するであろうから，最大な利得を最小に抑え込む (Minimax 戦略) のが目標の賢明な行動となる．この尺度は捜索者が利得を最大にしたい，目標がそれを最小にしたいという敵対的な攻防の捜索状況を反映した評価尺度である．捜索者が最適にする評価尺度は，目標探知確率，期待捜索努力量，期待リスク又は利得等，何であってもよい．この問題は2人零和ゲーム（我の利得は敵の損害となるゲーム）に定式化され，捜索者と目標の最適戦略，競争の均衡状態の利得（ゲーム値）が求められる．ゲーム理論では全知的合理性をもつプレーヤーが仮定されるので，ゲームの最適解は相手に裏を掻かれることのない慎重な行動計画となる．

捜索ゲームについては潜伏・捜索ゲーム，逃避・捜索ゲーム，待ち伏せゲーム，侵入ゲーム等の各種のモデルが研究されている（§2.2.の6項：ゲーム理論の応用の項を参照）．

(8)．その他の研究テーマ

システムの定期検査のように目標（故障等）の出現の有無を監視する捜索問題では，目標の出現から発見までの遅れ時間の期待損失と捜索コストの和を最小にする最適化問題を考え，捜索頻度や捜索努力投入（定期検査の深さ）等を求める．また目標の動静把握の監視問題では，監視期間中の目標の確認時間の期待比率を

234　第5章　捜索理論の概要

最大化する捜索努力配分問題が研究されている．なお複数の評価尺度に関する捜索の最適化問題（多目的計画問題）については未だ発表された研究はない．

3．現代の捜索理論の応用研究

2001年9月11日の米国での同時多発テロ以降，軍事ＯＲはテロ対策関連の研究テーマが急速に増加した．その第1のテーマが，テロを阻止するための捜索努力配分問題であり，これには従来の密輸発見問題の手法が応用されている．その第2のテーマは無人機技術の急速な進歩に付随した無人航空機 UAV (Unmanned aerial vehicle) の効率的な運用に関するＯＲ研究 [9] であり，捜索任務達成のための飛行経路決定や，哨戒・監視任務の達成度に関する分析・評価の研究は，学術論文のみならず多くの国際会議でも取り上げられている．更に水中におけるUUV (Unmanned underwater vehicle) も注目されている [1] が，それは広域での捜索問題というよりも，港湾，海峡のような狭い海域における防備作戦において悪意ある侵入者を阻止するための効果的捜索問題として，運動方程式と最適制御理論を組み合わせた自動運用の捜索法がＯＲで模索されている段階である．また海中での捜索技術としてマルチスタティック・ソナー（アクティブ・ソナー（艦艇，ヘリコプター等）による発信源と受信者が異なるソナー・システム）に関する新技術が近年注目されており，その探知メカニズムを従来の捜索理論に組み込もうとする試み [14] もあるが，幾何学的な評価法が採用されることが多いためにコンピュータによる解析が困難であり，探知論の先にある運用評価の段階には到達していない．このＯＲ分析は新技術の実戦配備と歩みを同じくしつつ，端緒についたばかりである．

以上，捜索理論の研究分野で扱われている捜索計画の評価尺度と最適化問題の形式を述べたが，これらの理論モデルには更にいろいろな拡張・変形があり，それらの研究の進度は問題によって異なる．図 5.5. の要因図において最も左側の要因の組からなる問題は最も基本的な問題であり，従来よく研究され各種の評価尺度の捜索努力配分の最適解が解明されている．更に捜索の要因を変化させた問題も，連続努力量の発見法則（投入努力量と目標探知確率の関係を表す関数．探知関数）が凹関数（現象的には捜索努力の限界効用逓減の法則が成り立つ探知関数を意味する）の場合には，問題は非線形計画法の凸計画問題になり，唯一の極大（小）値が存在して最大（小）値を与えることが証明されているので比較的よく解かれている．しかしこの条件が成り立たない場合は，複数の極値が存在する多峰型目的関数の最大（小）化問題（大域的最適化問題という）となり，解法は

非常に困難になる．また捜索努力量が整数値しか許されない場合は整数計画法問題となり，この場合も解法は非常に厄介になる．また捜索側が異なった探知特性を持つ異種混成兵力からなる場合には，組み合わせ問題となるので，最適捜索計画問題の解法は難しくなる．これらの問題では解析的な最適解の解法は困難であり，アルゴリズミックな数値解法が提案されている．

　双方的な捜索ゲーム問題については，問題が１段階の２人零和ゲームで定式化される潜伏・捜索ゲームについては比較的素直に解くことができるが，捜索期間中に適応的な行動がとれる逃避・捜索ゲームの多段階ゲームについては解法が困難なことが多く，今後の研究課題である．

　本章では理論モデルの細部には踏み込まずに捜索理論の全体的な構成を概説した．捜索理論について更に深い探求を志す読者のために，本書の最後の８章で内外の捜索理論の専門書を紹介する．

参考文献

[1]　H. Chung, E. Plolak, J. Oroyset and S. Sastry, *"On the Optimal Detection of an Underwater Intruder in a Channel using Unmanned Underwater Vehicles"*, Nav. Res. Log., 58 (2011), 804-820.

[2]　飯田耕司，福楽 勲，『ASW 作戦情報処理・戦術解析のためのシミュレーション・モデルについて』，航空集団司令部，1977，（部内限定）.

[3]　飯田耕司，福楽 勲，『戦術オペレーションズ・リサーチ事例集　第１集　TAG Rep. No. 1-23』，航空集団司令部，1977，（部内限定）.

[4]　飯田耕司，宝崎隆祐，『三訂 捜索理論 捜索オペレーションの数理』，三恵社，2007．（初版．飯田 単著，1998.）

[5]　飯田耕司，『捜索の情報蓄積の理論』，三恵社，2007.

[6]　飯田耕司，『改訂 軍事ＯＲの理論』，三恵社，2010．（初版．2005）.

[7]　B. O. クープマン 著，佐藤喜代蔵 訳，『捜索と直衛の理論』，海上自衛隊第１術科学校，（部内限定）.

[8]　B. O. Koopman, *"The Theory of Search Ⅲ. The Optimal Distribution of Searching Effort"*, Operations Research, 5 (1957), 613-626.

[9]　M. Kress and J. Oroyset, *"Aerial Search Optimization Model (ASOM) for UAVs in Special Operations"*, MOR, 13 (2008), 23-34.

[10]　H. R. Richardson and L. D. Stone, *"Operations Analysis During the Under Water Search for Scorpion"*, Nav. Res. Log. Quart., 18 (1971), 141-157.

236　第5章　捜索理論の概要

[11]　H. R. Richardson and J. H. Discenza, *"The United States Coast Guard Computer assisted Search Planning System (CASP)"*, Nav. Res. Log. Quart., 27 (1980), 659-680.

[12]　C. M. スターンヘル, A. M. ソーンダイク 著, 筑土竜男 訳,『第2次大戦中の対潜戦闘』, 海上自衛隊第1術科学校, 1955, (部内限定).
　　　原著 : C. M. Sternhell and A. M. Thorndike, *"A Survey of Antisubmarine Warfare in World War II "*, OEG Rep. No. 51, 1946.

[13]　L. D. Stone, *"Theory of Optimal Search"*, Academic Press, NY, 1975.

[14]　A. Washburn and M. Karataz, *"Multistatic Search Theory"*, MOR, 20 (2015), 21-38.

第6章　射撃理論の概要

　本章では軍事ＯＲの中心的な研究分野の１つである「射撃理論」（爆撃の場合も含めて「射撃理論」と言う）を概説する．「射撃理論」は一方的な射撃や爆撃の確率論的特性を分析し，効率的な射撃のやり方を明らかにする理論研究である．一般的な戦場では双方的な撃ち合いとなる状況が多いが，「射撃理論」ではこのような交戦では避けられない射撃者の被害は考慮しない．射撃の応酬による双方的な兵力損耗の死滅過程は，次章の「交戦理論」のテーマである．

　「射撃理論」という術語は，「砲内弾道学」や「砲外弾道学」（これらの中間に「過渡弾道学」を置く研究者もある）及び「終末弾道学」等の物理的又は工学的な研究の総称として用いられることがあるが，本章のテーマはこれらの各種の弾道の物理学や工学ではない．ここではそれらの弾道の物理学・工学の知識を基礎として，射撃システムの全体的な特性を確率論的に扱い，「目標位置の観測→射撃システムの展開→測的・照準→発射諸元の決定→撃発・発射→飛弾→弾着→目標の破壊」の一連の射撃プロセスの確率モデルを定式化する．そしてそのモデルを通じて射撃の各段階の要因が目標破壊の可能性（目標撃破確率）にどのように影響するかを解明することが射撃理論のテーマである．更にその知識を手がかりにして，射撃システムの主な要因（射弾配分，弾着点のバラツキの要因等）の制御問題を取り上げて，目標撃破確率を最大にする要因間の最適なバランスの条件を明らかにし，或いは所与の条件下の最適な射法や最適射撃パターン等を分析する．それは射撃の物理学・工学ではなく，射撃の応用確率論として特徴づけられる理論モデルであり，射撃の効率化を扱うＯＲ分析である．上では射撃問題について述べたが，爆撃問題もほぼ同様である．

　本章では前章と同様に射撃理論の数学モデルには立ち入らずに，この研究分野理論モデルの要因の定義や概念，理論の構成等を概説する．但し効率的な射撃・爆撃法の研究は，前節の捜索理論とは異なり，砲が発明されて以来，無数の砲術士官の研究対象であり，膨大な経験の蓄積がある．この問題の研究の歴史については本節で許される紙幅を遙かに越えている．したがって本節では，直接，射撃理論のＯＲ研究の構成から論述を始め，§6.1．射撃のシステム要因と射撃理論，§6.2．射撃理論の基本的な概念と術語の定義，§6.3．射撃理論の概要，の順で述べる．

§6.1. 射撃のシステム要因と射撃理論

　1人の射手が標的を照準して複数発の射撃（銃砲の種類は問わない）を行う状況を考える．この際，外見上の射撃の条件は同じであっても弾着点は毎回異なり，標的の中心を狙った射弾は上下・左右に散布し，同じ点に弾着することはまず無いと言ってよい．しかし多数回の射撃の弾着点の記録では，全体的にある種の法則性が見られるのが普通である．射撃の名手の弾着点は標的の中心によくまとまり，初心者のそれはとりとめもなくばらついて弾痕不明（標的外への弾着）も珍しくない．またある射手の弾着点は右上に偏り，別の射手は左下にずれる傾向がある等々である．各種の銃砲による射撃において，上述した弾着点のバラツキは程度の差こそあれ例外なく生ずる．更に戦闘射撃では目標の移動や観測誤差等が射撃の精度に関係する．そのような弾着点のバラツキを生ずる原因には，機械的なものから人間要素までいろいろな要因が考えられる．それらを列挙すれば，次のような事項が挙げられる．

①．目標の要因：目標の移動や位置の不確実性による弾着点のずれ．

②．射撃システムの要因：照準装置，射撃管制装置，発射装置（以下，砲という）等の特性のバラツキ，砲の磨耗や製造時の品質のバラツキ，システム全体のバランスの良否，零点規正の誤差．

③．射撃管制の要因：射撃管制装置の見越計算の誤差，照準装置の調整のバラツキ，照準手や射手の動揺修正，目標追尾機構の追随遅れや誤差等．

④．弾薬の要因：弾体や発射薬の品質のバラツキ（経年劣化を含む）．

⑤．射手の要因：射手の固有の癖，照準時の人間の生理的なリズム，射撃姿勢の安定性や照準・撃発時の射撃動作のふらつき．

⑥．環境の要因：炸薬温度，空気密度，定常風・突風等の外力の影響等の砲外弾道に対する環境条件のバラツキ，艦や砲座の動揺修正・波浪衝撃吸収等の遅れ，銃・砲座の堅確性．

上記以外にも弾着点のバラツキに影響する要因には多くの要因があり，それらが弾着点の固定的なずれとランダムなバラツキの生成に複雑に関係している．

　上では弾着点のバラツキの要因を述べたが，射撃の目的，即ち目標の破壊にまで考察の範囲を拡げれば，関係する要因は更に複雑である．例えば小銃による敵歩兵の狙撃では，弾着点のバラツキがそのまま目標の撃破の生起に直結するが，同じ小銃による射撃でもヘリコプターを射つ場合には，ヘリコプターの機体への

§6.1. 射撃のシステム要因と射撃理論　　239

射弾の命中は必ずしも目標の破壊とならない．また大口径砲の射撃では，射弾が直接目標に命中しなくても至近弾によって目標が破壊される場合がある．しかしこのとき目標から同じ距離に弾着した場合でも，目標を破壊したり，しなかったりする．それには弾の種類と目標の脆弱性と，破片被害等に顕著に見られる運・不運の偶然性が強く関係するためである．また照準と弾道のバラツキと目標破壊の３者の間には，強い関連性がある．その関連性は，ある条件下の斉射では何らかの方法で弾道を故意にばらつかせた方が，目標を破壊する可能性が大きくなるという複雑な作用を及ぼすことが知られている．上述したことは射撃に関する本質的な特性を明示している．即ち射撃による目標撃破の結果は，

①．確率現象である，

②．各種の要因が相互に関連するシステム的な問題である，

という２点である．上述したとおり弾着点や目標の破壊はランダムな確率現象として特徴づけられるが，それは全くの不規則な現象ではなく，全体としての結果のバラツキ方はある種の法則（確率分布で表される事象生起の確率法則）に従った現象である．そしてそのバラツキの確率法則は，射撃システムの各フェーズで特徴的な形を取り，それらが相互に関連し合って最終的な目標の破壊の確率法則が生成される．したがって効率的に射撃を実施するには，このような射撃のプロセスの背後に潜んでいる確率法則の性質と，その相互の関連性をよく把握し，それを更に望ましい方向に制御する技術が必要である．射撃理論の確率論の研究のねらいはそれらの知識の体系的明確化である．本章では射撃の物理学ではなく，このような射撃の効率化のＯＲ理論を射撃理論と呼ぶことにする．

　上述したように「射撃理論」は射撃問題の確率論的な基礎を与えるが，それは前述した射撃の結果に関係する各種の要因を調べ上げて，その現象の特性と影響を明らかにし，その対策を工夫して射撃システムの性能の向上を図る…という物理学的又は工学的なアプローチによる知識の体系化ではない．射撃のＯＲ理論は，各種の要因の確率特性に起因する目標撃破の可能性の評価と，それらの確率要因の関係の最適化による射撃の効率化が射撃理論のＯＲ研究である．上述したとおり本章では射撃の確率論を扱うが，上述の射撃のプロセス及び弾道学等の物理学・工学と，射撃理論の確率論モデルとの対応は次のように述べられる．

　通常の射撃では，まず射撃対象の目標を偵察して目標位置を確定し，射撃システムを展開した後，砲と射撃管制装置等の位置や基準軸を整合する零点規正を行い，次いで目標を測的・照準し，発射諸元を決定して調定し，撃発機構を操作して弾丸を発射する．弾丸は弾道を飛んで弾着し，衝突による破壊又は爆発による

240　第6章　射撃理論の概要

衝撃波，爆風，散布破片等によって目標に対する危害の可能性を生ずる．上述した射撃プロセスの物理学及び工学的な研究は，射撃目標を確定する段階では偵察の目標位置誤差や目標の散布状況（例えば散開した歩兵の1群）の観測誤差が問題となる．また射撃システムの展開段階では，砲の個機の特性のバラツキやシステムの零点規正の誤差，砲座の堅確性による射弾のバラツキ等が問題となり，照準と発射諸元の評定段階では，照準動作の人間工学や照準器・射撃管制装置等の工学上の特性のバラツキの影響による射撃精度の問題が研究される．更に撃発・発射段階の砲内での発射薬の燃焼や圧力上昇，弾丸の挙動等は，砲内弾道学のテーマであり，発射された弾丸が弾着点に達するまでの間の運動は，砲外弾道学で詳細に研究される．また弾着後の弾丸の状態と目標に対する危害の関係や目標破壊のメカニズムは，終末弾道学の主テーマである．このような射撃プロセスの解明とその制御を扱う物理学・工学に対して，本章の主題である射撃理論の確率論モデルは，上述の射撃の各段階の理想的な制御状態からのずれ（誤差）が射弾を散布させ，目標の破壊を不確実にする原因であると考え，それらの全体的な相互作用を明らかにし，最適なバランスを分析し，或いは射撃の操作法（射法や射弾配分等）を工夫して射撃の効率化を図るものである．ここで目標を選択する段階の目標位置の不確実性は「目標分布」で見積もられ，射撃システムを展開する段階の誤差分布は「武器誤差分布」，また照準から撃発・発射までの射撃プロセスのシステムの特性は「照準誤差分布」，弾丸の発射から弾着までの間の砲外弾道のバラツキは「弾道誤差分布」によって表される．更に目標の破壊に関する終末弾道学の知識は，弾着点と目標中心との距離の関数で目標の破壊確率を表す「損傷関数」（小目標の場合）や，「小目標の撃破割合」（カバレッジという）の期待値又は「命中弾数の条件付き目標撃破確率」（大目標の場合）等の確率関数（「目標撃破関数」という）で扱われる．このように射撃の確率論では射撃のシステム要因を，目標位置誤差（観測誤差），武器誤差，照準誤差，弾道誤差の各分布及び目標撃破関数の5つの確率関数によって定式化される．図 6.1. は上述した射撃のプロセスとORの確率論モデルの関係を整理したものである [4]．

　射撃理論の研究は，射撃システムの要因を図 6.1. のように整理した上で，射撃システムの各種の特性，即ち目標分布，武器誤差分布，照準誤差分布，弾道誤差分布の母数（平均，分散），弾の致命域や損傷関数のパラメータ等によって表される目標撃破関数，及び砲の発射速度，弾数等と，射撃の結果生ずる目標撃破の確率論的特性（目標撃破確率，目標撃破までの期待発射弾数等）との関係を明らかにする理論研究である．更にまた射撃の効率を向上させるために，目標撃破確

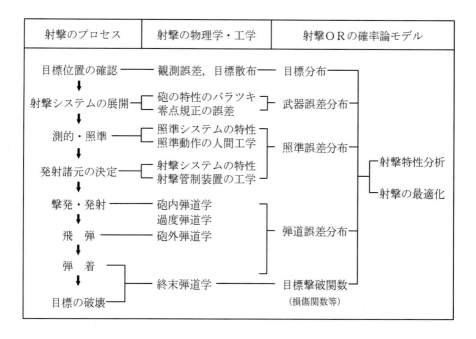

図 6.1. 射撃プロセスと確率論モデルとの関係

率を最大にする制御可能な射撃要因の最適なバランスの条件や，各種の意思決定問題（射法の選択，目標選択，射弾配分等）の最適な決定基準を分析することをテーマとする．前述したとおり「射撃理論」という術語は，各種の「弾道学（砲内，過渡，砲外，終末各弾道学）」の物理学・工学を意味する場合と，上述の射撃の確率論モデルを指す場合とがあるが，以下，本書の記述では後者の意味に限定して「射撃理論」という術語を用いることとする．

§6.2.　射撃理論の基本的な概念と術語の定義

本節では射撃理論の基本的な概念と術語の定義を述べる [3, 4, 6]．

1．目標の撃破と射弾の命中

射撃は目標を撃破，即ち目標の破壊又はある機能の無効化のために行われる．必ずしも目標の撃破を目的としない制圧射撃の場合でも，ある一定時間，目標の

242　第6章　射撃理論の概要

機能を停止させることが射撃の目的であり，目標の機能の無効化に変わりはない．しかしここで目標の「撃破の内容」は明確に定義されなければならない．即ち目標のどのような機能をどの程度無効化すれば，射撃の目的を達成したといえるかという厳密な「撃破の定義」が必要である．例えば対艦艇射撃において艦体の沈没を「艦艇の撃破」というのか，又は艦艇のある特定の戦闘力（例えば対空戦闘能力）の無効化を「艦艇の撃破」と見なすかによって，射法や弾種の選択等，射撃の内容は非常に異なってくる．ここで対空戦闘能力の無効化を艦艇の撃破の定義とすれば，高度に電子化された現代の艦艇ではアンテナを叩き落としただけでも射撃は成功であり，目標は撃破されたとみなされる．このときには近接信管付きの破片・爆風効果の大きな弾種の射撃が有効である．一方，艦艇の沈没を撃破の定義とする場合には，高度に被害防御の施された大型艦艇では水線下に徹甲弾を送り込むことが必要である．ここでは「目標の撃破」という用語は，「無効化すべき目標の機能と破壊の程度」が明確に定義されて，はじめて意味を持つ厳密な術語である．このように射撃の目的の表現である「目標の撃破」の定義が与えられて，はじめて射撃の効率化の分析が始められる．

　一般的な軍事用語では「射弾の命中」が「目標の撃破」又は「射撃の成功」と同義語に用いられることがあるが，上述したとおり理論的な分析では「射弾の命中」と「目標の撃破」は厳密に区別される．「射弾の命中」は単に目標中心からある範囲内に射弾が弾着することを意味し，目標の撃破については何も規定していない．また「目標の撃破」は，特に1発の射弾の効果で撃破される目標（「小目標」という．後述）に対しては，「命中」の概念を媒介せずに，直接，弾着点と目標の破壊とが関係づけられる．この関係式を「損傷関数」と呼ぶ．対人射撃のように脆弱な目標に対する射撃では「命中イコール撃破」の場合もあるが，理論的な分析では「命中」は必ずしも目標の撃破や射撃の成功を意味しない．例えば対艦艇射撃で射弾が艦体に命中しても，ただ単に倉庫をぶち破っただけで何らの戦力低下を齎さない場合があるからである．また大口径砲の射撃では，射弾は「命中」しなくても至近弾の衝撃波や爆風効果，破片効果等によって目標はしばしば撃破される．一方，複数発の射弾の累積被害で初めて撃破が起こる相対的に大きな目標又は堅固な目標（「大目標」という．後述）に対しては，複数発の命中弾数を条件付けた上で目標の撃破を定義する場合がある．即ち「n 発の命中弾があった場合に確率 p_n で目標は撃破される」というとらえ方をするが，この場合には目標の撃破は命中の概念を媒介して定義される．ここでは小目標に対する損傷関数の引数：「弾着点と目標中心の距離」が，大目標の撃破の定義では「目

標への命中弾数」に置き換えられる.

2. 小目標と大目標

　1発の射弾の効果で撃破される脆弱な目標を「小目標又は点目標 (Point Target)」という. 小目標の射撃では目標上又はその近傍の1発の射弾の弾着によって目標は完全に撃破されるか, 又は完全に生き残るかであり, 部分的な破壊又は破壊の累積効果はないものとする. 目標撃破確率を目標の中心からの距離の関数として表した確率関数式を「損傷関数」と呼ぶことは前述した. なお小目標の場合でも射弾の命中と目標の撃破は別の問題であり, 小目標に射弾が命中しても目標は撃破されるとは限らない.

　一方, 撃破には複数発の射弾の効果が必要な目標を「大目標」又は「面目標 (Area Target)」という. この場合は1発の射弾の命中で目標は部分的に破壊され, 目標は命中弾の累積効果により撃破される. 但し目標の特定な致命部分に命中した1発の射弾で大目標が撃破される可能性 (例えば弾薬庫に命中した1発によって巨艦が轟沈する場合) を考慮したモデルも提案されている. この場合は大目標の致命部分の分布や構造を考慮し, 射弾の「命中」の概念を媒介して大目標の撃破が定義される. このような目標を「構造型大目標」と呼ぶ. 一方, 1群の小目標の集団をまとめて1つの大目標と定義する場合があり, これを「集合型大目標」という. 例えば散開した1個中隊の歩兵に対する迫撃砲の射撃のような場合である. この場合は1発の迫撃砲弾によって中隊が全滅することはないので, 上述した大目標の定義は妥当である. この射撃の状況では大目標の破壊の程度は, 構成要素の小目標の撃破割合 (カバレッジ) の期待値で表される.

3. 既出現目標と逐次出現目標

　複数目標に対する射撃資源の最適配分問題において, 射撃目標の特性が全て既知 (目標が全て出揃っている) 場合を「既出現目標」という. 目標は大目標, 小目標のいずれでもよい. 全ての目標の位置や分布, 形状, 抗堪性等の特性及び軍事的な価値 (重要性) 等が射撃の事前に観測され, 射撃資源の配分はそれらの完全な知識に基づいて行われるのが既出現目標に対する射撃問題である. これに対して目標がある確率法則に従って逐次に出現し, 出現してみなければ上述の目標特性が確定できない目標を「逐次出現目標 (出現型目標又は機会目標)」という. この場合は目標の出現が確率的であり, 目標の出現数やそれらの軍事的価値, 強さ等は, 事前には統計的知識しかないのが特徴である. またこの問題では目標の

244　第6章　射撃理論の概要

出現時に観測に基づいて直ちに射撃を行い，いくつかの目標が出揃った時点で射撃資源配分の決定をすることは許されない（これが許される場合は既出現目標となる）．但し射撃者は目標の出現頻度の確率法則（分布等）や出現目標の特性（軍事的な価値や脆弱性等）に関する確率・統計的な知識は利用できると仮定する．射撃者はそれらの統計的知識を利用して，逐次に出現する目標の観測値（軍事的価値や強さ等）に応じて，目標の出現の都度，射弾配分を決定するのが逐次出現目標の射撃であり，多数の研究がある［4,6］．

4．逐次射撃と同時射撃，独立射撃とサルボ射撃及びパターン射撃

　複数発の射撃において前回の射撃の結果（目標撃破の成否や弾着点等）を観測し，それを次回の射撃に反映する場合を「逐次射撃」と言い，事前の照準に基づく射撃諸元で射撃を行う場合を（時間の経過に関係なく）「同時射撃」という．逐次射撃と同時射撃の差異は射撃の時間的なずれを指すのではなく，前回の射撃結果のフィード・バックがあるか否かによる．また複数発の射撃で毎回照準し直す場合を「独立射撃」，1回の照準により同一諸元で全弾を射つ場合を「サルボ射撃（斉射）」，射弾又は照準点に偏倚量（バイアスという）を与えて弾着点がパターンを描くように射つ射撃を「パターン射撃」という．

5．修正射撃と観測射撃

　上述した逐次射撃において，前回の射撃の弾着点を観測して次回の射撃の発射諸元を修正する射撃法を「修正射撃」と呼ぶ．ここで弾着点の遠近・左右の情報のみによる修正射撃を「挟叉修正射法」と言い，射弾の目標中心からの外れの距離を観測することができ，それに応じて照準点を修正する射法を「偏差修正射法」という．また目標の過剰破壊（overkill）による射撃資源の無駄使いを防止するために，目標の撃破の有無を観測して次回の射撃弾数を決める射ち方を「観測射撃（Shoot-Look-Shoot）」という．この場合は弾着点の観測データによる照準の修正ではなく，目標撃破の有無により次の射撃の発射弾数が決められる．

6．単発撃破確率（SSKP），撃破速度，目標撃破確率

　射撃の成果は目標撃破の有無によって評価されるが，それは確率現象であるので，射撃システムの事前の評価値としては「目標撃破確率」で表される．それには射撃システムの各種の誤差と弾着散布の状況，弾の威力，目標の脆弱性，更に複数目標の射撃では目標分布等の要因が関係する．これらを総合した射撃システ

ムの有効性の評価尺度として，1発の射撃によって小目標を撃破する確率：「単発撃破確率（SSKP）」が用いられる．現実の戦闘射撃においては1発だけの射撃はほとんどないが，SSKPは武器・照準・弾道の各誤差による弾着点の散布と弾丸の威力，目標の大きさ・形状・脆弱性等の確率的な要因が全て反映されるので，射撃システムの有効性を端的に表す指標として用いられる．また戦闘射撃では射撃の速さも重要な要素であり，単位時間当たりの平均発射弾数（平均発射間隔の逆数）にSSKPを乗じた値を「撃破速度」と呼ぶ．この特性値はSSKPに時間要素が加味された値で，小目標に対する単位時間当りの撃破数の期待値を表す．更に発射弾数や射法を考慮する場合は，所与の射撃条件下の目標撃破確率が評価尺度となる．また大目標の射撃では目標撃破確率や期待カバレッジが評価尺度となる．

§6.3.　射撃理論の概要

本節では射撃理論として研究されている主な問題について，システム要因の扱い方や問題の定式化等を概説する．

1．射撃問題の定式化の基本的な事項

前述したとおり時間的な余裕のある静止目標の射撃では，まず目標を偵察して確認し，照準装置・射撃管制装置・発射装置（以下，砲という）及び前進観測者等の射撃システムを展開し，全システムの位置や基準軸を整合させる零点規正を行う．次に目標を測的・照準して発射諸元を計算し，砲に調定して試射を行い，弾着分布の中心と目標中心とが一致するように発射諸元を修正する．その後，多数発の射撃（効力射撃という）を行う．但し移動目標の射撃では，射撃しつつ発射諸元を修正する．弾丸は弾道を飛んで目標の近傍に弾着し，弾の直撃や爆発の衝撃波・爆風・破片等の破壊効果によって目標撃破の可能性を生ずる．この射撃プロセスの各段階において各種の誤差や変動要因が入り込み，射弾は照準点からずれた位置に落達し目標の撃破を不確実にする．射撃理論はこの射撃プロセスの確率論的な分析をテーマとするが，図 6.1. に示したとおり，射撃の確率論モデルではこれらの確率的変動要因を次の5つの確率関数によって扱う（§2.2.の第2項参照）．

①．目標分布：目標位置の不確実性
②．武器誤差分布：砲の特性のバラツキと射撃システムの零点規正の誤差

246   第6章　射撃理論の概要

③. 照準誤差分布：測的・照準から発射諸元の決定までの間の射撃システム等の誤差
④. 弾道誤差分布：撃発から弾着までの砲内・砲外弾道のバラツキ
⑤. 目標撃破関数：目標撃破確率は，小目標では目標中心と弾着点の離隔距離の関数；「損傷関数」で表し，大目標の場合は「期待カバレッジ」又は「命中弾数の条件付き目標撃破確率」で表す．

　射撃理論では上述の射撃システムの誤差要因（目標位置誤差，武器誤差，照準誤差，弾道誤差の各分布の母数，射弾の致命域又は損傷関数のパラメータ），射撃の方法（射法等），砲の発射速度，発射弾数等の射撃システムの性能は，射撃の事前に与えられるものとする．その上でそれらの要因と射撃の特性値（目標撃破確率，目標撃破までの期待発射弾数等）との関係を定式化し，また目標撃破確率を最大にするシステム要因の最適条件や各種の意思決定問題（目標選択，射弾配分等）の合理的な決定基準を求めることが射撃理論のテーマである．

　上述の5つの確率関数によって射撃の効率を分析するためには，これらを数式で表して目標撃破確率を定式化する必要がある．射撃理論におけるこの5つの確率関数の扱いは次のとおりである．

①. 上述の①項の目標分布と⑤項の目標撃破関数（小目標では損傷関数）は目標により異なるので，次の基準的な近似関数を用いる．
　i. 目標分布
　　・一様分布：平均値を中心に一定距離以内では一様な確率で目標が分布し，それ以遠では存在しないとする目標分布．
　　・正規分布：（平均，分散）の2つの母数をもつ釣鐘型確率分布
　ii. 損傷関数
　　・一様分布型：目標中心から一定距離内の弾着で目標は確実に撃破され，それ以遠では撃破されない（「クッキー・カッター型損傷関数」ともいう）．
　　・カールトン型：致命域の大きさを母数とする負の2乗指数関数の釣鐘型関数
　　・正規分布型：致命域と分布のバラツキの2つの母数をもつ正規分布型関数
②. 上述の②〜④項の武器誤差，照準誤差，弾道誤差の分布は，正規分布で扱われる．これらの分布はいずれも多数の誤差要因が重畳されて形成される分布（複数の確率変数の和の分布）と考えられる．このような多数の誤差要因の和の合成分布は，確率統計理論の基礎定理である「中心極限定理」によって，「独立な多数の確率変数の和の分布は，元の確率変数の分布が何であっても要素の数が多ければ正規分布に近づく」という性質が証明されている．したがっ

§6.3. 射撃理論の概要　247

て②〜④項の誤差分布のように多数の要因が関係する誤差分布は，正規分布で
近似できると考えられる．射撃理論において武器誤差，照準誤差，弾道誤差の
各分布を正規分布で近似して扱うのはこのためである．

　射撃問題の分析では上述の基本的な前提の下で問題が定式化されるが，モデル
を展開する上の基礎的な事項として，弾着分布の定式化と目標撃破確率の定式化
が重要である．前者の弾着分布は上述の３つの確率変数：武器誤差，照準誤差，
弾道誤差の和の分布として表され，数学的にはこれらの分布の「たたみこみ積分」
で求められる．射撃に関するこれらの３つの各誤差要因の分布は，上述したとお
りそれぞれ正規分布で仮定されるので，これらの分布の「たたみこみ積分」の弾
着分布も正規分布（正規分布の再生性：複数の確率変数の和が元の分布型に従う
こと）となる．一方，後者の目標撃破確率の定式化は前節の小目標と大目標の定
義の項で述べたように，小目標は損傷関数，大目標は命中弾数の条件付き撃破確
率又は期待カバレッジで表される．したがって小目標の撃破確率は，損傷関数と
弾着分布の「たたみこみ積分」で定式化される．ここで目標分布が正規分布，損
傷関数がカールトン型又は正規分布型の関数の場合は，「たたみこみ積分」は正
規積分の全区間積分になるので撃破確率は簡単な式で得られるが，いずれかが一
様分布型の場合は正規積分の有限区間積分となるので解析的に閉じた式では表せ
ない．また大目標の撃破の定式化は，目標分布を一様分布や正規分布と仮定した
集合型大目標の場合（このときは期待カバレッジで目標撃破が定義される）は小
目標と同様の扱いができるが，構造型大目標の場合は目標の構造上の脆弱性が問
題となり，その分布の法則性がないので定式化が困難であり，定型的なモデルの
研究はほとんど進んでいない．

2. 単発撃破確率 SSKP の評価問題

　上述した弾着分布と損傷関数によって，各種の形状の小目標に対する１発の射
撃の目標撃破確率：単発撃破確率 SSKP が求められる．戦闘射撃では１発だ
けの射撃を行う状況はほとんど考えられないが，SSKP は前述したとおり武器
誤差分布，照準誤差分布，弾道誤差分布，目標の脆弱性，弾の威力等の射撃シス
テムの要因を全て含んでいるので，射撃システムの総合的な能力を端的に示す指
標として重要である．ここで弾着分布は上述したとおり正規分布で近似されるが，
損傷関数は一般的には目標の構造に依存し，クッキー・カッター型，カールトン
型（釣鐘型），正規分布型の損傷関数のいずれかで近似される．またクッキー・
カッター型目標の形状は正方形，矩形，円形，楕円形，帯状等で近似して扱われ，

SSKP はこの目標の形状領域内の弾着分布の積分で求められる．しかしこの積分は正規分布の区間積分となるので解析的な式では求められない．したがって数値積分を行った数表（円形（又は楕円）カバレッジ関数表）が用意されている．しかし射撃問題を分析する上の基本的な特性値である SSKP が数表で表されることは，それ以後の問題の解析に大きな障碍となるので SSKP の近似式が研究されている．一方，損傷関数がカールトン型や正規分布型の場合の SSKP は，弾着分布と損傷関数の「たたみこみ積分」で表され，閉じた解析式で求められる．したがって実際の評価問題では，クッキー・カッター型の損傷関数の近似はできるだけ避けてカールトン型や正規分布型の損傷関数の近似が推奨される．

3．多数発射撃の目標撃破確率の評価問題

複数発の射撃では，毎回の射撃で照準をやり直して発射する独立射撃，1回の照準で発射諸元を決定し同一諸元で複数発を発射するサルボ射撃（斉射）及び1回の照準による照準点に対して弾着点にパターンを与えて射撃するパターン射撃（単砲の場合は各射弾に偏倚量（バイアス）を与え，複数砲の射撃では各砲の照準点をパターン化して射弾を散布させる）等の射法がある．各射法について目標撃破確率の評価式が定式化され，各射法の特徴が分析されている [4, 6]．

4．射法の最適化問題

多数発の射撃において照準誤差が大きく弾道誤差が小さい場合は，たまたま照準が大きくずれたときには射弾は束になってずれてしまうので，適度に弾道を散らした方が目標撃破確率を大きくすることができる．したがって射撃を効率化するためには照準誤差と弾道誤差はバランスさせることが必要である．単砲のサルボ射撃では各射弾の弾道分散を制御し，複数砲の射撃では各砲の位置や照準点にバラツキを与える武器誤差分布や照準誤差分布の分散を制御することによって，目標撃破確率を最大にする条件が研究されている [4]．また人為的に弾着点にパターンを与えて射撃するパターン射撃では，単砲の射撃で各射弾に与えるバイアスや，複数砲による射撃で各砲の照準点の最適なバイアスが求められている．これらの最適値は変分法的アプローチによって求められるが，一般的に最適解は閉じた式では表せないので，制御する分布のモーメント一致法による近似的な解法が工夫されている．また射撃の弾数や各誤差分布が与えられたとき，目標撃破確率を最大にする最適射法（サルボ射撃とパターン射撃の選択条件）が研究されている [4, 6]．

§6.3. 射撃理論の概要　　249

5．修正射撃問題

　複数発の射撃において前回の射撃の弾着点を観測し，目標中心からの射弾のず
れを次弾の発射諸元の修正にフィード・バックして射撃する場合の修正法の研究
が修正射撃問題である．弾着観測が弾着点の遠近・左右だけの情報の場合の「挟
叉修正法」と，目標中心からのずれの距離が観測できる場合の「偏差修正法」が
ある．偏差修正法では観測された弾着点のずれを逆方向に全量修正するのは毎回
の弾着誤差を追いかけるだけであり，弾着中心を目標に導くことはできない．
$1/n$ 修正法（n回目の修正では観測された偏差の$1/n$を逆向きに修正する）が研
究されている．

6．観測射撃の最適化問題

　時間に余裕のある射撃状況ではオーバーキルによる無駄弾を避けるために，複
数発の射撃と目標撃破の成否の観測を繰り返す観測射法（Shoot-Look-Shoot 射
撃）を行うことができる．このとき観測時間の消費によるリスクと無駄弾のコス
トのトレード・オフが問題になる．この問題について「何発射撃して観測を行う
のがよいか」という最適な観測射法が分析されている．現代のミサイル戦では射
撃コストが高価になるので，オーバーキルを防止するためにはこの分析モデルは
重要である，しかし，現実には観測コストと射撃コストを同じ尺度で評価するこ
とは無理な場合が多いので，現実問題への直接的な適用は困難であるが，最適解
のふるまいから得られる射撃の原則は，教訓的な示唆に富んでいる．

7．既出現目標に対する最適射弾配分問題

　手持ちの総弾数の制限の下で目標の価値（軍事的重要度）や脆弱性（SSKP）
の異なる複数の目標を射撃する場合，総戦果を最大にするにはどの目標に対して
何発を射撃するのが最適な配分かが問題になる．この一方的な射撃の最適射弾配
分問題は，最適資源配分問題として一般的なモデルが研究されており，小目標に
対する射撃問題は整数計画法により最適射弾配分が求められる．また集合型大目
標に対する射撃は，連続資源問題で近似して各地点の射撃密度を求める変分法問
題として最適射弾分布が求められる．この問題では攻撃資源（砲弾やミサイル数，
攻撃兵力等）が１種類の場合は，比較的簡単に最適解が求められるが，しかしミ
サイル配分問題の場合は攻撃ミサイルに複数の弾種があり，また各目標は各種の
防空ミサイルで防御されているのが普通であるので，防空ミサイルの特性によっ

250 第6章 射撃理論の概要

て攻撃ミサイルの残存率が変化する．したがって攻撃ミサイルの配分は，目標の価値ばかりではなく各目標に対する攻撃ミサイルの適合性も勘案して配分を決定しなければならない．この問題は何型の攻撃ミサイルをどの目標に対して何発発射するかという組合せ問題となり，最適解の解法はかなり難しくなる．したがってこの問題については最適解のいろいろな計算アルゴリズムが提案されており，また近似解法も工夫されている．

　防御側が防空ミサイルを最適に配分できる場合には，上述の問題は攻撃側と防御側の双方的な意思決定問題となり，ゲーム理論モデルとして分析される．このゲームは「ブロット一大佐のゲーム」と呼ばれる古典的な交戦ゲームであり，次章の交戦理論の章で取り上げる．

8. 逐次出現目標に対する最適射弾配分問題

　一定の交戦期間と攻撃資源（兵力や弾薬量）が与えられた作戦において，確率的に逐次に出現する目標に対しその価値や攻撃成功の可能性 （SSKP） 等を考慮して，総期待戦果を最大にする最適攻撃資源配分を求める問題が逐次出現目標の最適射撃問題である．潜水艦や敵地の後方撹乱のコマンド部隊のように，作戦期間中に補給が受けられない状況下の攻撃目標選択や兵力配分問題である．この問題では目標の出現が確率的であるので，残りの作戦期間が長ければ弾薬は節約して高価な目標に限定して使わなければならない．残りの作戦期間中には多くの高価な目標が出現する可能性があるからである．また逆に残りの作戦期間が少なければ，低価値の目標に対しても多数の弾薬を配分するのが合理的である．したがってこの問題では，「作戦期間が残りいくらの時点で出現した価値がいくらの目標に対して，手持ちの攻撃資源の何発を割り当てるか」の基準を求めることになる．この問題は目標の出現率やその価値の分布は既知と仮定され，動的計画法を適用して解かれる．更にこの問題で目標との会敵率が不明な場合，目標の防護力や反撃力を考慮する場合，目標の捜索コストを考慮する場合，追加コストを投入すれば攻撃資源の補給が受けられる場合，終末コスト（残弾の価値）を考慮する場合等，いろいろな現実的な状況下のモデルが研究されている [4]．一方，射撃目的が目標撃破ではなく護衛の場合（このときの目的関数は目標撃破による獲得価値ではなく，作戦終了時点の護衛対象の残存確率となる）や，また防衛資源として弾薬と兵力の2種類があり，弾薬は交戦によって消耗するが，目標に指向された兵力のうちの残存兵力は次の会敵目標との交戦に再利用できる場合の逐次配分の最適化問題等も研究されている．

以上，本節では射撃理論においてこれまでに研究されてきた主な問題について，理論の内部には立ち入ることなしに，研究の構成を概説した．これらの研究を整理して分類すれば図 6.2. で示される．

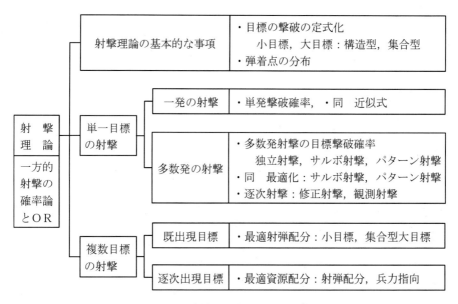

図 6.2. 射撃理論の理論モデル

これまで本節では射撃の要因等について主に従来の砲熕武器又は無誘導の爆弾を念頭に置いて概説したが，現代ではミサイルが主要火器となった．ミサイルは誘導や目標の自動追尾等，多くの機構で砲熕武器と異なるので，SSKP 等は上述した砲熕武器のように誤差理論に基づくモデルではなく，ミサイル・システムの各ブロックの作動信頼性確率から求められることが多い．しかし射弾配分等の資源配分の効率化問題は本章に述べた各種の理論モデルと全く同様のモデルを適用して分析することができる．但しこの場合には，通常，目標側の防空システムの影響を考えなければならないので，問題は双方的な交戦問題となり，ミサイル配分問題としてよく研究されている [2]．

9. 現代の射撃理論のテーマ

米国における同時多発テロ 9.11. 事件 (2001.9.11) 以降，軍事分野における

252 第6章 射撃理論の概要

ＯＲ研究はテロ攻撃への対策をテーマとすることが多くなっている．特に自爆テロによる被害の評価にＯＲ分析のアプローチを利用した分析がある．即ちテロの爆破による破片効果と自爆地点周辺の所在民間人の人口密度を考えて被害人数を算定し，その最小化を図るための警備法を分析した研究 [5] である．

一方，一般的な射撃理論の理論研究では，従来は数式の取扱いのし易さから点対称の損傷関数を仮定することが多かったが，射撃・爆撃の方向に依存する非対称な扇形形状の損傷関数を仮定する研究も行われている．更に敵位置情報の取得とミサイル攻撃を念頭においた水上打撃戦におけるサルボ射撃の研究 [1] もあり，射撃理論の分野では引き続き従来の研究の改善と現実的な応用が模索されている．

参考文献

[1] M. J. Armstrong, *"The Salvo Combat Model with Area Fire"*, Nav. Res. Log., 60 (2013), 652–660.

[2] A. R. Eckler and S. A. Burr, *"Mathematical Models of Target Coverage and Missile Allocation"*, Military Operations Research Society, Alexandria, Va., 1972.

[3] 飯田耕司,『改訂 戦闘の数理』, 防衛大学校, 2000,（部内限定）.（初版. 1995.）

[4] 飯田耕司,『改訂 軍事ＯＲの理論』, 三恵社, 2010.（初版. 2005）.

[5] E. H. Kaplan and M. Kress, *"Operational Effectiveness of Suicide-Bomber-Detect OR Schemes: A Best-Case Analysis"*, Proceedings of National Academy of Sciences of the USA, 102 (2005), 10399–10404.

[6] 岸 尚,『射撃・爆撃理論』, 防衛大学校, 1979,（部内限定）.

第7章　交戦理論の概要

　交戦理論の研究は，交戦による両軍の兵力損耗過程の分析と，兵力配分や火力配分戦術の最適化の研究の2つに大別される．前者は交戦中の両軍の損耗過程を定式化し，交戦の確率過程の特性値，即ち両軍の兵力損耗の推移，一方の軍の潰滅までの交戦時間，勝敗の条件，勝利の確率，残存兵力量の分布及び期待値等を明らかにする研究である．特に平均的な両軍の兵力損耗の経過を連立微分方程式で扱う古典的なランチェスターの決定論モデルは，陸上戦闘の軍事ORの中心的な研究テーマであり，1，2，3次則及びその拡張モデル，異種混成兵力モデル及び大規模な会戦（交戦の一様性がない場合）や軍拡競争の分析モデル等，多数の研究が行われている．またその他，兵力損耗の死滅過程を扱う確率論的ランチェスター・モデル，撃ち合いの先制撃破問題を分析する確率論的決闘モデル等が研究されている．また後者の交戦プロセスの最適な制御をテーマとする理論研究は，一般的な資源配分問題やゲーム理論，最適制御理論の応用であるが，兵力の大小と兵力配分過程が1段階か多段階か，また意思決定が一方的か双方的かによって，いろいろなモデルが提案されている．更にゲーム論的決闘モデルはゲーム理論を応用して行動発起の最適タイミングを分析する研究である．

　本章では上述した研究について，§7.1. 交戦理論の発展の経緯，§7.2. 交戦理論の構成，§7.3. 交戦理論の概要の順で述べる．

§7.1.　交戦理論の発展の経緯

　戦闘の様相は各種の要因によって千変万化する．戦闘の勝敗に影響する主要な要因を列挙すれば，兵力量の優勢度，戦略・戦術の適否，用兵・指揮の巧拙，兵士の練度と士気の優劣，通信・情報の正確さや迅速さ，火器等の性能，後方支援の充実度，地形・天候の影響等々，多数の要因が挙げられる．これらの多くの要因に加えて運・不運や錯誤の多寡が，勝利の女神のもつ天秤をいずれかの側に傾ける．このように多数の要因が複雑に絡み合い，かつ混沌たる様相を呈する戦闘結果の確率現象は，一見，理論モデルによる科学的アプローチや定量的な分析に最もなじみにくい問題のように思われる．しかし約百数十年前，奇しくも同時期

254　第 7 章　交戦理論の概要

にこの問題にチャレンジし，理論的な分析を提案した独創的な人々がいる．米海軍の提督：B. A. フィスケ，ロシアの科学者：M. オシポフ，英国の自動車技術者：F. W. ランチェスター達である．

　B. A. フィスケ米海軍少将（1854～1942）は，各種の武器や空母搭載の雷撃戦隊の戦力化の推進に尽力した創造性豊かな人物であるが，1905 年の海軍協会の論文賞受賞論文：「American Naval Policy [4]」の著者としても知られている．彼はこの論文で水上打撃戦における艦隊兵力は幾何級数的に減耗することを推論し，艦隊決戦の帰趨を予測する数表を示した．それは 1902 年に J. V. チェイス米海軍大尉（後, 少将）が考案した方式によって求められたと言われる [5]．この論文は後述するランチェスターの著書よりも 10 年ほど早く，また後年の研究によってランチェスターの 2 次則の離散型モデルに対応することが明らかにされた．そこで述べられた戦闘の推移の定量的予測という視点は，交戦理論の研究の最初の扉を開いたものである．なお同時期，A. バウドリー仏国海軍大尉も著作 [1] で海戦の定量的分析を論じているという．

　ロシアの科学者：M. オシポフは生没年も履歴も不明な謎の人物であるが，フィスケやランチェスターとは独立に 2 次則や異種混成兵力の交戦モデルを定式化して戦術の検討を試みた．彼は 1915 年にロシアの軍事専門雑誌の *Voenniy Sbornik* (*Military Collection*) に「敵対する軍の数量的な強さがその損耗に及ぼす影響」(The Influence of the Numerical Strength of Opposed Force on Their Casualties) と題する論文を 5 回に亘って連載した．オシポフの研究はランチェスターの 2 次則モデルを差分方程式で扱ったものであり，ランチェスターのモデルよりも完成度の高い理論研究であったが，その業績はヨーロッパの僻地のロシアに埋没して長い間欧米世界には伝わらず，その論文が広く知られるようになったのは 1990 年代半ばのことである [8]．

　ランチェスター・モデルの名称の起源となった F. W. ランチェスター（1868～1946）は 1868 年にロンドンに生まれ，自動車と飛行機の実用化の黎明期に活躍した．20 歳でベーカー社（ガスエンジン会社）に勤め，指導的な技術者として多くの発明・特許を生み出したが，間もなくベーカー社を辞め，25 歳で自動車製造会社を起業し成功した（1898 年，リッチモンドの自動車展示会出品の 2 気筒 8 馬力のガソリン・エンジン車は，デザインと機械製作に関して特別金賞を受賞）．しかしながら事業は 1908 年に挫折し，会社はダイムラー社に売却された．一方，彼は少年時代から終生飛行機に関心をもち，その研究成果を 2 つの著書：「*Aerial Flight*」(1907) と，「*Aircraft in Warfare* [23]」(1916) に遺した．

§7.1. 交戦理論の発展の経緯　255

前者は「Lanchester-Prandtl　の翼理論」として知られる翼揚力のメカニズムを論じたものであり　(L. プラントルはドイツのゲッチンゲン大学教授)，また後者は航空機の兵器としての優れた特性と将来性を論述し，更に航空戦の兵力損耗過程のモデルを述べたものである．この「*Aircraft in Warfare* 」においてランチェスターは現代の航空機時代を予見し，更にその戦闘の兵力損耗過程を連立微分方程式で定式化し，1 次則及び 2 次則と呼ばれる 2 つのモデルを提案した．特に 2 次則は交戦の経験則である「優勢兵力の加速度的勝利の原則」を説明するものとして著名である．当時は飛行船が主流の時代であり，ライト兄弟の飛行機が 1903 年に漸く離陸したばかりの幼い雛鳥の時期である．このとき早くも航空機の軍事的用法の将来性を正しく見極め，しかも航空消耗戦の帰趨の評価にまで言及したランチェスターの卓見は驚嘆に値する．しかしながら交戦の兵力損耗過程の定式化の問題は，ニュートン力学の成功によるこの時代の科学思潮；「運動方程式によるプロセスの記述」のひとつの現れであり，上述したとおりランチェスターと同時代にいくつかの研究が発表されていた [1, 4, 8]．

　ランチェスター・モデルを軍事ＯＲの中心的な理論モデルに発展させたのは，モース博士を長とする第 2 次大戦中の米海軍のＯＲグループ；ASWORG の研究者達である．彼等はランチェスターの業績を発掘し，敵の兵力に比例する 2 次則の戦闘損耗の他に，自軍の勢力に比例する運用損耗と一定の兵力増援を考慮した決定論モデルや確率論モデル，更には双方的なミニマックス分析にまでモデルを拡張して戦闘を分析した [26]．大戦後，これらのモデルは軍事ＯＲの理論研究の中心的なテーマとして更に活発な研究が行われた [11, 13, 21, 31, 32]．

　以下の記述は§4. 1. の 4 項の一部と若干重複するが，ここで日本におけるランチェスター理論の研究の歴史を簡単にふり返る．大東亜戦争敗戦時の軍事資料の焼却のために明確な記録は乏しいが，我が国で初めて決定論的ランチェスター・モデルを論じたのは，京都大学理学部教授 兼 海軍教授（砲術学校）野満隆治理学博士（1884〜1946，地球物理学専攻）である．1921（T. 10）年 12 月の「交戦中彼我勢力逓減法則ヲ論ズ」[27] と題する論文が海軍砲術学校の教材の参考資料として遺っている．ランチェスターの著書：「*Aircraft in Warfare*」[23] が出版されたのは 1916 年であるから，この理論モデルが僅か数年後に極東の海軍で議論されていたことになる．この野満論文は 2 章（25 頁）からなり，ランチェスターの 2 次則を艦隊の打撃戦に適用して，第 1 章「両軍各艦ノ機力，術力，同等ナル場合」について，第 1 節 損害微分方程式，第 2 節 両軍勢力逓減法則，第 3 節 劣勢軍ノ全滅時間ト優勢軍ノ残存艦数，第 4 節 一艦ノ威力係数ノ推定，第

256　第7章　交戦理論の概要

5節 勢力集中ト機先ヲ制スルノ大利，の5節を述べている．また第2章は「両
軍ノ術力相異ナル場合」について，上記の第2，3，4節の構成で例題の解曲線
の図表を添えて2次則モデルを詳細に説明している．単なるランチェスターの理
論の紹介ではなく，2次則モデルから導かれる「優勢兵力必勝の原理」，威力係
数の作用，先制攻撃の効果，敵兵力分断戦術の有効性等の定量的な評価を丁寧に
議論している．このように2次則のランチェスター・モデルを艦隊の打撃戦に適
用し戦術解析にまで拡張したのは野満博士の独創である．なおこの論文はワシン
トン海軍軍縮会議の反対論の理論的根拠に利用され，雑誌「大日本」の 1922
（T.11）年5月号所載の川島清治郎：「精兵海軍論」に上述の論文の第1章（第
4節を省略）が掲載されている．またランチェスター・モデルは海軍大学校でも
教授されており，井上成美大将の伝記：「井上成美」の資料編に，1932（S.7）
年の海軍大学校甲種学生に対する戦略教案：「戦闘勝敗ノ原理ノ一研究」[14] が
収録されている（井上大佐は 1930.1（S.5）〜1932.1（S.7）の間，海軍大学校
の戦略教官であった）．この資料はランチェスターの2次則の導出を詳細に解説
し，解の計算図表を付し，法則から導かれる兵理や兵術の原則を述べ，また5つ
の課題を提出して学生の解答を求めている．例えば課題のその3は「百発百中ノ
砲一門ハ百発一中ノ敵砲百門ニ対抗シ得トノ思想ヲ批判セヨ」である．因みにこ
の設問は日本海海戦に大勝した東郷元帥の訓示：「連合艦隊解散の訓示」の文言
を借りたものであり，当時神格化されていた東郷元帥にも捉われない海軍大学校
の教育の雰囲気を伝えていて興味深い．また学生に配布した「比率問題研究資料」
[15] では，「主力艦ノ保有隻数ヲ英米各 10 隻日本 6 隻程度ニ減少スルノ兵術上
ノ利害」を2次則モデルで分析し，この 10 隻対 6 隻の戦備は日本に有利と結論
している．それは同じ比率の 15 隻対 9 隻の戦闘では，劣勢軍 9 隻が 6 隻に減ず
るときの優勢軍の残存隻数は 13.4 隻であるから，条約によって 3.4 隻を撃沈し
たのと同等の効果をもつという論拠を述べている．（この海大戦略教官の議論は
明白な軍縮論であることに留意する．）しかしこの井上大佐の戦術講義も校長高
橋三吉中将から「精神力や術力を加味しない純数学的な講義は学生の士気に悪影
響を及ぼす」と注意されたというから，海大の教育でも数理的な分析が兵術の原
理解明の理論として位置づけられていたとは言えない．しかしながら 1935
（S.10）〜1937（S.12）年の間，甲種学生として海大に在学した源田実大佐（終
戦時）の戦後の著書（例えば [7]）には，防衛力整備や戦術の展開に関してラン
チェスターの2次則の引用や言及が多い．このことから推察すればその後の海軍
大学校の教育でもランチェスターの2次則の教育は続けられていたと考えられる．

§7.1. 交戦理論の発展の経緯　257

また海上自衛隊幹部学校（旧海軍大学校に相当）には高木惣吉少将（終戦時）の蔵書が寄贈されており，その高木文庫にはランチェスターの原著「*Aircraft in Warfare*」が収蔵されている．嘗ての帝国海軍士官の幅広い猛勉強と読書の量に驚かされると共に，ここにも旧海軍におけるランチェスター理論の影響の痕跡が垣間見られる．なおランチェスターよりも10年程前に米海軍のフィスケ[4]が艦隊の打撃戦における幾何級数的な兵力損耗を論じた論文を遺したことは前述した．海軍史家の間では野満博士の論考をフィスケ理論の発展形とする見方があるが，フィスケの論文には理論式は一切示されておらず，ランチェスター・モデルとフィスケ理論の論理的な関係が明らかにされるのは1960年代のことであるから，損耗プロセスの連立微分方程式に基づいて艦隊の打撃戦を論じた野満博士の論文はランチェスターの流れに立つものと見てよい．以上は帝国海軍におけるランチェスター・モデルに関する記録であるが，陸軍でのこの理論の位置づけについての資料は現在のところ何も分かっていない．一方，民間では1938（S.13）年の数学教育誌：「高等数学研究」に，森本清吾博士（広島高工教授）がランチェスターの2次則モデルを応用した敵兵力分断の各個撃破戦術の小論文を発表している[25]．この論文は交戦の各個撃破戦術の問題提起と定式化に止まり，解析結果は示していないが，決定論的ランチェスター・モデルの基本的前提；「両軍の全兵力参戦」の仮定を緩和した改良型2次則（兵力量が不均衡な交戦では兵力優勢側は全兵力の参戦をしない）で問題を定式化しており，昭和の早い時期に民間の数学者の間でこのような議論があったことは興味深い．欧米のランチェスター・モデルの拡張研究は，第2次大戦中の米海軍のORグループの研究以後であるのに比べて，日本では野満，井上，森本等の拡張研究が早くから進められていたことは注目に値する．

　第2次大戦後の我が国の軍事学研究の冬の時代には，軍事的なランチェスター理論の研究は防衛大学校の数人の教官によって続けられた．菊池宏 教授は防衛大学校の紀要の論文[16, 17]をもとに著書[18]をまとめ，フィスケやランチェスターの理論を詳細に解説し，更に戦史データによる分析も論議している．また岸尚 教授は論文[19, 20]や防大理工学研究科のORコースのテキスト[21]をまとめている．更に飯田・小宮は古典的なランチェスター・モデルを現代のミサイル戦モデルに拡張して3次則モデルを提案し[10]，地域防空や偵察能力に格差のある戦闘環境下のミサイル戦闘の混合則モデルを分析した[22]．また飯田[12]は一般的な整次則（K次則）及び混合則（M, N）モデルを提案した．これらは飯田のテキスト[11]の§4.2.にまとめられている．

258   第7章 交戦理論の概要

　上述した両軍の平均的な兵力損耗の推移を連立微分方程式で表す形式のモデル
は，決定論的ランチェスター・モデル（Deterministic Lanchester Model）と呼
ばれ，大兵力の交戦モデルとして交戦理論の中心的な位置を占めている．この理
論モデルは第2次大戦後，米国のOR研究者を中心にモデルの拡張が精力的に進
められ膨大な研究が蓄積された．1例を挙げればこの理論の研究をまとめた米海
軍大学院大学教授 J. G. テーラーの著作 [32] は，上下2巻，8章，1,401頁にの
ぼる大著である．また次節に述べるように今日の交戦理論の研究では，上記の大
兵力の平均値モデル以外に，小兵力の交戦モデルとして確率論的ランチェスタ
ー・モデル（Stochastic Lanchester Model）や確率論的決闘モデル（Stochastic
Duel Model）が研究されており，これらは第2次世界大戦後に発展した交戦理論
のモデルである．特に交戦の先制撃破問題の確率論的決闘モデルは，1960 年代
に米ソの大陸間弾道ミサイル ICBM の撃ち合いのモデルとして，米国のラン
ド研究所の研究者達を中心に研究された．更にその後暫くの中断期を経て 1980
年代以後は，戦術運動を伴う小部隊の交戦モデルとして拡張された．また第2次
世界大戦後，交戦の火力指向や兵力配分の最適化問題の研究，双方的な兵力配分
の最適化問題：交戦ゲームの研究等も進展した．次節以下ではこれらの交戦理論
の全体的な展開を分類して概説する．

§7.2.　交戦理論の構成

　戦闘の経過や勝敗を理論的に分析する交戦理論の研究の内容はいろいろな視点
から分類することができるが，交戦状態は国家間の長期にわたる大規模な戦争か
ら，短期間の局地的な戦闘まで千差万別である．一般的な軍事用語としては戦闘
規模の降順に，戦争（war），会戦（campaign），戦闘（battle, combat），交戦
（engagement），合戦（action），決闘（duel），の6つのレベル（それらの境界は
曖昧さがあるが）で認識される．ここで交戦理論が研究対象とする交戦状態は，
交戦のパラメータの一様性・定常性の仮定が成り立つ範囲に限定し，戦術的な任
務をもつ軍団又は師団以下の戦力による数週間以内の武力衝突を暗々裡に想定し，
上述の分類では「戦闘又は交戦以下のレベルの戦闘」を分析する理論モデルであ
る．更にマクロな交戦モデルの研究，即ち軍拡競争の数学モデルや長期に亘る会
戦レベルの戦力推移に関する研究もないわけではないが [3, 29]，以下の論述は
戦闘以下の規模のレベルの交戦モデルに焦点を当てて概説することとし，マクロ
なモデルについては簡単に述べるに止める．以下では前章の射撃理論と同様に，

§7.2. 交戦理論の構成　259

それらを交戦の兵力損耗過程の確率過程の特性分析モデルと，交戦プロセスの最適化の研究の２つに大別して整理する．

　前者の交戦プロセスの確率特性の分析モデルは，交戦中の各時点の兵力量の平均値を扱う決定論的モデルと，交戦の状態を各時点の両軍の兵力数で定義し，各時点の状態の確率分布を分析する確率論的モデルに分類される．またそれらは各時点の交戦パラメータ（損耗率等）や戦術（火力指向等）が定常的な場合と非定常な時間関数のモデルに分けられる．定常的な決定論モデルは「決定論的ランチェスター・モデル」と呼ばれ，前節に述べたランチェスター達の研究が発展したものである．この型の理論モデルは両軍が同様の戦術で行動し戦闘形態が対称な場合を扱う整次則モデル（１，２，３，K 次則モデルがある．詳しくは次節に後述）と，両軍の交戦態様が非対称な交戦（例えば地域射撃と照準射撃の交戦）を分析するモデル（「混合則モデル」と呼ばれる）の他に，歩兵，砲兵，戦車部隊，戦術航空部隊等からなる異種混成軍団間の交戦モデル等，多くの研究がある．またこのモデルは交戦パラメータや戦術が非定常な場合にも拡張されている．なお整次則モデルの１，２次則については戦史データによるモデルの検証研究も行われている．また更に大規模な長期の会戦の戦力や軍備拡張競争を分析するマクロ・モデルも，同様のアプローチによる平均値の決定論モデルで分析されるが，この種の研究はあまり進んでいない．

　上述した理論研究はいずれも交戦兵力の平均値を扱う決定論モデルであるが，一方，交戦の結果を確率過程として扱い兵力損耗の確率分布を分析する研究がある．この種の研究は第２次大戦後に発展した研究であるが，これには定常的な交戦パラメータ（一定の撃破速度等）を仮定した「確率論的ランチェスター・モデル」と，非定常な場合の撃ち合いの先制撃破問題を分析する「確率論的決闘モデル」がある．上述した決定論モデルは大兵力の交戦を考えて兵力量を連続変数とし，各時点の両軍の平均兵力量を連立微分方程式で定式化するのに対して，確率論的ランチェスター・モデルでは交戦の状態を各時点の両軍の兵力数で定義し，両軍の連立微分差分方程式（時間に関する微分，兵力数の差分）で状態分布を定式化する．その方程式によって状態の確率分布（任意時点の両軍の兵力の確率分布）を求め，勝利確率や戦闘終了時の残存兵力の分布等の確率過程のふるまいを調べることがこのモデルのねらいである．但しこのモデルは連立微分・差分方程式の解法が困難であり，解析解が得られないので数値解を求めることになり，解に対するパラメータの影響や解の性質の見通しが困難である．また数値解の状態数が両軍の残存兵力の組合せとなるので，大兵力の交戦では禁止的に膨大な計算

量になり，実際の計算は小兵力の場合に限られる．また後者の非定常な交戦の確率論的決闘モデルでは，更にブロック化した小兵力の交戦を扱う．

　交戦理論の第2の型の研究である交戦の最適化問題の理論モデルは，意思決定の最適化が一方的か双方的かによってアプローチが異なり，またその決定過程が1段階か多段階かによってもモデルの定式化が違ってくる．交戦結果の最適化は，通常，兵力配分（又は火力配分）の最適化問題として捉えられるが，一方的意思決定の1段階の最適兵力配分問題は，典型的な資源配分問題の応用であり，非線形計画法の理論を応用して分析される．また連続時間の多段階の兵力配分問題：（「イズベル・マーロウ問題」と呼ばれる）は最適制御理論の問題として定式化され最適解が求められる．いずれの場合も兵力量は近似的に連続量として扱われる（大兵力の交戦モデル）が，これらは相手側の対応行動を考慮しない一方的な意思決定の最適化問題である．一方，両軍がそれぞれ相手も最適な対応行動をとるであろうと推定して，最適行動を選択する場合の双方的な最適兵力配分問題は，ゲーム理論モデルによって定式化される．特に1段階の双方的な兵力配分問題は典型的な2人零和ゲームであり，「ブロットー大佐のゲーム（Col. Blotto Game）」と呼ばれて古くから研究されている．この問題は簡単化のために連続的兵力量（大兵力モデル）で扱われる場合が多い．また連続時間の多段階のゲームは微分ゲーム（Differential Game）として定式化されるが，研究は未成熟であり単純な問題しか解かれていない．以上は兵力配分のゲームであるが，これに対して「ゲーム理論的決闘モデル（Duel Model）」は，意思決定の最適タイミングを解析するモデルである．前述した「確率論的決闘モデル」は同じ「決闘モデル」と呼ばれているが，射撃の先制撃破をテーマとする応用確率問題であり，最適化の概念を含まないのに対して，この「ゲーム理論的決闘モデル」は最適な発射時期（意思決定時期）を問題とする双方的な意思決定のゲーム理論モデルである．

　図 7.1. は上述した各種の交戦理論モデルを整理したものである．

§7.3.　交戦理論の概要

　本節では前節に述べた図 7.1. の交戦形態の分類に従って，交戦理論の研究の内容を概説する．

1．決定論的ランチェスター・モデル

　決定論的ランチェスター・モデルは両軍の兵力量を任意に細分可能な連続量と

§7.3. 交戦理論の概要　261

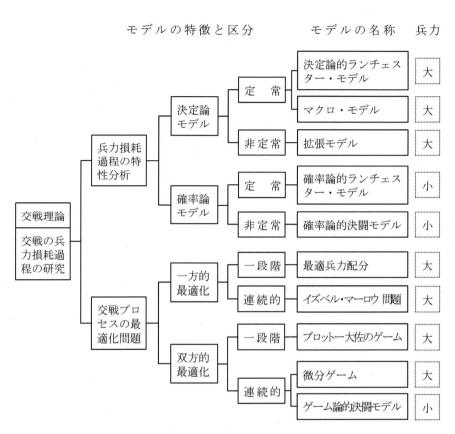

図 7.1. 交戦理論の理論研究の分類

仮定し，単位時間当たりの兵力損耗（損耗率という）を，交戦の態様，火器の性能及び兵力量の関数で表し，対抗軍の兵力量の連立微分方程式で両軍兵力の減耗を定式化する．この連立微分方程式（兵力損耗方程式と呼ぶ）の解は，各時点の平均的な両軍の兵力量を表す時間解と，時間のパラメータを消去して両軍の兵力量の関係を1つの関数式で表すフェーズ解があるが，通常，フェーズ解は簡明な解析式で求められるが時間解は複雑になる．この形式の決定論的ランチェスター・モデルは，フェーズ解の関数式の兵力項の次数により整次則と混合則がある．即ちフェーズ解の両軍の兵力量が 1, 2, 3, K 次式の場合は整次則の 1, 2, 3, K 次則，両軍の兵力項の次数が異なる場合が混合則，(M, N) 次則である．こ

262　第 7 章　交戦理論の概要

の解関数によって両軍の兵力損耗の推移，勝利の条件，勝つときの残存兵力等が求められる．この決定論的ランチェスター・モデルの特徴は，交戦態様や各軍の火器の能力で決まる連立微分方程式の係数と両軍の初期兵力の大きさとにより交戦の結果が一意に決定されることである．例えば係数と初期兵力が青軍の勝利条件を満足すれば，交戦は常に青軍が勝ち，そのときの交戦時間，残存兵力は一意に決まるという性質をもつ．これが決定論モデルと呼ばれる所以である．このことは現実にはしばしば劣勢軍が勝利し，或いは優勢軍が予想外の損害を被ることがあるという交戦の経験に反するが，このモデルは交戦の兵力損耗の平均的な経過を表すものであるので，確率現象である交戦結果は平均値に一致する必要はなく，モデルの論理的な正当性は損なわれない．決定論モデルが勝利条件を満足しているからといって常に交戦が勝利に終わると考えることは誤りであり，このモデルはあくまでも交戦結果の平均的な特性を述べているに過ぎない．このような理論モデルの性質を十分理解して結果の解釈さえ誤らなければ，決定論モデルは交戦結果の貴重な洞察を与えるので，防衛力整備や作戦計画の分析評価に利用することができる．一方，交戦の平均的な経過以外の特性，例えば劣勢軍が勝つ確率や兵力損耗量の確率分布（予想外の損害の可能性）等は，確率論的ランチェスター・モデルによって分析される．決定論的ランチェスター・モデルは，第 2 次大戦後精力的に研究が行われ，多くの成果が蓄積されており，主な研究を列挙すれば以下のとおりである．

(1)．整次則モデル：1，2，3，K 次則モデル

　決定論的ランチェスター・モデルは，交戦態様に応じて各種のモデルが研究されているが，整次則は次の 5 つの前提の下で交戦の損耗過程が定式化される．

① 均質性：両軍は攻撃力と脆弱性に関し均質な戦闘単位からなる．

② 全軍参戦：両軍の全戦闘単位が戦闘に参加する．

③ 交戦形態の一様性：各軍の火力指向や交戦形態が一様である．

④ 定常性：交戦のパラメータ（撃破速度等）が時間で変化しない．

⑤ 対称性：両軍の交戦形態が対称的である．

上記の前提の下で両軍の兵力損耗を連立微分方程式で定式化したものが決定論的ランチェスター・モデルの整次則モデルであり，1，2，3，K 次則モデルがある．

ｉ．1次則モデル

　1次則モデルは各軍（時点 t の兵力を $B(t)$，$R(t)$ と書く）の各時点の兵力損耗レイト（$dB(t)/dt$，$dR(t)/dt$）が一定か又は両軍の兵力の積に比例する場合（正確には各軍の損耗率が同じ関数形で表される場合）であり，兵力損耗微分方程式

のフェーズ解は，両軍の初期兵力と各時点の残存兵力の差が比例する1次式の関係が成り立つ．具体的な交戦態様としては，次の状況が1次則モデルで表される．
- 古代の戦闘のように両軍の戦闘単位が個々に戦闘する場合
- 両軍が敵の存在地域を一様に盲ら撃ちする地域砲撃戦の場合
- 射撃効果の判定ができず初期目標位置に対し一様な照準射撃を繰り返す場合
- 数学的には両軍の単位時間の損耗を表す損耗率関数が同形の場合

ii. 2次則モデル

2次則モデルは両軍の各時点の兵力損耗レイトが敵軍の兵力量に比例する場合であり，このときのフェーズ解は両軍の初期兵力の2乗と各時点の残存兵力の2乗の差が比例する直角双曲線の2次関数となる．このモデルの具体的な交戦態様としては，両軍の各戦闘単位が互いに相手を照準射撃し目標を撃破したならば直ちに目標を変換し，残存目標に対して一様に射撃する完全な射撃管制が行われる場合の交戦モデルが2次則モデルとなる．このモデルは損耗レイトが相手の兵力量に比例するので，時間経過に伴って両軍の兵力差は拡大し優勢軍はますます優勢になる．2次則モデルが著名なのはこの性質により，交戦の経験則である「兵力集中の原則」が説明されるためである．

iii. 3次則モデル

このモデルは各時点の兵力損耗レイトが自軍の1単位当たりの敵の兵力（敵の攻撃密度）に比例する場合であり，フェーズ解は両軍の初期兵力の3乗と各時点の残存兵力の3乗の差が比例する3次式で表される．このモデルの交戦形態の具体例としては，自軍の兵力に比例する広域の防護能力（ミサイル打撃戦における戦域防空能力等）がある場合には近似的に3次則に従う交戦となる．このモデルは2次則モデルよりも更に兵力集中効果が大きくなり，劣勢軍の兵力量の推移は時間に関して凹関数，優勢軍のそれは凸関数となる [10, 11] のが特徴である．（1，2次則では残存兵力量の時間関数はいずれの軍も凸関数となる.）このことは3次則に従う戦闘は，2次則の交戦よりも更に加速的に兵力損耗が進み，交戦が一方的になることを示している．

iv. K 次則モデル

前項の3次則モデルを一般化し，各時点の i（又は j）軍の兵力損耗レイトが相手軍の攻撃密度 $J(t)/I(t)$ の m（又は n）乗に比例する場合，$K = m+n+1$ と置けばフェーズ解は両軍の初期兵力と各時点の残存兵力の K 乗の差が比例する K 次式となる [12]．このモデルを K 次則と呼ぶ．$K = 1$（$m+n=0$），$K = 2$（$m+n=1$），$K = 3$（$m+n=2$），の場合，それぞれ上述の1，2，3次則モデルとなる．

264 第7章 交戦理論の概要

(2). 混合則モデル

i. 1・2次混合則モデル，ほか

　上述の整次則モデルでは両軍の火力配分や目標情報の条件が対称的な戦闘形態（前述の前提⑤）を仮定したが，これが非対称型の場合が混合則モデルである．例えば敵を待ち伏せて奇襲するゲリラ軍は隠蔽して照準射撃し，それに対する正規軍は射線方向に地域射撃で応戦するゲリラ戦闘や，一方が突撃し他方が陣地を守備する戦況のモデルは，1・2次混合則モデルで定式化される．またミサイル打撃戦において両軍の地域防空能力と目標選択の偵察能力に大きな差がある場合の交戦は，1・3次則，2・3次則等，いろいろな型の混合則モデルで定式化される [11, 22]．更に一般的な混合則モデルは次のように述べられる．

ii. (M, N) 次則モデル

　前述の K 次則モデルでは兵力損耗が敵の攻撃密度の K 次式で表されると仮定したが，これを更に一般化して i 軍の戦力損耗レイトが攻撃側 j の戦力の m_j 乗（攻撃性指数と呼ぶ）に比例し，被攻撃側の戦力の n_i 乗（防御性指数）に逆比例すると仮定したモデルを (M, N) 次則モデルという．この場合のフェーズ解は i 軍の初期兵力と各時点の残存兵力の (m_i+n_i+1) 乗の差が i, j 両軍で比例（比例定数：$c_i/(m_i+n_i+1)$）する式となる [12]．このモデルは混合則の一般形モデルであり，また前述の1，2，3，K 次則を特殊解として含む一般的なモデルである．

(3). 拡張モデル

　前述の(1)項の整次則モデルは両軍に対して当初に述べた5つの前提①～⑤を仮定した場合のモデルであり，前項(2)の混合則モデルは前提の⑤項を緩和したモデルであるが，その他の前提を緩和した各種の拡張モデルが研究されている．主な研究を挙げれば次のとおりである．

　①′．各軍の戦闘単位の均質性の仮定を緩和した異種混成兵力の交戦モデル．（整次則モデルの前提①の緩和）

　②′．兵力の一部参戦モデル：特に兵力差が大きい場合は大兵力の軍は全軍の参戦ができず一部の兵力の交戦となる．（同②の緩和）

　③′．一方の軍の目標観測や射撃効果評定の能力が不十分で照準射撃の火力管制ができない場合のモデル．（同③の緩和）

　④′．撃破速度等のパラメータが交戦時間や両軍の距離の関数となる場合のモデル：非定常な交戦（同④の緩和）

　⑤′．整次則モデルでは戦闘損耗のみを考えたが，それ以外に自軍の兵力に比例する運用損耗や一定率の増援がある場合のモデル．

§7.3. 交戦理論の概要　265

次項では上述の①′項の拡張モデルについて述べる.

(4)． 異種混成兵力の交戦モデル

師団以上の戦術単位は自立性のある戦力として編成されており，歩兵，砲兵，工兵，戦車及び後方支援部隊から構成される．ここでは決定論的ランチェスター・モデルの基本的前提として前述した「軍の均質性の仮定」は成り立たない．したがってこの仮定を緩和し両軍が異種混成兵力からなる場合の交戦モデルが研究されている．これには兵種ごとの損耗微分方程式を連立させて解く層別型モデルと，異種兵力の戦力を基準兵種の兵力量に換算し（換算率を火力指数という），上述の均質な単一兵力モデルを適用する合成型モデルがある.

(5)． 検証研究

ランチェスター・モデルが戦闘の科学的アプローチとして承認されるには，実際の交戦結果によって理論モデルの妥当性が検証される必要がある．そのために1，2次則の決定論的モデルについて，戦史の兵力損耗データと理論値を比較するモデルの適合性の検証研究が行われている（文献 [11] 参照）．これらの検証研究は第2次大戦や朝鮮戦争，その他の戦争の著名な会戦の兵力損耗のデータと，モデルのフェーズ解を比較してモデルの適合性を調べるものが多いが，時間解の検証や微分方程式の損耗率関数を統計的に同定する研究もある．飯田のテキスト [11] にはこれまでに発表された17件の検証研究がまとめられている．これらの研究では理論モデルが不適合なケースは少なく，交戦の状況を分類しパラメータを適切に選べば1，2次則のいずれかに適合する場合が多い．しかし検証研究は1，2次則以外に3次則や混合則との適合性も調べる必要があろう.

(6)． マクロ・モデル

上述した平均兵力損耗の変化を連立微分方程式で定式化するモデルは，整次則モデルの当初に掲げた5つの前提を仮定したが，これらが保証されない更に大規模な会戦の戦力の定量化判定モデル QJM（Quantified Judgment Model：T. N. Dupuy [3]）や，マクロな国防費の軍備拡張競争の分析（L. F. Richardson [28]）の研究が行われている.

また同様のアプローチは軍事的な交戦の兵力損耗問題以外にも，生物の増殖，捕食・被捕食関係にある動物の生態系のバランス，伝染病の伝播・流行過程，販売競争，社会的な各種の流行やブームの分析等に適用されている [21, 29]．これらは実際的な現象の特性値を連立微分方程式で捉えて定式化し，現実の動きを説明し有用な知見を得ている分析例が多い.

日進月歩する技術革新の戦場の革命の状況下では，衛星の利用，センサーの高

266   第7章   交戦理論の概要

性能化，電子計算機の発達と情報処理技術の進歩等のハイテク技術により，戦場全域の情報の即時共有化と誘導兵器の高性能化が進み，精密誘導のミサイルが戦場を支配する時代となった．しかしながら決定論的ランチェスター・モデルの従来の研究の多くは，これらの交戦状況を考慮しておらず，したがってランチェスター・モデルは一世代前の交戦態様のモデルと言っても過言ではない．ミサイル打撃戦の交戦モデルについては改善の試みも提案されているが[10, 22]，今後更に技術革新に対応した交戦状況の変化に対して，各種の交戦モデルの改良を図ることが必要である．

　前述したとおり決定論的ランチェスター・モデルは，確率的な交戦の確率過程の平均兵力量を記述する確定論モデルである．それに対して確率論的ランチェスター・モデル（下記の第2項）や確率論的決闘モデル（第3項）は，交戦の結果を確率現象としてとらえ，交戦の勝利確率や残存兵力数の確率分布等，交戦結果の確率論的な特性を分析するものであり，微細な構造の分析が狙いである．

2．確率論的ランチェスター・モデル

　上述した決定論的ランチェスター・モデルでは，優勢軍は必ず勝利し，その残存兵力，交戦時間等の特性値は数個のパラメータで一意に確定される．しかしこれは経験的に不正確であり，理論の説得性を欠くものである．これを改善するために確率論的ランチェスター・モデルは兵力損耗を死滅過程で定式化し，交戦中の兵力数の確率分布を求めることにモデルの主なねらいがある．即ち前述したとおりこのモデルではプロセスの状態を各時点の両軍の兵力数で定義し，状態の確率分布の微分・差分方程式（時間の微分方程式と兵力数の差分方程式の連立）で定式化する．しかしながらこの方程式は解析的に解くことが困難であるので，数値解が求められることが多い．このように確率論的ランチェスター・モデルは数学的な扱いが困難なために，1次則，2次則，混合則の基本的なモデルしか分析されていない．またこのモデルでは初期兵力（R_0, B_0）で開始された戦闘でR軍が兵力 R_E を残して勝つ確率 $P(R_E, 0)$ が求められる．したがってこの確率論モデルでは劣勢軍が勝つ確率が計算され，必ずしも優勢軍が勝つとは限らない現実的な状況が分析される．但し実際は状態数が両軍の兵力数の組み合わせ問題となるので，計算量が禁止的に増大するために小兵力の交戦しか扱うことができない．しかし交戦による兵力損耗の起こり方の局所的又は一時的なバラツキは，大兵力の交戦では平滑化されて平均値に収束し（大数の法則），決定論モデルに近づくことが確かめられている．（特に1次則モデルでは確率論モデルから計算される

§7.3. 交戦理論の概要　267

平均兵力数が決定論モデルのフェーズ解に正しく一致することが示される.）し
たがって大兵力の交戦については決定論的モデルを適用してもよい．しかし小兵
力の交戦では損耗の確率的な変動が直接交戦結果の勝敗に結びついてしまうので，
決定論的モデルによる平均値の分析では不十分である．確率論的ランチェスタ
ー・モデルはこのような小兵力の交戦を分析するモデルとして位置付けられる．

3．確率論的決闘モデル

　確率論的決闘モデルは，少数兵力の撃ち合いの先制撃破確率を求める応用確率
論のモデルである．前項の確率論的ランチェスター・モデルでは，兵力損耗方程
式の撃破速度や火力指向が一定な兵力損耗プロセスを扱うが，確率論的決闘モデ
ルでは兵力数を更に少数化（グループ化した集団）する代わりに，時間や両軍の
離隔距離による撃破速度の変化や火力指向の転換を考慮した非定常的な交戦のモ
デルを扱う．静止する守備軍と一定速度で進攻する攻撃軍の1対1の撃ち合いや，
支援射撃部隊（静止した砲兵部隊等）を伴う進攻部隊と静止する守備軍との間の
2対1の戦闘，2種類の異種混成兵力軍の間の2対2の交戦，更に1対nの撃ち
合いモデルも研究されている．

　これまでに述べた交戦モデルは，システムの状態の分析に焦点があり，交戦プ
ロセスの制御の概念を含まないのが特徴である．交戦の最適化に焦点を当てたモ
デルの精密化は，大別すれば以下に述べる3つの型のモデル，即ち一方的な最適
兵力配分モデル（次項の第4項），交戦ゲーム・モデル（第5項），ゲーム論的決
闘モデル（第6項）で分析される．

4．一方的な最適兵力配分モデル

　上述したモデルはいずれも交戦プロセスの最適化の概念を含まないが，以下の
交戦モデルでは交戦の最適な制御を考える．複数の正面で戦われる交戦において
一定の総兵力の制約の下に，総戦果を最大にする一方的な兵力配分問題は，総兵
力を連続的に可分と近似すれば非線形計画問題の最適条件の基本定理であるカー
ルッシュ・クーン・タッカー定理（Karush-Kuhn-Tucker Theory. 以下，K-K-T
定理と略記する．簡単にいえば「限界効用均等化の原理」である）を適用して求
められる．この問題は一般的な資源配分問題の応用である．また異種混成軍の交
戦において，ランチェスター型の兵力損耗の微分方程式をシステムの運動方程式
として，敵の撃破兵力，われの残存兵力，残存兵力差（優勢度）等を目的関数と
する火力指向の連続時間の最適制御問題（イズベル・マーロウ問題）や，第1線

の交戦部隊と後方支援部隊（補給部隊等）からなる構造化された軍団間の交戦における火力指向の最適化問題は，最適制御問題として定式化され，「ポントリヤーギンの最大原理」（自動制御理論の基本定理）を適用して解かれる．このように資源配分問題や最適制御問題の戦術問題への直接的な応用として，いろいろな問題が分析されている．

5. 交防戦のゲーム・モデル（双方的最適兵力配分モデル）

ゲーム理論は予測や判断に錯誤のない合理的行動をとる完全な意思決定者（全知的合理性という）を仮定して，双方の最適な行動を分析する理論であるが，この仮定の下で行われる双方的な最適兵力配分，特に1段階の意思決定問題は典型的な2人零和ゲームとなり，ゲーム理論モデルを適用して解かれる．この問題は「ブロットー大佐のゲーム（Col. Blotto Game）」と呼ばれる古典的なゲーム問題であり，その原型のゲームは次のとおりである．

「 開拓者とインデアンの激しい抗争が続く西部開拓時代の米大陸，ブロットー大佐は兵力 Φ を m 箇所の砦にこめてこの地域の警備についている．これに対して勇猛果敢な戦士 Ψ 騎を率いるアパッチ族の酋長は，各砦を襲撃し一挙に守備兵を殲滅して地域の支配の奪還を企図している．砦の攻防戦は兵力の多い方が勝つものとする．なるべく多くの砦を蹂躙したいアパッチ族の酋長は，兵力を如何に配分して各砦を攻撃すべきか．またなるべく多数の砦を防衛したいブロットー大佐は，各砦に如何に兵力を配備して守備すべきか．」

上述の原問題は整数解を求める問題であり，その場合は2人零和行列ゲームとなるので最適解の存在や解法は「ミニマックス定理」（2人零和行列ゲームは行動を確率的に選ぶ混合戦略を許容すれば，必ず両者の合理性を満足する最適解が存在する）により自明である．しかし戦略数が両軍の兵力数の組み合わせ問題となり，大兵力の交戦では計算量が禁止的に大きくなるので，大兵力の問題は実際上計算不能となり，最適解の性質の解明も困難になる．しかしこの問題の連続緩和問題は非線形計画法の K-K-T 定理により最適条件が求まり，その一般的性質や最適解の計算法についても提案されている [6]．この問題は捜索問題やミサイル配備問題としても各種の拡張が研究されている．また連続時間の多段階の最適兵力配分問題は，4項に述べた「イズベル・マーロウ問題」を双方化した交戦ゲームとなり，両軍の交戦兵力の初期条件とランチェスター型の損耗微分方程式を制約条件にもつ微分ゲーム・モデルで定式化される．しかしこの問題は解法の困難性のために研究の数は少なく単純な交戦しか分析されていない．

6．ゲーム論的決闘モデル

「ゲーム論的決闘モデル」は，2人の決闘者の最適な行動タイミングの決定を，古典的な拳銃決闘で抽象化したモデルである．2人の決闘者が一定速度で接近しながら，拳銃をいつ発射すべきかをゲーム理論モデルで分析するが，相手の行動（発射）の結果を観測して適応行動がとれる場合（相手が先に発射して命中しなかった場合，至近距離に接近して撃つ）；「ノイジィな決闘モデル」と，観測不能（又は適応的行動がとれない）場合（事前に決定した最適距離で撃つ）の「静粛な決闘モデル」が研究されている．また複数発を発射できる場合や，非対称型（一方が静粛，他方がノイジィな場合）の決闘モデル等の拡張モデルが分析されている．このモデルは拳銃の発射をある行動の実施，発射弾数を行動機会の回数，拳銃の SSKP の距離分布を行動成功確率の時間分布，静粛性を情報構造等と読み替えれば，一般的な行動の最適タイミングを求める意思決定問題のモデルとして解釈できるので広い適用範囲を持っている．この意味ではこのモデルを交戦理論のモデルと見ることは不適当かもしれない．

上述した交戦理論モデルの研究を整理したものが図7.2.である．

以上，本節では交戦理論の骨組みを概観したが，図7.2.に示したこの分野の各種の研究レベルは精粗まちまちであり，この図に示した理論研究が，全て現実的な交戦の意思決定分析の実用に供しうるレベルに到達しているわけではない．図7.2.に見るとおりこの分野の研究の交戦問題のとらえ方や数学的な解法は，非常にバラエティに富んでおり，定式化された理論モデルが全て十分に解けるとは限らないからである．特に交戦の最適化問題（イズベル・マーロウ問題や微分ゲーム問題）は，最適化の数学的な手法の困難さのために問題の定式化はできても解析的に閉じた形の理論解が得られていない場合が多い．しかしながら研究は急速に進展中であり，また最近の電子計算機やネットワーク分析の進歩によって，（例えばスーパー・コンピュータの出現が数値流体力学の研究分野を拓き，ビック・データの蓄積が人工知能の研究を進めたように），これまで計算不能であったシステムの方程式の解を目に見える形で明示し，新たな研究分野を開いてくれる事態が各所で起こりつつある．交戦理論が取り組んでいるテーマは，混沌たる様相を呈する人間の闘争の確率過程を，理論モデルによって定式化して，そのふるまいを分析しようというすこぶる困難な試みである．したがって決して楽観視することはできないが，約百年も昔にフィスケ，オシポフ，ランチェスター達が挑んだこの戦闘の定量化の研究は，その後着実に成長して充実し，多くの戦闘に

270   第7章　交戦理論の概要

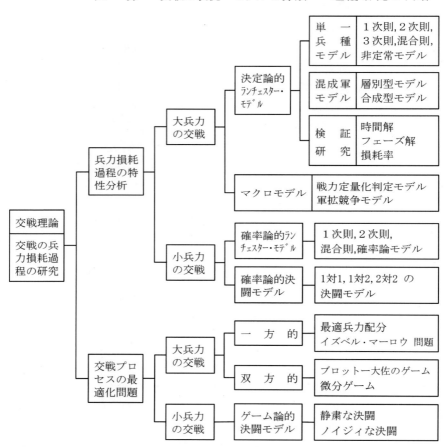

図 7.2.　交戦理論の理論研究の概要

関する理解を齎したことは事実であり，また今後の研究の蓄積によってこの分野の知識が更に豊富になっていくことは十分期待してよいであろう．

7．現代の交戦理論のテーマ

ランチェスターの損耗モデルは，現在ではそれ自体を独立的に使って交戦を評価することはあまりなく，現実的なオペレーショナル・データや能力値を具備し

たプロセスのシミュレーションに組み入れられ利用されるケースが多くなっている [2]．政治，経済，兵士のモラルといった要素が組み込まれたり，気象の影響を加味したり，対峙する両軍の戦略に関するゲーム理論的均衡解の提示や，エージェント・ベースドな分散型のシミュレーションの採用といった多種多様な工夫が提案されている．交戦理論に関しては，これまでどおり物理的な兵力の衝突による軍事作戦の研究と同時に，サイバー戦や対テロ作戦といった非対称な戦いに関する分析やネットワーク・セントリック的な要素を考慮した作戦領域でランチェスター型の方程式系を利用しようとする試みも始まっている [9, 30]．また一般的な競争状態の分析の適用も考えられている．

更に戦史データによるランチェスター・モデルの検証研究（2000 年以前の主な研究は文献 [11] の §4.4. 参照）は，その後も引き続いて行われている [24]．また損耗プロセスを確率微分方程式を用いて記述することによって，これまでとは異なる確率論的損耗モデルに関する新しい提案もなされている．

参考文献

[1] A. Baudry, *"Naval Battle"*, Hugh Rees, Ltd., London, 1914.

[2] G. G. Brown and A. R. Washburn, *"The Fast Theater Model (FATHM)"*, Military Operations Research Society (2007), 33-46.

[3] T. N. Dupuy, *"Understanding War : History and Theory of Combat"*, Paragon House Publishers, 1987.

[4] B. A. Fiske, *"American Naval Policy"*, The Proceedings of the United States Naval Institute, 31-1 (1905), 1-80.

[5] B. A. Fiske, *"The Navy as a Fighting Machine"*, Hugh Rees, Ltd., London, 1916.

[6] A. Y. Garnae, *"Search Games and Other Applications of Game Theory"*, Springer-Verlag, Berlin, 2000.

[7] 源田 実，『真珠湾作戦回顧録』，文春文庫，1998.

[8] R. L. Helmbold, *"Osipov : The 'Russian Lanchester'"*, European Journal of Operational Research, 65 (1993), 278-288.

[9] R. Hohzaki and T. Chiba, *"An Attrition Game on an Acyclic Network"*, Operations Research, 66 (2015), 979-992.

[10] 飯田耕司，小宮 享，『ミサイル戦の決定論的ランチェスター・モデル．その1：3次則モデル試論』，防衛大学校理工学研究報告，41-2 (2004)，9-19.

[11] 飯田耕司，『改訂 軍事ORの理論』，三恵社，2010．（初版．2005）．

272　第 7 章　交戦理論の概要

[12]　飯田耕司,『拡張ランチェスター・モデル : K 次則, (M, N) 次則』, 日本ＯＲ学会 2011 年秋季研究発表会アブストラクト集, 1-B-4 (2011), 26-27.

[13]　飯田耕司,『国防の危機管理と軍事ＯＲ』, 三恵社, 2011.

[14]　井上成美, 『戦闘勝敗ノ原理ノ一研究 (1932)』, 井上成美伝記刊行会編, 「井上成美. 資料編 (その四)」, 伝記刊行会, 1982, 80-86.

[15]　井上成美, 『比率問題研究資料 (1932)』, 「同上. 資料編 (その五)」, 伝記刊行会, 1982, 86-91.

[16]　菊池宏, 『兵力比についての戦史的観察 (攻勢兵力と守勢兵力)』, 防衛大学校紀要, 32 (1976), 505-580.

[17]　菊池宏, 『兵力消耗についての戦史的観察』, 防衛大学校紀要, 33 (1976), 207-264.

[18]　菊池宏,『戦略基礎理論 戦略定義・力・消耗・逆転』, 内外出版, 1980.

[19]　T. Kisi, "*A Verification of the Law of Lanchester*", Memoir of the National Defense Academy, 2 (1963), 69-73.

[20]　T. Kisi and T. Hirose, "*Winning Probability in an Ambush Engagement*", Operations Research., 14 (1966), 1137-1138.

[21]　岸尚,『ランチェスターの交戦理論』, 防衛大学校, 1965, (部内限定).

[22]　小宮享, 飯田耕司, 『ミサイル戦の決定論的ランチェスター・モデル, その 2 : 地域防空能力と情報能力の評価モデル』, 防衛大学校理工学研究報告, 42-1 (2005), 17-27.

[23]　F. W. Lanchester, "*Aircraft in Warfare ; the Dawn of the Fourth Arm*", Constable and Company, Ltd., London, 1916.

[24]　T. W. Lucas and J. A. Dinges, "*The Effect of Battle Circumstances on Fitting Lanchester Equations to the Battle of Kursk*", Military Operations Research, 9 (2004), 17-30.

[25]　森本清吾, 『各個撃破に就て』, 高等数学研究, 7-7 (1938), 1-3.

[26]　P. M. モース, G. E. キンボール 著, 中原勲平 訳, 『オペレーションズ・リサーチの方法』, 日科技連, 1954.
　　　原著 : P. M. Morse and G. E. Kimball, "*Methods of Operations Research*", OEG Rep. No. 54, 1946.

[27]　野満隆治,『交戦中彼我勢力遞減法則ヲ論ズ』, 海軍砲術学校 昭和 7 年度 基戦参考資料 第 12 号, 1932 (部内限定).

[28]　L. F. Richardson, "*Arms and Insecurity* ", The Boxwood Press, Pittsburgh and Quadrangle Books, Inc., Chicago, 1960.

[29]　佐藤総雄, 『自然の数理と社会の数理 : 微分方程式で解析する : I (1984), II (1987)』, 日本評論社.

[30]　H. C. Schramm and D. P. Gaver, *"Lanchester for Cyber : The Mixed Epidemic-Combat Model"*, Nav. Res. Log., 60 (2013), 599-605.

[31]　J. G. Taylor, *"Force-on-Force Attrition Modeling"*, Military Application Section of ORSA, 1980.

[32]　J. G. Taylor, *"Lanchester Models of Warfare, Vols. 1 and 2 "*, Institute for Operations Research and the Management Sciences, Maryland, 1983.

第8章　軍事ＯＲの専門書の紹介

　これまでの第5，6，7章では，捜索理論，射撃理論，交戦理論の概要を述べた．そこでは本書が軍事ＯＲの入門書であるので，理論モデルの細部に立ち入ることを避け，各分野の研究の全体構成を俯瞰するに止めた．ここで理論研究の詳細を更に深く探求したいと望む読者のために，本章では各理論の内外の専門書を簡単に紹介する．本章で取り上げる書物は著者の管見の及ぶ範囲のものであり，決して軍事ＯＲ研究を網羅しているとは言えないが，この分野の主な書物はほとんど収録していると思う．なお前述したとおり我が国では軍事ＯＲは近年まで禁忌の学問であり，この分野の専門書が一般書店の店頭に並ぶことはなく，自衛隊内限定の部内印刷物か，又は自費出版の私家本に限られる状況が長く続いた．それらの書籍は公開された書籍ではなく入手の手段が閉ざされているので，本章では原則として国際標準図書番号（ISBN）が付けられた書物に限定して取り上げた．それは ISBN が付与されておれば，絶版になった本も国立国会図書館や大学図書館では閲覧できるものが多いからである．以下では　§8.1.　捜索理論，§8.2.　射撃理論，§8.3.　交戦理論，の順序で各研究分野の専門書をサーベイし，最後の§8.4.　では範囲を広げて軍事ＯＲ全般の参考書を簡単に紹介する．

§8.1.　捜索理論の専門書

　本節では既刊の捜索理論の書物を簡単にサーベイする．最初に捜索理論の全般について論述した書物を刊行年次順に挙げれば，次のとおりである．
①　B.O.クープマン 著，佐藤喜代蔵 訳，『捜索と直衛の理論』，海上自衛隊第1術科学校）．
　　原著：B.O.Koopman, "*Search and Screening*", OEG Rep. No.56, 1946.
　　改訂版：B.O.Koopman, "*Search and Screening : General Principles with Historical Applications*", Pergamon Press, NY, 1980.
②　多田和夫，『探索理論』，日科技連出版，1973.
③　A.R.Washburn,"*Search and Detection*", Military Applications Section of ORSA, c/o Ketron, Inc., Arlington, Va., 1981.

④. 飯田耕司, 『改訂 軍事ＯＲの理論』, 第2章, 三恵社, 2010.（初版. 2005）.
⑤. 飯田耕司, 宝崎隆祐, 『三訂 捜索理論』, 三恵社, 2007.（初版：飯田 単著, 1998.）

上記のクープマンの著書 ① の 1946 年の初版は, 第2次大戦中の米海軍のＯＲグループの対潜捜索の研究をまとめたものであり, 捜索理論研究の扉を開いた最初の成書である. この書物は米海軍の秘文書の指定を受け市販された書籍ではないが, 捜索理論の基本的な概念を初めて体系化に述べた捜索理論のバイブルともいうべき書物であり, 改訂版は大戦後 35 年を経た 1980 年に, その後の理論研究の進展を加筆し原著者クープマン博士によって全面的に書き直されたものである. 内容は一新されており別書と言ってよい. 残念なことに改訂版の邦訳はない. 改訂版は秘の指定を解かれて市販されており, 今日でもこの分野の基礎的なテキストとして価値を失っていない.

多田 ② は日科技連出版のＯＲシリーズの1冊であるが, 出版以来1度も改訂されていないので, 近年のこの分野の理論研究の著しい進展の成果が含まれていないのが惜しまれる.

ウォッシュバーン ③ は米海軍大学院大学（NPS：Naval Postgraduate School）における「捜索理論」の講義のテキストであり, 海軍の各種の捜索オペレーションの様々な捜索モデルを平易に解説している.

飯田 ④ は書名のとおり捜索理論のみを扱った書物ではなく, 第1章；軍事ＯＲ概説で軍事ＯＲの発展の歴史と理論・応用研究の内容を概説し, 次いで3つの章で捜索, 射撃, 交戦の各理論の基本的な数学モデルを解説したものである. 捜索理論（第2章）については 150 頁を充てて理論モデルを解説している. なおこの書物は防衛大学校・理工学研究科の「軍事ＯＲ」の講義のテキスト [7] を増補し, 捜索, 射撃, 交戦の3つの理論に関する数学モデルを詳述したものである. また本書の各章末には捜索, 射撃, 交戦理論の各研究分野の網羅的な論文リストが掲げられている.

飯田・宝崎 ⑤ は捜索理論の全般について, 目標分布推定, センサー探知能力の定式化, 捜索プロセスのモデル（静止目標の捜索, 移動目標の捜索, 目標側の先制探知のある捜索, 虚探知のある捜索）, 捜索計画の最適化（最適捜索努力配分と捜索ゲーム及び最適停止問題）及び複合的捜索モデルと捜索の意思決定問題の 12 章に分けて, 理論モデルを詳述した捜索理論研究の網羅的な専門書である. 上述の④よりも多くの問題を取り上げて理論モデルを解説している（472 頁）.

上に挙げた書物は捜索理論全般の解説書であるが, 捜索理論の中心的なテーマ

276 第8章 軍事ORの専門書の紹介

である捜索努力配分問題に焦点を絞って述べた書物には次がある.

⑥. L. D. Stone, *"Theory of Optimal Search"*, Academic Press, NY, 1975.

⑦. K. Iida, *"Studies on the Optimal Search Plan"*, Springer-Verlag, NY, 1992.

ストーン ⑥ は米国OR学会の 1975 年の著作賞：ランチェスター賞を受けた書物であり，一方的捜索の最適努力配分について数学的に厳密に書かれた専門書である．捜索以外の一般的資源の最適努力配分に対しても適用できる．

飯田 ⑦ は著者の学位論文に若干の例題を追加して編纂したモノグラフであり，移動目標に対する捜索努力配分とマルコフ連鎖応用の複合的捜索プロセスのモデルの記述が詳しい．

更に双方的な捜索の最適化問題（捜索ゲーム）の研究書には，次の書物がある.

⑧. S. Gal, *"Search Games"*, Academic Press, N. Y., 1980.

⑨. A. Garnaev, *"Search Game and Other Applications of Game Theory"*, Springer-Verlag, Berlin, 2000.

これらの書物は著者達の捜索ゲームの研究論文をまとめたものであり，特にガル ⑧ の著書は軍事応用の研究を多数含んでいる．但しいずれの書物も読者のゲーム理論の知識を前提として書かれた専門書であるので，これらの書物をひもとく場合は読者はゲーム理論の予備的な学習が必要である．なお前述の飯田・宝崎の著書 ⑤ では8〜11 章において 220 頁にわたり，静止目標及び移動目標に対する一方的捜索努力配分の最適化，捜索ゲーム，捜索打切り問題等，捜索オペレーションの最適化問題が詳述されている．

次の書物は捜索理論の特殊な問題を扱ったモノグラフである.

⑩. K. B. Haley and L. D. Stone (eds.), *"Search Theory and Applications"*, Plenum Press, N. Y., 1980.

⑪. D. V. Chudnovsky and G. V. Chudnovsky (eds.), *"Search Theory: Some Recent Developments"*, Marcel Dekker, Inc., NY, 1981.

⑫. R. Ahlswede and I. Wegener, *"Search Problem"*, John Wiley & Sons, 1987.

⑬. 飯田耕司, 『捜索の情報蓄積の理論』, 三恵社, 2007.

書物 ⑩ は，「移動目標の捜索」を特別テーマとして 1979 年3月にポルトガル (Praia Da Rocha) で開かれた NATO 主催の研究会の論文集であり， 6つのセッションの討論報告の他に，展望レポート3，理論研究6，応用的論文 14 編の論文が収録されている．

§8.2. 射撃理論の専門書　277

　編書 ⑪ は 8 人の著者が分担して，1980 年当時の捜索理論分野の 6 つの新しい研究テーマについて解説したものであり，一貫したテーマについて書かれたものではない.

　書物 ⑫ は書名は "*Search Problem*" となっているが，一般的な捜索問題を扱ったものではなく主として検査問題を中心に解説した書物である.

　飯田 ⑬ は捜索理論の目標分布推定の理論について，特に対潜捜索に焦点を当ててまとめた書物である. 目標の可能行動見積から重み付けシナリオ法によって概略の目標存在領域を推定して広域捜索を行い，目標コンタクト情報を蓄積して目標位置を局限し，更に追尾的なデイタム捜索に移る一連の流れに沿って，各種の目標分布推定の理論モデルを詳述している. また捜索が目標発見に至らずに終わったときの事後目標分布や，多目標の捜索（機雷掃海等）における残存目標数の推定等も取り上げられている. 更にこの書物の後半では捜索に関する意思決定のＯＲ理論を取り上げ，一般的な意思決定分析法と捜索努力配分や多段階捜索，多目的捜索の最適化問題について解説されている.

　上に挙げた書籍のうち，クープマン ① の著作の改訂版とウォッシュバーン ③ の テキストは米国の軍事ＯＲ学会が出版したものであり，飯田 ④, ⑤, ⑬ はインターネット出版社　三恵社から出版されネット書店（sankeisha.com 又は amazon.co.jp 等）で販売されている. なお上記以外に防衛大学校や防衛省内の部内印刷の捜索理論関係の書物としては飯田 [1, 2, 4] がある.

§8.2.　射撃理論の専門書

　各種の砲に関する砲内, 砲外, 終末の弾道学をテーマとする射撃学は，砲の発明以来今日まで，いつの時代においても軍人達の最大の関心事であり，古くから砲術士官を中心に精力的に研究されてきた. 我が国の旧陸海軍においても射撃学の教範は，最新の知識を盛り込む真剣な努力が継続的に続けられていた. 例えば防衛大学校・運用分析研究室所蔵の旧陸軍砲工学校の「射撃学教程（普通科砲兵用）射撃法」の教範（17 版, 1937 年）は，1901（M. 34）年に初版が発行され，以後，1937（S. 12）年版までの 36 年間に 17 回の改訂が加えられている. 平均すれば実に 2 年に 1 回の改訂・増補が行われており，その執筆に携わった砲兵科将校の編著者は，延べ 52 名に上っている. 軍の学校の教範の整備に対する綿密なる配慮と，継続的な精緻な研究の蓄積が行われていたことが伺われる.

　一方，第 2 次大戦前には射撃学の専門的な理論研究の書物としては, 海軍兵学

校教授 福村省三 の次の書物が著名である.

①. 福村省三,『弾道の数学』, 東京開成館, 1931.

この書物は詳細な弾道の理論式を含む専門書であるが, 市販されており, 1931 (S.6) 年の初版以後, 1944 (S.19) 年版までに3版を重ねている. この種の専門書としては現在では考えられない異例のことと言ってよいが, このことは軍学校の関係者以外にも読者が多かったことが伺える. しかしながら旧軍の射撃教範を含めて, これらの射撃学の書物は砲外弾道に関する理論的な研究が主要なテーマであり, 命中確率の評価に関する章はあるが, それ以外には射撃のOR問題は含まれていない. この書物の出版はOR誕生のはるか以前のことであるので当然のことである. またORの理論研究の中でも射撃理論は特殊な研究分野であり, 今日の環境では市販の専門書は望むべくもない. また自衛隊の「射撃教範」は陸海空の各自衛隊の関係部署において整備されているが, それらは秘文書であり, 一般には公開されていない. またその記述内容は砲外弾道学に関する基礎的な知識, 射撃システムの構成や射撃手順, 機器の操法等についての解説が多く, 射撃の効率化のORの理論研究についてはほとんど触れられていない. 更にこれまでに著された防衛大学校理工学研究科のOR課程のテキストとしては, 岸 [9], 飯田 [5] 等があり, これらは普通文書であるが, 防衛大学校の部内資料であり現在では在庫切れのために入手できない. 射撃のOR理論について読者が利用できる数少ない参考書は, 次の書物である.

②. 飯田耕司,『改訂 軍事ORの理論』, 第3章, 三恵社, 2010. (初版. 2005). 上記の書物 ② は捜索理論の専門書の§8.1. で前述したとおり, 軍事ORの全般的な概説に引き続く3つの章で, 捜索理論, 射撃理論, 交戦理論を概説している. 射撃理論の章 (第3章; 225～332 頁) では, 射撃のプロセスとその物理及び射撃理論との関係の理論的な構成と基本的な術語を解説した後に, 目標撃破の定式化 (大目標及び小目標), 弾着点の分布, 単発撃破確率の定式化とその近似式, 逐次修正射撃 (挟叉修正射法, 偏差修正射法), 単一砲の多数発射撃, 複数砲の多数発射撃, 既出現型目標に対する最適射弾配分, 逐次出現目標の最適射弾配分等について, 数学モデルが詳細に講述されている.

射撃の危害領域のカバレッジの評価問題や, ミサイル割当て問題等に関する理論研究を幅広くサーベイした総合報告には, 次の書物がある.

③. R.A.Eckler and S.A.Burr, *"Mathematical Models of Target Coverage and Missile Allocation"*, Military Operations Research Society, Alexandria, Va., 1972.

§8.3. 交戦理論の専門書　279

この書物は射撃のＯＲ理論の論文を網羅的にサーベイした 254 頁の大冊の報告であるが，執筆は古く 1972 年であり最近の研究が含まれていない．しかしその後この種の著作や総合報告はなく，今日でも米国の軍事ＯＲ学会からテキストとして再版されており，このことは米国でもこの種の書物の出版が少ないことを物語っている．

§8.3.　交戦理論の専門書

本節では交戦理論の軍事ＯＲ研究の専門書をとり挙げる．前述したとおりランチェスター・モデルは当初は交戦における兵力損耗の軍事モデルとして研究されたが，第２次大戦後，（特に我が国では）市場の販売競争の分析に応用され，社会の関心を集めて研究会等も活発に活動し，その視点から多くの書物が書かれた．しかしながら軍事ＯＲのランチェスター・モデル及びその他の交戦モデルに関する書物は米国でも少なく，僅かに次の書物が挙げられる．

①．J. G. Taylor, "*Force-on-Force Attrition Modeling*", MAS of ORSA, 1980).

②．J. G. Taylor, "*Lanchester Models of Warfare, Vols. 1 and 2* ", MAS of ORSA, 1983).

③．飯田耕司，『改訂 軍事ＯＲの理論』，第４章，三恵社，2010．（初版．2005）．

テキスト ①, ② の著者 テーラーは，30 年来，米海軍大学院大学でランチェスター・モデルの研究一筋に打ち込んできたこの分野の研究の第一人者であり，そのランチェスター・モデルに関する研究論文は膨大な数にのぼる．1980 年の著作 ① は数学色は濃くないが，1983 年の書物 ② は決定論的ランチェスター・モデル及び確率論モデルの従来の研究を網羅した，上下２巻，合計 1401 頁からなる大冊の専門書であり，この分野の理論研究の総まとめの書物である．因みに上記の書物の出版所 MAS of ORSA は米ＯＲ学会の軍事応用部会 （Military Applications Section of the Operations Research Society of America）であり，上記以外にも軍事ＯＲの書籍を出版し普及に努めている．

飯田の著作 ③ は§8.1.に前述したとおり，第４章（333〜506 頁）で交戦理論の数学モデルを取り上げている．理論モデルとしてはランチェスター・モデル以外に前章に述べたいろいろな交戦理論のモデルが詳述されている．即ち交戦理論の章では，決定論的ランチェスター・モデル，同 検証研究，異種混成兵力の決定論モデル，確率論的ランチェスター・モデル，確率論的決闘モデル，最適兵

力配分問題，交戦ゲーム，ゲーム論的決闘モデル，等の数学モデルが詳述されている．この書物の交戦理論の章は初版に比べて決定論的ランチェスター・モデルの拡張モデル，3次則モデル，混合則モデル（ミサイル打撃戦の3次の混合則を含む），軍の崩壊点，軍拡競争や戦力の定量化判定のマクロ・モデル等に関する記述が追加されており，大幅に増補されている．

　次に挙げる菊池の著書は，軍事学の戦略の概念や特性・作用について，まず戦略の意義を歴史に沿って分析し，時代的特徴を鮮明にし，その底辺を流れる「対立・闘争・調和の方策」の普遍的要素を抽出し考察した戦略基礎理論である．

　④．菊池宏，『戦略基礎理論：戦略定義・力・消耗・逆転』，内外出版，1980.

　この書物 ④ は軍事ORをテーマとした著作ではないが，かなりの頁を割いてフィスケやランチェスターの決定論モデル，その検証研究及び確率論的モデルや戦史データによる独自の分析を述べ，更にゲーム理論の戦略分析も解説している．

　次に確率論的決闘モデルについては，米国OR学会の軍事応用部会から出版された次の書物がある．

　⑤．C. J. Ancker, Jr., *"One-on-One Stochastic Duels"*, MAS of ORSA, 1982).

　ゲーム論的決闘モデルについては，このテーマで独立して書かれた書物はない．しかしながら基本的なモデルは，次のドレッシャーのゲーム理論の書物に決闘モデルのいろいろなケースが議論されている．

　⑥．M. Dresher, *"Games of Strategy : Theory and Applications"*, Prentice Hall, Inc., Englewood Cliffs, NJ, 1961.

　以上，交戦理論に関する専門書を挙げたが，これらは交戦軍の均質性，全軍参戦，交戦形態の一様性，交戦パラメータの定常性等の仮定の下で定式化された交戦モデルを扱っている．このことはこれらの理論モデルが分析対象としている交戦の規模が，あまり大規模でない短期間の戦闘レベルの交戦を扱っていると言ってよい．これに対して次の T. N. デュプイ（米陸軍退役大佐）の著作は，上述の仮定が保証されない大規模かつ長期的な会戦を対象として分析している．

　⑦．T. N. Dupuy, *"Understanding War : History and Theory of Combat"*, Paragon House Publishers, 1987.

　本書 ⑦ は20章に亘って「戦争」の定量的な分析を行ったものである．著者はクラウゼヴィッツの戦力則と同様の視点から戦史データを分析し，戦力の評価モデルに人間要素を取り込むことを試み，戦力の定量化判定モデル：QJM と呼ぶ新しい概念のモデルを提案している．特に著者が戦力指標として定義した交戦の特性値について，ランチェスターの2次則の関係が成立することを示し，2次則

§8.3. 交戦理論の専門書　　281

の新しい解釈と含意を論じている．著者がモデルの定式化の根拠として掲げるマクロな戦争のデータと，軍事専門家による精密な交戦パラメータの同定や定量化の間のギャップを如何にして埋めるかについては，今後の更なる検討が必要と思われるが，人間要素を反映した総合的な戦力の定量化と，戦闘の多くの経験的原則及び戦争の理解に関する意欲的な提案を含む書物であり，今後の研究課題を提出した著作と言ってよい．

　§7.3. の決定論的ランチェスター・モデルのマクロ・モデルへの拡張として前述したとおり，決定論的ランチェスター・モデルのアプローチは国家間の軍備拡張競争や戦争の分析にまで発展した．この種の分析はその後，戦争に関するいろいろな研究に発展していくが，ここではその出発点となった英国の気象学の大家 L.F. リチャードソンの次の2つの著作を挙げておく．但し書物 ⑨ のテーマは戦争のデータ分析でありモデル解析ではない．

⑧．L.F.Richardson, *"Arms and Insecurity"*, The Boxwood Press, Pitts-burgh and Quadrangle Books, Inc., Chicago, 1960.

⑨．　L.F.Richardson, *"Statistics of Deadly Quarrels"*, The Boxwood Press, Pittsburgh and Quadrangle Books, Inc., Chicago, 1960.

　以上，これまでに取り上げた書物は軍事問題の交戦モデルを扱った書物であるが，市場の販売競争等の一般社会の各種の活動及び自然現象について，決定論的ランチェスター・モデルと同様に微分方程式によって問題を定式化し，プロセスの振る舞いを説明するアプローチは広く行われている．それらの理論モデルに関する解説書は多いが，次の2書が充実している．

⑩．佐藤総夫，『自然の数理と社会の数理 微分方程式で解析する』，日本評論社，Ⅰ (1984)，Ⅱ (1987).

⑪．D. バージェス，M. ボーリー 著，垣田高夫，大町比佐栄 訳，『微分方程式で数学モデルを作ろう』，日本評論社，1990.

　佐藤の著作 ⑩ は，雑誌：「数学セミナー」にアラカルト風に連載された解説記事を編集したものであり，交戦理論の戦闘モデルとしてトラファルガルの海戦，硫黄島の戦史データによる決定論的ランチェスター2次則モデルの検証研究，リチャードソンの軍拡競争及び核戦略のマクロ・モデル，正規軍に対するゲリラの奇襲戦闘を分析した1・2次則の混合則モデル，等が詳細に解説・紹介されている．またこの書物は上に挙げた交戦モデル以外に，微分方程式で定式化される各種の社会現象や自然界のモデルを広汎に取り上げて豊富な実例を挙げて解説している．本書は，当初，Ⅲ巻までの出版が予定されていたようであるが，Ⅱ巻まで

282   第8章　軍事ＯＲの専門書の紹介

しか発刊されなかったのは残念なことである.

　書物 ⑪ も上記と同類のテキストであるが, 戦闘モデルの記述はない. しかしそれ以外のモデルや微分方程式の扱いについて整理された懇切な解説がある.

　微分方程式を応用していろいろな現象を分析することは, 林檎の実の落下から天体の運行までを説明したニュートン・モデルの成功以来, 自然科学の常套的なアプローチとなった. したがって数学書の微分方程式のテキストにおいても, この問題が数多く取り上げられていることは当然である. 一例を挙げれば次のテキストがある.

　⑫.　M.ブラウン 著, 一楽重雄, 河原正治, 河原雅子, 一楽祥子 訳,『微分方程式 その数学と応用, 上・下巻』, シュプリンガー・フェアラーク東京, 2001.

　ブラウンの書物 ⑫ は微分方程式の入門書として書かれた数学のテキストであり, 上述した ⑩,⑪ の2書とは性格が全く異なるが, その応用例の節では, 絵画の真贋の判定問題, 生物の増殖過程のモデル, 新技術の産業界への伝播過程, 海中投棄された放射性廃棄物のドラム缶の破壊, 糖尿病の診断問題等々, 前掲の書物と同様の微分方程式の応用例を取り上げて解説している.

　上に取り上げた多くの書物に見るとおり, 社会活動や経済活動の各種の現象をランチェスターの交戦モデルと同様のシステムの状態変化の運動方程式として扱い, 微分方程式の数学モデルで定式化する試みはいろいろな分野の研究に見られる. 類書は多いが敢えて1冊を示せば次が挙げられる.

　⑬.　W.ワイドリッヒ, G.ハーグ 著, 寺本英, 中島久男, 重定南奈子 訳,『社会学の数学モデル』, 東海大学出版会, 1986).

　以上, 交戦理論に関するこれまでの研究の専門書を簡単に紹介した.

　交戦理論に関する防衛省内限定のテキストとしては, 章末の参考文献に示す岸 [8], 飯田 [5], 田原 [11] 等がある.

§8.4.　軍事ＯＲ概論, その他

　これまで軍事ＯＲの理論研究の3つの代表的な分野；捜索理論, 射撃理論, 交戦理論の研究分野の専門書について述べてきたが, 本章の最後に一般的なＯＲ理論の概説を含む軍事ＯＲ＆ＳＡ理論の全般に関する書物を紹介する.

　ＯＲの一般的な理論モデルのテキストは, 今日では平易な入門書から高度な数学モデル満載の専門書に至るまで, 膨大な数の書物が出版されている. しかしそ

§8.4. 軍事ＯＲ概論，その他　283

の中で危機管理や軍事的脅威に対する意思決定問題へのＯＲの応用を述べた書物は皆無である（防衛大学校のテキストには参考文献［3, 6, 7］がある）．著者が軍事ＯＲの勉強を始めたのは 1960 年代の後半であるが，当時，この分野の参考書は米海軍の第２次大戦中の戦闘ＯＲをまとめた OEG の３部作（§3.2.2. の２項参照）しかなかった．平和ボケの蔓延した我が国では，その後，半世紀を経た今日でもこの状況はほとんど変わっていない．このことが著者に一連の軍事ＯＲの書物の執筆を動機づけた．著者は 2003（H. 15）年春に防衛大学校・情報工学科（ＯＲ系列）の教官を最後に停年退官したが，それ以後は軍事ＯＲ＆ＳＡのテキストの出版を老後の勤めとして執筆に取り組み，2017 年夏には次に列記する８冊の「軍事ＯＲ＆ＳＡ」シリーズの執筆を終えた．

①．飯田耕司，『軍事ＯＲ入門』，三恵社，2004．（改訂版：2008，増補版（本書）：2017）．

②．飯田耕司，『軍事ＯＲの理論』，三恵社，2005．（改訂版：2010）．

③．飯田耕司，『意思決定分析の理論』，三恵社，2006．

④．飯田耕司，『捜索理論』，三恵社，1998．（改訂版：飯田・宝崎共著，2003，三訂版：同，2007）．

⑤．飯田耕司，『捜索の情報蓄積の理論』，三恵社，2007．

⑥．飯田耕司，『国防の危機管理と軍事ＯＲ』，三恵社，2011．

⑦．飯田耕司，『国家安全保障の基本問題』，三恵社，2013．

⑧．飯田耕司，『国家安全保障の諸問題 － 飯田耕司・国防論集』，三恵社，2017．

　上述の軍事ＯＲのシリーズでは，著者は第１作の ①．「軍事ＯＲ入門」において軍事合理性の追求の科学的手段である軍事ＯＲの基礎的な知識を広く解説した．また ②〜⑤ の４冊では軍事ＯＲについて更に深い専門知識の修得を志す読者に詳細な技術的手引書を提供し，⑥ で「軍事ＯＲ＆ＳＡ」の全般をまとめ，⑦ では国家安全保障の体制を論じた．⑧ は書名に示すとおり，筆者の国防論を集めて編集した論文集である．

　上に挙げた軍事ＯＲ＆ＳＡシリーズのテキストの内容について補足すれば，以下のとおりである．但し ①．『軍事ＯＲ入門』は本書の初版であり，②．『軍事ＯＲの理論』，④．『捜索理論』，⑤．『捜索の情報蓄積の理論』の３冊は，既に §8.1.〜§8.3. で述べたので，③, ⑥, ⑦, ⑧ について述べる．

　③．『意思決定分析の理論』は対象を広義の一般的なＯＲ＆ＳＡ理論に拡げて，意思決定問題における不確実性の形態を分類し，分析に応用されるＯＲ＆ＳＡ

284　　第8章　軍事ORの専門書の紹介

理論の構造と特徴を解説し，危機管理の意思決定や指揮支援システムにおける例題を挙げてORの有用性を示した．意思決定は対象システムの構造の複雑性や評価の多様性，将来の環境の変化等，多くの不確実性との闘いである．本書はこれらの不確実要因をシステムの構造に関する不確実性と，評価の多様性やプロセスの複雑性に起因する不確実性の2つに大別し，この分類に従って各種の不確実性の分析理論を数学モデルに踏み込んで解説している．前者の構造的不確実性に関する「第1部：意思決定分析の基礎理論」では，意思決定過程の構造や不確実性の態様を整理し，不確実性の定量的分析の基礎である確率論，ファジイ理論，体系的分析の循環手順，システムの状態や要因分析の多変量解析法及び数量化理論，問題の構造分析のISM法，デマテール法，決定の木と逐次決定，及び統計的決定理論の効用関数や決定基準の理論等，6章に亘って意思決定分析の全体像の解明に役立つ理論を概説している．また後者の評価の不確実性の分析理論については，「第2部：意思決定の不確実性分析の理論」において，資源配分の最適化理論（線形計画法，非線形計画法，動的計画法，変分法），評価の多様性の分析法（多目的計画法（階層分析法），ゲーム理論），システムの複雑性の分析理論（マルコフ連鎖，待ち行列理論，ネットワーク分析，日程計画法），及び数理計画法やゲーム理論応用の軍事戦術分析を9章に分けて解説している．上述の理論モデルは一般的な理論でありその適用対象に制限はないが，本書の各章では特に危機管理や軍事的な意思決定分析へのOR理論の応用を念頭に置いて，多くの軍事的な意思決定の例題を取り上げているのが特徴である．

　⑥．『国防の危機管理と軍事OR』は，国防に関する危機管理の意思決定分析の体系的な分析アプローチとその基礎となるOR＆SAについて，OR理論の数学モデルには立ち入らずに平易に解説した入門書である．本書は今日の防衛問題の危機的状況と危機管理システムの構成，意思決定の不確実性の分析理論及び軍事ORについて，3部12章の構成で述べている．先ず第1部で防衛に関する今日の我が国内外の危機的状況を詳述し，戦後レジームの克服と国防の危機管理システム構築の必要性を述べ，第2部でその意思決定支援のOR＆SA理論を広く取り上げて解説している．更に第3部ではその基礎となる英・米・日の軍事OR活動の歴史と，捜索，射撃，交戦理論の構成を概説している．今日の国難対処の喫緊の重要事は，国民の国防への関心を高め，政治家・防衛官僚・自衛隊員の意識をOR＆SA化し，「戦略の集中と選択」をシステム化することが重要であると説く．

　⑦．『国家安全保障の基本問題』は，OR理論の技術的な問題を離れて，現代の世界の軍事情勢や東アジアの対日情勢，我が国の「防衛計画の大綱」や危機管

§8.4. 軍事ＯＲ概論, その他　　285

理体制の現状, 安保体制の欠陥, 国内の時代思潮の戦後レジームの弊害と国防の内的脅威の教育・外交・防衛・政治の各分野で必要な諸改革について述べた.

　最後の ⑧.『国家安全保障の諸問題 － 飯田耕司・国防論集』は, 書名の示すとおり筆者が雑誌等に寄稿した国防問題に関する論文を集めたものである. 前編は「日本国憲法」に始まる国家安全保障問題の歪みの改革を論じた論文, 後編には合理的な国家安全保障政策策定の技術の「軍事ＯＲ＆ＳＡ」と国防システムに関する論文を集め, 計8編を収録している.

　上述した「軍事ＯＲ＆ＳＡシリーズ」の ①, ⑥, ⑦, ⑧ は, 数学モデルの難渋による論議の渋滞を避けるために, 数学モデルの記述を避けた. これらの書物の出版社はいずれもインターネット出版社；三恵社である. この出版社は小部数・オンデマンド印刷・ネット販売が特徴である.

　前述した飯田の ②.『軍事ＯＲの理論』及び ③.『意思決定分析の理論』は軍事問題を分析するＯＲの数学モデルに関する専門書である. これらは大学の専門課程のテキスト又は参考書として書かれた書物であり, 一般的な教養書として読むにはやや難解で抵抗があるかもしれない. ここでもっと平易な一般的な読み物の入門書を挙げれば, 日科技連出版の 1960 年代の古いＯＲ入門シリーズの中にそのような読み物がいくつかあるが, 2000 年代の出版でしかも軍事ＯＲの話題を豊富に含んだ読みやすい入門書としては次の書物がある.

　　⑨.　斉藤芳正,『はじめてのＯＲ　グローバリゼーションを勝ち抜く技法』, 講
　　　　談社 ブルーバックス B-1369, 2002.

　この書物は第1章「ＯＲとは何だろう」, 第2章「実際にＯＲを使ってみよう」, 第3章「ＯＲのあゆみ」の3章からなり, 例題やイラストが豊富に入った200 ページほどの新書版の楽しい書物である. この書物は書名のとおり「軍事ＯＲ」について書いたものではなく, 一般的なＯＲ入門のガイドであるが,「はじめに」の中で本書を通じて扱う「物騒な例題」(…と著者が自ら書いている) として, 戦車戦の射撃の目標選択問題を挙げているように, 軍事ＯＲの話題や発展史, 例題等を数多く取り上げている. 因みに著者は防大理工学研究科出身の陸上自衛隊のＯＢでＯＲ部門の実務経験が豊かな軍事ＯＲのベテランである. この書物でも数式は出てくるが, 簡単な確率計算式と概念提示の数式であり, 算数アレルギーをもつ読者でも警戒する必要は全くない.

　上記の参考書はＯＲの理論モデルの解説書であるが, 次の中村の著書は各種のＯＲ問題について汎用の数学ソフト「Mathematica」による解法を示したプログラムの解説書である. 高度な演算機能をもち記述性に優れ, 短いプログラムで解

が求められる「Mathematica」の特徴を生かして，本書はＯＲの幅広い問題の解法を提供している．

⑩．中村健蔵，『Mathematica によるＯＲ』，アジソン・ウェスレイ・パブリシャーズ・ジャパン，1996.

本書は第１章で「Mathematica」の基本的な説明をした後，確率と統計，シミュレーション，需要予測，微分方程式モデル，在庫管理，待ち行列，線形計画法，動的計画法，ゲーム理論，意思決定法，算定結果の視覚化の全 12 章の各種のＯＲモデルを取り上げ，各章では初めに理論の基本的な事項を概説した後に，プログラムを示している．本書は「Mathematica」によってＯＲの広範な問題が扱えることを明示し，具体的にプログラムが示されているので，軍事ＯＲの応用問題の分析者にとっては非常に有用な書物である．またこの本の内容は上に述べたとおり軍事ＯＲに限定されるものではないが，軍事問題へのＯＲの応用が強く意識されていることは，微分方程式モデルの章で主としてランチェスター・モデル等を取り上げていることや，各所の記述や用例等からも推察される．

以上は軍事問題を扱った広義のＯＲの書物であるが，ＯＲよりも更にマクロな軍事問題のシステム分析に関する書物としては次がある．

⑪．大熊康之，『軍事システム・エンジニアリング：イージスからネットワーク中心の戦闘まで，いかにシステム・コンセプトは創出されたか』，かや書房，2006.

⑫．大熊康之，『戦略・ドクトリン 統合防衛革命』，かや書房，2011.

上記の両書の著者 大熊は，海上自衛隊の研究会の講義録（参考文献 [10]）においてシステム・エンジニアリング・コンセプト（System of Systems：S-o-S）に関する詳細な解説を述べており，⑪ はこのテキストを整理したものである．軍事システムは日進月歩するＩＴ技術及びセンサー技術によって，武器システム×ビークル×C4ISR システム（指揮・管制・通信・コンピュータ・インテリジェンス・監視・偵察の情報処理を一体化したシステム）を重層的・横断的に繋ぎ，相乗効果によって全体システムの機能を効率的に最大発揮させるシステム・エンジニアリング・コンセプト（System of Systems：S-o-S）のもとに急速な進歩を遂げ，ネットワーク中心の戦闘 NCW と呼ばれる時代を出現させた．このテクノロジーの進歩が戦場の軍事行動の教義・戦術を根本から変え，更には軍の編成や組織をも変革する所謂「戦場の革命 RMA」を促して革命的変化を急速に進行させた．この変革は軍事システムを運用する意思決定者，各種兵器の工学部門の技術者及び広義のＯＲ＆ＳＡの分析者の３者の綿密な協働によって実現された

ものである．大熊の書物 ⑪ はこの書物の副題に示されているとおり，今日の
「S-o-S」コンセプトのピラミッドを構築して RMA を齎した米海軍の軍事シス
テム開発の8人のリーダー達（3人の運用者，4人の技術者，1人の分析者）の考
え方と業績を丁寧にフォローして，システム・コンセプトの発展の経緯を明らか
にし，更に著者が長年勤務した海上自衛隊におけるイージス艦のシステム建造・
運用・管理の実務経験に基づいて，それらを咀嚼して詳細に議論を展開している．
これらは軍事的なイージス・システムのシステム・エンジニアリングのみならず，
一般的な広義のOR＆SAの実務にとってもよき手本となると思われる．

また同著者の著作 ⑫ は前著 ⑪ の姉妹編であるが，米海軍の海軍戦略思想に
ついて米海軍大学校の創設（1884）から現代に至るまでを詳細に点検・省察し，
米海軍の現代のシステム・エンジニアリングの総合化による NCW の統合軍事
戦略に至る歴史を詳述している．

ランド研究所は 1960 年前後に毎年，軍関係者に対して軍事システム分析のセ
ミナーを実施していた．その 1959 年の講義録をもとに次の書物が公刊された．

　E. S. Quade (ed.), *"Analysis for Military Decisions"*, Rand McNally &
　　　Company, Chicago, 1964.

上記の書物を見直して加筆・増補したものが，次に掲げる E. S. クェイド＆W. I.
ブッチァーの編著 ⑬ である．経験豊かな 17 人の専門家によって 22 章に亘って
軍事問題のシステム分析の諸問題が詳述されており，「システム分析」の古典的
名著として定評のある書物である．

⑬．E. S. クェイド ＆ W. I. ブッチァー 編, 香山健一, 公文俊平 監訳,『システ
　　ム分析 I , II』, 竹内書店, 1972.

　　原著：E. S. Quade and W. I. Boucher (eds.), *"Systems Analysis and Policy
　　　　Planning"*, American Elsevier Publishing Company, Inc., 1968, NY.

これまで邦書（又は訳書）の軍事OR＆SAの書物を述べたが，邦訳書のない
英語の書物にまで範囲を広げれば，更に多くの良書が挙げられる．ここでは特に
軍事ORモデルや意思決定理論の記述を含む書物に限定し，また既に本文中の各
章末のリストに挙げたものを除外して，次の2冊の書物を挙げておく．

⑭．P. W. Zehna, (ed.), *"Selected Method and Models in Military Operations
　　Research"*, Dept. of Opns. Res. and Admin. Sci., U. S. Naval Postgraduate
　　School, 1971.

⑮．D. H. Wagner, W. C. Mylander and T. J. Sanders (eds), *"Naval Operations
　　Analysis*, 3rd. Ed."*, Naval Institute Press, Annapolis, Md., 1999.

288　第8章　軍事ORの専門書の紹介

　テキスト ⑭ は米海軍大学院大学（U.S. Naval Postgraduate School）のOR及び管理学科の教官6名が，ORのテキストとして章を分担して執筆したものであり，捜索，射撃，交戦の理論モデルの章を中心に，確率論・統計学，決定理論，信頼性理論，在庫理論，シミュレーション＆ウォー・ゲーミング，システム分析等を概説した計 12 章からなっている．難解な数学的説明も少なく比較的読みやすい専門書である．

　テキスト ⑮ は米海軍兵学校の参考図書としてこれまで3改訂を重ねた書物であり，海軍作戦の基本を科学的かつ理論的に説明したテキストである．捜索理論に関する基礎的な理論を概説した6つの章と，機雷戦，対空戦等のモデルに関する4つの章を中心に，計 14 章に亘って海軍作戦の基礎的な軍事ORの理論モデルを解説している．

　以上，本章では戦闘のOR理論；捜索理論，射撃理論，交戦理論の3分野の専門書や，軍事OR一般のテキストについて解説した．これらの理論モデルに興味のある読者は，上記の書物を手がかりとして，軍事ORについて更に研究を重ねることを勧める．

　前述したとおり軍事ORの研究分野は，我が国では第2次世界大戦以後も半世紀以上「禁忌の学問分野」であったので，その解説書や専門書は一般的な市販の書物として出版されたものは少なく，書店の店頭には出ない私家本（自費出版本）や自衛隊の部内教育のテキストの類がほとんどである．また市販された数少ない書籍であっても初版で絶版になったものが多い．本章では国際標準図書番号（ISBN）が付与された書物に限定して取り上げたが，上述したような事情で本章に取り上げた書物は入手が困難なものが多い．しかし ISBN が付与された書物は全て「国立国会図書館」に納本され，大学図書館や公的な大きな図書館には収蔵されているものが多いので，そこで閲覧することができる．なお自衛隊内で印刷・配布された軍事OR関連の主なテキストは，本章末に掲げる参考文献のリストのとおりである．これらの参考書はいずれも数百ページ以上の内容のあるテキストであるが，出版時の出版業界の状況では市販は困難であったので，部内印刷物として自衛隊の印刷補給隊等で印刷・配布されたものであり，秘密保全上の「秘」の指定はない．したがってこれらの自衛隊の部内出版物は ISBN は付与されず市販されないが，防衛省図書室や防衛大学校図書館で閲覧可能である．本書の初版ではこれら書物についても取り上げて内容を紹介したが，一般の読者には閲覧が困難であるので改訂版以後ではこれを省略し，以下にそのリストを挙げるにとどめる．

参考文献

[1]. 飯田耕司, 『捜索理論』, 海幕武器2課, 1975, （部内限定）, 202 pp.

[2]. 飯田耕司, 『捜索計画の最適化理論』, 防衛大学校, 1983, （部内限定）, 162 pp.

[3]. 飯田耕司, 『意思決定の科学』, 防衛大学校, 1997, （部内限定）, 211 pp.

[4]. 飯田耕司, 『捜索理論』, 防衛大学校, 1998, （部内限定）, 431 pp.

[5]. 飯田耕司, 『改訂 戦闘の数理』, 防衛大学校, 2000, （部内限定）, 293 pp. （初版, 1995, 232 pp.）

[6]. 飯田耕司, 宝崎隆祐, 小宮享, 『三訂 オペレーションズ・リサーチ概論』, 防衛大学校, 2000, （部内限定）, 345 pp. （初版 1995, 飯田単著, 350 pp.）

[7]. 飯田耕司, 『防衛応用のオペレーションズ・リサーチ理論 – 捜索理論・射撃理論・交戦理論』, 三恵社, 2002, 278 pp.

[8]. 岸 尚, 『ランチェスターの交戦理論』, 防衛大学校, 1965, （部内限定）, 61 pp.

[9]. 岸 尚, 『射撃・爆撃理論』, 防衛大学校, 1979, （部内限定）, 181 pp.

[10]. 大熊康之, 『System-of-Systems エンジニアリング：米海軍上流 SE 概説』, 海上自衛隊艦艇開発隊, 2004, （部内限定）, 491 pp.

[11]. 田原明彦, 『ランチェスタの交戦理論の解説』, 私家版, 2001, 170 pp.

おわりに

　本書では「軍事ＯＲ」の発展の歴史とその理論研究及び応用研究の現状を概説
し，更に戦術分析をテーマとする軍事ＯＲ研究の中から，捜索理論，射撃理論，
交戦理論の３つを取り上げて，数学モデル抜きでそれぞれの理論研究の概要を述
べた．また割愛した数学モデルの解説を補完するために，最後の章では上記の３
分野の主な専門書をサーベイして簡単に紹介した．ＯＲは「数式モデルの集合」
という見方が世間一般の認識であるが，本書は入門書であるので数学モデルに踏
み込むことを敢えて避け，理論の骨組みを俯瞰することに専念した．したがって
本書には数式は全く出てこない．入門書とはいえ数式の全く出てこないＯＲの書
物は，おそらく空前にして絶後であろう．

　前述したとおり本書は「軍事ＯＲの入門書」であるので，意図的に数学的な記
述を避けたが，そのことは反って軍事ＯＲの基本的な数学モデルの解説を期待し
た一部の読者の期待を裏切ったかも知れない．本書を読了した読者は，第８章に
紹介した専門書の中から軍事ＯＲの理論モデルを解説した適切な書物を選んで次
の段階の学習に進んで欲しい．

　本書の内容に対応する理論モデルのテキストは，§8.4.に前述した「軍事ＯＲ
＆ＳＡ」シリーズの　②．飯田著：『軍事ＯＲの理論』である．この書物では本
書の内容とほぼ同じ研究領域をカバーし，かつ捜索理論，射撃理論，交戦理論に
ついて数学モデルにまで踏み込んで詳述している．したがって本書が軍事ＯＲの
入門編であるのに対して，『軍事ＯＲの理論』はその理論編ということができる．
なお§8.4.に前述した拙著の『軍事ＯＲ＆ＳＡシリーズ』では，ＯＲの軍事的
な応用に焦点を絞って理論モデルを述べたが，ここで取り上げたＯＲ理論は，犯
罪捜査や密輸・密入国の阻止，テロ対策の捜索等，更には各種の計画問題におけ
るいろいろな資源の効率的配分問題，国内の治安維持の諸活動における戦術分析
や意思決定分析にも，そのまま応用できるものが多い．「不法行為の阻止」を任
務とする治安活動の戦術は，本質的に軍事作戦と同じであるからである．また交
戦理論のランチェスター・モデルは販売競争の分析モデルとして，マーケティン
グの分野でも広く応用されていることはよく知られている．

　このように軍事ＯＲの理論研究は，今後，砲火を交える第１線の熱い戦闘状況
以外に，新幹線や航空機運行の安全確保，原子力施設や重要公共施設及びライ
フ・ライン等の防護，細菌・毒ガスのテロに対する地域防衛等々，国内の治安対

策，等々の各種の競争状況の分析についても応用できる．また大規模な自然災害の危機管理問題でも積極的にＯＲの視点からの理論研究を展開することが必要であろう．現代のテロ戦争の時代には軍事行動と治安活動の境界は無く，これらの分野は多くの点で連携し一体化する必要がある．またこの分野の活動では国内の治安関係機関ばかりでなく，諸外国の当局との国際テロ集団の情報交換が不可欠となる．更にまたそれらの諸問題のシステム造りや，情報処理・意思決定分析及び行動基準や戦術の準則等の分析検討にはＯＲ分析が不可欠である．そのためにも軍事ＯＲ研究は従来の「捜索，射撃，交戦理論」の枠組みから脱皮して，その守備範囲を大幅に拡大させる必要がある．ここに「モデリング＆シミュレーション」は軍事ＯＲの構造改革にも波及していることを厳しく認識する必要があろう．また今日の技術革新と情報化時代にふさわしい防衛情報・意思決定分析システムを構築してそれらを使いこなすためには，軍事ＯＲの理論や広範な意思決定分析の知識が広く国民に普及し，更に政策部門や一般の社会システムのＯＲ活動が，組織的に熟成することが不可欠の要件である．本書を読了した読者は，これを軍事ＯＲ入門の手引きとして，軍事ＯＲの理論モデルの細部を探求する次の段階の学習に進んで頂きたい．「水と安全が無償で手に入った時代」はもう遙か昔に過ぎ去った．今後はこの国の繁栄と社会の安全を守ることについて，国民的な広がりの中で情報を集積し叡智を結集して，持続的に防衛体制の充実を図ることが求められる時代である．そのための国家安全保障の基盤づくりに，本書がいささかでも寄与できれば大きな喜びである．

　　2017 年 10 月　　　　　　　　　　　　　　　　　　　　　　　　著　者

付録の趣旨

　1945 年 8 月，日本が大東亜戦争に敗北した後，我が国を占領したマッカーサーの連合国軍総司令部（GHQ）は，日本の永久的な弱体化と米国への隷属を確実にするために，日本文化を破壊して「アメリカ化」する占領政策を実施し，「日本国憲法」の制定を強要した．この憲法では GHQ は我が国古来の伝統に基づく「天皇の民本・徳治」の統治理念を否定し，「明治憲法」の「立憲君主制」の国体を米国模倣の「主権在民の民主制」に改め，「象徴天皇制」とした．また国民の「忠君・愛国」の精神基盤を無視し，全く異質な観念的「国民主権」と「平和主義」を謳い，「戦力放棄」を憲法で規定した．GHQ は日本の永続的無力化と米国隷属の意図を「憲法前文」の夢想的な美辞麗句で糊塗し，「民主主義・基本的人権の尊重・平和主義」の「民主憲法」と宣伝した．更に GHQ は教育制度を根本的に改変し，日本民族の「敬神崇祖」の習わしや，「愛国心と国防意識」及び「忠孝仁義を尊ぶ国民道徳」を根底から破壊した．その結果，戦後 70 年を経た現在でも占領政策の後遺症として，夢想的平和主義の時代思潮がはびこり，能天気な安全保障の中で国民は愛国心を忘却し，国民道徳の劣化が続いている．今日の社会で頻発する恥知らずな不祥事の横行は，日本弱体化の GHQ の占領政策が齎したものである．

　「日本国憲法」は前文で，「日本国民は，恒久の平和を念願し，人間相互の関係を支配する崇高な理想を深く自覚するのであつて，平和を愛する諸国民の公正と信義に信頼して，われらの安全と生存を保持しようと決意した」と述べ，第 9 条で戦力を放棄した．しかし第 2 次大戦終結後も，世界各地で戦乱が頻発し，国際政治は弱肉強食の修羅場である．この現実は，「日本国憲法」が幻想の夢想的平和主義を強弁して戦力放棄を正当化し，我が国を永続的に無力化して米国に隷属させる占領政策の策謀であることを示している．

　本書の主題は「軍事ＯＲ」であるので，本文の論述では我が国の安全保障に関する歴史や法制を詳述することを避けた．しかし「軍事ＯＲ」研究の目標は「国家安全保障」の確立にあり，このためには次の 3 点に関する基本的な事実の正確な知識と問題の認識が不可欠である．

　①．「日本国憲法」は第 9 条で「戦争放棄」を規定し，そのため我が国は「日米安保条約」を結び，戦争抑止力と有事の攻撃力を全面的に米軍に依存し，以後，米国隷属の安全保障政策をとってきた．しかし第 9 条

の根底にある憲法前文の「平和を愛する諸国民の公正と信義に信頼して」戦力放棄を謳ったことは,「マッカーサー憲法」の欺瞞である.それを確認するために第2次世界大戦終結後の世界の戦乱について整理した.

②.現代の日本は「永続的な日本の無力化」を図った「GHQの占領政策」によって生まれた.その全貌を認識し,そこから齎された「戦後レジーム」を克服しなければならない.現代思潮の価値観や国家観の混乱,愛国心の欠落及びその結果として生じた国民道徳や人間性の劣化は,GHQの「民主化教育」によって育まれた.

③.「日本国憲法」は制定経緯の正当性を欠き,民族文化と国民主権の矛盾,元首の規定の欠落,自衛権の放棄,非常事態条項の欠落等,憲法の必須要件を欠く欠陥憲法である.それは「占領実施法」に過ぎない.

以上の論点を明らかにするために,各項を精査して次の付録にまとめた.

付録1.第2次世界大戦後の世界の戦争

付録2.連合軍総司令部の日本占領政策

付録3.「日本国憲法」の問題点

以上の付録に書かれた個々の事案の意義や解釈は,戦後の我が国の論壇において評価が大きく分れたところであるが,今や話題にも上らなくなった.これらは「軍事OR」とはあまり関係のない問題であるが,しかし将来の我が国の国家安全保障制度の構築を考える上において,正確に把握しておかなければならない重要なテーマであり,その意味で国家安全保障の確立を目標とする「軍事OR」活動の基礎である.上記の3論考を敢えて本書の付録に収めた理由はここにある.

294 付録1．第2次世界大戦後の世界の紛争

付録1． 第2次世界大戦後の世界の戦争

　第2次世界大戦終結後間もなく東西冷戦が顕在化し，国際政治の修羅場では多くの戦争が勃発した．このことは「日本国憲法」の「平和を愛する諸国民の公正と信義」に信頼して行った「戦力放棄」が，GHQ による策謀に過ぎないことを示している．以下ではそれを検証するために，第2次大戦後，世界各地で生じた戦乱や国境紛争，その他の戦争（但し新興国の独立戦争を除く）を整理する．

　戦争勃発の背景や原因は種々様々であるが，これらを「戦争の性格」に着目して分類すれば，次の5つの類型に大別される．

　A；東西冷戦；米ソの直接対決
　B；国内覇権の争奪戦争；米ソ代理戦争
　C；国境紛争
　D；民族・宗教の争い
　E；同盟国の戦争への参戦

　現実の戦争では上記の各要因が複合し，抗争の経過につれて変化する場合が多いが，以下では第2次大戦終結後の世界の主な紛争を上記に従って極く大雑把に分類して概説する．（以下の記述は大略年次を追って述べるが，見出しのテーマのまとめを優先したので記述の年次は前後することがある．）

§1．A. 東西冷戦；米ソの直接対決

　1945 年4月末，イタリアのベニート・ムッソリーニがパルチザンによって処刑され，ドイツでは5月初めにソ連軍がベルリン市内に突入してアドルフ・ヒットラーは地下壕で自殺した．ナチス・ドイツの崩壊，ドイツ軍の降伏で第2次世界大戦の欧州戦線の戦火は止んだ．8月半ばには日本も広島・長崎の原爆攻撃，ソ連の参戦による満州国の崩壊により戦争継続の余力なく降伏し，太平洋の戦火も終息した．しかし米国を中心とする西側自由主義国とソ連のマルクス・レーニン主義を奉ずる共産主義諸国は，全く異なる価値観・世界観をもち，間もなく亀裂を生じて新たな東西冷戦が始まった．その後約 40 年間，熾烈な米ソ陣営の冷戦，及び代理戦争が欧州，極東及び東南アジアの各地で繰り広げられた．

A-1. ドイツにおける東西対決

(1). 連合軍のドイツ占領とベルリン危機

　1945年2月上旬，連合国の主要3ヵ国；米・英・ソの首脳はクリミヤ半島南部のヤルタで会談し，第2次世界大戦後の処理について「ヤルタ協定」を結び，フランスを加えた4ヵ国によるドイツの分割統治，ポーランドの国境策定，バルト3国（エストニア，ラトビア，リトアニア）の処遇などの東欧諸国の戦後処理を取り決めた．これによりドイツ領は米・英・仏・ソの4国が分割統治することになり，連合国は「ベルリン宣言」（1945.6.5）を発してドイツの国家主権を上記の4国が掌握することを宣言した．首都ベルリンはソ連管轄内の飛び地となったが，特別区として上記の4ヵ国が分割して占領し，これ以降，ドイツは4国の軍政によるナチ党関係者の粛清や裁判，ドイツ社会からナチス・ドイツ時代の影響を除去する政策（非ナチ化政策）が行われた．しかし西側連合国とソ連の亀裂は急激に顕在化し，「ベルリン宣言」に基づく軍政は1949年に終結し，西ドイツ（以下では西独と書く．東独も同じ）と東独の2つの国家が誕生することになった．東・西ドイツの亀裂は1948年6月下旬の通貨政策で表面化した．ソ連は6月下旬に新通貨・東独マルクの発行を計画していたが，これに対抗して英・米・仏はその3日前に各占領地区の通貨を統合した統一通貨（ドイツ・マルク）を発行し，戦後のハイパー・インフレを収拾する経済政策（マーシャル・プラン）の実施に移った．ソ連も予定に従い東独マルクを発行し，更に西側の政策を妨害するために西ベルリンに向かう全ての鉄道と道路を封鎖した．1949年5月中旬の封鎖解除までの11ヵ月間，米・英軍は西ベルリン市民の生活物資を大空輸作戦で西側から空輸して供給した．

(2). 東・西ドイツの成立

　ベルリン封鎖が解けた直後の1949年5月下旬，米・英・仏は軍政をやめ，西側統治諸州をボンに首都を置く「ドイツ連邦共和国」（ホイス大統領，アデナウアー首相）として発足させた．ソ連も10月上旬に東ベルリンを首都とする「ドイツ民主共和国」（ピーク大統領）を成立させ，旧ドイツは西独・東独の2つの共和国となった．ベルリンも東西に分断されたが，東独では自由を求めて西ベルリンに脱出する市民が続出し，東独政府はこれを防ぐために西ベルリンを囲む壁を建設した（「ベルリンの壁の危機」．1961.8.～1989.11.）．その後も多くの東独国民がこの壁を越えようとして射殺された．

　1954年10月，米・英・仏3国と西独は「パリ協定」を締結し，西ドイツの主

296 付録1. 第2次世界大戦後の世界の紛争

権回復と北大西洋条約機構 NATO への加盟を条件として再軍備が承認され，翌年5月に発効した．これにより西独は完全な主権を回復し再軍備を行い NATO に加盟した．但し大規模なソ連軍が駐留する東独に囲まれた西ベルリンは，冷戦時代の最前線となり，ドイツ再統一の直後まで米・英・仏軍が駐留した．ソ連はNATO に対抗してワルシャワ条約機構を結成した（A-2項参照）．

1980 年代後半から始まるソ連のペレストロイカ（政治体制の改革）に端を発し，1989 年にポーランドとハンガリーで非共産党国家が成立し，東欧の共産主義政権が連鎖的に倒れて民主化された（東欧革命）．「東欧革命」は東独にも波及して 1989 年 11 月に「ベルリンの壁」が崩壊し，1990 年 7 月に東西ドイツは通貨・関税同盟を結んだ．

(3)．ドイツ再統一（東独併合）

1989 年 10 月には東独の民主化が本格化し，翌月には「ベルリンの壁」が崩壊した．1990 年 4 月，東独の民主化に伴い初の自由選挙による人民議会選挙が行われ，早期に東西ドイツの統一の実施を主張する勢力が勝利し，同年 8 月末には東西ドイツの間で「ドイツ再統一条約」が調印された．1990 年 9 月，連合国の米・英・仏・ソ及び東・西ドイツの代表者の間で，ドイツの再統一を前提とした「ドイツ最終規定条約」（別名「2 プラス 4 条約」と呼ばれる）が結ばれた．この条約により，1990 年 10 月，再統一ドイツは完全に主権を回復し，東独が西独（ドイツ連邦共和国）に併合され（法的に東独全土を西独が吸収），東・西ドイツを分断した連合軍の占領は終わりを迎えた．1991 年 3 月，米・英・仏・ソ 4ヵ国の軍はドイツから撤退した．再統一ドイツは，軍事力を 37 万人以下（陸軍及び空軍は 34 万 5 千人以下）に削減し，核・生物・化学兵器の所有・管理・製造を放棄し，「核拡散防止条約」が再統一ドイツにも継続して適用されることを再確認した．また旧東独地区における外国軍の駐留，核兵器の配備及び運搬が禁じられ非核地帯とされた．

A-2．北大西洋条約機構 NATO とワルシャワ条約機構 WTO の対立

第2次世界大戦終結後，英・仏・ベネルクス3国（ベルギー，オランダ，ルクセンブルク）の間で「ブリュッセル条約」（1948. 3. 調印．正式名称は「経済的，社会的及び文化的協力並びに集団的自衛のための条約」（Treaty of Economic, Social and Cultural Collaboration and Collective Self-Defense）が締結されたが，東西冷戦の進行に伴いソ連の軍事的脅威に対抗するため，1949 年 4 月に米国，カナダ，ノルウェー，デンマーク，イタリア，ポルトガル，アイスラ

§ 1. A. 東西冷戦；米ソの直接対決　　297

ンドが加わり，12ヵ国の間で北大西洋条約機構 NATO (North Atlantic Treaty Organization) を結成し「ブリュッセル条約」は発展的に解消された．この条約は機構の加盟国のいずれかの国が攻撃された場合，加盟国は共同で応戦・参戦する集団的自衛権発動の義務を負う集団的安全保障条約である．

　ソ連・東側8ヵ国はこれに強く反発し，直ちに「ワルシャワ条約」を締結して「ワルシャワ条約機構」WTO (Warsaw Treaty Organization, 又は WPO；Warsaw Pact Organization) を発足させ，ヨーロッパは2つの軍事同盟によって完全に分割され，東西冷戦が厳しくなった．

A-3. キューバ危機

(1). 第1次キューバ危機 （ピッグス湾事件；1961.4)

　キューバは 1940 年に F. バティスタ大統領が就任して新憲法を公布し，改革を図ったが，1944 年の総選挙でバティスタが敗北した．キューバではインフレが昂進し，更に砂糖の国際価格の不安定化により社会不安が増大した．1952 年にバティスタはクーデターを起こして政権を奪取し，憲法を停止して独裁政治を始め，腐敗・弾圧・独裁が続いた．これより米国のキューバ支配が浸透し，バティスタ政権と米政府・企業・マフィアの4者がキューバの富を独占し，米国の半植民地状態に陥った．その改革を目指して F.カストロが率いる革命運動が起った．革命運動は一時期失敗したが，1959 年1月に革命に成功し，バティスタは国外に逃亡した．カストロが首相に就任し徹底的な農地改革を行い農業を集団化し，米国資本に握られていた土地と産業を国有化し社会主義国の建設を進めた．

　1960 年3月，米 CIA は秘密裏にキューバ革命の亡命者を組織して解放軍を組織し，カストロ政権の武力打倒を図った．1961 年1月に米国はキューバと国交を断絶し，直後に大統領に就任したケネディ大統領は米軍が直接介入しない条件で作戦を許可し，4月中旬にキューバのピッグス湾への上陸作戦が行われた．作戦は上陸の2日前にキューバ空軍の基地を爆撃し制空権を奪う計画であったが，空爆に失敗して制空権を確保できずに 1,400 人のキューバ人部隊が上陸し，キューバ政府軍に反撃された．沖合に待機した艦船もキューバ空軍に撃沈され，上陸部隊は海岸で立ち往生した．CIA は米軍の介入を画策したが，ケネディ大統領はこれを拒否し，残存兵は投降した．この事件で米国とキューバの関係が決定的に悪化し，キューバ政府は国内の全ての米企業を国有化した．4月末に米国はキューバを経済封鎖し，米州機構からキューバを追放した．その後，キューバはソ連に接近した．キューバを東側に追いやったのは飽くことを知らない CIA の

強欲といってよい.

(2). 第2次キューバ危機

　1962年7月にカストロ首相がモスクワを訪問し,「キューバ駐留ソビエト軍に関する協定」を結び, 8月にチェ・ゲバラらが訪ソして再調整し「軍事協力協定」が結ばれた. 当初, カストロはソ連に最新鋭のジェット戦闘機や地対空ミサイル等の供与を求めたが, それに対しソ連は核ミサイルと付属兵力をキューバ国内に配備する「アナディル作戦」(註) を提案した. 当時ソ連の ICBM は開発段階で, 潜水艦と爆撃機以外に米本土に対する攻撃の手段を持たず, 米国本土への核攻撃能力を補強するのがフルシチョフ首相の狙いであった. キューバ政府もこれに同意した.

　　註:アナディル作戦. ソ連は核ミサイル (中距離弾道ミサイル IRBM 24 基, 準中距離弾道ミ
　　サイル MRBM 36 基), 航空兵力 (軽爆撃機イリューシン 42 機, 戦闘機 MiG21×40 機, 地対
　　空ミサイル 72 基), 陸上兵力 (4個連隊 14,000 名), 沿岸防衛兵力 (巡航ミサイル, 巡視
　　艇 12 隻), 合計兵員 45,234 名を船舶 85 隻で複数回往復して輸送し, 核ミサイル基地をキ
　　ューバ内に建設する計画であった.

　キューバの核ミサイル基地の建設現場は1962年10月中旬, 米軍哨戒機に発見された. 米国はこれを大きな脅威として捉え, 米海軍がキューバを海上封鎖した. 同月下旬には米国内の核ミサイルの発射準備態勢が発令され, 全米軍が臨戦体制に入り, 米ソは一触即発の危機に陥った. ケネディ大統領とフルシチョフ首相は書簡を交換し, 10月末, フルシチョフ首相がモスクワ放送でミサイル撤去を発表し, 米ソ全面戦争は回避された. 11月下旬に米軍は海上封鎖を解除したが, 米・キューバ両国の国交断絶はオバマ政権による解除 (2015.7) まで約半世紀間続いた. しかし2016年6月, トランプ大統領は「前政権のキューバとの国交回復は, カストロ政権を裕福にしただけだ. キューバの人権問題が改善されるまで制裁は解除しない」として, 渡航制限の厳格化と米企業のキューバ軍関連企業との商取引を禁止した (国交と大使館は維持).

A-4. ソ連の「雪解け」と崩壊

　1953年3月初めソ連の指導者スターリンが死去した. 後継のフルシチョフはスターリンの死後初めて開かれたソ連共産党第20回大会 (1956.2) でスターリン批判を行い, その独裁と恐怖政治を世界に暴露し, 個人崇拝を否定してソ連の集団指導体制を宣言した. その後, ソ連はスターリン時代の国内政策, 政治体制, 国際共産主義運動の方針を大きく転換して軌道を修正し, 外交では西側陣営と平

§ 1. A. 東西冷戦；米ソの直接対決　　299

和共存を図った．スターリン批判を機にソ連国内の「雪どけ」と東欧諸国に自由化を求める運動が起こったが，1956年，ポーランドとハンガリーの反ソ暴動に対してはソ連はいずれも WTO 軍により力ずくで弾圧し，多数の犠牲者と難民を出し，またロシア国内の自由化に対しても厳しく対処した．一方，中国はフルシチョフを修正主義者と批判し，中ソの対立（C-2項に後述）を生じた．ソ連は核開発や宇宙開発で米国と対等な力をつけ，米国との平和共存路線を模索し，1959年にはフルシチョフがソ連首相として始めて渡米し，国際連合総会で演説し，全面完全軍縮を提案した．またアイゼンハウアー大統領はワシントン郊外のキャンプデーヴィッドにフルシチョフ・ソ連首相を招待し，米ソ首脳会談を行った．両者は国際紛争の平和的解決で合意し，アイゼンハウアーの訪ソが約束された．しかし翌年5月，ソ連上空を飛行した米国のU2型偵察機がソ連のウラル上空で撃墜され，ソ連は米国のスパイ行為を激しく非難し，前年に約束したアイゼンハウアーのソ連招待をキャンセルしパリでの首脳会談も中止された．この事件で米ソの平和共存は暗礁に乗り上げ，1960年代は再び東西冷戦の緊張が高まり，1961年のベルリンの壁の危機（A-1-(2)項参照），1962年のキューバ危機（A-3-(2)項参照）が起った．キューバ危機ではフルシチョフが妥協してキューバからミサイル基地を撤去した．一方，1963年8月，米・英・ソ連の3国は地下を除く大気圏内，宇宙空間及び水中における核爆発を伴う実験を禁止した「部分的核実験禁止条約」PTBT（Partial Test Ban Treaty）の締結に合意し，東西は「敵対的平和」の緊張状態が続いた．

　1964年10月，フルシチョフ首相は農業政策の失敗，キューバ危機でミサイル基地を撤去した外交上の失敗等を理由に突如解任された．その後，ソ連ではブレジネフ体制が長期間続いたが（1964.10〜1982.11），経済が停滞し閉塞感が強まった．一方，1968年のチェコスロヴァキアで起きた一連の自由化運動の爆発；「プラハの春」に対して，ブレジネフ政権は「社会主義陣営全体の利益の護持のためには武力介入の内政干渉が許される」（制限主権論又はブレジネフ・ドクトリンと呼ばれる）と唱えて，ワルシャワ条約機構軍を投入し，市民の抗議の嵐の中でプラハの中心部を制圧した．また1969年には中ソ国境の珍宝島で武力衝突が起き（C-2項参照），核戦争に発展しかねない危機に陥った．1979年のアフガニスタンへの侵攻でもソ連は「ブレジネフ・ドクトリン」の武力による社会主義圏統制の姿勢を示した．

　一方，米国では1960年代のベトナム戦争の失敗以降，平和志向の世論が広がり経済力も低下した．1970年代のニクソン，フォード，カーターの各大統領は

300 付録1. 第2次世界大戦後の世界の紛争

対ソ緊張緩和政策をとった．またこのような米ソの状況が，世界経済の落ち込みと共に緊張緩和の要因となり，核軍縮交渉も前進した．第1次戦略兵器制限交渉及び同協定（SALT・1. 1972），迎撃ミサイル制限条約（Anti-Ballistic Missile Treaty. 1972〜2002），核戦争防止協定（Agreement between USA and USSR on the Prevention of Nuclear War. 1973），全欧安全保障協力会議（Conference on Security and Cooperation in Europe. 1975）などとなった．しかし1979年にイラン革命（D-3参照）が勃発し，またソ連がアフガニスタンに侵攻（D-2項参照）すると緊張が高まり，レーガン米政権は再び核軍拡路線に戻ったため，1980年代前半は「新冷戦」と呼ばれた．

ソ連では1985年3月，ゴルバチョフがソ連共産党書記長に就任した．ゴルバチョフは，国内政治ではブレジネフ時代のソ連の経済の停滞を打破するため，「グラスノスチ（情報公開）」と「ペレストロイカ（政治体制の改革運動）」を掲げて社会主義計画経済を修正し，市場経済の導入を図った．また政治面の民主化を進め，1989年に複数候補者選挙制を導入し，1990年には共産党一党支配を廃止して複数政党制に改めた．また外交では従来の米ソ2大国の戦力均衡を前提とした冷戦時代の外交方針を否定して，西側との相互依存，他の社会主義国との対等の関係を重視する「新思考外交」を掲げ，緊張緩和政策を復活させて西側諸国との協調を図った．1988年3月にユーゴスラビアのベオグラードを訪問したゴルバチョフ・ソ連書記長は，従来の「ブレジネフ・ドクトリン」の制限主権論を否定して，東欧諸国の自立と民主化を促す新しい外交方針；「新ベオグラード宣言」を打ち出し，1989年11月のベルリンの壁の開放，東欧社会主義の崩壊を一挙に進める「東欧革命」が齎された．1989年12月，「東欧革命」や「ベルリンの壁崩壊」を受けて，ブッシュ米大統領とゴルバチョフ・ソ連共産党書記長とのマルタ首脳会談が開かれ，第2次世界大戦末のヤルタ会談に始まる「米ソ冷戦」の終結が宣言された．

翌1990年3月にはソ連は大統領制に移行し，ゴルバチョフが大統領に就任し，1991年7月初めに「ワルシャワ条約機構」は解散された．しかしバルト3国の独立宣言を機に，連邦制の維持を主張するソ連共産党保守派の危機感が強まり，1991年8月に共産党保守派がクーデターを起こし，ゴルバチョフの排除とソ連邦の維持を図った．しかしロシア共和国のエリツィン大統領等の抵抗によりクーデターは失敗し保守派は排除された．ゴルバチョフは責任を取って書記長を辞任し，党中央委員会は自主解散した．1991年12月上旬，エリツィン・ロシア共和国大統領，シュシケヴィッチ・ベラルーシ最高会議議長，クラフチュク・ウクラ

§2.B. 国内覇権の争奪戦争；米ソの代理戦争　301

イナ大統領のスラブ3首脳がベロヴェーシの森（ベラルーシのミンスク郊外）の
ビスクリの別荘と呼ばれるフルシチョフの別荘に集まり，密議を開いて「ソ連解
体と独立国家共同体 CIS（Commonwealth of Independent States）創設」の
「ベロヴェーシ協定」（ミンスク協定，ブレスト協定とも呼ばれる）を決定し，ゴ
ルバチョフ・ソ連大統領に突きつけた．1991 年 12 月下旬，カザフスタンの首都
アルマトイで，ソ連邦の 11 共和国の首脳会議が開かれ，ソ連の解体と CIS 結
成の「アルマトイ宣言」が署名された．ロシア連邦，ウクライナ，ベラルーシと
中央アジア5ヵ国（ウズベキスタン，カザフスタン，キルギス，タジキスタン，
トルクメニスタン），アルメニア，アゼルバイジャン，モルドバの11ヵ国（グル
ジアが 1993 年に加盟し 12ヵ国）が参加し，バルト3国を除く旧ソ連邦構成国の
新たな国家連合体となった．各国の独自性の強い，ゆるやかな連合体制をとり，
現状では自由主義的連合として旧ソ連邦とは異なってあまり連合体の機能はして
いない．エリツィンは更に共産党解散を指示する大統領令を発令し，1991 年 12
月，ソ連共産党は正式に解党した．

§2．B．国内覇権の争奪戦争；米ソの代理戦争

B-1．インドシナ戦争

(1)．第1次インドシナ戦争（1946.12～1954.10）

　第2次大戦前，インドシナ半島（ベトナム，ラオス，カンボジア）はフランス
の植民地であった．ホー・チ・ミンは 1941 年5月に「ベトナム独立同盟（ベト
ミン）」を結成し仏軍を相手に独立戦争を戦っていたが，大戦中，仏領インドシ
ナは日本軍が占領した．日本の敗戦直後，ベトナム王朝の阮朝（1802～1945）か
ら「ベトナム民主共和国」（ホー・チ・ミン主席）が独立し，ベトミン軍がベト
ナム北部を支配した．1950 年1月にソ連と中国がこれを承認して武器援助を始
め，ベトミン軍は近代的正規軍に成長した．一方，米国も仏軍とインドシナ3国
に軍事顧問団や武器の援助を行った．1954 年5月，ベトミンが仏軍のディエン
ビエンフー要塞を攻略し，これを機に「ジュネーブ和平会談」が始められ，7月
下旬，「ジュネーブ協定」（インドシナ休戦協定）が成立し，ベトナム，ラオス，
カンボジア3国が独立した．ベトナムは北緯 17 度線の暫定的軍事境界線で南北
に分離され，1956 年7月に選挙を行い統一を図ることとされ，ベトミン軍と仏
軍の撤退が合意された．ベトミン軍は 1954 年 10 月にハノイを占領し，仏軍はイ

ンドシナ半島から撤退した.

(2). 第2次インドシナ戦争 （別称：ベトナム戦争, 1960〜1975）

「ジュネーブ協定」では南北ベトナムの統一選挙が約束されたが, 南ベトナムのゴ・ディン・ジエム政府は国民的英雄の北ベトナムのホー・チ・ミンが選挙に勝つことを恐れて選挙協議を拒否し, 南北統一選挙は実現しなかった. 更に1955年夏からジエム政権は共産主義者の弾劾を行い, 5〜10万人を収容所に送り込んだ. これに対して北ベトナムはゲリラを南部に送り, 元ベトミンを含む南ベトナム国内のゲリラは,「南ベトナム解放民族戦線」（ベトコン）を組織してサイゴン政府と戦い, ベトナム戦争（第2次インドシナ戦争）に拡大した. 米国は南ベトナムを支援して軍事顧問団を送り, 大規模な北爆を行った. 1964年8月初旬にトンキン湾で北ベトナムの魚雷艇が米海軍の駆逐艦を雷撃する事件；トンキン湾事件（この事件は米軍によるベトナム戦介入の口実を作るための謀略であったとの報道もある）が起こり, 米軍は北ベトナム軍の魚雷艇基地を報復攻撃した. 更にジョンソン米大統領は議会に「北ベトナムの武力攻撃に対し全ての措置を取ることができる」戦時大権を求め, 圧倒的多数で承認された. 1965年3月海兵隊3,500名を南ベトナムのダナンに上陸させ, 大規模な空軍基地を建設し, 同年7月末に陸軍も派遣し戦線を拡大した. また米国は反共軍事同盟；東南アジア条約機構 （註） のタイ王国, フィリピン, 豪州, ＮＺ に出兵を要請し, 各国はこれに応じて派兵した （1964〜1972）.

註：東南アジア条約機構. 米, 仏, 英, 豪, ＮＺ, パキスタン, フィリピン, タイ王国の8ヵ国によって1954年9月上旬に組織された反共主義諸国の軍事同盟である. 1977年6月末に解散された.

ベトコンの善戦によりベトナム戦争は泥沼化し, 米国内で反戦世論が高まり, 1969年以降, 派遣軍は削減された. ニクソン大統領はベトナム戦争からの名誉ある撤退と将来の東南アジアへの米国の影響力を確保するため, 1969年1月の大統領就任直後から H. キッシンジャー国家安全保障担当大統領補佐官に北ベトナム政府との和平交渉を始めさせたが, 幾度も暗礁に乗り上げ, 更に1972年の北爆の再開で交渉は難航した. 1972年2月にニクソン大統領は北ベトナム支援の中心の中国を訪問し, 周恩来首相と首脳会談を行った. 中国は米国に接近し, 中ソ国境紛争 （1969） 以降, 関係が極度に悪化したソ連を牽制し, 文化大革命（1966〜1977） 後停滞した中国外交を活性することを図った. しかし北ベトナムは中国の米国接近を「中国の裏切り」として, 以後, 中国との関係は悪化し, ソ

§2.B. 国内覇権の争奪戦争；米ソの代理戦争　303

連との関係を深めた.

　当時，カンボジア政府（ロン・ノル政権）の中立政策と軍事的脆弱性により，カンボジア東部国境は北ベトナムの後方拠点となり，約4万人の北ベトナム軍とベトコンの部隊が潜在した. 1970 年4月下旬〜7月下旬，米軍と南ベトナム軍はこれらを駆逐し，中国やソ連からの北ベトナム及びベトコンへの軍需物資支援ルートの「ホーチミン・ルート」と「シハヌーク・ルート」を遮断し，戦況を改善して有利な条件下で講和に導くため，ロン・ノルの黙認の下，カンボジア東部に侵攻した. 南ベトナム・米国の連合軍は，圧倒的な兵力でカンボジア領内の北ベトナム軍拠点を短期間で壊滅させた. しかし同年末には両ルートと北ベトナムの拠点は早々に復旧し，遮断作戦は失敗に終った.

　1972 年秋に米国と北ベトナムの和平の秘密交渉が加速し，交渉開始4年8ヵ月後の 1973 年1月下旬に和平協定の仮調印に漕ぎ付け，ベトナム民主共和国（北ベトナム），ベトナム共和国（南ベトナム），南ベトナム共和国臨時革命政府（ベトコン），米国の4者間で「パリ協定（ベトナム和平）」が調印された. ベトナム戦争の最盛期（1968）には米国の派遣軍は 54 万人に達したが，1969 年以後のニクソン政権の撤退計画により 1973 年1月の協定締結時には2万4千人に減少しており，和平後2ヵ月の3月末に撤退が完了した. しかし米軍の軍事顧問団は規模を縮小して南ベトナムに残留し，武器弾薬の供給も行われた. これはソ連の北ベトナム支援も同様であった. 米軍撤退で南・北ベトナム軍の戦力格差は決定的に広がった. 北ベトナム軍は「パリ協定」の停戦に違反した場合の米軍の再介入を恐れ，当初，大規模な攻勢を控えたが，間もなく協定を無視し南ベトナム軍への攻撃を強め，南ベトナム軍は敗北を重ね，1975 年4月，北ベトナム軍が首都サイゴンを占領して戦争は終了し，1976 年7月に「ベトナム社会主義共和国」が成立した.

　ラオスでは 1971 年2月に米軍のラオス空爆が行われて戦火が拡大したが，パテト・ラオ軍は次第にラオス全域を制圧し，1975 年には「ラオス人民民主共和国」が樹立された.

(3)．　第3次インドシナ戦争

　カンボジア王国では，1970 年3月に容共的元首のノロドム・シハヌーク国王が外遊中に，反乱軍がクーデターを起こしてシハヌーク国王一派を国外追放し，シハヌーク国家元首の解任，王制廃止と共和制施行を議決し，ロン・ノルを首班とする親米政権の「クメール共和国」を建国した. 北ベトナムはこれを認めず，

1970 年 3 月，カンボジアを攻撃し，北ベトナム軍はカンボジア東部を蹂躙して首都プノンペンの近郊に迫りカンボジア軍を破り，制圧地域を地元の武装勢力に引き渡して撤退した．一方，中国が支援する武装勢力；クメール・ルージュ（毛沢東思想を信奉するポル・ポト軍）は北ベトナム軍と別行動で活動し，カンボジア南部及び南西部に「解放区」を樹立した．その後，ロン・ノルが率いるカンボジア政府軍とクメール・ルージュの間で内戦（1970～1975）が起こった．なおロン・ノル政権は北ベトナムへの報復として，カンボジア在住のベトナム人を捕らえて虐殺し，多くのベトナム人が南ベトナムに避難し，ロン・ノルは南北ベトナム人の怨嗟の的になった．

　なおクーデターでカンボジアから追放されたシハヌークは北京に留まり，中国の庇護の下に亡命政権の「カンボジア王国民族連合政府」を結成し（1970.5），親米政権のロン・ノル政権の打倒を画策した．シハヌークは曽って弾圧したポル・ポト派を嫌っていたが，これを支持する毛沢東や周恩来，北朝鮮の金日成らの説得によりクメール・ルージュと手を結び，農村部のクメール・ルージュ支持者を獲得した．

　ベトナム戦争中，ベトナム共産党とカンボジア共産党（クメール・ルージュ）は，連合して両国内の親米政権と戦ったが，クメール・ルージュ指導部はベトナム共産党がこの地域に優勢な軍事力でインドシナ連邦を作る動きを警戒し，1975 年から 1977 年にかけて国境で小規模な衝突が始まった．1978 年末，ベトナムはカンボジアに侵攻し（カンボジア・ベトナム戦争），中国が支援するポル・ポト政権を倒した．中国はその懲罰と称して 1979 年 2 月にベトナムへ侵攻したが中共軍は惨敗し，3 月には撤収した（中越戦争）．その後もカンボジアでは内戦が続き，東西冷戦終結直後の 1990 年 6 月，東京で「カンボジア和平東京会議」が開かれた．続いて 1991 年 10 月，パリで「カンボジア和平パリ国際会議」を開き，国内 4 派が最終合意文書に調印し，ここに 20 年に及ぶカンボジア内戦が終結した．これらは米・ソ・中の 3 つ巴の代理戦争であるが，総称しては第 3 次インドシナ戦争と呼ばれる．

B-2．中国・国共内戦

　日中戦争勃発前，蒋介石が率いる国民革命軍と共産党の中国工農紅軍は政権を争って第 1 次国共内戦（1927～1937）を戦ったが，日中戦争中は国共合作して対日共同戦線を展開した．日本の敗戦により中華民国（蒋介石総統）が戦勝国となり国際連合の常任理事国となった．国内では国民党と共産党の対立が顕在化し，

§2. B. 国内覇権の争奪戦争；米ソの代理戦争　　305

1945年10月に武力衝突し，1946年6月，全面的な内戦（第2次国共内戦．1945
〜継続中）となった．中共軍はソ連が支援し国府軍は米国が支援したが，中共軍
が勝利し，1949年12月に蒋介石は台湾に脱出して台北市を首都とした．しかし
中国は第10期全人代（2005.3）で「反国家分裂法」を可決し，台湾と中国は不
可分とし，「祖国統一の大業を達成することは，台湾同胞を含む全中国人民の神
聖な責務（第4条）」であり，「1つの中国の原則を堅持することは，祖国平和統
一実現の基礎である（第5条）」と謳っている．中国は台湾を「国家の核心的利
益」とし，1996年の台湾総統選挙では，中共軍は独立志向の李登輝の当選を妨
害し台湾海峡で恫喝の大規模な軍事演習（台湾海峡ミサイル危機）を行ったが，
米国は空母機動部隊を派遣して中国の圧力を排除した．しかし米国も日本も国交
回復に当り共産党の中国の「1つの中国の原則」を認めた．

B-3. 朝鮮戦争

　連合国は「カイロ宣言」（1943.11）で第2次大戦終結後に朝鮮を独立国とする
とし，「ヤルタ会談」（1945.2）の「極東秘密協定」では米・英・中・ソ4国によ
る朝鮮の信託統治が合意された．一方，ソ連は「日ソ中立条約（1941）」を破棄
して1945年8月上旬に対日宣戦して満州国に侵攻し，朝鮮の清津市にも上陸し
た．トルーマン米大統領はソ連軍による全朝鮮半島の占領を恐れ，ソ連に対し朝
鮮半島の南北分割占領を提案し，ソ連も同意して北緯38度線を境に北部をソ連
軍，南部を米国軍が占領した．その後1948年に大韓民国（韓国．李承晩大統領）
と朝鮮民主主義人民共和国（北朝鮮．金日成首相）の独立が認められたが，南北
いずれも朝鮮半島全域の支配を望み，北朝鮮の金日成はソ連の了解を得て，1950
年6月下旬，38度線を越えて南に侵攻し，米・韓軍は釜山近郊まで押し込まれ
た．米極東軍司令官マッカーサーは在日米軍（後に国連軍が組織され，米・英・
豪・フィリピン・ベルギー・タイ王国等の軍が参戦）を投入して反攻に転じ，仁
川港に逆上陸して北朝鮮軍の戦線を崩壊させた．国連軍・韓国軍は敗走する北朝
鮮軍を追って中国との国境の鴨緑江近辺まで進撃した．これに対し中国は義勇軍
として精鋭師団を派遣し（当初の正面投入兵力20万名．全体では100万名超と
推定される），北朝鮮を支援して韓国軍・国連軍を南に押し戻し，一時ソウルを
再び占領した．ソ連は参戦せず，軍事顧問団の派遣，武器調達や訓練等を支援し，
米ソの代理戦争となった．その後，北緯38度線付近で両軍は膠着状態になり，
1951年7月中旬から休戦協議を始め，1953年7月下旬，膠着戦線を停戦ライン
とする「朝鮮戦争休戦協定」が合意された．但し韓国政府は「休戦協定」に

署名せず戦争は停戦状態である.

　大東亜戦争の終戦後，帝国陸海軍は解体されたが海軍の掃海部隊は保安庁に残され，戦時中に米軍が日本周辺に敷設した機雷の掃海に当り，自衛隊創設後は海上自衛隊に編入された．朝鮮戦争ではこの保安庁の掃海隊が GHQ の指令で出動し元山港の掃海を行った（1950. 10. 出動した掃海隊は3隊：掃海艇 14 隻，巡視艇7隻．指揮官：田村久三元海軍大佐））．このとき1隻が触雷して沈没し，殉職者1名，重軽傷者 18 名を出した [3].

§3．C．国境紛争

C-1．印パ戦争，中印戦争

　印度とパキスタン（共に 1947 年に独立）は，独立直後にカシミール領有を巡り第1次（1947）・第2次印パ戦争（1965），東パキスタン独立問題で第3次印パ戦争（1971）を戦った．また中印国境でも中印戦争（1959）が起こった．

C-2．中ソ国境紛争

　中ソ両国は同じ社会主義（マルクス・レーニン主義）を掲げて共産主義国家建設を目指し，「中ソ友好同盟相互援助条約」（1950 年締結，1979 年消滅）で結ばれた同盟国であり，ベトナム戦争では共に北ベトナムを支援したが，フルシチョフのスターリン批判（1956）以後，両国は世界戦略で見解を異にし，更に国境問題で対立した．1960 年代末には国境線を挟んで，約 66 万人のソ連軍と約 81 万人の中共軍が対峙した．1969 年3月初旬にはアムール川（中国名・黒竜江）の支流ウスリー川の中州・ダマンスキー島（珍宝島）で軍事衝突が起こり，7月上旬にはアムール川のゴルジンスキー島（八岔島）で衝突し，8月には新疆ウイグル自治区でも武力衝突し，両軍に死傷者を出した．

　1989 年にゴルバチョフ大統領が訪中して中ソの国交を回復し，その後，断続的に協議を続けて全面的に国境を見直し，ソ連崩壊の直前の 1991 年5月，「中露東部国境協定」が結ばれ，極東の大部分の国境を画定して珍宝島の中国帰属が合意された．更にソ連が崩壊した後は，ロシアが交渉を引き継ぎ，1994 年には中央アジア部分の「中露西部国境協定」が結ばれ，中央アジア部分の国境問題は全て解決した．ソ連から独立した中央アジア諸国と中国との国境協定も個別に結ばれた．その後も 1991 年の「中露東部国境協定」で棚上げにされた未確定地域に関する協議が進められ，プーチン大統領と胡錦濤国家主席による政治決着で，係

§3. C. 国境紛争　307

争地を２等分する分割線を引き，アルグン川のボリショイ島（阿巴該図島（アバ
ガイト島）は中露で折半し，アムール川とウスリー川の合流点のタラバーロフ島
（銀龍島）全域と大ウスリー島（黒瞎子島）の西半分は中国に，東部はロシアに
帰属することとなった．2004 年 10 月に最終的な「中露国境協定」が結ばれ，
2005 年６月に批准書を交換して「両国間における全ての国境問題は解決した」
と発表した．2008 年７月，中露外相が北京で「東部国境画定に関する議定書」
に署名し国境紛争は解決した．

C-3．中国のチベット侵略

チベットはダライ・ラマ（チベット仏教の最高位）を元首とするガンデンポタ
ン政権が清の朝貢国であったが，清朝が亡んだ 1912 年に独立し，欧州諸国も承
認した．しかし 1950 年，中国は清の版図を中国領と主張して侵略し，ガンデン
ポタン政権は「固有の宗教・言語・文化を維持する自治」を条件に，1951 年
「17 ヵ条協定」を結び中国領となった．しかしその後中国は協定を無視して，宗
教を排斥し，土地を収奪して漢族の大量入植を進めたため，1959 年にチベット
人の抗中独立運動（チベット動乱）が起った．中共軍は武力弾圧し，ダライラマ
14 世（2011 年３月に引退）はインドに亡命し，「チベット臨時政府（チベット亡
命政府）」を設けた．その後も動乱が続き犠牲者は 120 万人と伝えられる．中国
は 2008 年３月のラサ暴動を「ダライラマの祖国分裂活動」と宣伝し，厳重な報
道管制の下に武力弾圧を強行した．

C-4．フォークランド戦争

アルゼンチン沖 500 km の南大西洋上のフォークランド諸島（東・西フォーク
ランド島とその周辺の小島）の領有権をめぐり，1982 年３月～６月の間，英国
とアルゼンチンが激しく戦った．フォークランド諸島は大航海時代（15～17 世
紀）に英・仏・スペインが領有権を主張していたが（英国は 1592 年に探検家ジ
ョン・デイヴィスが上陸したことを領有権の根拠とした），仏国がスペインに売
却し（1767），スペインからアルゼンチンが独立（1816）した際にアルゼンチン
が領有権を継承したと主張した．1810 年代に英米が軍港として使ったが，1820
年頃アルゼンチン軍が上陸し領有を主張し，船籍を問わず課税してこれに応じな
い船舶を拿捕した．英国は 1833 年に艦艇を派遣して軍事占領し，1843 年には総
督府を置き，以後英国が実効支配した．1851 年にアルゼンチンの政権が変わり
自由主義の近代化政策を取り，英国と経済関係を結んだため，アルゼンチンは領

308   付録1．第2次世界大戦後の世界の紛争

有権を主張しなかった．その後 1930 年代にアルゼンチンでナショナリズムが強くなり「諸島奪還」の世論が高まり，1981 年に陸軍司令官のレオポルド・ガルチェリが大統領に就任すると国民の不満をそらすために，1982 年3月中旬，フォークランド諸島の東方 1,000 km のサウスジョージア島を占領し，次いで東フォークランド島の首都スタンレーを占領した．これに対し英国は軽空母や VTOL 戦闘機ハリアー，原子力潜水艦，特殊部隊など陸海空軍を派遣し，4月下旬には，サウスジョージア島に英軍が逆上陸して奪還した．アルゼンチン軍は航空攻撃で英軽巡洋艦を撃沈し当初は優位に戦ったが，英陸軍特殊部隊の陸戦や長距離爆撃機による空爆でアルゼンチンの戦力は徐々に衰え，6月上旬にはフォークランド諸島に英軍が上陸して奪還し，同月中旬にはアルゼンチン軍が降伏した．1989 年10月にアルゼンチンと英国は敵対関係の終結を宣言し，翌 1990 年2月上旬，正式に国交を回復した．しかし現在も両国は領有権を主張し続けている．

　この戦争は，第2次世界大戦後，西側陣営の2国が衝突して高度に機械化された正規軍が交戦し，戦死者は英軍 256 人，アルゼンチン軍 654 人，艦艇や航空機，ミサイルなど大きな損害を出し注目された．また国連の安全保障理事会は，戦争の発端をアルゼンチンの侵略行為として非難し，英国に対しては平和的な解決を勧告したが，英国（サッチャー首相）がこれを無視して軍事行動に踏み切った．国連はこれを黙認し，英国の国連無視の姿勢に対し国連の調整力が無力なことを露呈した．

§4．D．民族・宗教の争い

D-1．中東戦争

　1948 年，イスラエルの建国に周囲のアラブ諸国が強く反対して，アラブ連盟5ヵ国（レバノン，シリア，ヨルダン，イラク，エジプト）がイスラエルに宣戦布告した．以後，英仏も干渉して4次の中東戦争（第1次・1948 年，第2次・1956 年，第3次・1967 年，第4次・1973 年）が戦われた．クリントン米大統領の仲介でヨルダン川西岸とガザ地区にパレスチナ・アラブ人の自治区を作る協定が結ばれ（1994），パレスチナ自治政府が成立し，戦火は収まったが未だに紛争が燻っている．

D-2．アフガニスタン紛争

　1978 年にアフガニスタンで共産党政権が成立し，反対派のイスラム原理主義

§ 4. D. 民族・宗教の争い　　309

武装勢力が蜂起してほぼ全土を支配下に収めた．政権側はソ連に支援を求め，ソ連軍が介入した（1979.12〜1989.2）．ソ連軍撤退後も宗派の内部抗争が続き，台頭したイスラム主義組織・タリバーン（ムハンマド・オマルが創設）が1996年から2001年末までアフガニスタンの大部分を実効支配し，アフガニスタン・イスラム首長国を樹立した．タリバーンと米・有志連合諸国との戦闘が続き，イスラム原理主義テロリストの活動の源となった．

　武装勢力・ムジャーヒディーンは，共産党政権及びソ連軍と戦い，米国 CIAが武器を支援した．ムジャーヒディーンには20ヵ国以上のイスラム諸国の20万人の義勇兵が含まれ，その中には後に米国同時多発テロ（2001.9）を指導したウサマ・ビン・ラーデンも参加していた．

　共産主義政権を打倒後もムジャーヒディーンは勢力内の内輪もめから再び戦闘が始まり，アフガニスタンは無秩序状態に陥った．その混乱を収めイスラム教に基づく治安と秩序を回復するために武装勢力・タリバーンが組織化され，パキスタンの支援を受けて急激に勢力を拡大し，2001年9月頃には国土の大部分を支配した．米国は9.11テロ（2001.9.11）がウサマ・ビン・ラーデンを指導者とする過激派集団・アルカーイダの犯行であるとして，アフガニスタンのタリバーン政権に引き渡しを要求したがタリバーン政権はこれを拒否した．これに対して2001年10月に米国を中心とした有志連合諸国と北部同盟（北部アフガニスタンの反タリバーン勢力）が「不朽の自由作戦」を発動し，ウサマ・ビン・ラーデンとアルカーイダ勢力を匿うタリバーン政権へ軍事攻撃を始め，アフガニスタン紛争が開始された．その後，アフガニスタン，イラクに戦火が拡がった．

D-3．イラン・イラク戦争，湾岸戦争

　パーレビー朝の皇帝モハンマド・レザー・パーレビーは，欧米諸国の支援により西洋化と国内開発を進め独裁体制を確立した．これに反対するイスラム原理主義のシーア派指導者ルーホッラー・ホメイニー師や，ソ連が支援するイラン共産党等が1979年に革命を起こして親米のパーレビー政権を倒し，ホメイニー師が指導する「イラン・イスラム共和国」を樹立した．周辺のアラブ諸国は警戒感を強め，イラン国内では混乱が続き多数の保守派が粛清された．周辺国と欧米諸国が干渉し，またシーア派の影響がイラクに波及することを恐れたサダム・フセイン大統領がイランを奇襲して，「イラン・イラク戦争」（1980.9〜1988.8）となった．イラン革命で大使館員を人質にされた米国は，イラン政権に敵対するイラクのサダム・フセイン政権を支持して，武器と資金を援助した．

310　付録１．第２次世界大戦後の世界の紛争

　イラン・イラク戦争で多額の戦費を失ったサダム・フセインは隣国・クウェートの石油資源の獲得を狙い，「クウェートは英国が不当に分離したイラクの領土」と主張し，1990 年 8 月，クエートに侵攻した．フセインは事前に駐イラク米大使の黙認を取り付けたと主張したが，G. W. ブッシュ米大統領はこれを認めず，国連安全保障理事会もイラクに即時撤退を求め，米ソは一致して武力行使容認決議を可決した．これに基づき米英軍を中心に 34 ヵ国の多国籍軍が結成され，1991 年 1 月にイラク攻撃を開始し，短期間にイラク軍を制圧した（湾岸戦争）．中東ではイスラム教のスンニ派とシーア派の抗争から多くの反欧米の国際テロ集団が生まれた．宗教の対立に部族・民族間の紛争が絡み中東全域に拡がり，更に世界各地の同調者が欧米・東南アジアでテロを行い，闘争が世界中に蔓延し国際テロ戦争の時代となった．サウジアラビア出身のイスラム過激派のウサマ・ビン・ラーデンは，スンニ派を主とする国際的反米組織・アルカーイダを起ち上げ，米国同時多発テロ事件（2001.9.11）をはじめ，多数のテロ事件を起こした．

D-4．シリア内戦

　シリアでは 2011 年 1 月下旬，アサド大統領派の政府軍と独裁政治のアサド政権に反対する反政府勢力との武力衝突が起こった．その後，イスラム過激派とシリア北部のクルド人の衝突や，反政府勢力間での内部抗争が生じ，その混乱に乗じて 2014 年に過激派組織イスラム国 I S（Islamic State）が勢力を拡大し，2014 年 6 月に首都バクダッドに次ぐ北部の都市モスルを占拠して建国宣言を行ない（国際間では不承認），シリア，イラク両国に亘って勢力圏を拡大した．シリアでは米・仏を主とする多国籍軍は反政府勢力を支援し，トルコ，サウジアラビア，カタールも反政府武装勢力への資金・武器の支援を行った．一方，ロシア，イランはアサド政権を支援して空爆を行い，内戦は 3 つ巴の混戦になった（2016）．またトランプ大統領は I S の撲滅を宣言し，米軍は 2017 年 4 月，政府軍が反政府勢力に対する空爆で化学兵器を使用した報復として，地中海の 2 隻の駆逐艦から巡航ミサイル・トマホーク 59 発を発射し，シリア西部の政府軍の航空基地を攻撃した．米軍による直接の政府軍攻撃はこれが最初である．またアフガニスタン東部の I S の地下基地を通常兵器で最大の威力を持つ大規模爆風爆弾（TNT 換算で 11 トンの威力）で攻撃した．一方，イラクでは政府軍が米国主導の有志連合の支援の下で，2016 年 10 月から I S 攻撃を行い，翌年 7 月にモスルを奪回して I S 勢力を掃討し，イラクのアバーディ首相は勝利宣言を行った．しかしイラク北部及び西部の国境地域やイラクの隣国シリアでは，I S は首都ラッカ

§ 5.E. 同盟国の戦争への参戦　311

を中心に広範囲な地域を支配し，更にISで訓練を受けた戦闘員が北アフリカや
東南アジア，欧州等の世界各地に拡散し自爆テロ等の激増が懸念される．

D-5．国際テロ戦争

　湾岸戦争以後，中東では多数の国際テロ集団が勃興した．2001 年９月にイス
ラム過激派の指導者ウサマ・ビン・ラーデンを長とする国際テロ組織・アルカー
イダが，米国で大型旅客機４機を乗っ取り，政治・経済の中枢に３機が突入する
同時多発テロ攻撃を行った（9.11 テロ）．この 9.11 テロは自由主義諸国に対する
国際テロ集団の宣戦布告であり，テロ戦争時代の幕開けとなった．

　米国はアルカーイダを保護したアフガニスタンのタリバーン政権を攻撃し
（2001〜2011），アルカーイダの指導者・ウサマ・ビン・ラーデンを殺害した．更
に大量破壊兵器 CBRNE を隠匿した疑惑でイラクを攻撃し（2003〜2010），湾
岸戦争の張本人・サダム・フセインを倒した．またチュニジアの「ジャスミン革
命」（2010）が急速に中近東諸国に伝播し，イスラム教宗派や民族間の権力闘争
に欧米・露が干渉して紛争が激化し，シリア内戦（2011 年〜継続中），ウクライ
ナ内戦（2014 年．ロシアのクリミヤ併合）等が起きた．9.11 テロ後，IS等の
過激派集団の活動が活発化し世界各地に拡がった．

　アフガニスタンやイラクでの米国主導の国際テロ集団解体の戦争は，2012 年
には終息に向い，米軍の展開もアジアに重点が移された（リバランス政策）．
2015 年には 1960 年から 50 年以上断絶された米・キューバの国交が回復し（但し
2017 年６月，トランプ新大統領は渡航制限や経済制裁を復活した），米・イラン
の核開発の協議・和解と経済制裁の解除等，前世紀の紛争が解決した．しかしIS
の勢力拡大と欧米・露の空爆，シリア内戦の激化と難民の激増，サウジアラビア
とイランの対立等が続き，各国でのISや過激派の自爆テロが激化した．

§5．E．同盟国の戦争への参戦

　同盟国への第３国の攻撃に対し「同盟上の義務」により参戦し戦争が拡大する
場合がある．第１次及び第２次世界大戦は，この形で世界規模に戦火が拡大した
が，第２次大戦終結後のB型の米ソ代理戦争も，「同盟」が口実に使われること
が多かった．

　以上，本節では第２次大戦終結以後の世界各地の主な戦争を概観した．これら
は「平和を愛する諸国民の公正と信義に信頼して」戦力放棄を謳った「マッカー

サー憲法」に対する明らかな反証であり，「日本国憲法」が如何に現実無視の「夢想的な平和主義」の憲法であるかを示している．

§6．我が国で可能性のある戦争

第2次大戦末期の「ヤルタ会談」に始まった米ソ冷戦は，東欧革命が進行してベルリンの壁が崩壊し，1989年12月のブッシュ米大統領とゴルバチョフソ連最高会議議長の首脳会談で冷戦終結が宣言された．その後，ソ連が崩壊して世界の緊張は著しく緩和されたが（1991.12），しかし一方，中東紛争，国際テロ集団やISの活動の激化，中国の東シナ海や南シナ海における海洋覇権の強行，北朝鮮の核武装等，新たな紛争が生まれている．国際テロ集団の攻撃以外に，将来，我が国が直面する可能性のある戦争は，次の3つのケースが考えられる．

1．B型（内乱に対する第3国の干渉）

将来，何らかの国内問題について世論が分裂して暴力的対立に発展し，一方の勢力の「支援要請」を口実として外国が干渉し，国家間の戦争に至る事態が考えられる．所謂「戦後レジーム」の「内的脅威」である [1,2]．またそのような国内の対立を醸成するために，平時に行われる特定の国内勢力への外国の援助（例えば新聞報道によれば沖縄普天間基地の辺野古移転反対闘争の活動団体に対し，中国筋の資金援助や朝鮮総連の協力があると伝えられている）や，偽情報・宣伝等の謀略活動についても警戒し，それらを防止する対処行動が必要である．

2．C型（国境紛争）

我が国の現在の国境紛争は次の3つがある．

①．ロシアとの北方四島（国後，択捉，歯舞，色丹）の帰属問題．この問題は大東亜戦争の戦後処理の問題であり，外交的対処が図られ，安倍内閣ではロシアとの信頼醸成のための共同経済開発が進められている．

②．韓国による竹島の不法占拠．竹島問題は占領時代に李承晩韓国大統領が不法に設けた李承晩ライン由来の不法行為であり，韓国は警備所を設け既成事実化している．常設仲裁裁判所への提訴等，適切な措置を進める必要がある．

③．中国の東シナ海の海洋覇権行動．中国の尖閣諸島領海侵犯，EEZ拡大等の東シナ海の海洋覇権行動は拡大の懼れがあり，厳重な警戒と断固たる対処を要する．処置を誤れば沖縄を含む南西諸島が中国に侵略される懼れがある．

３．Ｅ型（日米同盟による戦争）

東アジアで将来可能性のある不安定要因は，次の４つの事態が考えられる．

①．朝鮮半島の混乱．北朝鮮と韓国の衝突，北朝鮮の崩壊，韓国政情の混乱による北朝鮮主体の南北朝鮮の統一，等の可能性がある．

②．台湾対中国の衝突．

③．尖閣諸島への中国侵略に対する日・米と中国の衝突．

④．南シナ海情勢の不安定化．中国による南シナ海の岩礁の埋立て・軍事基地化が進み，米・中が衝突する事態（§I.2.1.参照）が起こる可能性がある．

上記のいずれかの事態が生起した場合，米軍艦船や沖縄・日本本土の米軍基地に対する中国又は北朝鮮によるミサイル攻撃が行われる可能性が高い．また極東地域における米軍艦船への攻撃に対する防護・支援は，自衛隊の防衛任務であり，日本国内の米軍基地への攻撃は，我が国に対する直接攻撃と同じである．

参考文献

[1] 飯田耕司，『戦後レジームの原点：五．サンフランシスコ条約と戦後レジーム』，「日本」（一般財団法人日本学協会），2015 年 6 月号．

[2] 飯田耕司，『国家安全保障の諸問題―飯田耕司・国防論集』，三恵社，2017．

[3] 能勢省三（元海軍少佐），『朝鮮戦争に出動した日本特別掃海隊』，海上自衛隊 幹部学校，1978 年 11 月，（部内限定）．

付録2. 連合軍総司令部の日本占領政策

付録2. では「戦後レジーム」の出発点となった連合国軍総司令部 GHQ の日本弱体化の占領政策を網羅的に整理する [4,5].

§1. 連合軍による日本占領

日本の「ポツダム宣言」受諾に伴い H. S. トルーマン米大統領は, 米太平洋陸軍 (1947 年元旦, 統合軍編成替えより西太平洋の米陸海空3軍を統合し極東軍に改編. 日本, 沖縄, 小笠原諸島, マリアナ諸島, 韓国, フィリピン担当.) の指揮官 D. マッカーサー元帥を日本占領の連合国軍最高司令官 (連合軍司令官と略記) に任命した (1845. 8. 14). また9月6日, 「連合国最高司令官の権限に関する指令 (JCS-1380/6 = SWNCC-181/2. 1945. 9. 6)」が米統合参謀本部を通じて伝達された. (なお以下の占領軍の指令等は主に国立国会図書館の資料 [7] に拠る.) この指令は日本占領に関するマッカーサーの絶対的権限を規定し, 日本の統治は日本政府を通じて行う間接統治方式を指示したが, 必要があれば直接, 実力の行使を含む措置を執り得るとした. 更に「ポツダム宣言」が双務的な拘束力を持たないとし, 日本との関係は無条件降伏が基礎となっていると明記した. この指令によりマッカーサーは日本占領に関する全権を与えられたが, 「日本国の無条件降伏」という占領政策の基盤は, 世界史に特記すべき米国の詐術である. 「ポツダム宣言」では第5項で降伏の条件を示し, 「吾等ハ右条件ヨリ離脱スルコトナカルヘシ. 右ニ代ル条件存在セス」と明記し, 「無条件降伏」の字句は第13項の「日本国政府カ直ニ全日本国軍隊のノ無条件降伏ヲ宣言シ…(後略)」のみで, 「国家ノ無条件降伏」の文言はなく, 上記の指令は米国の策謀である.

マッカーサーは1945年8月30日に専用機「バターン号」で神奈川県厚木海軍飛行場に降り立ち, 初め司令部を横浜に置いた. 9月2日, 東京湾内の米戦艦ミズーリ号上で降伏文書が調印され, 大東亜戦争は正式に終結した. 但しソ連軍は領土的野心を暴露して, その後も満州・朝鮮北部・南樺太・千島列島への侵攻を続け, 9月5日の水晶島 (歯舞諸島) 占領まで一方的に戦闘を続けた.

降伏文書調印と同時に, 連合軍総司令部は「陸海軍の解体, 軍需工業停止の指

§ 1. 連合軍による日本占領　　315

令（SCAPIN-1. 1945. 9. 2)」を発した．また調印式の直後に，終戦連絡事務局・鈴木九萬横浜事務局長は，参謀次長・R. J. マーシャル陸軍少将から翌日 10 時に次の3布告を発表すると告げられた．

① 布告第1号．立法・行政・司法の3権は連合軍司令官の管理下に置かれる．管理制限が解かれるまでの間は日本国の公用語を英語とする．

② 布告第2号．日本の司法権は占領軍総司令部に属し，降伏文書条項及び総司令部の布告や指令に違反した者は，軍事裁判で死刑又はその他の罪に処す．

③ 布告第3号．日本円を廃し軍票（B円と呼ぶ）を法定通貨とする．更にマーシャルはB円の現物を鈴木に示し，既に3億円分を占領軍部隊に配布済みと伝えた．

米国は当初，直接統治の軍政を企図したが，英国が間接統治を主張して「ポツダム宣言」で間接統治に変更された．上述の3布告はこれに違反する．東久邇宮内閣は鈴木の報告を受けて直ちに緊急閣議を開き，終戦連絡中央事務局・岡崎勝男長官を横浜に派遣してマーシャルと会談し，とりあえず翌日の布告公表は差し止めた．翌日，重光葵外務大臣が横浜の米軍司令部に赴き，マッカーサー連合軍司令官と交渉の結果，3布告は白紙撤回され，占領統治は総司令部の指令書（覚書）；SCAPIN (Supreme Command for Allied Powers Instruction Note) を受けて，日本政府が行政組織を動かしてそれを実行する間接統治に変更された．しかし命令は徹底せず館山市に上陸した先遣部隊の米陸軍第8軍の一部は，9月3日から4日間，軍政を施行した．また沖縄・奄美・小笠原の各諸島は米軍が占領し，直接軍政が行われた．

横浜の米太平洋陸軍司令部は9月17日に東京の皇居前に移り，10月2日に連合国軍総司令部 GHQ/SCAP (General Headquarters, the Supreme Commander for the Allied Powers. 以下，GHQ と略記) が発足した．当初，GHQ の主要なポストは米太平洋陸軍司令部の要員が兼務した．GHQ はマッカーサー司令官の下，参謀長 R. K. サザーランド中将直轄の太平洋軍の参謀部 G 1（監理部：人事，その他の監理事項），G 2（情報部：日本の言論統制，検閲，諜報），G 3（作戦部：部隊配備，作戦行動），G 4（後方部：兵站全般）の4部と，国際検察局（局長 J. B. キーナン．戦争犯罪追及．12月8日設置），法務局，書記局，渉外局，外交局の5局，並びに参謀次長 R. J. マーシャル少将を長とする占領政策実施の GHQ 参謀部で構成された．後者の参謀部の部局と担当は，民政局（日本の民主改革，憲法改正，公職追放，警察改革，公務員制度改革等を主導），経済科学局（財閥解体，労働政策，財政金融政策（ドッジ・ライン）の実施），民間

316 付録2. 連合軍総司令部の日本占領政策

情報教育局（文化政策担当，教育・宗教等の民主化，政教分離，学制改革，教育委員会導入），天然資源局（農地解放，農業組合の設立），公衆衛生福祉局（衛生水準の向上，看護制度改革），民間通信局，民間諜報局，一般会計局，統計資料局，民間運輸局，民間財産管理局，及び物資調達部と高級副官部の 11 局2部が置かれた．特に民政局には社会民主主義を信奉するニューディラーが多く，彼らは日本占領を社会変革の実験台とし，保守的なG2部としばしば対立した．

　連合軍による日本本土の軍事占領は，中国・四国地方を英・豪・印・ＮＺの英連邦軍（兵力約4万名．軍司令部・呉），他の都道府県には米軍の2個軍（兵力約 40 万名）が進駐した．米軍の配備は，関東以北は第8軍（軍司令部・横浜）隷下の第9軍団（札幌）・第 14 軍団（仙台）・第 11 軍団（横浜市日吉）が配置され，関西以西には第6軍（京都）の第1軍団（大阪）・第 10 軍団（呉）・第5海兵軍団（佐世保）が配備された（カッコ内は司令部所在地）．但し 1945 年末に第6軍は編成を解かれて帰国し，第8軍が引き継いだ．

　GHQ は地方における GHQ 指令の実施状況を監視するために，各地方に軍政本部を置き，その下に都道府県軍政部を設置した．1946 年7月の改編で第8軍司令部の軍政局が全国を統括し，北海道・東北・関東・東海北陸・近畿・中国・四国・九州の各地に地区軍政部を置き，その下に司法権をもつ各府県軍政部を配置した（1949 年に軍政局を民事局に改称）．GHQ は第8軍司令部・軍政局の報告に基づき日本政府に各種の政策・行政事項についての是正指令 SCAPIN を発し，日本政府が地方行政機関に命じて是正措置を実施した．GHQ は後述する「対日基本政策」に従い，日本側の自主的な改革の体裁を装い，「日本政府が自ら旧制度を改革した」という形式を取りつつ，実際には強制的に徹底的な旧制度の改造を行った．

　上述したとおり日本占領は日本の政府機関を利用する間接統治となり，GHQ は SCAPIN 指令書で日本政府に指示し，政府はポツダム命令（勅令・政令・省令）で所管省庁に命じて実行した．このため「帝国憲法」第8条第1項の「法律に代わる勅令」の規定に基づいて，「ポツダム宣言ノ受諾ニ伴ヒ発スル命令ニ関スル件（勅令第 542 号，1945.9.20）」が発せられ即日施行された．この緊急勅令は降伏文書の「ポツダム宣言の履行と必要な命令を発しまた措置を採る」GHQ の要求事項の実施につき，特に必要がある場合は，帝国議会の協賛（決議）を要する法律事項も，政府が命令で定められる（罰則も可）とした．占領中（1945.9〜1952.4）に登録された SCAPIN 指令書は 2,204 件，それ以外に行政的指示を示す末尾にA（Administrative）を付した SCAPIN–A 指令書を含めれば，

2,627 件に上る．それ以外に口頭による指示もあった．このような多数の GHQ 指令（1ヵ月平均約34件）は，占領中の GHQ の日本政府に対する政策干渉が，非常に細部に亘り徹底して行われたことを明示している．

　日本占領の国際政策機関としては，モスクワで開かれた米・英・ソ・3国外相会議（1945. 12）で，「極東委員会」がワシントンに設置された（1946. 2. 発足）．構成は米・英・仏・支・ソ・加・豪・蘭・NZの9ヵ国と，「日本のアジア侵略」を示すために米・英の意向で米領フィリピン，英領インドの2地域が加えられ，1945 年 11 月にビルマ，パキスタンが追加された．ソ連は東京設置を主張したがマッカーサーが反対し，出先機関として東京に連合軍司令官の諮問機関「対日理事会」（米・豪（英連邦代表）・支・ソの4ヵ国で構成）が置かれた．

　米政府は極東委員会の決定を連合軍司令官に指令する義務を負ったが，一方，極東委員会の決定なしで占領施策を実施する「中間指令権」が認められ，実質的には連合軍司令官が占領政策を主導した．即ち統合参謀本部と「国務・陸軍・海軍3省調整委員会」（SWNCC：State-War-Navy Coordinating Committee. 略称；「3省委員会」．1944. 12. 設置）が承認しトルーマン大統領が署名した覚書「日本の敗北後における本土占領軍の国家的構成（SWNCC-70/5. 1945. 8. 18）」では，最高司令官をはじめ主要な指揮官は米国が任命し，軍政の支配的発言権を行使することを規定する一方で，他の連合国との協調方針を採り，英・支・ソの実質的な貢献を求めた．

§2．GHQ の対日基本政策

　日本占領後の対日基本政策については，米国務省は 1944 年 3 月に「米国の対日戦後目的」をまとめた．日本本土侵攻を目前に控えた 1945 年 4 月に，陸軍省からこの文書に経済政策面の補強を求められ，「初期対日政策の要綱草案」を新たに作成し，3省委員会の極東小委員会で調整した．この文書（SWNCC-150. 1945. 6. 11）では直接統治による軍政の方針を決めていたが，「ポツダム宣言」の発表（1945. 7. 26）を受けて国務省の原案は間接統治に修正された（SWNCC-150/1. 1945. 8. 11）．その後，日本の降伏が早まり緊急措置として修正案作成の主導権を対日占領の直接命令権者である陸軍省に移し，大幅に修正を加えて「初期対日方針（SWNCC-150/3. 1945. 8. 22）」が策定された．この文書では天皇を含む既存の日本の統治機構を通じて占領政策を遂行する間接統治の方針が明記され，また主要連合国間で意見が一致しない場合は，GHQ の中間指令権が認められることが加え

られた．その後，統合参謀本部による修正を経て3省委員会で承認され，トルーマン大統領が署名して「降伏後ニ於ケル米国初期対日方針（SWNCC-150/4. 1945. 9. 6)」がマッカーサーに指示された．

この文書では「平和的で責任ある政府の樹立と自由な国民の意思による政治形態の確立」を占領の究極目的とした．この文書の日付に見るように文書の決裁が遅れたために軍政による米軍の軍政を告知した9月2日の3布告が日本政府に通告された．しかし記録によれば米陸軍省は「初期対日方針（SWNCC-150/3)」を8月29日にマッカーサーに内報しており，太平洋軍首脳が占領の「間接統治への変更」を知らなかったはずはない．またその後の交渉経過から考えても，前述した3布告は日本政府に対するマッカーサーの「脅し」と推測される．

また3省委員会と統合参謀本部が承認した日本占領に関するマッカーサーへの正式指令；「日本占領及び管理のための連合国最高司令官に対する降伏後における初期の基本的指令（JCS-1380/15 = SWNCC-52/7. 1945. 11. 1)」は，前述した3省委員会の文書（SWNCC-150/4）を基礎として，公職追放や経済改革が追加され，統合参謀本部との事前協議が必要とされた天皇制の存廃問題以外は，マッカーサーに占領目的の達成に必要な全ての占領統治の活動に関する権限を与えた．この指令は前述した「連合国最高司令官の権限に関する指令（SWNCC-181/2. 1945. 9. 6)」と共に，後にマッカーサーが国務省の承認なしに「帝国憲法」の改正を行った権限の論拠とされた．この占領方針では日本の旧制度を破壊し，軍国主義抹殺と民主化を達成する介入を積極的に行い，民主主義的改革を日本人自身の手で実行させる積極的な誘導を行うとした．

特に「帝国憲法」の改正については，米国政府の方針を「日本の統治体制の改革（SWNCC-228. 1946. 1. 7)」で示した．この文書はマッカーサーが，「選挙民に責任を負う政府の樹立，基本的人権の保障，国民の自由意思による憲法改正」を達成すべく，統治体制の改革を示唆すべきであるとし，憲法改正の GHQ の権限は極東委員会の統制下に置かれ，「憲法機構の根本的変革は極東委員会の協議及び意見の一致が必要」であるが，米国政府はこの問題の指令権がないので「情報」として伝達された．この文書では GHQ による改革や「帝国憲法」の改正は，日本側の自主的な実施でなければ日本国民に受容されないので，厳重な言論検閲と統制の下に，全ての改変を日本政府によって自主的に行う改革の形式を取り，「GHQ が命令するのは最後の手段である」と強調された．しかし実際の政策は GHQ の詳細な指示の下で行われた．

GHQ は帝国陸海軍を完全に解体し，報復の軍事裁判をアジア各地で行い，

§2. GHQ の対日基本政策　319

約千人を処刑した．更に日本文化に関する無知と誤解に基づく諸制度の改変・干渉の占領政策を強行して，日本の伝統的な文化を破壊した．これらの「民主化」の占領政策の多くは，明かに歴史のない多民族国家の浅薄な文化しか持たない米国人の傲慢な独善であり，「ハーグ陸戦法規」の敵国領土における占領軍の権力を定めた第3款の規定に違反する．

　GHQ は上述した「初期対日方針」に従い日本の非軍事化・民主化を進めたが，この方針は米ソ冷戦の激化に伴い大きく転換された．第2次世界大戦の終戦直後から米ソの冷戦が始まり，米国は 1947 年3月，自由主義世界の盟主として共産主義に対抗する戦略的支援の「トルーマン・ドクトリン」を発表し，ソ連は「鉄のカーテン」（註）を下ろし，翌年6月にはベルリン封鎖を行った．以後，約 40 年に亘って世界を2分する米ソ冷戦の時代に突入した．

　註：鉄のカーテン． 　東西冷戦を意味するこの比喩は 1946 年3月，チャーチル元英首相が訪
　　米先のウエストミンスター大学で行った演説の中で，「バルト海のシュテッティンからアド
　　リア海のトリエステまで，ヨーロッパ大陸を横切る鉄のカーテンが降ろされた．中部ヨー
　　ロッパ及び東ヨーロッパの歴史ある首都は，全てその向こうにある．」による．

　また中国では国共合作が崩壊して 1946 年6月から全面的な内戦となり，中国共産党軍が勝利して，1949 年 10 月に中華人民共和国を建国し，敗れた蒋介石は 12 月に台湾に脱出した．1947 年夏，朝鮮半島では韓国と北朝鮮が相次いで独立し，1950 年6月には北朝鮮が韓国に侵攻し朝鮮戦争が勃発した．このような大戦後の世界情勢の激変に伴い，米国の対日方針は講和条約の締結を待たずに見直され，日本をアジアの防共の砦とする方針に転換された．1848 年3月に米国務省政策企画部のジョージ・ケナンが来日し，対日講和の方針をマッカーサーと会談し報告書を国務省に提出した．これに基づき米国家安全保障会議で「米国の対日政策に関する勧告（NSC-13/2. 1948. 10. 7）」が採択された．この勧告では，沖縄の長期支配及び横須賀海軍基地の拡張，日本の警察力の強化，並びに対日講和の非懲罰的な方針への変更や，旧政財界人の公職復帰など，日本の政治的・経済的自立の促進の政策が決定された．

　マッカーサーは朝鮮戦争の指揮についてトルーマン大統領と衝突し，1950 年4月 11 日に連合軍司令官の職を解任され，軍職を退官した．後任にはリッジウェイ陸軍中将が就任し（直後大将に昇進），「サンフランシスコ講和条約」の発効（1952. 4. 28）まで連合軍司令官に就いた．

　GHQ は上述の占領目的を達成するために，徹底的な言論検閲・統制と巧妙な宣伝の下で，①．旧制度の徹底的な破壊，②．戦犯裁判，及び将来の日本を無

害化する日本建設の制度変革，即ち ③．帝国憲法の改正，④．教育改造，⑤．政治制度の変革や各種の社会改造を行った．以下ではこの順序で GHQ 占領統治を整理する．未曾有の戦禍の疲弊とその復興に忙殺されていた日本国民は，GHQ の占領統治を従順に受け入れた．その結果，日本のアメリカ化が進み国民道徳は荒廃した．安倍晋三総理は第 1 次安倍内閣の発足（2006.9）に当り，「日本を取り戻す戦後レジームの克服」を説いたが，「戦後レジーム」の原点は GHQ の占領政策にある．しかし戦後 70 年を経て我が国では占領政策で何が行われたかについては正確には周知されていない．「戦後レジーム」から脱却するためには，GHQ の占領政策の再点検が必要である．

§3．GHQ の占領統治

1．言論統制・検閲

　GHQ は「言論及びプレスの自由に関する覚書」（SCAPIN-16.1945.9.10）を発し，言論の自由は「GHQ 及び連合国批判にならずまた大東亜戦争の被害に言及しない」制限の下で許されるとし，細部に亘る言論・放送の禁止事項 30 ヵ条を「日本新聞遵則（SCAPIN-33.1945.9.19）」と「日本放送遵則（SCAPIN-43.1945.9.22）」で指令した．米軍の広島・長崎への原爆投下，全国都市の焼夷弾絨毯爆撃，ソ連の日ソ中立条約違反や満州での略奪・暴行，日本軍兵士のシベリア抑留，及び戦後の占領軍兵士の犯罪，GHQ 批判等の報道が全面的に禁止された．新聞・雑誌・ラジオ放送は事前に厳重な検閲を受け，自由な報道が厳しく統制された．郵便物の検閲も行われたが，これらの言論統制の実施は国民には秘匿された．

2．「人権指令」と「5 大改革指令」

　「ポツダム宣言」は日本の占領目的として第 6 項で「軍国主義の駆逐」を述べ，第 10 項で「日本国国民の間に於ける民主主義的傾向の復活強化に対する一切の障礙の除去，言論，宗教及び思想の自由，並に基本的人権の尊重の確立」を謳っている．GHQ はこれを実行する基本方針として「人権指令」と「5 大改革指令」を発した．
　前者は「政治的，公民的及び宗教的自由に対する制限の除去の覚書（SCAPIN-93.1945.10.4）」であり，「人権指令」又は「自由の指令」と呼ばれる．GHQ はこの指令で，内務大臣の罷免，思想・言論規制法規の廃止，特別高等警察（共産主義・社会主義運動など反政府的言論・運動監視の秘密警察）の廃止，政治犯の

釈放等を命じた.「ポツダム宣言」受諾後, 鈴木貫太郎内閣に代わった東久邇宮稔彦内閣は, これに抵抗して1ヵ月半で総辞職した. その後継の幣原喜重郎内閣は, 逐次「人権指令」を実行し, 特別高等警察の廃止 (特高警察職員ら約4千名の解雇), 政治犯 (共産党員など約3千人) の釈放, 国防保安法, 軍機保護法, 言論出版集会結社等臨時取締法, 治安維持法, 治安警察法, 思想犯保護観察法など15の法律・法令の廃止等が10月中に行われた.

後者の「5大改革指令」は, 10月11日の幣原・マッカーサー会談で指令された. 内容は, ①. 婦人の解放, ②. 労働組合の結成, ③. 教育の自由主義化, ④. 圧政的諸制度 (警察, 検察) の撤廃, (5). 経済の民主化 (財閥解体, 農地解放), 等である. これにより12月中旬,「改正衆議院議員選挙法」が公布され, 翌1946年4月の衆議院選挙では39人の婦人議員が生れた.「圧政的諸制度の撤廃」では, 政治犯の釈放や特別高等警察の廃止等が行われた.「教育の自由主義化」では皇室中心の国体思想 (皇国史観) が否定され, 数年がかりで教育制度が大幅に改造された (GHQ による日本の教育改造については§6で詳述する). 労組問題については1947年の「労働3法」の制定及び「労働省」の設置となり, 「経済の民主化」として1945年末の「財閥解体」や1946年の「農地解放」が行われた.

3. 神道指令

GHQ は日本文化の知識に欠け, 日本国民は天皇を神 (ゴッド) として崇めることを強制されていると信じ,「神道指令 (SCAPIN-448. 1945. 12. 15)」を発して「国家神道」を禁止した. 即ち公的機関が神社・神道に対する保証, 支援, 保全, 監督並びに拡布等, あらゆる活動に関与することを禁じ, また軍国主義や国家主義的な宣伝, 弘布を禁止した. この指令では神道に関する祭式, 慣例, 儀式, 礼式, 信仰, 教え, 神話, 伝説, 哲学, 神社, 物的象徴, 及び公文書中の「大東亜戦争」,「八紘一宇」や軍国主義・国家主義的用語, 皇室の尊厳や民族優越等の文言等の使用まで細部に亘って厳しく禁止した. また神道の調査研究及び弘布も禁止し, 内務省の神祇院を廃止し, 神官の養成機関の廃止を命じた.

4. 昭和天皇の人間宣言

GHQ 指令書はないが, 天皇御自身による「現人神」の否定を強く要求され, 昭和天皇は1946年元旦に「新日本建設に関する詔書」(「天皇の人間宣言」) を発せられた.

322　付録2. 連合軍総司令部の日本占領政策

　この詔書は冒頭で「五箇条ノ御誓文」の全文が引用され，続けて「朕ハ茲ニ誓
ヲ新ニシテ國運ヲ開カント欲ス．須ラク此ノ御趣旨（「五箇条ノ御誓文」を指す）
ニ則リ，舊來ノ陋習ヲ去リ，民意ヲ暢達シ，官民擧ゲテ平和主義ニ徹シ，教養豐
カニ文化ヲ築キ，以テ民生ノ向上ヲ圖リ，新日本ヲ建設スベシ」と宣べられた．
天皇の「神格否定」は詔書の最終段落で簡単に（分量約6分1），「朕ト爾等国民
トノ間ノ紐帯ハ，終始相互ノ信頼ト敬愛トニ依リテ結バレ，単ナル神話ト傳説ト
ニ依リテ生ゼルモノニ非ズ．天皇ヲ以テ現御神トシ，且日本国民ヲ以テ他ノ民
族ニ優越セル民族ニシテ，延テ世界ヲ支配スベキ運命ヲ有ストノ架空ナル観念ニ
基クモノニモ非ズ」と述べられた．1946年元旦の「官報号外」で報じられた詔
書には表題はなく，文中にも「人間宣言」に類する文言はない．「天皇の人間宣
言」の呼称はマスコミの通称とされているが，新聞の見出し等にもなく，GHQ
が作為した宣伝と思われる．後に昭和天皇は那須御用邸での宮内記者会との懇談
において，「神格の否定は二の次で，本来の目的は日本の民主主義が外国から持
ち込まれた概念ではないことを示すために「五箇條ノ御誓文」を追加した」と語
られた（朝日新聞．1977.8.24）．陛下のご深慮により GHQ の「天皇の人間宣言」
は，国民に「新日本建設の指針」を与える詔勅となった．

5. 戦争贖罪意識と自虐史観の宣伝 WGIP

　大東亜戦争は F.D. ルーズベルト大統領の謀略と挑発による日本の自衛戦争で
あったことは，戦後間もなく米国の G. モーゲンスターン［8］や C.A. ビーアド
［1］等の著書で明らかにされた．これらの著作は米国内では広く読まれており，
当時の GHQ 首脳もこれを熟知していたが，しかし日本では GHQ がこれらの
書物の公開を厳重に禁止し，独立後も左傾した言論界に媚びた出版社は刊行を躊
躇し，翻訳・出版されたのは平成に入ってからである．日米戦争の真相は，その
後，多くの著書［2, 3, 6, 10, 11］によって明らかにされた．
　一方，GHQ 民間情報教育局は，東京裁判によりアジア侵略国・日本の「自虐
史観」を国民に植え付け，民族の誇りと自尊心を奪い，将来に亘って弱体化させ
る戦争贖罪意識宣伝工作 WGIP（War Guilt Information Program）を行った．
即ち 1945 年 12 月から新聞各紙に GHQ 編纂の「太平洋戦争史」を連載させ，
日本軍の残虐行為やアジア破壊の惨状を繰り返し宣伝した．1946 年4月には小・
中学校の国史や修身の教科書を黒塗りし，「太平洋戦争史」を教え，GHQ の東
京裁判史観を浸透させた．そこでは一方的に連合国の立場の「太平洋戦争史観」
を強調し，欧米の植民地解放の大東亜戦争の理念を歪曲して国民に植え付け，

§3．GHQの占領統治　　323

「大東亜」の言葉さえも禁じた．また NHK は「太平洋戦争史」によるラジオ番組「真相はこうだ」を作り，その後「真相箱」と名を変えて 1948 年 1 月まで放送した．これらの宣伝と GHQ／G 2 の検閲による言論統制が相乗効果を発揮して，伝統的な日本人の歴史観・価値観が変容し，戦争中の「鬼畜米英」は瞬くうちに「親米」に変った．次の 2 例は日本人の謀略宣伝に対する脆弱性を示す．

①．広島平和記念公園の原爆死没者慰霊碑には，「安らかに眠って下さい　過ちは繰返しませぬから」と刻まれている．日本国民はこの戦争を自らの過ちと確信し，今日，平和教育の一環と称して多くの小・中学生がこの慰霊碑に詣でている．しかし日米戦争を挑発したのはルーズベルト米大統領であり，原爆投下はトルーマン大統領が決定した．この碑文は米国大統領の名で刻まれるべきである．平和祈念の生徒達にはこの事実を正しく教えなければならない．

②．マッカーサー在任中（1945～1951）の 6 年間に，彼宛に 41 万通の手紙が殺到し，多くは彼を「解放者」と礼賛し，言論界には「日米合邦論」まで現れた．新聞報道（1951.4.16）では，マッカーサーの離日の車列を約 20 万人の日本人が感謝の小旗を振って見送った．彼は数週間後，米議会で「日本人は 12 歳だ」と嘲罵の演説を行ったが，確かに「日本の精神文化破壊の総司令官」は罵声を浴びせて送るべきであった．

上述した「自虐史観」と「拝米主義」は今日の我が国の「戦後レジーム」の基本的骨格を造った．

6．旧勢力の公職追放とレッドパージ

①．公職追放．　GHQ は「ポツダム宣言」の日本民主化の推進と称して，前述した特高関係者の罷免や軍国主義的教員の追放（1945.10）に引き続き，超国家主義団体の解体の指令（SCAPIN-548.1946.1.4）及び「好ましからざる人物」を公職から追放する第 1 次公職追放令（SCAPIN-550.1946.1.4）を発した．GHQ が指定した対象者は，A 項・戦争犯罪人，B 項・陸海軍職業軍人，C 項・極端な国家主義的団体や暴力主義的団体又は秘密愛国団体の有力者，D 項・大政翼賛会や翼賛政治会及び大日本政治会の有力者，E 項・日本の膨張に関係した金融機関・開発機関の役員，F 項・占領地の行政長官，G 項・その他の軍国主義者及び極端なる国家主義者で，この 7 項目に該当する現職者を即刻退職させ，これらの職に就くことを禁じ，恩給・退職金等の権利も剥奪した．それは「ポツダム宣言」第 6 項の「無謀な侵略及び戦争へとこの国を誤り導いた責任」をもつ罪人として，社会的な影響力のある地位から半永久的に排除する懲罰で

あった.

　公職追放指令は個人の追放のみならず，「政党，協会，其の他の団体の結成の禁止等に関する件（勅令第 101 号. 1946. 2）」により，占領政策に反対する団体や反民主主義的な団体等の結成が禁止された. 更に「第 2 次公職追放令（1947. 1）」では戦前・戦中の有力企業や軍需産業の幹部，地方公職者に対しても拡大され，政治家，軍人，官僚，教育者，事業家，団体職員，言論報道関係者など，全国で約 21 万人が追放された.

②. 米国の対日戦略転換とレッドパージ.　米ソ冷戦の激化，中国内戦における中共軍の優勢化などに伴い，米国の占領政策は日本をアジアの共産主義の防波堤とする政策に転換された. GHQ は初め労働組合の結成を奨励したが，1947 年の日本共産党主導の 2. 1. ゼネストに対する GHQ の中止命令を契機に，共産党の労働組合支配の弾圧に転じた. また GHQ は岸信介，児玉誉士夫ら A 級戦犯容疑者 19 人を釈放し，保守系政治家の政界復帰を認めた（1948. 12）. 前項に述べた「勅令第 101 号」は 1949 年 4 月に「団体等規正令」として大幅に改正され，左翼運動の規制に適用された.

　更に経済復興のための合理化として人員整理が行われたが，これを巡って労働運動が激化し，共産党系の産別会議（全日本産業別労働組合会議）や国鉄労働組合は人員整理に頑強に抵抗し，吉田内閣の打倒と人民政府樹立を叫び，世情は騒然となった. 1950 年 5 月，皇居前広場で日本共産党指揮下のデモ隊と警備中の占領軍が衝突し（人民広場事件），日本共産党機関紙「赤旗」は発刊停止となり，日本共産党書記長・徳田球一ほか党中央委員 24 人及び幹部が追放された（6 月）. 同年 7 月には共産党の幹部 9 人に対し「団体等規正令」違反容疑で逮捕状が出され，彼らは地下に潜行して中国に亡命した. 彼らは中国で「北京機関」を組織して地下放送の「自由日本放送」を通じて日本共産党主導の武装闘争を指導した. このような騒然たる社会環境の中でマスコミ，官公庁，企業等の左翼分子の追放（レッドパージ）が行われた.

　1950 年 6 月，朝鮮戦争が勃発し（1953. 7. 27. 停戦），我が国でも左翼の活動が活発化して共産革命の脅威が増大した. このため GHQ は占領政策を見直し，1950 年 10 月には第 1 次追放解除を行い 10,900 人が解除され，更に 11 月には旧軍人約 3,300 人が追放を解除されて，多くが警察予備隊の基幹要員として入隊した. また GHQ は日本政府に公職追放の緩和と復職の措置を認め（1951. 5），同年までに約 25 万人が解除され，「講和条約」の発効と同時に（1952. 4），約 5,500 人が追放を解かれた. 「団体等規制令」も廃止され「破壊

活動防止法」に引き継がれた.

§4. 戦犯の軍事裁判

1. A級戦犯の裁判（東京裁判）

「ポツダム宣言」第10項の「吾等の俘虜を虐待せる者を含む一切の戦争犯罪人に対しては厳重なる処罰を加へらるべし」を受けて，1946年1月，マッカーサーは「極東国際軍事裁判所条例」を布告し，5月から市ヶ谷の旧陸軍士官学校講堂で「極東国際軍事裁判（以下，「東京裁判」と書く）」を行った．この条例は1945年8月，米・英・仏・ソの4ヵ国が調印した大戦中の枢軸国の戦争犯罪を裁く国際軍事裁判所の構成や役割を規定した「国際軍事裁判所憲章」に準じて作られた．ドイツのニュールンベルク裁判は連合国の直接管轄下で実施されが，東京裁判はマッカーサーが布告した「極東国際軍事裁判所条例」に基づき GHQが行った．

GHQ は 1945 年9月中旬，東條英機元首相ら 39 人を逮捕した．訴因は満州事変から大東亜戦争の終結までに日本の指導者達が共同謀議して行ったアジア侵略に対し，「文明」の名の下に「法と正義」によって「アジア征服の責任」を裁くと称して，第1類「平和に対する罪」，第2類「殺人及び殺人共同謀議」，第3類「通例の戦争犯罪」について 28 人を起訴した．第1，3類は「極東国際軍事裁判所条例」の第6条A項「平和に対する罪」，B項「交戦法規違反行為」に対応するが，C項「人道に対する罪」はドイツのユダヤ人殲滅のような事案がないので東京裁判には適用されず，第2類が追加された．ニュールンベルク裁判は，ナチス，ゲシュタポ，ナチ親衛隊，保安隊等を犯罪団体に指定し，これらの組織的なユダヤ人大虐殺を「人道の罪」として裁いた．これに対して東京裁判は，日本国の指導者を「平和の罪」及び「殺人共同謀議」で裁き，日本国をアジアの侵略国に仕立て上げ，歴史上明白な欧米列強のアジア侵略と植民地搾取を正当化して，日本国民に「自虐史観」の贖罪意識を植え付け，「日本帝国」を永遠に葬ることで連合国の植民地喪失の復讐を果たそうとした．

東京裁判の判事及び検察官は極東委員会の各国から派遣され，裁判長は W.F.ウエップ（豪），首席検察官には J.B. キーナン（米. GHQ 国際検察局長）が就任した．なお豪州，ソ連等からは昭和天皇の退位・訴追を求める強い意見が出されたが，マッカーサーが「日本の占領統治には天皇が必要である」として，天皇の

326   付録2．連合軍総司令部の日本占領政策

退位・訴追は行われなかった．

　裁判の冒頭，清瀬一郎弁護士（日本側弁護団副団長，東條英機元首相の主任弁護人）は，訴因の「平和に対する罪」の裁判管轄権（裁判を行う権限の根拠）を問う異議申し立てを行ったが，ウェッブ裁判長は一旦閉廷し，数日後，「弁護側の異議は却下する．理由は後日説明する」として，明確には答えず裁判を進行させた．裁判中もデイヴィッド・スミス米弁護人（廣田弘毅元首相弁護人）は「管轄権も明らかにできない裁判は進行してはならない」と抗議し，裁判を白紙に戻すことを強く求めたが，ウェッブ裁判長はこれも却下した．国家間の紛争に関する政治家や軍人の公務執行の責任を個人に問う国際法は存在せず，戦争での不法行為を問えるのは「ハーグ陸戦法規」や「ジュネーブ条約」違反のみである．また東京裁判の根拠となった「極東国際軍事裁判所条例」は明らかに事後法であり，東京裁判は裁判管轄権のない裁判である．しかも裁判は「南京事件」等の事件を捏造するために戦時中の意図的な誇大宣伝資料を証拠採用する一方，反証の棄却[13]，証言の拒否等，勝者の強権の下に「法と正義」を無視して進められ，判決は 11 人の判事の多数決で決められた．日本軍と直接戦火を交えた米・英・加・NZ・支・ソ・6ヵ国の多数派の判事によって判決文が書かれ，他の5ヵ国の判事は個別意見書を提出した．特にインドのラダ・ビノード・パール判事は本裁判の「平和に対する罪（A級）は事後法であり，国際法上，日本を有罪とする根拠自体が成立しない」として全員無罪を主張した [12]．

　裁判は 1946 年4月 29 日に起訴，5月3日に審理開始，1948 年 11 月 12 日に結審した．判決は絞首刑7人，終身禁錮 16 人，有期禁錮2人，免訴3人（精神異常1人，死亡2人）であり，死刑判決を受けた東條英機元首相達7人は，12 月 23 日に東京・巣鴨拘置所で処刑された．遺体は横浜の久保山火葬場で焼却され，遺骨は東京湾にばら撒かれたという．火葬場で密かに集められた残灰が，翌 1949 年，熱海市伊豆山の興亜観音（刑死した支那事変の上海派遣軍司令官 松井石根陸軍大将が退役直後の 1940 年に私財を投じて日支両軍の戦没将兵を「怨親平等」に祀った観音像）に持ち込まれて隠され，1959 年4月に漸く「七士之碑」（吉田茂首相筆）が建てられて遺骨灰はその下に埋葬された．

　世界各国の大使館では，元首の誕生日を国家の祝祭日として祝賀式典を開催する．東京裁判の起訴は 1946 年4月 29 日天長節（昭和天皇の誕生日），処刑は皇太子（今上陛下）の誕生日 12 月 23 日であった．因みにBC級戦犯最初の被処刑者の山下奉文陸軍大将がマニラで処刑された 1946 年2月 23 日（現地日付）は，米国の建国の父ジョージ・ワシントンの誕生日である．復讐裁判の陰険な意図は

ここにも明白に表れている.

　近代法による裁判の鉄則は「罪状法定主義」と「刑罰不遡及の原則」である. これに対し東京裁判はマッカーサーが作った事後法の「極東国際軍事裁判所条例」により行われた. ウェッブ裁判長が裁判管轄権を明確に答えられなかったのはこのためであり, 法の鉄則を踏みにじる暴挙である. しかも大東亜戦争を一方的に日本の侵略行為と断罪し, 反証を全く認めなかった. この裁判は「法と正義」の裁判を装った戦勝国の報復の茶番劇である. 次の記録は当時の GHQ 首脳もこの認識があったことを示す.

①. C. A. ウィロビー GHQ・G2 部長は, 東京裁判が結審して帰国の挨拶に訪れた B. V. A. レーリンク判事 (蘭) に対し, 厳しい表情で「この裁判は史上最悪の偽善です. …日本が置かれたような状況下では, 日本が戦ったように米国も戦うだろう」と語った [9].

②. マッカーサーは朝鮮戦争の指導方針でトルーマン大統領と衝突し, 1951 年4 月 11 日, 連合軍司令官を解任された. 5 月 3 日, 彼は米上院軍事外交合同委員会に証人として呼ばれ, 朝鮮戦争における対中国戦略の質疑の中で, 大東亜戦争に関して「日本は連合国側の経済封鎖で追い詰められ, 主に自衛 (国家安全保障) 上の理由から戦争に走った」と述べた. この証言は東京裁判が下した「侵略国日本」の烙印の誤りを, その裁判の主催者である連合軍総司令官が自ら公式の場で自白したものである.

　市ヶ谷で行われたA級裁判の他に, 1948 年 10 月に東京・丸の内に特設された「準A級裁判」があり, 豊田副武軍令部総長 (A級・無罪) と田村浩俘虜情報局長官 (BC級・重労働8年) が裁かれた.

2．BC 級戦犯の裁判

　米・英・中・ソ・蘭・仏・豪・比の8ヵ国が, 横浜, クェゼリン島, 東南アジア各地の 49 ヵ所の法廷で, BC級戦犯の軍事裁判を行った. GHQ は 1948 年 7月までに合計 2,636 人に逮捕状を出し, 2,602 人を起訴した. 日本国内では横浜地方裁判所で米第8軍司令部が管轄した BC 級戦犯裁判が行われ, 主に戦時中日本国内の各地にあった「捕虜収容所」の勤務者が, 「人種偏見と戦後ヒステリー」(1958 年 2 月の米国議会委員会報告書の記述) による杜撰な裁判で54名が死刑となった.

　英軍主体の連合軍東南アジア司令部は 1946 年 5 月までに約 8,900 人を逮捕した. この他に満州のソ連軍や東南アジア, 中国等の各国で報復の軍事裁判が行わ

れた．第1復員局（旧陸軍省）法務調査部の推計では，1946年19月時点で約11,000人が逮捕され，この内，有罪判決者は5,724人，死刑は934人（死刑執行は920人）とされる．日本政府はこれに対して非人道的行為は個人責任として関与しない方針を取り，裁判記録さえも不明なものが多い．

§5.「帝国憲法」の改正；「日本国憲法」の制定

　前述したとおり GHQ の「日本占領の目標」は，日本の永久的な弱体化と米国への隷属を確実にすることであり，そのために米国模倣の「日本国憲法」の制定を強要し，日本を改造した．この憲法の制定の経緯や問題点は，付録3．で詳述するが，結論を簡単に述べれば次のとおりである．

　GHQ は「日本国憲法」で我が国古来の伝統に基づく「天皇の民本・徳治」の統治理念を否定し，「明治憲法」の「立憲君主制」の国体を米国模倣の「主権在民の民主制」に改め，「象徴天皇制」とした．また国民の「忠君・愛国」の精神基盤を無視し，木に竹を継いだ「国民主権」と「平和主義」を謳い，「戦力放棄」を規定した．GHQ はその意図を「憲法前文」の夢想的な美辞麗句で糊塗し，「民主主義・基本的人権の尊重・平和主義」の「民主憲法」と宣伝した．憲法は国家体制を規定する基本法であり，空疎な宣伝文書ではない．更に GHQ は教育制度を根本的に改変し，日本民族の「敬神崇祖」の習わしや，「愛国心と国防意識」及び「忠孝仁義を尊ぶ国民道徳」を根底から破壊した．その結果，「戦後レジーム」が生まれ，国民を劣化させた．次節に後述する GHQ の歪んだ教育変革が，日本の次世代に自虐史観を広げ，愛国心の欠落，道徳の退廃，学力低下を招いた．また§3．に前述した「神道指令」や「天皇の人間宣言」等，GHQ の無知に基づく指令により加速され，我が国は伝統的な精神文化が継承されない次世代を生み，人間劣化の社会を造る根本的原因となった．

　今日の社会で頻発している「親殺し，子殺し」の惨事や，恥知らずな不祥事の横行は，日本の文化や国民性を無視した「日本国憲法」が齎したものである．「日本国憲法」は「占領実施法」に過ぎず，占領終了時に破棄すべきであったが，それはなされずに70数年間，「日本国憲法」は改正されずに過ぎた．近年漸く国会で憲法改正の論議が始まったが，そこで論ぜられている改正事項は，筆者には枝葉末節に過ぎないと思われてならない．「憲法改正」の最大の課題は，GHQ の「日本弱体化」の意図を覆し「日本の国家と民族」の基盤を修復し復活することにある．

§6. 占領政策による教育改造　329

§6. 占領政策による教育改造

　占領中の教育改革を行った GHQ 民間情報教育局 CIE (Civil Information and Educational Section) やその要請で来日し日本の教育改造の基本計画を提言した教育使節団のメンバー達は，日本文化の理解が貧弱であり，日本国民は天皇を「神（ゴッド）」と仰ぎ，奴隷化され識字率も低い野蛮人と思い込んでいた．「その野蛮人」を米国の文明的教育制度によって改良することが GHQ の「教育の民主化」のねらいであった．GHQ は日本進駐後，矢継ぎ早やに「４大教育指令」を発し，既存の教育制度を全面的に破壊して日本の教育改造を行った．

1.「４大教育指令」

　GHQ の「４大教育指令」は，以下に述べる第１指令で基本方針を示し，第２指令で教職追放を具体的に指示し，第３指令で神道にかかわる教育，行事，保全・支援を禁止し，更に第４指令では「修身，日本歴史及び地理」の３教科の授業中止を指示した．主な内容は次のとおりである．

①.「教育制度に関する管理政策の指令 (SCAPIN-178. 1945. 10. 22)」

　　この指令は GHQ の教育改造の基本方針を示したもので， i. 軍国主義・国家主義的な軍事教育及び教練の廃止，及び議会主義・国際平和・個人の権威，及び集会・言論・信教の自由等，基本的人権の教授及び実践の確立， ii. 軍人・軍国主義者・国家主義者及び占領政策反対の教育関係者の罷免，自由主義や反軍的言論等で解雇させられた者の復職，人権・国籍・信教・政見又は社会的地位を理由とする教育関係者の差別待遇の禁止及び公平性の確保， iii. 教科目・教科書・教授指導書等から軍国主義，国家主義を助長する事項の削除，新教科書等の作成等を指令し，実施機関の設置を命じた．

②.「教育及び教育関係官の調査，除外，認可に関する件 (SCAPIN-212. 1945. 10. 30)」

　　前項①- ii 項の該当者を調査し，解職又は復職させるための適切な行政措置と，判定基準の設定を指令した．この指令により占領政策に対する批判分子を教育界から徹底的に排除し，自由主義者や反軍的分子を教育界に送り込むことが，GHQ のねらいであった．

③.「神道指令 (SCAPIN-448. 1945. 12. 15)」（§3.の３項に前述）．

　　GHQ の「神道指令」は教育改革の１部として「教育４大改革指令」に挙げ

られているが，教育制度改革というよりも日本国民の価値観の根源を破壊するための措置であると考えられる．

④．「修身，日本歴史及ビ地理停止ニ関スル件（SCAPIN-519. 1945. 12. 31)」

全ての教育施設で修身，日本歴史及び地理の課程を直ちに中止し，教科書と教師用参考書の回収，及び上記の教科に代わる計画案の作成，教科書の改訂案のGHQへの提出を指令した．しかし新たな教科書の作成が間に合わず，小・中学校では旧教科書中の禁止語（大東亜戦争，八紘一宇，神国等の国家主義や軍国主義的用語，皇室の尊厳や民族の優越等の用語）を生徒に墨塗りさせて用いた．

以上，4大教育指令によってGHQは旧教育体制を破壊し，教育界を占領政策への協力者で固め，以降の「本格的教育制度改革」のための下地を作った．

2．「教育使節団」

上記の教育関連の4大指令は従来の教育制度を破壊するための指令であり，新たな教育制度を作るために1946年3月，GHQは米国から教育使節団（団長 G. D. ストッダード（ニューヨーク州教育長官）ほか26人）を招聘し，米国の教育制度に倣った教育改造案を提言させた．その報告書は，今後の日本の教育再建の方向は「個人」を出発点とすべきであるとし，民主主義に適応した教育制度は「個人の価値と尊厳」を認識し，「個人」の力を最大限に伸ばすことが基本であると繰り返し力説した．ここで奨励する個人主義は，きわめて能率主義的な米国流の発想に基づくものであり，我が国の伝統文化の素養やその継承を重視する教育を無視したものである．我が国の教育界では使節団の役割を「日本教育の民主化のために，GHQと日本側教育関係者に積極的な助言を与える」ためと理解されているが，その狙いはGHQの「日本の教育を破壊する占領教育政策の追認と，オーソライズ」にあったことは，我が国の伝統的教育を徹底的に解体する報告書の次の内容によって明らかである．

①．個人の自由と尊厳を守る民主的教育を実施する．

②．地方公共団体に公選制の教育委員会を設置し，文部省の権限を縮小して画一的教育を廃止する．

③．国定教科書の廃止，国史・修身・地理を停止し，米国の社会科・保健体育・公衆衛生を導入する．

④．学校の儀式における教育勅語をはじめ勅語・勅諭の使用を停止する．

⑤．男女共学，新学制（6・3・3・4年制）の導入．

§6．占領政策による教育改造　　331

⑥．国語教育改革（日本語のローマ字表記化）．
⑦．高等学校・師範学校・専門学校を新制大学に格上げ．
⑧．PTA の導入．

　この報告書をまとめた使節団が日本文化に関する知識をほとんど持っていなかったことは，次の例で分る．彼らは漢字の難しさが日本の文化的発展を阻害しており，日本人の識字率は低いと思い込んでいた．その改善のために日本語をローマ字表記化する国語改革を提案した．事前調査として 1948 年 8 月に 15 歳〜64 歳の国民 16,820 人に漢字の「読み書きテスト」を行った．その結果，識字率は 97.9 ％であった．これは世界最高のレベルであり，担当者 J．C．ペルゼルはこれに困り，調査官の言語学者 柴田 武（東大助手）に「調査結果の捏造」を迫った．しかし柴田はこれを拒否し，国語のローマ字化は立ち消えとなり，その代わりにローマ字教科の導入となった．

　前述の 4 大教育指令により我が国の旧教育体制を解体し，教育使節団の報告書を指針として戦後教育の改造が図られた．当時の教育関係者らは「個人の価値」を謳ったこの報告書を「戦後教育の指導理念」と位置付け，我が国の教育再建の「バイブル」に祭り上げた．この報告書を受けて教育改革を法制化する「教育刷新委員会」が 1946 年 8 月，内閣に設置された（1949 年に「教育刷新審議会」に改組）．同委員会，文部省，及び GHQ・CIE の 3 者の「連絡調整委員会」が定期的に開かれ，米国式教育制度に倣った教育制度法制が作られた．「教育刷新委員会」は，1946 年 12 月の「教育基本法」や学制改革，1951 年 11 月の「中央教育審議会」改組等，日本の戦後教育の基本法令や制度の改造に関与した．更に 1950 年 8 月，第 2 次教育使節団（団長 W．ギヴンスほか 4 人）が来日し，第 1 次使節団の勧告の実施状況と成果を調査し，学校施設の建設等の新たな提言を行って帰国した．

3．教育勅語の廃止

　「教育ニ関スル勅語」（教育勅語）は，1890（M. 23）年 10 月に，明治天皇が発せられた勅語である．原案は山縣有朋 総理大臣が井上 毅 内閣法制局長官に命じて起草させ，以後，修身・道徳教育の根本規範とされた．内容は君臣一体で確立された我が国の国柄と道徳は，国民の忠孝心に基づく「国体の精華」であり「教育の淵源」であるとし，父母への孝，夫婦の和，兄弟・姉妹・友人などとの友愛，学業・知能の啓発・修養，社会への貢献，遵法精神，国家の危機に当っては国防に尽くすべきことなど，12 の徳目（道徳）について述べられ，これを守

ることが日本国民の伝統であると説き，歴代天皇が遺したこれらの教えを天皇自ら国民と共に実行に努めることを誓われたものである．「教育勅語」の写しは御真影（天皇・皇后の御写真）とともに各学校の奉安殿に納められ，また四大節（元日，紀元節 （2月11日），天長節 （天皇誕生日），明治節 （11月3日，明治天皇の誕生日）） には学校で必ず祝典の儀式が行われて，校長が「教育勅語」を奉読した．

　我が国の教育界では「教育基本法の制定により教育勅語から教育基本法へ歴史的な転換を遂げた」としているが，「教育基本法」の発案者の田中文相は，「教育勅語」と「教育基本法」は矛盾しないと考えていた （次項に後述）．このような理解は「教育基本法」の立案や審議に関わった文部省や教育刷新委員会でも共通の認識であった．教育刷新委員会は CIE の実質的な支配下にあり，そのメンバーの主流は自由主義的知識人であったが，そうした委員達でさえも「教育基本法」と「教育勅語」は矛盾しないと考えていた事実は，注目すべきである．日本側は法律としての「教育基本法」と「教育勅語」は，形の上でも内容上も矛盾するものでない，という認識の下で「教育基本法」は制定された．しかし 1946 年 10 月，文部省は「勅語及び詔書等の取扱いについて （文部省令第 31 号）」を発し，「教育勅語」を教育の根本規範とすることをやめ，四大節での「教育勅語」の奉読も廃止された．一方，CIE は占領当初から「教育勅語」に厳しい見方をしていたが，「教育勅語」の廃止は日本国民の反発を招き，占領支配を困難にするとの判断からきわめて慎重だったとされる．しかし田中文相の「教育勅語」擁護発言は米太平洋陸軍総司令部軍事諜報局の反発を招き，同局は CIE に対し，「日本国民を欺瞞し之をして世界征服の挙に出る主な策略の 1 つであった「教育勅語」は，占領の長期目的を達成しようとするならば廃止されねばならない」と勧告した．（しかしこれも GHQ 内部の馴れ合いの「猿芝居」であった可能性がある．） そうした中で 1948 年 5 月，C.L. ケーディス民政局次長は J. ウィリアムズ 国会対策課長に国会で「教育勅語」の廃止決議を行うことの可能性を質し，ウィリアムズは衆議院の松本淳造文教委員長と参議院の田中耕太郎文教委員長を GHQ に呼び，「教育勅語の無効の明確な措置」を強く要求した．日本側は「既に文部省通達で破棄され，国会決議は不要」と抵抗したが，GHQ に押し切られ，1948 年 6 月，両院で「教育勅語等の失効」が決議された．この「教育勅語」の排除失効決議こそ，戦後教育の基本路線を固めた終結点であった．今日，教育再生を唱えるならば，今こそ「教育勅語」を「戦後レジーム克服の国会決議」として復活すべきである．

4.「教育基本法」の制定

　戦前の教育の基本理念を示した「教育勅語」に代わるものとして「教育基本法」（1947年3月施行）が制定された．この法律は「個人の尊厳」などの現行憲法の理念を謳った前文と「教育の目的」などを定めた11ヵ条の条文からなる．米教育使節団の報告に基づき，教育の目的，方針，機会均等，男女共学，教育の実施に関する基本的な諸事項等を述べ，米国の制度や理念を強く反映したものであり，日本文化の伝統についての言及はない．この「教育基本法」は米国教育使節団の報告書とともに，戦後教育のバイブルとされてきたが，以下では「教育基本法」の制定経緯を振り返った上で，（旧）教育基本法の性格を確認しておく．

　教育基本法は GHQ の「4大教育指令」や「使節団報告」とは異なり，日本政府が発案したものである．発案者は敬虔なクリスチャンの田中耕太郎文部大臣であるが，1946年6月，「帝国憲法改正案」が審議された第90回帝国議会で「教育基本法」の構想が初めて明らかにされた．即ち森戸辰男議員が「教権の確立」について，「教育勅語は新日本の教育の根本原理としては不十分」と指摘し「新しき時代の教育の根本方針」の必要を述べたのに対し，田中文相は「民主主義の時代になったからと言って，「教育勅語」が意義を失ったとか，或は廃止せらるべきものだという見解は政府のとらざる所」と述べ，一方で「教育に関する根本法」の立案準備に着手していることを明らかにした．その後，9月下旬，「教育の目的」を「真理の探究と人格の完成」と規定した要綱案（最終案では「真理の探究」は削除）が文部省から「教育刷新委員会」に提出され，いくつかの修正の後，12月下旬，内閣総理大臣に建議された．一方，日本側の審議と併行して，同年11月から12月にかけて，文部省と CIE との間で週2回の検討会議が行われ，この中で前文の「伝統を尊重し」の文言が削除され，宗教教育についても修正された．日本側の要綱案では「普遍的にして，しかも個性ゆたかな伝統を尊重して，しかも創造的な文化をめざす教育」と述べられていたが，CIE の強い要求によって「伝統を尊重し」の文言が削られた．その後の閣議においても問題となり文部省が CIE と折衝したがこの文言の復活は拒否された．また宗教教育に関しても要綱案は「宗教的情操の涵養は，教育上これを重視しなければならない」と直接的な表現で書かれていたが，CIE の要求で「宗教に関する寛容の態度及び宗教の社会生活における地位は，教育上これを尊重しなければならない」という曖昧な文言に修正された．

　上述した経緯で「教育基本法」は当初は日本側の発案と審議に基づいて作られ

たが，内容については GHQ が強く介入し，日本の伝統や価値観に関する文言が削除された．また教育の目的を「人格の完成」としたことも，発案者の田中文相のカトリック的世界観が強く反映され，「教育基本法」は日本文化の伝統とは無縁の「無国籍的」なものとなった．「教育基本法」は日本人が「自主的」に作ったとする教育界の通説は形式的なものであり虚構である．「教育基本法」は日教組勢力が凋落した 2006 年末，「公共精神の尊重，伝統の継承と文化創造の教育」の文言を加え全面的に改正された．

5．学制の変革

「教育基本法」に基づく「学校教育法」（1947.4.施行）により「学制改革」が行われ，従来の「中学校→高等学校→大学」，「師範学校→高等師範学校→文理科大学」又は「実業学校→専門学校」等の複線分岐型の教育体系を，6・3・3・4年制の単線型学制に改変された．義務教育は小・中学校の9年となり旧制度よりも3年延長され，学費は無料化された．小・中学校は全児童・生徒を地域の学校で受け入れる小学区制が採用された．新学制では旧制中等学校と実業学校を新制高等学校とし，格差を是正して平準化を図り，高校3原則（小学区制，同一学校に普通科と職業科の多様な課程・学科を併設する総合制，男女共学）による新制高等学校が設置された．これは米国の公立高校制を模倣したものであり，高校卒業生が民主主義社会の市民として中核的な役割を果すことを教育目的とした．また旧制の高等学校，師範学校，高等専門学校及び高等師範学校等を大学に格上げし，各県に新制大学を設けた．旧制帝国大学及び文理科大学は旧制高校と合併した．そのため大学が激増して質の低下を招き，新制大学は後に駅弁大学と呼ばれたが，社会の高学歴志向を生んだ．旧制の師範学校は，卒業後教職に就くことを前提に学費が支給された．そのため経済的理由で進学できない優秀な人材が師範学校に集まり，良質の小・中学校の教育者を育てたが，新制大学の教育学部は人気がなく，所謂「デモ・シカ先生」（教師にデモなるシカない）と呼ばれた時代が長く続き，教員の質が低下し，それに伴って義務教育が著しく劣化した．

6．教育委員会の設置

教育使節団の提言を受けた GHQ 指令により「教育委員会」が設置された（1948.7）．この委員会は教育行政の地方分権，民主化，自主性の確保を目的とし，地方公共団体から独立した公選制・合議制の行政委員会である．都道府県の「都道府県教育委員会」（7人）と，市町村の「地方教育委員会」（5人）があり，発

§6．占領政策による教育改造　335

足当初は公選制であったが，1956 年に任命制となった．委員の 1 人は地方議会の議員から選挙で選び，残りは議会の承認を得て首長が任命（任期は 4 年）することとされた．

「教育委員会」は公立学校等の教育機関を管理し，予算・条例の原案送付権，小・中学校の教職員の人事権を持ち，学校の組織編制，教育課程，教科書等の教材選定，教職員の身分取扱いに関する事務を行い，更に社会教育等の教育，学術及び文化に関する事務を管理し執行する強い権限を有した．しかし教育委員は非常勤であり，必ずしも教育の専門家ではなく，事務局の提案事項の追認機関となることが多かった．特に教育委員の選挙は関心が薄く低投票率であり，加えて日教組が組織的選挙活動を行って教育委員会を日教組支持者で固めたため，日教組による教育の支配が進み，長く左翼イデオロギーに支配された教育行政が続き，首長と教育委員会の対立等の弊害が生じた．

7．教員組合の結成と左翼教員組合の教育支配

「教育民主化」の GHQ 指令（1945. 12）により「全日本教員組合（全教．翌年「全日本教員組合協議会」に改称）」が作られ，1946 年には「教員組合全国同盟（教全連）」が結成された．更に「大学専門学校教職員組合協議会」を加えて，1947 年 6 月に「日本教職員組合（日教組）」が結成された．結成大会では「日教組の地位確立，教育の民主化，民主主義教育の推進」を謳った 3 綱領が採択された．日教組は 1952 年に「あるべき教師像」として，・教師は平和を守る，・教師は正しい政治を求める，・教師は労働者である，・教師は生活権を守る，・教師は団結する，等の 10 項目からなる「教師の倫理綱領」を採択し，更にこれを詳細に解説した冊子を作って全国の組合員の教師に配布した．それはマルクス・エンゲルス著の『共産党宣言』に倣った扇動文書であった．その後，日教組は組織率を高め，幹部を左翼勢力で占め，反政府・反戦・反米の政治路線に走って我が国の教育を著しく歪めた．例えばミスター日教組と呼ばれた槙枝元文は，日教組委員長を 1971 年から 12 年間務め，金日成北朝鮮国家主席を最も尊敬し，「金日成誕生 60 周年（1971）」には訪朝して北朝鮮の教育制度を絶賛し，1991 年には北朝鮮から「親善勲章第一級」を受けた．日教組の組織率は 1958 年には 86 ％を占めたが，過激な反政府活動や闘争路線の内部分裂で，1970 年には約 57 ％に落ち，以後漸減して 2014 年には約 25 ％になった．しかし未だに日教組が活発な政治活動を続け，強い影響力を持つ県も少なくない．

学力や教育の質に関する教育指標の国際比較において，我が国は上位を占める

ものが多い．しかし教育において最も重要なことは，次世代への文化の継承である．この観点から見れば，我が国の戦後の教育は左翼教組による教育支配や教員の質の劣化及び「民主教育」の学制改革によって，著しい教育の質の低下をきたした．また言論界や時代思潮もそれを助長し，我が国古来の「敬神崇祖」の習わしや，「忠孝仁義」を尊ぶ日本民族の道徳教育が根底から破壊され，「戦後レジーム」の悪弊を生じて日本国民を劣化させた．今日の社会で頻発している「親殺し，子殺し」の惨事や，恥知らずの反社会的な不祥事は，正に「日本国憲法」や「教育基本法」等の GHQ の占領政策が齎したものである．

§7．法制改革

1946 年，GHQ は「マッカーサー憲法草案」を日本政府に強要して「日本国憲法」を制定した．これにより我が国の法体系は一変された．（「日本国憲法」については付録3．で詳述する．）

1．立法制度

帝国議会（非公選の貴族院と公選の衆議院）の協賛及び大臣の輔弼による天皇大権が否定され，立法権は公選の衆議院と参議院の決議になった．

2．司法制度

司法省と大審院が廃止され，「裁判所法（法律第 59 号. 1947）」により従来の司法省の司法行政権と大審院の裁判権を併せ持ち，違憲立法審査権を有する最高裁判所が設置された．またその下級裁判所として，各地に第 2 審の高等裁判所，第 1 審の地方裁判所，簡易裁判所（罰金刑の裁判），家庭裁判所（家事審判と家事調停及び少年審判）が設けられ，行政裁判所は廃止された．刑事裁判は新たな「刑事訴訟法（1949.1）」で米国の司法制度に倣い当事者主義の対審制となった．

3．警察制度の改変

戦前の警察制度は国家警察を基本とし，内務大臣が警視総監及び道府県知事を指揮して警視庁及び道府県警察部とその機関の警察署を指揮監督し，治安以外にも国の安全・公安，衛生，建築，労働等の広範囲な業務を所掌した．GHQ は戦後の社会の混乱に鑑み，暫く現状を維持した後，GHQ 主導で「警察法（法律第 196 号, 1947）」を改正し，米国式の地方警察制度を導入した．

(1)．警察の地方分権

新しい警察制度では，全ての市及び人口5千人以上の市街をもつ町村は，自治体警察（1,605ヵ所）を設け，村落部は国の機関の国家地方警察の管轄とした．自治体警察は，非常事態を除き国家地方警察の指揮監督を受けず，また村落部の国家地方警察は，知事所轄の「都道府県公安委員会」が管理した．

(2)．警察の民主的管理と政治的中立性の確保

国や自治体から独立した行政委員会の「公安委員会」を国と都道府県（知事が任命）に設け，警察を管理した．上述の警察制度は，組織の細分化により広域犯罪への有効な対応が困難となり，重複した施設・人員等の不経済が小規模自治体の財政を圧迫した．更に「公安委員会」の独立性と行政の治安責任の範囲が曖昧なため数度の改正が行われ，1954年6月に「警察法（法律第162号）」が全面的に改正され，中央に全国の警察を管轄する警察庁と，警視庁及び各道府県の警察本部を置く体制となった．

(3)．「警察官職務執行法」

「警察法」では警察の責務を国民の生命・財産の保護，犯罪捜査，被疑者の逮捕に限定し，国の安全に関する公安機能を大幅に制限した．このため警察官の活動を厳格に責務の範囲内とし，職権濫用を防止するために「警察官職務執行法（法律第136号, 1948）」が制定された．なお次項の警察予備隊から発足した自衛隊は，「防衛出動」以外の各種の任務行動において武器使用は「警察官職務執行法」が準用され，軍本来の警備活動が著しく制約されている．

4．警察予備隊の創設

K. C. ロイヤル米陸軍長官は1948年1月上旬，日本の過度の弱体化を進めるGHQの占領政策を批判し，「日本を極東の全体主義（共産主義）の防壁とすべきだ」と演説した．またJ. V. フォレスタル国防長官は，ロイヤルの答申に基づき「日本の限定的再軍備」を1948年5月に承認した．1950年6月下旬，朝鮮戦争が勃発し，日本駐留の全連合軍部隊が朝鮮に出動し，日本は軍事的空白地域となった．7月上旬，マッカーサーは吉田首相に「日本警察力の増強に関する書簡」を送り，事変・暴動等に備える7万5千名の治安警察隊；「国家警察予備隊」の創設と，海上保安庁に8千名の増員の措置を求めた．これにより「警察予備隊令（政令第260号. 1950.8）」が公布され，軽装備の治安部隊が発足した（陸上自衛隊の前身）．11月，中共軍が朝鮮戦争に参戦し戦況が悪化すると，GHQは危機感を強めて警察予備隊の重武装化（戦車等の導入）を要求した．

338　付録2．連合軍総司令部の日本占領政策

　GHQ は「マッカーサー憲法草案」で戦力放棄を強要し，一転して「マッカーサー書簡」で再軍備を命ずる無責任な措置をとった．一方，日本政府はこれに対して憲法改正をすべきであったがこれを放置したために，以後，国会や言論界で「自衛隊の違憲」や「自衛権の解釈」の神学論争が延々と繰り返され，政治や外交を束縛した．1951 年，我が国は「サンフランシスコ講和条約」と同時に「日米安保条約」を結び，国家安全保障の抑止力と長距離攻撃力を全面的に米国に依存し，その後，我が国の米国隷属体質が強まった．

5．行政制度

　米国の制度に倣って国や地方公共団体に「独立行政委員会制度」が採用され，行政当局の権限を制約する機構が導入された．

6．民法

　旧民法は親族編・相続編を中心に大幅に改められ，「家父長による先祖の祀り」を重んずる長子相続の伝統的な家制度は，新民法では「個人の尊厳と男女平等」を謳う核家族制となった．その結果「父祖伝来の家」を個人主義の核家族に分解して兄弟・親類縁者の絆を分断し，「先祖の流風・遺俗を敬う気風」は絶え，伝統文化の基盤が崩壊した．

7．地方自治制度の改革

　我が国の地方行政制度は，明治維新で幕藩体制を改めて中央集権の全国統一を図り，内務省が管轄する官選知事が府県の地方行政一般を総括的に所掌する地方官庁制となった．各省庁は所掌事務に関して府県知事を指揮監督した．「日本国憲法」第 8 章「地方自治」（92 条～95 条）を法制化した「地方自治法（法律第 67 号．1947）」では，内務省を解体し，米国の州制度に倣って知事及び地方議会議員を公選とし，全国の都道府県の政策・条例の決定等の地方分権制を導入した．

§8．経済の民主化

　GHQ は日本の帝国主義の経済基盤は財閥と地主制にあるとして解体を命じた．

1．財閥解体

　GHQ は日本の経済活動を弱体化させるために，財閥の資産を凍結し（1945.

11)，次いで三井・三菱・住友・安田など23財閥を解体して，財閥関係者を会社役員から追放した．財閥の家族や本社が所有する株式は「持株会社整理委員会」に移管して公開処分した（1946.8）．また財閥の復活を防ぐために「独占禁止法」を制定し（1947.4），持株会社，カルテルを禁止し，監視機関として「公正取引委員会」を設置した．

２．農地解放

戦前（1941年頃）は全国の農地581万町歩の54％に当たる313万町歩を地主が所有し，小作農はそれを耕作して作物の約5割を物納する制度であった．GHQは「封建的圧政下で農民を奴隷化した土地制度を改め農民を豊かにすることが日本を民主化し軍国主義の復活を防ぐ」とし「農地改革に関する覚書（SCAPIN－411. 1945. 12. 9）」を発し，「改正農地調整法（1945. 12）」が成立した．

この改正では地主の保有地の上限を5町歩としたため，小作人に渡る農地は90万町歩に止まり，GHQは「解放農地が少ない」として更なる農地解放を求め，「対日理事会」もそれに同調した．そのため引き続きGHQ主導で再検討され，農地所在地に居住のない不在地主は全農地を政府が買い上げ，在村地主は所有地上限を1町歩（北海道は4町歩）とする「第2次農地改革法」が成立した（1946. 10）．更に1948年にはGHQは「土地改革指令の厳密な実行（SCAPIN-1855. 1948. 2. 4）」を指示した．これらにより約180万人の地主から約200万町歩の農地を政府が買取り，小作農家430万世帯に売り渡した．この結果農業生産は向上し，米の収穫量は1945年の582万トンから1955年には1,200万トンに増え，危機的食糧事情が改善された．

３．経済政策

1948年12月にGHQは，①. 国費節減，均衡予算，②. 税制の改善，③. 融資の限定，④. 賃金の安定化，⑤. 物価統制の強化，⑥. 外国貿易事務の改善・強化，⑦. 資材割当配給制度の効果的施行，⑧. 重要国産原料・工業製品の生産増大，⑨. 食糧集荷計画の効果的執行等の「経済安定9原則」を指示した．

1949年2月，GHQの経済顧問としてJ. M. ドッジ（デトロイト銀行頭取）が来日し，インフレ・国内消費抑制と輸出振興を軸とする「経済安定9原則」の実施策（ドッジ・ライン）を勧告した．またGHQの要請で1949年5月～8月に税制使節団（団長・C. S. シャウプ（コロンビア大教授））が来日し，税制に関するシャウプ勧告を出した．

340 　付録 2 . 連合軍総司令部の日本占領政策

　以上，付録 2 . では GHQ による日本統治の占領政策について網羅的に概観した．それは前世紀に欧米諸国がアジア各地で行った植民地政策とほとんど変わらない傲慢な白人至上主義に裏打ちされた残酷な国家改造であり，「日本の伝統文化のホロコースト」と言ってよい．「戦後レジーム」からの脱却は，正にこの「GHQ の占領政策」の克服から始まると言ってよい．

参考文献

[1]　C. A. ビーアド，開米潤 監訳，阿部直哉・丸茂恭子 訳，『ルーズベルトの責任−日米戦争はなぜ始まったか−』，上，下，藤原書店，2011.
　　原著．C. A. Beard, *"President Roosevelt and the Coming of the War, 1941: Appearances and Realities"*, Yele University Press, 1948.

[2]　平泉澄,『日本の悲劇と理想』，原書房，1977.

[3]　平泉澄,『悲劇縦走』，皇學館大學出版部，1980.

[4]　飯田耕司,「戦後レジームの原点：1 . 大東亜戦争の敗北と連合軍の日本占領」，『日本』，第 65 巻第 1 号，2015. 1.
　　同，「同：2 & 3 . 連合軍による日本弱体化の占領政策」,『日本』，第 65 巻第 2 & 3 号，2015. 2&3.
　　同，「同：「占領実施法」としての「日本国憲法」」,『日本』，第 65 巻第 5 号，2015. 5.

[5]　飯田耕司,『国家安全保障の諸問題：飯田耕司・国防論集』，三恵社，2017.

[6]　加瀬英明，H. S. ストークス,『なぜアメリカは，対日戦争をしかけたのか』，祥伝社，2012.

[7]　国立国会図書館,『日本国憲法の誕生』，電子展示会，(2003. 5. 展示開始，2004. 5. 増補).

[8]　G. モーゲンスターン，渡邉明 訳,『真珠湾−日米開戦の真相とルーズベルトの責任』，錦正社，1999.
　　原著．G. Morgenstern, *"Pearl Harbor : The Story of the Secret War"*, The Devin-Adair Company-New York, 1947.

[9]　B. V. A. レーリンク，A. カッセーゼ 共著，小菅信子 訳,『レーリンク判事の東京裁判 − 歴史的証言と展望』，新曜社，1996.
　　原著．B. V. A. Röling, A. Cassese, *"Tokyo trial and beyond : reflections of a peacemonger"*, Polity Press, 1993.

[10]　R. B. スティネット，妹尾作太男 監訳，荒井稔・丸田知美 共訳,『真珠湾の真実 −ルーズベルト欺瞞の日々』，文藝春秋，2001.

付録2. の参考文献　　341

原著. R. B. Stinnett, *"Day of Deceit: The Truth About F. D. R and Pearl Horbor"*, Free Press, 2000.

[11]　H. S. ストークス，藤田裕行 訳,『英国人記者が見た-連合国戦勝史観の虚妄』, 祥伝社，2013.

[12]　田中正明,『パール判事の日本無罪論』, 小学館，2001.

[13]　東京裁判資料刊行会 編,『東京裁判却下未提出辯護側資料（全8巻）』, 国書刊行会，1995.

付録3. 「日本国憲法」の問題点

　大東亜戦争の敗戦後，GHQ は日本の永続的無力化のために，帝国陸海軍を解体し，報復の軍事裁判を行い，更に伝統的文化を覆す過酷な占領政策を実施した．そこでは「主権在民，基本的人権の尊重，平和主義」と揚言する「日本国憲法」を強要し，「日本の民主化」として日本古来の統治機構，家族制度・身分制度・教育制度・土地制度等を根底から覆し，米国模倣の社会改造を強行した．この憲法は我が国の伝統的国体の「皇室制度」を「象徴天皇制」で擬態し，実体のない「主権在民」の国体を謳い，妄想の「平和主義」を掲げて国家の自衛権を否定し，元首や非常事態条項の規定もない欠陥憲法である．その結果，我が国では，社会規範の崩壊，国民の国家観の混乱，利己的権利主義による道義の退廃，「主権在民」に媚びた大衆迎合政治，夢想的平和主義による歪んだ国防体制と米国依存の安全保障体質，「東京裁判の自虐史観」に基づく謝罪外交，米国式学制による教育の劣化，国民の愛国心の喪失，家系社会の核家族化，等々が著しく進行した．それは我が国古来の文化的基盤のホロコーストと言っても過言ではない．

§1. 「日本国憲法」と「戦後レジーム」

　1951 年，我が国は「サンフランシスコ講和条約」により主権を回復したが，この時，「日本国憲法」を継続して受け入れた．この憲法は「ポツダム政令の親玉」であり，我が国の指導者は主権回復と同時に，強要された「日本国憲法」の欺瞞を明らかにして国民を GHQ の宣伝の妄想から解放し，これを破棄して「新たな憲法」を制定すべきであった．しかしそれは為されず約 70 年が経過し，2 世代の国民が虚妄の「日本国憲法」の諸制度の中で育った．しかも内外の左翼勢力はそれを「民主的平和憲法」と煽り，国民の多くが GHQ の宣伝に取り込まれて，未だにその虚妄の中に閉じ込められている．

　1955 年，自由民主党（自民党と略称）は党の使命を「日本国憲法の自主的改正」と宣言して立党した．しかし厳しい東西冷戦と国内政治の激動の時代が続き，左翼の激しい反政府・反戦・反原水爆デモ及び反皇室闘争が各地で繰り広げられた．また左翼リベラル勢力は挙って「護憲・非武装中立・一国平和主義」を唱え，マスコミはこれを煽り，世論に憲法改正の声は起らなかった．しかしソ連の崩壊（1991）により世界情勢は大きく変化し，国内の過激な学生運動も沈静化して，

§1. 「日本国憲法」と「戦後レジーム」 343

国民に憲法改正の認識が生じた．2005 年（H. 17）には自民党は新綱領で「近い将来，自立した国民意識のもとで新しい憲法が制定されるよう，国民合意の形成に努める」と宣言し，第 1 次安倍内閣（2006.9～2007.9）は「教育基本法の改正」と「憲法改正国民投票法」を成立させた．その後，長期政権に奢った自民党は民主党に政権を奪われたが，3 年後に復権し第 2 次安倍内閣が成立した．この内閣は最優先政策としてデフレ克服の経済政策を取り上げ，東日本大震災の復興を加速し，更に外交・安全保障・教育等の「戦後レジーム」の改革に着手した．安倍総理が提唱する「戦後レジーム」からの脱却は，単なる制度改革ではなく，「日本国憲法」の根底にある米国模倣の政治理念や自虐史観から国民を解放する時代思潮の改革であると言ってよい．更に 2013 年 7 月の参院選にも大勝して「捩れ国会」を解消し，憲法改正の機運が兆し始め，2017 年 10 月の総選挙には自民党は選挙公約に「憲法改正」を掲げ，自公与党で 2/3 超の大勝を収めた．

現在，我が国は多くの困難な内政問題に直面している．即ち国債残高 1 千兆円を超える財政赤字，長引くデフレと国内産業の空洞化，急激な少子・高齢化社会の進行，東日本大震災と福島原発事故の復興の遅延，予想される南海トラフや首都直下の巨大地震に対する国土強靱化等，多くの難問題の対策を迫られている．

更に国民の間では伝統的な国家観が失われて，社会規範の弛みや国民の質的劣化が進み，社会の各部で内部崩壊の不祥事が続発している．即ち警察の組織的弛み，司法のぶれと信頼の揺ぎ，教育の劣化と虐めの頻発，青少年の志の喪失とニート化，家族の絆の崩壊による幼児殺しや老人の孤独死の激増，等々である．

一方，外交ではロシアの「北方領土問題」，北朝鮮の「核武装」と「拉致問題」，中国の「尖閣諸島領有の横車」，韓国の「竹島侵略」と「従軍慰安婦の誹謗」，中国・韓国の「歴史認識問題」とその反日宣伝による欧米諸国の「日本右傾化の懸念」や「性奴隷国日本の非難」等々，多くの課題を抱えている．現在，米国の一極支配が終焉し，中国が勃興して急速に海洋強国戦略を進める世界情勢の中で，今こそ世界の現実を直視し，国家体制の基盤を固めなければ，将来の国運はまことに危うい．正に国難のときと言ってよい．

上述した「戦後レジーム」の課題に対処するには，「日本国憲法」を改正して国家の基本を正し，歴史や民族精神，伝統文化に対する国民の誇りを復活して国民共通の「日本国のアイデンティティ＝国家観」を確立し，「世のため人のために働く」堅実な国民の人造りを進めることが，「日本を取り戻す」鍵である．これによって初めて国の活力が生まれ，政治・外交・防衛・経済・文化の各分野で「国際的に信頼される国造り」ができ，「周辺国から侮られない国」が築かれる．

344 付録3.「日本国憲法」の問題点

このためには教育を改善して自主独立の民族精神を育み，国民の間に「公」への献身を尊ぶ国民道徳を復活することが喫緊の課題である．将来の国運を切り拓くために，「戦後レジーム」の根源である「日本国憲法」の改正を急がなければならない理由がここにある．

§2.「日本国憲法」の制定の経緯

連合国軍総司令官 D. マッカーサー元帥は，1945 年 10 月初旬に元首相近衛文麿公爵と会談し，「大日本帝国憲法」（「帝国憲法」と略記）の改正を示唆した．近衛公は佐々木惣一京大教授と共に内大臣府御用掛として憲法改正の調査に取り懸った．またマッカーサーは幣原喜重郎首相との会談で「憲法の自由主義化」を求め，幣原首相は松本烝治国務大臣を委員長とする「憲法問題調査委員会 松本委員会）」を 10 月下旬に設置した．その間，近衛公の憲法調査は，その法的権限や近衛公の戦争責任について批判を受けたが，11 月下旬，近衛公は「帝国憲法ノ改正ニ関シ考査シテ得タル結果ノ要綱」を天皇に奉答し，佐々木教授も「帝国憲法改正ノ必要」を奉告した [8]．しかしその翌日に GHQ 指令によって内大臣府は廃止され，また近衛公にも戦犯逮捕命令が発せられて，近衛公は出頭日の未明に服毒自殺を遂げ（12 月 16 日），「近衛憲法改正案」は葬られた．

一方，「松本委員会」は，当初，調査研究を主眼に活動したが，間もなく改正を視野に入れた検討に転じた．12 月の第 89 回帝国議会・衆議院予算委員会で，松本委員長は憲法改正について，①．天皇の統治権の継承，②．議会の権限の拡大，③．国務大臣の責任の拡大と議会に対する責任，④．国民の自由と権利の保護の強化，の「松本4原則」を答弁した．翌 1946 年 1 月，松本案を基に「憲法改正要綱 甲案」と，更に改正を強めた「乙案」が作られた．更に 1945 年末から翌春にかけて，各政党や民間有識者の「憲法改正草案」が相次いで発表された．例えば統計学者の高野岩三郎が主導する「憲法研究会」（メンバーは高野の他，馬場恒吾，杉森孝次郎，森戸辰男，岩淵辰雄，室伏高信，鈴木安蔵ら）は，1945年 12 月下旬に「憲法草案要綱」を首相官邸に提出した．この「要綱」は国民主権や生存権の規定，寄生的土地所有の廃止などを含み，後に GHQ 草案作成に影響を与えたと言われる．なおこの「要綱」に満足できなかった高野は，天皇制を廃止し大統領制を主張する独自の「改正憲法私案要綱」を雑誌に発表した．

「極東委員会」は 1946 年 2 月 26 日の発足に向け準備を進め，憲法改正に関する GHQ の権限は「極東委員会」の管理下に置かれるとされた．2 月 1 日，松

§2.「日本国憲法」の制定の経緯   345

本委員会の宮沢俊義委員（東大教授）の私案が毎日新聞にスクープされた．それを見た GHQ 民政局長 C.ホイットニー准将は，日本政府の不徹底な憲法改正案に不満を覚え，マッカーサーに「極東委員会の発足前に GHQ の主導による徹底した憲法改正を行う」ことを進言した．この進言に賛同したマッカーサーはホイットニーに次の「マッカーサー3原則」を示し「憲法草案」の作成を命じた．
　　①．世襲による象徴天皇制
　　②．（個別的及び集団的）自衛権の放棄
　　③．封建的制度や貴族制の廃止
この3原則はハーグ交戦法規（1899）や国連憲章（1945）に違反するが，マッカーサーや GHQ の幕僚達にはその意識はなかった．ホイットニーは直ちに憲法条文起草と全体の監督・調整の運営の8分野の委員会を民政局内に設けて，「マッカーサー憲法草案」の作成に当たった．
　一方，GHQ　は日本政府に「憲法改正案」の提出を求め，2月8日，「憲法改正要綱」（甲案）が GHQ　に提出された．2月13日，ホイットニーは松本国務大臣，吉田茂外務大臣らに対し，日本政府案の拒否を伝え，その場で「マッカーサー草案」を手渡し，「マッカーサー草案」を受け入れなければ「天皇の東京裁判への訴追」の可能性があると脅迫的な示唆をした．松本委員長は更に改正を強めた「憲法改正案説明補充」を提出して抵抗したが，GHQ　は認めなかった．
GHQ　の厳しい姿勢を深刻にとらえた政府は，2月22日の閣議で「マッカーサー草案」に沿った憲法改正の方針を決め，直ちに内閣法制局を中心に「マッカーサー草案」に基づく憲法条案の翻訳・作成に着手した．この選択は当時の状況下において已むを得なかったと思われる．3月4日，作成した「憲法試案」を GHQ に提出し，同日夕刻から徹夜で確定案を協議し，翌日午後，全ての作業を終了した．民政局の作業開始から約1ヵ月，法制局での原案作成の開始から6日目の泥縄作業で「日本国憲法」の原案が作られた．GHQ がこのように「日本国憲法」の制定を急いだ理由は，憲法改正に決定権を持つ「極東委員会」が同年2月下旬に発足する前に，GHQ の方針に従った憲法を日本政府に制定させるためであったとされる．政府はこの原案を要綱化し，3月6日，「憲法改正草案要綱」を発表した．その後，条文をひらがな口語体とし，4月17日，「帝国憲法改正草案」が公表された．これに対しマッカーサーは支持声明を発表した．これは米国政府にとって寝耳に水であり，また日本の憲法改正に権限をもつ「極東委員会」を強く刺激し，GHQ と米国務省，極東委員会が対立した．このように「日本国憲法」は，権限を無視した GHQ のフライングと，強制と恫喝による「自主制定」

の欺瞞の下で成立した．

　日本政府は「帝国憲法改正草案」の発表と同時に，枢密院（大臣等の顧問官からなる天皇の最高諮問機関）に諮詢（天皇から枢密院に意見を求める手続）した．4 月 22 日，幣原内閣の総辞職，吉田茂内閣の成立に伴って一旦撤回され，5 月 27 日にそれまでの審査結果を修正して再諮詢された．6 月 8 日，「帝国憲法改正案」は枢密院本会議で賛成多数で可決され，6 月 20 日に「帝国憲法」第 73 条の規定により勅書を以って第 90 回帝国議会に送られた．衆議院での「帝国憲法改正案」の審議開始に当り，マッカーサーは「極東委員会」が 5 月中旬に決定した「新憲法採択の諸原則」により，①．審議のための充分な時間と機会，②．「帝国憲法」との法的整合性，③．国民の自由意思の表明，が必要と白々しくも声明した．また「極東委員会」は 7 月 3 日，先に米国政府が作成した「日本の統治体制の改革」に基づき新憲法の基準として「基本原則」を決定した．

　衆議院では 6 月 25 日に「帝国憲法改正草案」を本会議に上程し，「衆議院帝国憲法改正小委員会」（芦田均委員長）に付託された，「小委員会」は 13 回に亘る審議を経て，第 9 条第 1 項冒頭に「日本国民は，正義と秩序を基調とする国際平和を誠実に希求し」を加え，第 2 項の初めに「前項の目的を達するため」の一言を加えて委員会で可決した（芦田修正）．修正の意図は明らかでないが，第 2 項の芦田修正により第 1 項の「戦力の不保持」は「国際紛争解決の手段」としての戦争や武力行使に限定され，「個別的自衛権」の自衛力造成が可能になったとされる．但し修正した「目的」の語が明確に定義されておらず，「国際平和」を指すのか（戦争の全面的放棄），「国際紛争を解決する手段」（自衛戦争以外の戦争放棄）を指すのかで解釈の違いを生じ，後日の論争の種となった．

　「帝国憲法改正案」は 8 月 24 日，若干の修正を加えて衆議院本会議で圧倒的多数で可決され，同日，貴族院に送られた．続いて 8 月 26 日に貴族院本会議に上程され，「帝国憲法改正案特別委員会」（安倍能成委員長）に付託された．GHQ は「極東委員会」の「基本原則」に従う修正を日本政府に指令し，「貴族院特別委員会」は小委員会を設置して，①．公務員の選定・罷免・選挙の権利（憲法第 15 条），②．「文民条項」（内閣総理大臣及び国務大臣は文民の規定（第 66 条第 2 項）），③．法律案に関する両院協議会の規定（第 59 条）が追加された．特に①，②項は「極東委員会」の強い要求によるものである．修正された「帝国憲法改正案」は，10 月 6 日に貴族院本会議で可決され，同日衆議院に回付されて，翌 7 日，衆議院本会議で圧倒的多数で可決された．その後「帝国憲法改正案」は，12 日に枢密院に再諮詢され，同月 29 日に全会一致で可決された．議会の審議を

終えた改正案は，天皇の裁可を経て 11 月 3 日に公布され，翌年 5 月 3 日に「日本国憲法」が施行された．このように「日本国憲法」は「帝国憲法」の改正手続を踏んで改正されたが，しかし内容は GHQ 民政局が泥縄作業で作成した「マッカーサー草案」を強要したものであり，「日本国憲法」が「ポツダム政令の親玉」に過ぎないことは明白である．

§3．「日本国憲法」の欠陥とその改正

今日，国民の多くが「民主的平和憲法」として尊重する「日本国憲法」は，前節に述べたとおり第 2 次世界大戦の戦勝国の欧米列国（特に米国）が，敗戦国日本の将来に亘る無力化のために，日本古来の国家統治の理念を根底から覆し，米国模倣の民主制と妄想の平和主義を強要して制定したものである．前述したとおり「日本国憲法」の特徴は，「主権在民，基本的人権の尊重，平和主義」の 3 項目とされる．マッカーサーは占領統治の円滑な実施のために「皇室制度」を存続したが，日本の新しい国体を「主権在民」とし，「主権者である国民の総意として象徴天皇制が採られる」とした．これは我が国古来の伝統的統治の「天皇大権」を否定し，木に竹を継ぐ米国の制度を強要して日本の国体を変更したものである．憲法は国家を秩序立てる基本法であり，「実体のない主権在民」や「妄想の平和主義」等の口当りの良い政治標語を羅列する宣伝文書であってはならない．以下，GHQ が強要した「日本国憲法」の欠陥と改正の方向を考察する．

1．憲法成立の正当性の欠如

「日本国憲法」は独立主権国の憲法として「成立経緯の正当性」を欠いている．外国軍に占領され国家主権が侵害された状態で強要された規則は，「占領実施法」であり，独立を回復した時点で無効とされるべきものである．特に憲法は国家権力の在り方を決める基本法であり，厳密な「成立経緯の正当性」が求められる．外国軍占領下の強制や元首の戦争責任の訴追の脅迫による「憲法成立」のような重大な瑕疵があっては，法の権威が保たれない．

「日本国憲法」は「帝国憲法」の改正手続を踏んで制定されたことは前節に述べたが，マカーサーの指示に基づいて占領目的の達成のために GHQ が短期間に速成したものであり，「改正手続」自体が「日本政府の自主的改正」を装ったGHQ の策謀である．また内容も下記の 2，6，7，8 項に後述するとおり，憲法として基本的条項を欠く欠陥憲法であり，単なる「占領実施法」に過ぎない．

2.「日本国憲法」の国民主権と伝統的国体の逆転

　憲法は国の歴史的な統治理念や伝統文化に基づいて，国家を運営する権力と法体系を規定する基本法である．即ち憲法を決めるのは，歴史的な存在の国家統治の実体であり，それを「国体」として宣言するのが憲法である．次項に述べるとおり，我が国では天皇が祭祀と統治を総覧するのが伝統的な国体であり，国家運営の国是（政治理念）は「民本徳治」を旨とされた．

　一編の憲法で根拠のない「国体」を規定するのは，革命政権や武力占領の軍事政権の常套行為である．日本を占領した GHQ は，天皇大権の国体を否定し，観念的な「主権在民」を宣言する「日本国憲法」を強要した．即ち我が国の歴史的実体の国体であり，日本文化の根源的存在である皇室を「象徴天皇制」の「似非もの」で偽態し，日本の国体を改変して「国民主権」の看板に掛け替えた．更に国会が定める法律の「皇室典範」によって実体的国体の皇室を管理し，皇室に関する重要事項を審議する皇室会議（議長・総理大臣）も一時期の選挙で選ばれた政権のメンバーで大部分を占め，皇室の財政基盤も尽く規制した．このような伝統的国家統治の実体と基本法との逆転は，軍事占領下では被占領国の主権を制限するために普通に行われるが，独立国の憲法にあってはならないことである．

　「日本国憲法」は「前文」で「国政は，国民の厳粛な信託によるものであって，その権威は国民に由来し，その権力は国民の代表者がこれを行使し，その福利は国民がこれを享受する」と記す．また第1条で，「天皇は，日本国の象徴であり日本国民統合の象徴であって，この地位は，主権の存する日本国民の総意に基づく」とし，天皇が「象徴」の地位にあり，また今後もそうあり続けるか否かは主権者である日本国民の総意に基づいて決定されると規定している．これは「ポツダム宣言」の受諾の際に，日本側の「国体護持」の留保条件に対して出された米国務長官 J.F. バーンズの回答と同じ文言であり，所謂「国民主権の下での象徴天皇制」である．更に「日本国憲法」は第2条で「皇位は，世襲のものであって，国会の議決した皇室典範の定めるところにより，これを継承する」とし，皇位継承が法律の「皇室典範」によると規定する．また現「皇室典範」では，皇室会議の構成は，皇族は2人に過ぎず，他は政権の首相，宮内庁長官，国会両院正副議長，最高裁長官，同判事の8名である．更に「日本国憲法」第88条では「すべて皇室財産は国に属する．すべて皇室の費用は予算に計上して国会の議決を経なければならない」とし，第8条では「皇室に財産を譲り渡し，又は皇室が財産を譲り受け，若しくは賜与することは，国会の議決に基づかなければならない」と

規定し，皇室の費用及び財産の移動は全て国会の管理下に置かれている．以上が「日本国憲法」における皇室と憲法の逆転の構造である．

　皇室の皇統継承の伝統を成文化した旧「皇室典範」は，皇室の「家憲」であり，「帝国憲法」と相互に干渉しない基本法であった．即ち「帝国憲法」の第2条では「皇位ハ皇室典範ノ定ムル所ニ依リ皇男子孫之ヲ継承ス」と規定しているが，第74条で「皇室典範ノ改正ハ帝国議会ノ議ヲ経ルヲ要セス」とし，その第2項で「皇室典範ヲ以テ此ノ憲法ノ条規ヲ変更スルコトヲ得ズ」とし，「帝国憲法」と「皇室典範」の独立性を明記している．また「皇室会議」は皇族の成年男子で構成され，内大臣，枢密院議長，宮内大臣，司法大臣，大審院長が参列した．

　GHQ指令による皇室財産の凍結と皇族の特権停止，及び憲法による皇室財産の管理（第88条）と貴族の廃止（第14条）が，11宮家の「皇籍離脱」を余儀なくさせ，それが今日の皇位継承の長期的安定性を危うくしている（本節5項参照）．更に将来，国会が「皇室典範」の改正や皇室予算を縮減するようなことがあれば，GHQ指令と同じ事態に陥る虞れがある．それを防ぐには国体と憲法の逆転の法理を正して，「皇室典範」を憲法とは独立の基本法とし，皇室会議や皇室財産を旧態に戻し，「皇室制度」に関する政権の関与を排除する必要がある．

　我が国は「サンフランシスコ講和条約」によって主権を回復した後も，GHQが仕組んだ民主教育が進み，「象徴天皇制」は広く国民世論の深部に巣食う社会通念となった．先ずこれを払拭し，日本の伝統に基づいて国体を正しく宣言する憲法としなければならない．

　近年，政党・政治家・新聞社・各種団体等が「憲法改正試案」を発表している．しかしいずれも上述の「国体と憲法の逆転法理」の是正には全く触れず，「国民主権」を墨守した「改正試案」を主張している．

3．伝統的な国体の宣言

　我が国の国体は，古代から皇統を継いで今日に至る皇室の伝統と，それに対する国民の尊崇の関係として述べることができる．以下，我が国の歴史的実体の国体について考察する．

(1). 祭祀者の天皇と統治者の天皇

　我が国は古代から神話と一体化した皇室を王家と仰いできたが，それを受け継がれた歴代の天皇が最も重んじられたものが「宮中祭祀」である．即ち皇祖皇宗と天神地祇の神霊のお祀り，五穀豊穣の祈願，国家・国民の安寧などの祈りである．また全国各地の神社のお祭りとして，毎年，町々を賑わす祭礼の起源もそれ

に繋がっている．この「祀ごと」は宮中三殿（賢所，皇霊殿，神殿）で執り行われ，天皇自ら祭典を執行され御告文（祝詞）を奏上される「大祭」と，掌典長が祭典を行い陛下が拝礼される「小祭」とがある．これらは年に 24 回，その他に「旬祭」と呼ばれる毎月の 1，11，21 日に行われる祭儀がある．神代の昔から今日まで，代々の天皇はそれをお勤めとしてこられた．この祭祀主催の 2 千年の天皇のお勤めの歴史が，天皇の「無私の人格」を生んだと考えられる．このように「権力とは無縁の無私の人格」を元首とし，古来，国民がそれを尊んできたことは，歴史が錬成した奇跡であり，覇権争奪の中から生まれた中国の各王朝や欧州・中東の王家と我が国の皇室は全く異質の存在である．これが我が国の国体の特殊性であると言ってよい．

　上述の「宮中祭祀」は国家・国民の中心にあってその安寧を祈る祭祀者としての天皇のお勤めであるが，これに対して国家統治の「政ごと」の統括者として，天皇の施政の指導原理を天皇が自ら「天地神明に誓い，国民と共に努める」という形で簡潔に述べられたものが，「五箇條ノ御誓文」である．原案は由利公正の建白書「議事之体大意五箇条」とされ，明治維新の新政府の発足に当り，日本国の国是として慶応 4 年（1868）に明治天皇が発せられた．その第 1 条には「広ク会議ヲ興シ万機公論ニ決スベシ」とあり，民主政治の原理にも通じるものである．また同時に明治天皇は「国威宣布ノ宸翰」を下され，その中で「天下億兆一人モ其處ヲ得サル時ハ，皆朕カ罪ナレハ，今日ノ事，朕躬ラ身骨ヲ労シ心志ヲ苦メ，艱難ノ先ニ立チ，…」と述べられ，国民の先頭に立って「民本徳治の政ごと」を進める「君臣一体」の覚悟を示された．

　更に特記すべきことは，昭和天皇が終戦の翌年の元旦に発せられた「新日本建設ニ関スル詔書」の冒頭に，特に「五箇条ノ御誓文」を引用され，続けて「朕ハ茲ニ誓ヲ新ニシテ國運ヲ開カント欲ス．須ラク此ノ御趣旨（「五箇条ノ御誓文」を指す）ニ則リ，舊來ノ陋習ヲ去リ，民意ヲ暢達シ，官民擧ゲテ平和主義ニ徹シ，教養豐カニ文化ヲ築キ，以テ民生ノ向上ヲ圖リ，新日本ヲ建設スベシ」と宣べられた．この「御誓文の引用」は幣原総理が用意した詔勅素案に，昭和天皇が自ら追加されたと伝えられる．詔書は更に，「夫レ家ヲ愛スル心ト國ヲ愛スル心トハ我國ニ於テ特ニ熱烈ナルヲ見ル．今ヤ實ニ此ノ心ヲ擴充シ，人類愛ノ完成ニ向ヒ，獻身的努力ヲ效スベキノ秋ナリ」と諭された．この詔書は「天皇の人間宣言」と呼ばれているが，それは GHQ に媚びたマスコミが作った俗称である．

　このように国家の非常事態に際し，ひたすら国民の平安を願い，賢慮をめぐらす天皇陛下の純粋・無私の叡慮と，「国威宣布ノ宸翰」に述べられた君臣一体の

§3.「日本国憲法」の欠陥とその改正　351

姿こそが，我が国の「政ごと」の本態である．これこそが如何なる政体の政治権力をも超越した我が国独自の統治力の源泉である．その統治原理は，昨今の政治溶解の原因であるポピュリズム民主主義を超克する「民本徳治主義」と，貪欲な利己増殖の権利主義を克服する「和（調和と謙譲）」の精神に根源がある．これは古代から今日に至るまで日々熱誠を籠めた歴代天皇の「祈り」が培った皇室の精神である．それは歴代天皇の御製，昭和天皇の 2.26 事件の収拾や大東亜戦争の終結に示された「国民を思う」断固たる大御心，及び戦後の全国巡幸，今上陛下の終戦 50 周年（1995）の「慰霊の旅」（広島，長崎，沖縄，東京）や，戦跡慰霊（沖縄（1993），サイパン（2005）），及び天災地変の度に行われる全国各地の被災者への慰問・激励の行幸啓，等々に明白に現れている．

　「憲法」という言葉で先ず念頭に浮かぶのは，聖徳太子が定められた「十七条憲法」（604）である．これは今日の立憲的意味の憲法ではなく，為政者の道徳的な規範として，国の「政ごと」の基本を述べたものである．その後，「大化の改新（646）」を経て，律令が整備され，近江令（668），飛鳥浄御原令（689），大宝律令（701），養老律令（757），及びその追加法の刪定律令（791）や刪定令格（797）等が施行された．律令の統治機構は，祭祀を所管する神祇官と，政務一般を統べる太政官の 2 官から成り，太政官には行政担当の 8 省が置かれた．律令には天皇の規定がなく，天皇の地位は律令を超越した存在と考えられている．但し天皇の命令及びその手続は律令に規定され，天皇は太政官を通じて諸機関を統括した．このように古代より平安時代の中期まで，天皇は「祀ごと」と「政ごと」を総覧されるのが我が国の「国体」の古形であった．11 世紀後期からは上皇が「治天の君」（事実上の君主）として政務を執られる院政が始められた．更に源平両氏の戦乱期を経て皇室の式微と武士の勃興に伴い，天皇は「祀ごと」を主宰し，「政ごと」は武家の手に移った．しかし律令の廃止法令はなく，律令制は形式上，明治維新まで存続した．鎌倉・室町・戦国・織豊の時代を経て，江戸時代 3 百年は安定した徳川幕府の封建制政治が行われた．しかし江戸末期，西欧の植民地侵略の暴力が日本にも押し寄せた．このとき雄藩の志士達が決起して徳川幕府を倒し，「王政復古」の明治維新（1868）を断行して国家の近代化を図り，欧米の植民地化を防いだ．ここで天皇の「祀ごと」と「政ごと」は再び統合されて，明治の立憲君主制が成立した．前述した「五箇条ノ御誓文」はこのとき国是として示されたものである．翌 1868 年に版籍奉還により中央集権政府が発足し，律令制を模した 2 官 6 省が置かれ，1871 年に廃藩置県が行われた．1875 年には「立憲政体の詔書」が出されて，元老院，大審院，地方官会議の政官制は内閣制に改め

られ，更に 1890 年に「帝国憲法」が施行されて，3権分立の「立憲君主制」が確立された．

「帝国憲法」は第1章「天皇」において，我が国は天皇大権で総覧される「立憲君主国」であると宣言した．次に「天皇大権」について簡単に整理する．

「天皇の大権」は，国務大権，統帥大権，皇室大権（祭祀大権を含む）の3つに大別される．国務大権は，立法大権（法律の裁可・公布），議会に関する大権（議会の召集・解散等），緊急勅令大権，独立命令大権（勅令の発布），外交大権，戒厳大権，任官大権，非常大権（戦時や事変における非常措置の権能），恩赦大権，栄誉大権，改正大権（憲法改正），等である．また統帥大権は軍を指揮・統率する統帥権（軍政権・軍令権）であり，皇室大権は天皇が皇室の家長として皇室を総攬し，我が国の最高の祭主として祭祀を司る大権である．皇室大権は「帝国憲法」とは独立の「皇室典範」を頂点とする皇室令（立儲令，登極令，皇室親族令，皇族会議令等）に基づいて行われた．

前述したとおり「帝国憲法」は立憲君主制を明記し，天皇の国務大権は大臣の輔弼，議会の協賛（決議）の下に執行され，また皇室事項や勅令は，枢密院の諮詢，元老・重臣（首相経験者等）・大臣等の輔弼に基づいて行われた．更に統帥大権は陸・海軍大臣が軍政権（軍に関する行政事務，軍事費，装備調達，人事管理，教育計画，軍事基地の管理や民事等）を輔弼し，参謀総長（陸軍）と軍令部総長（海軍）が軍令権（兵站を含む軍事組織と編制，勤務規則，人事，出兵・撤兵の命令，戦略の決定，軍事作戦の立案や指揮命令の権能）を輔弼した．因みに大臣等の輔弼によらない天皇大権の発動は，2.26 事件（1936）の収拾と大東亜戦争終結の「ポツダム宣言受諾」(1945) の非常事態以外はないとされる．したがって「帝国憲法」の天皇大権は，勅令と統帥大権以外は「日本国憲法」の「天皇の国事行為」と実質的に同じである．

(2)．日本の国民道徳と皇室尊崇

前項では我が国の歴史的な存在としての皇室について述べたが，これに対する国民の皇室尊崇の関係が確立していなければ，天皇を中心とする「国体」は成立しない．この皇室と国民との関係は，我が国の民族的特性を反映した伝統的倫理として歴史の中で育まれた．それは『古事記』，『日本書紀』の神話や『万葉集』に見られる「明く直き誠心と勇武を尚ぶ大和心」を基本として，長い歴史の中で仏教，儒学，国学等の哲学・宗教の鍛錬を経て形成された．これらについては平泉澄博士の著書，『武士道の復活』[1]，『傳統』[2]，『國史学の骨髄』[3]，等に詳述されている．

§ 3. 「日本国憲法」の欠陥とその改正　　353

　特に江戸時代の安定した平和な社会環境の中で，その支配層の武士階級の倫理
規範が近世の儒学と交絡して昇華し，「忠義と勇武」を重んずる武士道として我
が国独特の理想的人間観が成熟した．これを簡潔に説明したものが新渡戸稲造博
士の『武士道』[7] である．この書物は，1898 年，博士が米国滞在中に日本文
化紹介のために英文で書かれ，2 年後にフィラデルフィアで刊行された．その中
で博士は，武士の究極の目標は主君への忠義（以下，「狭義の忠義」と書く）で
あり，これを貫き名誉を守ることが武士の理想であるとし，その徳目に「義・
勇・仁・礼・誠」を挙げた．武士道の「狭義の忠義」は単に武士階級の倫理規範
に止まらず，庶民の心にも沁み込む我が国の人間観の模範となった．それは 3 大
仇討ち（曽我兄弟の仇討ち（1193），鍵屋の辻の決闘（1634），赤穂義士の討入り
（1703））等が，能・歌舞伎・講談・浪曲等で後世まで流布した例に見られる．こ
れらは儒教の「三綱五常」に結びついた．「三綱」は人倫の基本となる君臣・父
子・夫婦の間の道徳，「五常」は仁・義・礼・智・信の徳目の道徳理念である．
また家系・家禄の父子相伝の中で，親への敬愛と主君への奉公が一体化し，加え
て国学，崎門学（山崎闇斎学派の神道的儒学），水戸学（水戸藩の修史事業で培
われた歴史哲学）等が「狭義の忠義」を「皇室尊崇」の国体観に昇華させた．更
に皇室の「無私の仁慈」の精神と「民本徳治の政ごと」に対し，国民にも「和を
尊び，世の為，人の為に尽す」ことを重んずる「忠君愛国」の気風が生れた．幕
末の志士吉田松陰先生の「士規七則」（従弟玉木彦助の元服に際して，「武士の心
得七ヵ条」を説いて贈った文章）にも，「君臣一体，忠孝一致，唯吾ガ国ノミ然
リト為ス」とある．即ち親への敬愛は主君に対する奉公に一致し，親への孝が君
国への忠義となる．これが我が国伝統の「君臣の紐帯」であり，この「君臣の紐
帯」を基に日本人の道徳規範の「忠・孝・仁・義」及び「忠孝一致」の観念が築
かれ，我が国の「国体」が育まれた．
　武士道の「狭義の忠義」が「天皇への忠義」に昇華したことは，国歌「君が代」
の変遷と同じである．国歌「君が代」は『古今和歌集』（延喜 5 年（905））巻七
賀歌巻頭歌とされるが，完全には一致せず，『古今和歌集』では初句を「わが君」
とし，後に転じて「君が代」となり，またその意味が「貴人の御寿命」から「わ
が君の御代」に変わり，更に「天皇の御代」に変化したとされる．諸外国の国歌
は血の臭いに満ちた陰惨殺伐な歌詞が多い．例えば中国の「我らが血で築こう新
たな長城…」や，フランスの「市民らよ武器を採れ，隊列を組め，進め進め，敵
の汚れた血で我らの畑を満たすまで…」等である．これに対し「君が代」は平和
な御代を寿ぎ祈る民の心を素直に表している．楽曲も外国国歌は行進曲が多いが，

「君が代」は日本全国の諸社の祭で奏される雅楽の優美な調べであり，詞・曲ともに日本の国柄と文化をよく表している．

このように我が国では，「忠君愛国，父母に孝に，兄弟に友に，夫婦相和し，仁慈を尊び，義と理を重んじ，人に交わるに礼節を以てし，徳と智を磨き，誠を尽くす」ことが人の道となった．これを国民道徳として「教育勅語」（1890）で諭された．敗戦後，GHQ は日本の近代史をアジア侵略史と断罪し，「教育勅語」を「帝国主義・軍国主義の証」として抹殺したが，我が国の道徳と精神的な文化を簡潔に述べた重要な文書であり，「戦後レジーム」の克服のために，先ず最初に復活すべきである．

(3). 「立憲君主制と道義立国の国体」の宣言

「日本国憲法」は選挙で選ばれた国会議員及び政権が，我が国の実体的国体の「皇室」を管理することを規定している（本節の第2項参照）．しかし選挙結果は一時の世論動向で右にも左にも大きく変化する．政権や国会の勢力変動により「皇室典範」の変更や皇室会議の構成が変わり，皇位継承の伝統が乱される虞れがある．変転常ならぬ政権と歴史的実体の国体である皇室を，このような関係に置くことは不条理である．特に日教組等の左翼イデオロギー教育で洗脳された戦後世代の投票行動を考えれば，「皇室制度」を「国民主権」に委ねることは非常に危険である．二千年の伝統のある皇位継承を一時的な選挙結果で乱す危険性を排除することが重要であり，「皇室典範」は政治権力と切り離す必要がある．

また我が国は現存する国民だけのものではない．日本文化を育んだ数千年間の先祖から，更にこれを引き継ぐ子孫に至る命の連鎖が日本国を造り，皇室はその中心的存在であるとするのが日本文化の考え方である．「一時期の国民が国体を勝手に決める」とする考えは，故国を捨てて世界中から集まった移民とアフリカから拉致された奴隷の子孫が造った米国や，王朝興亡を繰り返す易姓革命の支那の文化である．我が国でこれを是認するのはマルクス主義者のみであり，「先祖伝来の国」という考え方が日本文化の特徴である．

以上，本項の(1)〜(3)項に述べた所論により，我が国の憲法は，伝統的国体に基づく立憲君主制と道義立国を宣言し，国造りの基本理念を確立し，更に「皇室制度」を政権から切り離して，「皇室典範」の独立を明確に規定すべきであると筆者は考える．

4．憲法における主権在民の規定の変更

「日本国憲法」の定める「国民主権」が実体のない観念論であることは，毎回

§3.「日本国憲法」の欠陥とその改正　355

の国政選挙の低い投票率や，最高裁及び各地の高裁で相次ぐ「1票の格差の違憲又は違憲状態判決」にも拘らず，各政党の党利党略で「選挙法」の根本的改善が棚上げされている現実を見れば明らかである．それは国民・政府・国会・政党のいずれも「国民主権」に無関心であり，「国民主権」の概念や権威が全く認識されず，「空念仏」に過ぎない証拠である．しかも「日本国憲法」の「前文」や第1条の「国民主権」の内容は，国民の参政権と国会の立法権を規定すれば済むことであり，「主権在民」は GHQ が米国模倣の売り込みに唱えた宣伝文句である．

　GHQ が占領中に彼らの祖国を摸して作った国体は，国の主権を回復すれば我が国の伝統に立ち還って正常な形に戻すのが当然である．しかし GHQ の宣伝と日教組の左翼イデオロギー教育に汚染された国民には，憲法改正に反対する意見が多い．また改憲論者の「憲法改正試案」でも，いずれも「主権在民」が謳われている．しかし「日本国憲法」第3章の「国民の権利及び義務」の条文は踏襲しても，「国民主権」の文言は「参政権」とし，一時期の政権が「皇室」を管理する規定は削除すべきである．また「日本国憲法」の他の特徴，「基本的人権尊重と平和主義」は，古来，我が国では「民本徳治の政ごと」に具現されてきた．

　上述した理由により，我が国の永続的規範である新たな憲法では，「国民主権」を「国民の参政権」とし，伝統に基づく国体の「立憲君主制」を宣言すべきであると考える．

5.「皇室典範」の問題点

　「日本国憲法」における国体と憲法の逆転，及び「皇室典範」や皇室会議等に関する政権関与の弊害は前述したとおりである．現在の「皇室典範」の更に重大な問題は，皇位継承の安定性の欠如である．

　GHQ は「皇室財産凍結に関する指令（1945.11）」及び「皇族の財産上その他の特権廃止に関する指令（1946.5）」を発し，皇室財産を国庫に帰属させた．それまで各宮家の経費は皇室財産の御料で賄われてきたが，この GHQ 指令によって皇室の財政基盤が消滅し，宮家の存続が事実上不可能となった．更に 1947年，「日本国憲法」と現「皇室典範」が施行され，「日本国憲法」第 14 条2項で華族・貴族制度が廃止された．これにより同年 10 月，昭和天皇の弟宮の秩父宮，高松宮，三笠宮の三直宮を除く全ての宮家（伏見宮，閑院宮，久邇宮，山階宮，北白川宮，梨本宮，賀陽宮，朝香宮，竹田宮，東久邇宮，東伏見宮）の 11 宮家が皇籍を離れられた．その後，秩父，高松両宮家は嗣子がなく断絶し，現「皇室典範」で常陸宮（昭和天皇ご次男），桂宮（三笠宮ご次男），高円宮（三笠宮ご3

男），秋篠宮（今上天皇ご次男）の4宮家が創設された.

　天皇家は古代から今日まで累代男系相続の決りであり，今上陛下は第125代に当る. この間の皇位継承の歴史から，次の「しきたり」が確認される.　①. 父系相続，②. 原則として男子相続，③. 臣籍に下った者は皇族に戻らない，の3原則である. 皇位継承は明治以後は旧「皇室典範」の規定によっているが，1947年に「日本国憲法」と同時に施行された現「皇室典範」は，上述した皇室の伝統を順守して，第1条で「皇位は皇統に属する男系の男子がこれを継承する」（上述の①，②項）と規定する. また「皇室典範」第9条で「天皇及び皇族は養子をとることができない」とし，第15条では「皇族以外の者及びその子孫は，女子が皇后となる場合及び皇族男子と婚姻する場合を除いては，皇族となることがない」と規定している（③項）. 更に第12条で「皇族女子は，天皇及び皇族以外の者と婚姻したときは，皇族の身分を離れる」規定であり（②項），古来の「皇族のしきたり」が守られている.

　ここで「皇位継承」の深刻な問題は，2006年に秋篠宮家に悠仁親王が誕生された以外，皇太子家をはじめ他の宮家では男性皇族の誕生がないことである. 現状では秋篠宮家を除き，いずれの宮家も現当主で断絶し，長期的には皇位継承が途絶える虞れがある. GHQ指令が「マッカーサーの天皇家抹殺の陰謀である」と言われる所以はここにある. 悠仁親王の御誕生以前は，これを憂慮して「皇室典範」の改正の準備が急がれたが，そのときは次の3つの方向が検討された.

ⅰ. 内親王・女王が民間出身の男性と結婚しても皇族として認める. 但しこれは皇室活動の維持のためであり，女性宮家は相続されないとした. ここで宮家の相続を認める場合は，女性宮家の子孫の男子に皇位継承の可能性が生じ，皇位が女系に移る.

ⅱ. 現在の宮家の後継者に旧皇族の男系子孫からの養子（第1内親王・女王の婿等）を認める. この場合，養子は臣籍の男子となり原則③を犯すことになる.

ⅲ. 終戦後に皇籍を離脱した旧皇族を宮家として復籍させる. この案は原則③に違反する.

　秋篠宮家の悠仁親王のご誕生により，「皇室典範」の改正問題は棚上げされた. しかし皇位継承の長期的な安定性が危ぶまれる現状に鑑み，現「皇室典範」は早急に改正する必要がある. その際，伝統的な皇位継承の原則①〜③項を厳密に守ることは困難であり，3原則に軽重をつけて緩和し，長期的に安定した「皇位継承」を確実にする「皇室典範」としなければならない.

　「日本国憲法」を「占領実施法」と見る筆者は，可能ならば，占領下に皇籍を

§3.「日本国憲法」の欠陥とその改正　357

離脱された 11 宮家を一旦復籍し，更に皇室会議も旧態に復した上で，その皇室会議において皇位継承や宮家の在り方を十分に審議して頂くのが筋であると考える．これは「皇室制度」に関して「占領実施法」に過ぎない「日本国憲法」を停止し，戦後の臣籍降下を無効とすることであり，前述の「皇位継承の原則」の③項に悖ることではない．

　いずれにせよ皇位継承は天皇家の決定事項として，皇室伝統の「皇統に属する皇族の（原則として）男系相続」による皇位継承を長期的に安定化する柔軟かつ不動の「皇室典範」を確立し，政権・国会の干渉を受けない典範とすることが重要である．また政府や国会の過度な干渉を避けるには，「憲法」と「皇室典範」の改正を行うと共に，GHQ の指令で国庫に収められた皇室財産を復活し，国家予算の皇室関係費を経常的な事務費に限定して，皇室の経済基盤を確立し，安定的な皇位継承の基礎となる天皇家・皇族の繁栄を図る制度とする必要がある．

6.「国家元首」の規定

　「日本国憲法」は天皇の国事行為として第6条で「内閣総理大臣と最高裁判所長官の任命」，第7条で天皇の国事行為 10 項目を規定している．これらは国家元首の国事行為であるが，憲法条文には元首の規定はない．占領中は連合軍総司令官が「日本の元首」に代わる者であり，「主権在民」の建て前上，「天皇元首」を明記しなかったと推察される．しかし主権回復後も占領軍総司令官を元首と想定した憲法を継続することは，独立国家の主権を冒瀆するものであり，「天皇の国家元首」を明記した憲法改正を急ぐべきである．

7．国防軍の設置

　「日本国憲法」は，前文で「平和を愛する諸国民の公正と信義に信頼して，われらの安全と生存を保持しようと決意した」と記す．また第9条で「国権の発動たる戦争と，武力による威嚇又は武力の行使は，国際紛争を解決する手段としては，永久にこれを放棄する」とした「①．戦争の放棄」，第2項前段で「②．戦力の不保持」，後段で「③．交戦権の否認」，の3つを規定している．所謂，「平和憲法」と呼ばれる所以である．

　ここで①項の「武力の威嚇による国際紛争解決は行わない」ことは，国防軍運用の原則として妥当であるが，これを「平和を愛する諸国民の公正と信義に信頼して」行うという記述は，甚だしく不見識な世界認識である．現実の世界政治では，憲法前文の「諸国民の公正と信義」は全くの妄想に過ぎず，本書の付録1．

で詳述したとおりである．その妄想の認識の下で，②，③項の戦力放棄，交戦権の否定の規定は不条理である．「日本国憲法」の第9条を改正して「国防軍」の設置を明記し，その運用の理念として，「不戦の平和主義」に徹した政治主導の国防軍の運用を謳うべきである．

歴代政府は第9条について「個別的自衛権はあるが，集団的自衛権は行使できない」とする憲法解釈を採り，自衛隊の戦力造成を進めてきた．第2次安倍内閣は近頃の中国の海洋強国戦略や北朝鮮の核武装に対して，憲法解釈を変更して集団的自衛権の行使を可能にし，日米安保体制を強化した．目前の脅威に対する措置として已むを得ないであろうが，しかし解釈を捏ね回して理屈を付けなければ国家安全保障政策が執れないような憲法を 70 年間も放置していたこと自体が，危機管理上の深刻な問題である．特に国防政策・戦略に関しては周辺国の脅威や世界情勢の変化に対処して，柔軟な対応ができる法体系でなければならず，9条の改正を急ぐ必要がある．

現憲法第9条を受けた「自衛隊法」は自衛隊の任務を詳細に規定し，その行動や武器使用を著しく制限している．しかし法律による軍事行動の規定は，非常事態下での行動に鑑み，市民への危害の禁止や捕虜の扱いなどの国際条約順守を定めるネガティブ・リスト（原則無制限であるが禁止事項を規定すること）の法律とすべきであり，「自衛隊法」のようなポジティブ・リスト（実施することを列挙する規則）の法は，即応性のない役立たずの軍事組織を造る．その痛恨の事例が 1995 年の阪神・淡路大震災での自衛隊の災害出動（県知事の要請により出動する規定）である．その時，貝原俊民兵庫県知事は左翼・反自衛隊の選挙支持母体に憚って，自衛隊の出動要請を躊躇し，自衛隊の出動は4時間半も遅れた．そのために倒壊家屋の下敷きで焼死する多数の罹災者を見殺しにする不埒な事態を生じたことは，§Ⅰ.3.2.の第4項で詳述したとおりである．

また現在の改憲試案で「自衛隊」の名称を「国防軍」に変更する案は世論では反対が多い．しかし自衛隊；Self-Defense Force は「己れを守る軍隊」を意味し，ナンセンスであるのみならず，この名称は「日本国憲法」の軍備放棄を糊塗するために，「軍隊」ではなく「自衛隊」と称したものである．その欺瞞を排し名義を正すことは重要であり「改正憲法」では「国防軍」を明記すべきである．

8．非常事態条項

国家社会の安全を脅かす事態には，外国の武力攻撃，内乱，暴動，テロ（サイバー・テロを含む），大規模な自然災害，原発事故，新型ウイルスの爆発感染等，

§3.「日本国憲法」の欠陥とその改正　359

各種の事態が考えられる．これらの対処には軍隊・警察・海上警察・消防等の組織的動員，私権の制限，自治体首長による政令の発布，令状によらない情報収集や身柄拘束，集会やストライキの制限等々，非常の措置が予想される．しかし「日本国憲法」には非常事態の規定はない．類似の規定は，「警察法」，「災害対策基本法」，「原子力災害対策特別措置法」に「緊急事態宣言」の定めがあり，総理大臣が宣言し所管省庁の長を指揮監督して事態の収拾に当る規定となっている．しかしこれらは当該法規の事態に限られ，権限も所管省庁に限定される．有事や全国規模の非常事態に際し，国の全機能を挙げ，都道府県の境を越えて統合的に実力組織を運用する対処行動の基本方針を示す憲法の規定が必要である．

　ここで前述の1，3，6，7，8項は，独立国の憲法に必須の規定であることを特に強調しておく．占領下では前述の1，2項は通常行われ，6項は占領軍司令官が執行し，7，8項は占領軍の主任務である．「日本国憲法」のこれらの条項の不備・欠落は，この憲法が占領軍の「占領実施法」であることを明示している．

9．衆参両院の差別化

　「日本国憲法」の改正を要する重要事項として，議会の構成問題がある．現状の衆参2院制議会は利害得失があるが，両院の多数党が異なる場合，「決められない政治」を招き，特に保守党と革新党の「国家観」が全く異なる我が国では，国の安全を脅かす事態を招く虞れがある．それは自衛隊の「防衛出動」と「治安出動」は国会承認が必要であり，有事や騒乱事態に「振れ国会」が出動命令を承認しなければ，自衛隊は行動できず，政府の事態収拾の手段が失われる．

　「帝国憲法」では議会は貴族院と衆議院からなり，貴族院は非公選の皇族・華族及び帝国学士院会員の有識者や多額納税者等の勅任議員で構成され，選挙で選ばれる衆議院とは全く異なる国民層から議員が選出された．貴族院議員の多くが終身任期で解散もなく，公式には議員は政党に所属しなかった．これに対し現在の衆参両院は国民の選挙で選ばれ，選挙制度の若干の違いはあるが，政党間の争いがそのまま持ち込まれる．本来，参議院は衆議院とは別の大局的な見地から国益に適う議決を行う良識の府である．この本質的な特性を堅持し政党間の争から独立した衆議院とは異なる参議院でなければ存在の意味がない．参議院における政党を禁止するか，それができなければ衆議院の1院制とすべきであろう．

10．その他

　「日本国憲法」は上述した事項以外に，「国歌，国旗，元号の規定」，「国の行政

と地方自治の重複」，「憲法改正の発議条件」等の問題がある．マスコミでは現憲法の改正を「第 96 条の憲法改正発議要件」から始め，これを両院議員の 3 分の 2 以上の賛成から過半数に緩和する改正の議論が多い．しかし本節 2 項に前述した国体と憲法の逆転関係を放置したまま第 96 条を緩和することは，将来，選挙の結果によっては「皇室制度」を更に歪める虞れがある．「皇室典範」を政治権力から切り離し，伝統的な「皇位継承」の確実性を担保することが，憲法改正の最重要事項であり，これと第 96 条の改正は同時に行うべきであると考える．

11. 「まとめ」：「危機管理と国防の科学化」

以上，「日本国憲法」の欠陥について私見を述べた．要約すれば現憲法は，「主権在民」の規定を「国民の参政権」に改め，日本文化と伝統的統治の理念に基づいて天皇を元首とする「立憲君主国」を明記し，「道義立国」を宣言する憲法に改正すべきである．加えて「皇室典範」と「皇室財産」の不可侵を規定し，長期的に安定した「皇位継承」を担保する「皇室制度」を確立しなければならない．更に国防軍の建設を明記し，非常事態条項，衆参両院の差別化，元号，国歌，国旗等の規定を設け，「憲法改正要件」を国会議員の過半数以上の賛成に緩和すること，等が主な改正事項であると考える．またこれを受けた「自衛隊法」は，国際法遵守と人道上の不正を禁止するネガティブ・リストの法律とすべきである．

上述した「日本国憲法」の欠陥を一挙に改正することは，現実の政治問題として不可能であろう．逐次的に進めざるを得ず，それには長期間を要する．また戦後 70 年を経た今日，憲法や制度の改革のみでは，「日本を取り戻す」ことはできない．家庭と学校と社会全体で行う次世代育成の教育を通じて，日本文化の「感性と美意識」を国民の間に深く養うことが重要である．これには憲法を改正して国家の根本を正し，「戦後レジーム」を再点検して家族の絆，地域社会の繋がりを強化し，日本文化の美的感覚と士魂を持つ国民を育成しつつ，「百年河清を俟つ」辛抱が必要であろう．

しかしその間，目前に迫る国難を克服しなければならない．当面の内政・外交の諸課題に適確に対処するには，将来の不確実性について徹底的な情勢分析を行い，起り得る状況と採択する政策の代替案の様々な状況を想定して，その特性を評価する意思決定支援の科学的分析が重要である．対象とする意思決定問題が何であれ，政策の実施には人材も資源も徹底した「選択と集中」を要する．国の施策の合理化・効率化と資源の最適活用には，将来の情勢分析と戦略策定の意思決定プロセスにOR＆SAの体系的な不確実性と最適性の分析機能が不可欠である．

しかもその分析は主管省庁の分析組織以外の第3者機関で行う必要がある．定量的分析は政治的圧力等の意図的な作為で簡単に結論が歪められるからである．公正で幅広い分析結果を踏まえ，更に有識者の知恵を集めて練り，有効な政策を創出することが重要である．

　筆者は海上自衛隊に奉職し，兵力整備計画の「ＯＲ＆ＳＡ」や国防の「戦術ＯＲ」分析に従事した経験から，先年，日本学協会誌『日本』に「国防の危機管理」に関する論考［4］を発表し，その後これを詳論した2書［5,6］を上梓した．これらの書物では周辺国の脅威と国内の「戦後レジーム」の弊害を精査し，現下の課題を克服するために，国民の「国家観」を確立して憲法改正を行い，更に「ＯＲ＆ＳＡ」応用の科学的な政策分析・意思決定支援システムを構築することを提案し，各種のシステム分析理論の考え方について概説した．政策の「ＯＲ＆ＳＡ分析」は技術的な些事であるが，「国防の危機管理」のみならず，広く一般行政の制度設計や政策分析にも必須の機能である．これによって利権や省益の政策を排除し，国益に適う政策の「選択と集中及び資源投入の最適化」を図ることができる．しかし意思決定分析の科学は不完全であり，信頼性の高い政策創出の枠組み造りには，「ＯＲ＆ＳＡ」の技術に加えて，確固たる「歴史観・国家観」をもつ国の指導者と，それを支える国民の人造りが喫緊の重要事である．

参考文献

[1]　平泉澄，『武士道の復活』（新装版），錦正社，1985.
[2]　平泉澄，『傳統』（同），原書房，1988.
[3]　平泉澄，『國史学の骨髄』（同），錦正社，1989.
[4]　飯田耕司，「国防の危機管理システム － 軍事ＯＲ研究のすすめ，上，中，下」，日本学協会誌『日本』，2010年12月号，同，2011年2,3月号.
[5]　飯田耕司，『国防の危機管理と軍事ＯＲ』，三恵社，2011年.
[6]　飯田耕司，『国家安全保障の基本問題』，三恵社，2013.
[7]　新渡戸稲造 著，岬龍一郎 訳『武士道』，ＰＨＰ文庫，2003.
[8]　園部逸夫，『佐々木惣一博士の現行憲法反対意見を読み解く」，日本学協会『日本』，2015年2月号.

事項索引 （50音順）

［あ行］

アナディル作戦：298,

アベイラビリティ：84, 85,

安倍晋三，…内閣：ii, iii, 9, 46, 48, 49, 53, 55, 56, 62, 64 〜 71, 164 〜 166, 168 〜 173, 180, 186, 187, 312, 320, 343, 346, 358,

安全保障会議（国家…を含む）：160, 161, 164, 168, 169, 179, 180,

安保法制改革：ii, 62, 168〜170, 187, 188,

イズベル・マーロウ問題：114, 260, 267 〜269,

一様分布：107, 246, 247,

イラク復興支援，同 特措法： 59, 61, 172, 180,

インダストリアル・エンジニアリング, IE：88〜91, 97, 99, 140, 150, 205,

インドシナ戦争：13, 301〜304

宇宙基本法：166,

円形（楕円）カバレッジ関数：248,

重み付けシナリオ法：215, 220, 277,

ＯＲ

定義：76, 77,

特徴（視点, 機能, 方法）：77, 78,

理論研究：78〜86, 105, 108〜116, 138〜140,

応用研究：86〜88, 105, 106, 116〜120,

ＯＲ学会：74, 140〜144,

日本ＯＲ学会, ORSJ：86, 107, 140, 141, 181,

英国ＯＲ学会, ＯＲＳ：140, 141,

米国ＯＲ学会, ＯＲＳＡ：140, 141, 150, 214,

同, ＴＩＭＳ, ＩＮＦＯＲＭＳ：141,

ＯＲ事典：76, 79, 86, 87, 95, 96,

［か行］

海上警備隊：168, 179, 187,

海上自衛隊の部隊ＯＲ活動：192〜196,

科学技術使節団：131,

科学的管理法：89, 90, 150,

核軍縮：2〜5, 64, 300,

核兵器の共有：69, 71, 73,

確率過程理論：83, 105,

神風特攻機の回避戦術：133〜136,

カールッシュ・クーン・タッカー定理, K-K-T 定理：267, 268,

カールトン型分布（損傷関数）：246〜248,

カバレッジ（射撃）：240, 243, 245〜248, 278,

カバレッジ・ファクター（捜索）：224, 225,

観測射撃：110, 244, 249,

機会目標モデル：111,

既出現目標：110, 243, 244, 249, 251, 278,

期待エントロピー利得：232,

期待捜索努力量：231, 232

期待リスク, 期待利得：112, 231, 232,

北大西洋条約機構, NATO：4, 11, 69, 109, 145, 214, 276, 296, 297,

基本捜索モデル：226, 227,

脅威の多様化：1, 6,

9段線：15, 19, 22, 35, 36, 163,

9. 11 テロ：7, 151, 162, 172, 180, 309, 311,

キューバ危機：2, 297〜298,

距離対探知確率 → 発見法則,

技術研究本部：181, 187, 194,

区域捜索（哨戒）：226〜228,

クープマン問題：231, 232,

クッキー・カッター型損傷関数：246,

軍拡競争：110, 253, 258, 280, 281,

軍事ＯＲ

理論研究：108〜116,

応用研究：116〜120,

軍事ＯＲ学会, MORS：143, 144, 277, 279,

軍事ＯＲの専門書：274, 282～288,
警察予備隊：63, 158, 179, 187, 224, 337,
決定の木：105, 284,
決定基準：81, 104, 105, 115, 241, 246, 284,
決定理論：79, 81, 105, 115, 284, 288,
決闘モデル
　確率論的…：110, 253, 258～261, 267,
　　270, 279, 280,
　ゲーム論的…：111, 253, 260, 261, 269,
　　270, 280,
　静粛な…：113, 269, 270,
　ノイジィな…：113, 269,
研究開発のＯＲ：118,
研究本部：160, 182, 185, 186, 188, 189, 192,
ＫＪ法：80, 81, 105,
撃破速度：244, 245, 259, 262, 264, 267,
ゲーム理論：79, 80, 83, 87, 102, 105, 109,
　112 ～ 114, 116, 139, 140, 143, 210, 217,
　228, 233, 250, 253, 260, 268, 269, 271,
　276, 280, 284, 286,
限界効用逓減法則：229, 234,
航空自衛隊作戦用シミュレーション：198,
航空自衛隊の部隊ＯＲ活動：196～200,
構造モデリング法（ISM）：81, 105, 284,
交戦理論：110, 253～271,
交戦理論の発展の経緯：253～258,
交戦理論の専門書：279～282,
交戦ゲーム：114, 250, 268, 280,
国家安全保障会議（日）→安全保障会議,
国家安全保障会議（米）：44, 145, 319,
国境紛争：306～308,
国際ＯＲ学会, IFORS：142,
国際緊急援助法：171, 179,
国際平和協力法（PKO 協力法）：171, 173,
　179,
国防会議：160, 179,
国防の基本方針：160, 161, 169, 179, 180,
国連平和維持活動（PKO）：ⅱ, 9, 61, 62,
　68, 69, 166, 170～174, 180,
五箇条ノ御誓文：322, 350, 351,

［さ行］

最適化（…理論）：76, 79～83, 100, 102,
　109～111, 118, 217, 218, 228～230, 232～
　234, 239, 241, 248～251, 258～261, 267～
　270, 275, 276, 284,
最適捜索努力配分問題：82, 213, 217, 229,
　230,
最適射弾配分：1 110, 111, 249～251, 278,
最適兵力配分：110, 113, 260, 267, 270,
在庫理論：79, 84, 105, 288,
サベッジの基準：104,
サルボ射撃（斉射）：110, 239, 244, 248,
　252,
サンフランシスコ講和条約：44, 48, 63, 70,
　158, 179, 319, 338. 342, 349,
指揮所訓練統裁支援システム：189, 191,
資源配分モデル：111,
システムズ・アナリシス, ＳＡ：10, 89, 95,
システム・エンジニアリング, ＳＥ：88, 91,
　286, 287,
システム工学：91～95, 184,
射撃システムの要因：238～241,
射撃プロセス：237, 240, 241, 245,
射撃理論：109, 237～252,
射撃理論の専門書：277～279,
修正射撃, 挟叉…, 偏差…：110, 244, 249,
　278,
周辺事態安全確保法：161, 165,
小目標（又は点目標）：243,
照準誤差分布：110, 240, 246,
所在局限捜索, …確率：109, 232,
昭和天皇の詔勅
　終戦の詔勅：39,
　　新日本建設に関する詔書（天皇の
　　　人間宣言）：321, 350,
瞬間探知率：222～225,
真距離探知率：224,
信頼性理論：85, 97, 288,
JIS-Z-8121：76, 91,

自衛隊法：9, 60, 69, 159, 160, 164, 165, 170, 172, 179, 358,

自衛隊のOR組織：181〜199,

自衛隊のOR要員教育：183〜188, 206 〜210,

自衛隊のOR活動の課題：199〜210,

自衛隊の海外活動：171〜178,

自衛隊の防衛力整備：158〜167, 179,

自衛艦隊指揮支援システム：105, 183, 196, 216,

自虐史観：18, 22, 46, 47, 53, 59, 66, 67, 73, 107, 322, 323, 325, 328, 342, 343,

スクリーン：226, 227,

スコーピオン：214,

スターリン批判：27, 298, 299, 306,

数理計画法（線形計画法，非線形計画法，整数計画法，組み合せ計画法，動的計画法，多目的計画法，階層分析法，包絡分析法）：79〜83, 87, 88, 105, 111, 228, 284, 217,

正規分布：219, 246〜248,

制限主権論（ブレジネフ・ドクトリン）：299, 300,

政治・軍事システム分析：145, 146, 149 〜151,

政策OR：182, 185, 188, 193, 196, 200, 201, 205,

生物・化学兵器，BC兵器：1, 5, 32, 162, 296,

尖閣諸島：13, 18〜22, 38, 163, 312, 313,

戦後レジーム：46, 48, 52, 58, 62〜67,

戦場の革命 RMA：115, 116, 286, 287,

戦争贖罪意識宣伝工作，WGIP：42, 46, 66, 73, 322,

戦略兵器制限交渉（…協定），SALT：2, 300,

戦力定量化判定モデル，QJM：265, 280,

先制目標探知確率：233,

早期警戒レーダ網：i, 94, 125, 126,

捜索計画支援システム，CASP：129, 215,

捜索ゲーム（潜伏・捜索ゲーム，逃避・捜索ゲーム，待ち伏せゲーム，侵入ゲーム）：109, 112, 113, 143, 215, 218, 228〜233, 235, 275, 276,

捜索センサー・システムのモデル（伝達系モデル，信号検知モデル，探知認識モデル）：222, 223,

捜索理論：208, 212〜235,

捜索理論の発展の経緯：213〜216,

捜索理論の専門書：274〜277,

ソマリア沖海賊の対策：61, 176〜178, 180,

損傷関数：110, 240〜243, 246〜248, 252,

［た行］

大域的最適化問題：234,

大目標（構造型，集合型）：110, 240, 242, 243, 245〜247, 249, 251, 178,

代理戦争：158, 294, 301〜306, 311,

対潜戦連続情勢見積支援プログラム，ASWITA：106, 183, 195, 199, 215,

対潜訓練データ収集システム，FADAP-J：195,

対潜爆雷の深度調定問題：128, 129,

対日機雷戦（飢餓作戦）：137,

台湾海峡ミサイル危機：164, 305,

たたみこみ積分：247, 248,

探知ポテンシャル：224, 226,

単発撃破確率，SSKP：110, 113, 244, 245, 247〜251, 269, 278,

弾道学（砲内，過渡，砲外，終末）：237, 239 〜241, 277, 278,

弾道誤差分布：110, 240, 241, 246, 247,

地域OR学会連合，EURO, ALIO, APORS, NORAM：142, 143,

逐次射撃 → 修正射撃,

逐次出現目標（機会目標）：107, 110, 111, 116, 181, 210, 243, 244, 250, 278,

主体思想：27, 28, 70,
中期業務見積，中業：161, 179, 180, 182,
中期防衛力整備計画，中期防：10, 106, 107,
　160〜162, 165, 167, 169, 178〜181, 186,
　188, 200, 215,
中国の脅威：14〜27, 162, 163, 312, 313,
中心極限定理：220, 246,
朝鮮戦争：305,
テーラー・システム：89〜91, 150, 205,
テロ対策特別措置法：171, 172,
デイタム：219, 226,
デイタム捜索：106, 226〜228, 277,
データ・システム＆評価システムのＯＲ：
　118〜120,
デマテール法：80, 81, 107, 192, 284,
デルファイ法：84, 105,
東京裁判：5, 42, 46, 47, 53, 66, 73, 322, 325
　〜327, 342, 345,
統合長期防衛戦略：180,
統合中期防衛構想：160
東西冷戦：2, 3, 13, 63, 158, 294, 296, 297,
　299, 304, 319, 342,
特技職：185, 189, 190,
ドイツ分割統治，東・西ドイツ：295, 296,
ドイツ再統一，統一ドイツ：296
同時射撃：244,
独立射撃：110, 244, 248,

[な行]

ならず者国家：3, 6, 7, 71, 163,
日米安全保障条約，日米安保条約：38, 46,
　48, 62, 69, 70, 73, 74, 159, 179, 186, 292,
　338,
日米ガイドライン：69, 164, 170, 179, 180,
日程管理，…計画，PERT, CPM: 70, 80,
　85, 87, 118, 140,
日本国憲法：ⅱ, 42, 45〜48, 61〜70, 72, 73,
　159, 160, 285, 292〜294, 311, 328, 336, 338,
　342 〜361,
2人零和ゲーム：112, 233, 235, 260, 268,

ネットワーク中心の戦闘，NCW：9, 151,
　199, 286, 287,
ネットワーク理論：85, 105,
年度防衛・警備等計画, 年防：160, 181, 188,

[は行]

発見法則
　（完全, 不完全）定距離法則：224, 225,
　逆3乗法則：224, 225,
　逆n乗法則：226,
阪神淡路大震災：59, 60, 70, 258,
暴露目標探知確率：224, 225,
バトル・オブ・ブリテン：ⅰ, 94, 124, 125,
バリヤー捜索（哨戒）：115, 226, 227,
パターン射撃：110, 244, 248, 251,
東アジアの情勢：13〜38,
東シナ海ガス田問題：19〜22,
東日本大震災：60, 343,
非常事態条項：16, 48, 62, 65, 293, 342,
　358, 360,
微分ゲーム（追跡ゲーム，照準者・逃避
　者のゲーム,）：113, 114, 143, 260, 268,
　269
フェーズ解：261, 263〜265, 267,
不朽の自由作戦：7, 8, 172, 309,
不審船舶：33, 47, 60, 163,
武器誤差分布：110, 240, 241, 245, 247,
　248,
部隊運用のＯＲ活動：
　陸上自衛隊の…：189〜192
　海上自衛隊の…：192〜196,
　航空自衛隊の…：196〜199,
部分的核実験禁止条約：299,
ブラケット・チーム：127〜129, 132, 133,
　201, 204, 212,
武力攻撃事態対処法：164,
ブロットー大佐のゲーム：113, 250,
　260, 268,
偏倚量，バイアス：244, 248,
ベイズ決定：81, 102, 115,

366 事項索引

ベイズ事後確率：220, 231,
米ソ核戦争防止協定：2,
瞥見探知確率：222, 224,
ベルリン宣言：295,
ベルリン危機，…の壁：158, 295, 296,
　　299, 300, 312, 319,
ペルシャ湾機雷掃海：9, 172, 179,
ペレストロイカ：296, 300,
保安隊, 警備隊：158, 159, 179,
防衛計画の大綱：160,
　　S. 52 大綱：161, 167, 178, 179,
　　H. 8 大綱：162, 179,
　　H. 17 大綱：68, 164, 180,
　　H. 26 大綱：180,
防衛省改革会議：167, 180, 185, 188,
防衛力整備計画とＯＲ＆ＳＡ：74, 100,
　　107, 116, 117, 160, 181〜205,
防空委員会：123〜127,

[ま行]

マクロ・モデル（捜索）：217, 224,
　　　　同　（交戦）：110, 259, 265, 280, 281,
待ち行列理論：76, 79, 80, 83, 84, 87, 105,
　　114, 140, 284, 286,
マッカーサー3原則：62, 345,
マックスミン利得基準 → ワルドの基準
マネージメント・サイエンス, MS：88, 91,
　　96, 97, 140,
マラッカ海峡：23, 36,
マルコフ連鎖：83, 105, 109, 114, 193, 194,
　　226, 228, 276, 284,
ミクロ・モデル（捜索）：217, 218,
　　　　同（交戦）→ 決闘モデル
ミサイル防衛, MD：10, 61,
ミサイル防御網, Safeguard Phase I：
　　150,
ミニマックス損失基準 → サベッジの基準
ミニマックス定理：208,
明治天皇「国威宣布ノ宸翰」：350,
命中：239, 241〜243,

目標撃破確率，…関数：110, 237, 240, 241,
　　243〜248,
目標探知確率：82, 217, 227, 229, 230〜234,
目標分布（射撃）：110, 240, 245〜247,
目標(存在)分布（捜索）：106, 109, 139,
　　214〜220, 226, 231, 232, 275, 277,
モンテカルロ法（…シミュレーション）：
　　85, 104, 105, 139, 197, 226, 228,

[や行]

野戦 ADPS：190, 191, 199,
ヤルタ協定：295,
有効捜索幅：221, 224, 226,
有効捜索率：224,
有事関連法：68, 164, 180,
要因構造分析法：81,
横距離曲線：224,
予測理論：79, 84,

[ら行]

ラプラスの基準：104,
ランチェスター賞：214, 276,
ランチェスター・モデル：110, 156, 253〜
　　260, 270, , 279〜281,
　　確率論的…：266, 270,
　　決定論的…：260〜266, 270,
　　　　整次則モデル（1, 2, 3, K次則）：262,
　　　　263, 270,
　　　　混合則モデル, (M, N)次則：264, 270,
　　　　拡張モデル：264, 270,
　　　　検証研究：265, 270,
陸上自衛隊の部隊ＯＲ活動：189〜192,
レーダの開発：123〜126,
ロンドンの防空高射砲隊：128,

[わ行]

ワルシャワ条約機構：296, 297, 299, 300,
ワルドの基準：104, 233,
湾岸戦争：6, 8, 115, 147, 172, 179, 309〜
　　311,

人名索引 （参考文献の著者は省略）

アーノルド，H. H. : 132, 148, 204,
Ahlswede R. & Wegener, I. : 276,
安倍晋三 : ⅰ, ⅱ, 9, 46, 48, 49, 53, 55,
　56, 62, 64～71, 164～166, 168～173,
　180, 186, 187, 312, 320, 343, 346, 358,
アンカー，C. J. Jr. : 280,
飯島正義 : 155,
飯田耕司 : ⅱ, 226, 257, 265, 275～279,
　282, 283, 285, 290,
井上成美 : 156, 256,
ウォーカー，M. R. & ケリー，J. E. Jr. :
　140,
ウォールステッター，A. J. : 139,
ウォッシュバーン，A. R. : 274, 275,
エジソン，T. A. : 123,
エックマン，D. P. : 93,
エックラー，A. R. & バー，S. A. :
大熊康之 : 286,
大谷 修 : 155,
オシポフ，M. : 122, 254, 269,
貝原俊民 : 60, 358,
カーン，A. Q. : 3, 6,
カーン，H. : 139,
ガル，S. : 276,
ガルバエフ，A. : 276,
菊池 宏 : 257, 280,
岸 尚 : 138, 151, 257, 278, 282,
キーティング，T. J. : 17,
キング，E. J. : 133, 146, 204,
クェイド，E. S. : 96, 139,
クェイド，E. S. & ブッチァー，W. I. : 139,
　287,
クープマン，B. O. : 108, 111, 134, 213,
　215, 221, 225, 231, 232, 274, 275,
クーン，H. W. & タッカー，A. W. : 140,
ケンドール，D. G. : 140,
コナント，J. B. : 130,
小宮 享 : 257,

斉藤芳正 : 285,
佐藤総夫 : 281,
シャープレイ，L. : 139,
シャノン，C. E. : 140,
昭和天皇 : 39, 321, 322, 325, 350, 351,
ジョンソン，E. A. : 137, 145, 182,
スターンヘル，C. M. & ソーンダイク，A. M. :
　134,
ストーン，L. D. : 214, 276,
多田和夫 : 274,
ダライラマ 14 世 : 307,
ダンツィッヒ，G. : 139, 140,
チェイス，J. V. : 254,
チャドノフスキー，D. V. & G. V. : 276,
ツェーナ，P. W. : 276, 287,
テーラー，F. W. : 89, 90,
テーラー，J. G. : 258, 279,
ティザード，H. T. : 123～127, 131, 132, 212,
デュプイ，T. N. : 280,
トランプ，D. J. : 3, 12, 32, 37, 38, 70, 298,
　310, 312,
ドレイファス，SE. : 138,
ドレッシャー，M. : 139, 280,
中村健蔵 : 286,
新渡戸稲造 : 353,
ノイマン J. von. & モルゲンステルン，O. : 140,
野満隆治 : 156, 157, 255～257,
ハーレイ，K. B. & ソトーン，L. D. : 276, :
ハウスナー，B. : 139,
バウドリー，A. : 254,
橋本元三郎 : 154,
パックソー，E. : 139,
バージェス，D. & ボーリー，M. : 281,
ヒッチ，C. J. : 45, 140,
ヒッチ，C. J. & マッキーン，R. N. : 139,
ヒットラー，A. : 294,
平泉 澄 : 352,

フィスケ, B. A. : 122, 156, 254, 257, 270, 280,

フェラー, W. : 140,

フォード, L. : 139,

福村省三 : 278,

フルカーソン, D. R. : 139,

ブッシュ.G. W. : 3, 7, 300, 310, 312,

ブッシュ, V. : 130,

ブラウン, M. : 282,

ブラケット, P. M. S. : 124, 127, 128,

ベーカー, W. D. : 133, 204,

ベルマン, R. : 138, 140,

宝崎隆祐 : ii, iii, 226, 275, 276, 283,

ホー・チ・ミン : 301, 302,

馬 英九 : 25,

牧野 茂 : 128,

マクナマラ, R. S. : 95, 146,

マッキンゼイ, J. C. C. : 139,

マルコビッツ, H. : 139,

ムッソリーニ, B. A. A. : 294,

村山富市 : 53, 60,

モース, P. M. & キンボール, G. E. : 77, 123, 134, 202, 205,

モース, P. M. : 133, 182, 255,

森本清吾 : 157, 257,

吉田松陰 : 353,

吉田茂 : 63, 68, 326, 345, 346,

ランチェスター, F. W. : 122, 156, 254, 255, 257, 269,

リチャードソン, L. F. : 281,

リンハート, R. F. : 150,

レオンチェフ, W. W. : 155,

ロウ, A. P. : 124, 127,

ワイドリッヒ, W. & ハーグ, G. : 282,

ワグナー, D. H., マイランダー, W. C. & サンダース, T. J. : 287,

渡辺利之 : iii,

ワット, R. W. : 125.

英略語索引 (アルファベット順. 初出頁のみ示す)

AHP ; Analytic Hierarchy Process ; 階層分析法 : 115,

AIIB ; Asian Infrastructure Investment Bank ; アジアインフラ投資銀行 : 15,

ALIO ; Asociación Latino-Iberoamericana de Investigación Operativa : 中南米地区 OR 学会連合 : 142,

AMP ; Applied Mathematic Panel ; 国家防衛研究委員会 応用数学班 : 130,

APORS ; The Association of Asian-Pacific Operational Research Societies ; アジア・太平洋地区 OR 学会連合 : 142,

ASEAN ; Association of South-East Asian Nations ; 東南アジア諸国連合 : 33,

ASWORG ; Antisubmarine Warfare Operations Research Group ; 米大西洋艦隊対潜部隊司令部 OR グループ (後に第 10 艦隊司令部に移管) : 133,

BWC ; Biological and Toxin Weapons Convention ; 生物兵器禁止条約 : 5,

CASP ; Computer Assisted Search Planning System ; 米沿岸警備隊 捜索計画支援システム : 139,

CBRNE ; Chemical, Biological, Radiological, Nuclear, high-yield-Explosive ; 大量破壊兵器:3,

CIE；Civil Information and Educational Section；連合軍総司令部 民間情報教育局：329,

CIS；Commonwealth of Independent States；独立国家共同体：301,

CNA；Center for Naval Analyses；海軍分析センター：137,

CPM；Critical Path Method；クリティカル・パス(最長経路)法：25,

CTBT；Comprehensive Nuclear Test Ban Treaty；包括的核実験禁止条約：2,

CWC；Chemical Weapons Convention；化学兵器禁止条約：6,

C2BMC；Command, Control, Battle Management and Communications；指揮・管制・戦闘管理・通信システム：72,

C4ISR；Command, Control, Communications, Computers, Intelligence, Surveillance Reconnaissance；指揮・統制・通信・電子計算機・情報・監視・偵察システム：9,

DEMATEL；Decision Making Trial and Evaluation Lab. Method；デマテール法：81,

EEZ；Exclusive Economic Zone；排他的経済水域：13,

EURO；The Association of European Operational Research Societies；ヨーロッパ地区 OR 学会連合：142,

FADAP-J；Fleet ASW Data Analysis Program-Japan；対潜訓練データ収集システム：195,

GFP；Global Firepower；米国の軍事力評価機関：27,

GHQ；General Headquarters；連合軍総司令部：1,

GSOMIA；General Security of Military Information Agreement；日韓秘密軍事情報保護協定：72,

IAEA；International Atomic Energy Agency；国際原子力機関：1,

ICE；Intelligent Combat Exercise System；指揮所訓練統裁支援システム：191,

IE；Industrial Engineering；インダストリアル・エンジニアリング：88,

IFORS；International Federation of Operational Research Societies；国際 OR 学会連合：142,

INFORMS；Institute for Operations Research and the Management Sciences；OR&MS 学界（米国 OR 学会）：91,

INS；Institute for Naval Studies；海軍調査研究所：146,

ISC；Information Sharing Center;；情報共有センター：36,

ISM；Interpretive Structural Modeling；構造モデリング法：81,

MAS；Military Applications Section；軍事応用部会（米 OR 学会）：144,

M&S；Modeling and Simulation；モデリング＆シミュレーション：47,

MD；Missile Defense；ミサイル防衛：10,

MOR；Military Operations Research；軍事 OR：i,

MORS；Military Operations Research Society；軍事 OR 学会：i,

MS；Management Sciense；マネージメント・サイエンス：88,

370　英略語索引

NAFTA；North American Free Trade Agreement；北米自由貿易協定：142,

NATO：North Atlantic Treaty Organization；北大西洋条約機構：297,

NCW；Network Centric Warfare；ネットワーク中心の戦闘：9,

NDRC；National Defense Research Committee；国家防衛研究委員会：130,

NOL；　Naval Ordnance Laboratory；海軍武器研究所：137,

NORAM；The Association of North American Operations Research Societies：北米地区 OR 学会連合：142,

NPR；Nuclear Posture Review；核戦力体制見直し：3,

NPT；Nuclear Non-proliferation Treaty；核兵器不拡散条約：1,

OAD；Operations Analysis Division；米陸軍航空幕僚部作戦分析部（ワシントン DC）：132,

OAS；Operations Analysis Section；米陸軍第 8 航空軍司令部作戦分析セクション（後に各陸軍航空軍司令部に OR セクションが置かれた）：132,

OEG；Operations Evaluation Group；MIT に置かれた米海軍作戦評価グループ：137,

OPCW；Organisation for the Prohibition of Chemical Weapons；化学兵器禁止機関：6,

OPNAV；Office of the Chief of Naval Operations；米海軍作戦本部：147,

OR；Operations Research；オペレーションズ・リサーチ：76,

ORC；Operations Research Center；オペレーションズ・リサーチ・センター：133,

ORG；Operations Research Group；合衆国艦隊司令部 OR グループ：133,

　　AAORG；Anti-Aircraft ORG；米太平洋艦隊司令部 OR グループ：133,

　　AORG；Air ORG；米太平洋艦隊航空部隊司令部 OR グループ：133,

　　Phib.ORG；Amphibious ORG；米太平洋艦隊両用戦部隊司令部 OR グループ：133,

　　SORG；Submarine ORG；米太平洋艦隊潜水艦隊司令部 OR グループ：133,

　　Spec.ORG；Special Defense ORG；米太平洋艦隊司令部特別防衛部 OR グループ：133,

ORO JHU；Operations Research Office, Johns Hopkins Univ；ジョンズ・ホプキンス大学・陸軍 OR 研究機関：138,

ORS；Operational Research Society；英国 OR 学会（当初は OR クラブと称した）：141,

ORSA；Operations Research Society of America；米国 OR 学会（後に TIMS と合併し INFORMS となった）：1, 141,

ORSJ；Operations Research Society of Japan；日本 OR 学会：141,

OSRD；Office of Scientific Research and Development；科学研究開発局（米国の NDRC が発展した OR 研究管理機関）：130.

PERT；Program Evaluation and Review Technique；日程管理法：85,

PKO；Peace Keeping Operation；国際平和協力：9,

英略語索引　　371

PPBS ; Planning Programming and Budgeting System ; 企画・計画・予算編成システム（費用対効果分析の予算編成）: 89,

RAC ; Research Analysis Co. ; 米陸軍の OR 研究所 : 138,

RAND Co. ; Research and Development Corporation ; land 研究所（米空軍の OR 研究所）: 138,

ReCAAP ; Regional Cooperation Agreement on Combating Piracy and Armed Robbery against Ships in Asia ; アジア海賊対策地域協力協定 : 36,

SA ; System Analysis ; システム分析 : 89,

SALT ; Strategic Arms Limitation Talk ; 戦略兵器制限条約 : 2,

SCAPIN ; Supreme Commander for the Allied Powers Index Number : 連合国軍最高司令官指令 : 41,

SDC ; System Development Co. ; 防空システム研究所 : 138,

SE ; System Engineering ; システム・エンジニアリング : 88,

SEACAG ; Southeast Asia Combat Analysis Group ; OPNV の東南アジア戦闘分析グループ : 147,

SEATO ; Southeast Asia Treaty Organization ; 東南アジア条約機構 : 37,

SORT ; Treaty Between USA and Russian Federation on Strategic Offensive Reductions ; モスクワ条約 : 2,

SSKP ; Single Shot Kill Probability ; 単発撃破確率 : 110,

START ; Strategic Arms Reduction Treaty ; 戦略兵器削減条約 : 2,

SWNCC ; State-War-Navy Coordinating Committee ; 国務・陸軍・海軍 3 省調整委員会（略称 ; 3 省委員会）: 42,

TAC ; Treaty of Amity and Cooperation in Southeast Asia ; 東南アジア友好協力条約 : 34,

THAAD ; Terminal High Altitude Area Defense missile ; 終末高高度防衛ミサイル : 72,

TIMS ; The Institute of Management Science ; 管理科学学会（ORSA から分派した米第 2 OR 学会）: 91,

TPP ; Trans-Pacific Partnership ; 環太平洋戦略的経済連携協定 : 38,

UNFCC ; United Nations Framework Convention on Climate Change ; 地球温暖化防止条約（パリ条約）: 37,

UNHCR ; Office of the United Nations High Commissioner for Refugees ; 国連難民高等弁務官事務所 : 174,

WGIP ; War Guilt Information Program ; 戦争贖罪意識宣伝工作 : 42,

WTO/WPO ; Warsaw Treaty Organization / Warsaw Pact Organization ; ワルシャワ条約機構 : 297,

著者紹介

飯田　耕司 (いいだ　こうじ)

大阪府立大学 工学部 船舶工学科 卒 (1961 年)
防衛大学校 理工学研究科 ＯＲ専門 修了 (1969 年)
工学博士 (大阪大学)
元 防衛大学校 情報工学科 教授
元 海上自衛官 (一等海佐)

著書

『*Studies on the Optimal Search Plan*』, Springer-Verlag, NY, 1992.
『捜索理論』, ＭＯＲＳ会 (防衛庁限定), 1998.
　(改訂版：飯田・宝崎 共著, 三惠社, 2003. 三訂版：同, 2007.)
『軍事ＯＲ入門』, 三惠社, 2004. (改訂版：2008. 増補版：2017.)
『軍事ＯＲの理論』, 三惠社, 2005. (改訂版：2010.)
『意思決定分析の理論』, 三惠社, 2005.
『捜索の情報蓄積の理論』, 三惠社, 2007.
『国防の危機管理と軍事ＯＲ』, 三惠社, 2011.
『国家安全保障の基本問題』, 三惠社, 2013.
『国家安全保障の諸問題 - 飯田耕司・国防論集』, 三惠社, 2017.
『捜索理論における確率モデル』, 宝崎隆祐・飯田耕司 共著,
　　シリーズ 情報科学における確率モデル 3, コロナ社, 2019

情報化時代の戦闘の科学　増補 軍事OR入門

2004年10月20日　初版発行 2008年 9 月10日　改訂版発行 2017年12月10日　増補版発行 2022年 5 月30日　増補版第 4 刷発行	著　者　　飯田　耕司

定価(本体価格2,700円+税)

発行所　　株式会社　三惠社
〒462-0056 愛知県名古屋市北区中丸町2-24-1
TEL 052 (915) 5211
FAX 052 (915) 5019
URL http://www.sankeisha.com

乱丁・落丁の場合はお取替えいたします。
ISBN978-4-86487-764-0 C3031 ¥2700E